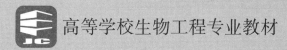

高等学校生物工程专业教材

动物细胞培养工程

乔自林　王家敏　主编

中国轻工业出版社

图书在版编目（CIP）数据

动物细胞培养工程 / 乔自林，王家敏主编. — 北京：
中国轻工业出版社，2023.4
ISBN 978-7-5184-4190-7

Ⅰ.①动… Ⅱ.①乔… ②王… Ⅲ.①动物—细胞培养
Ⅳ.①Q954.6

中国版本图书馆 CIP 数据核字（2022）第 217277 号

责任编辑：马　妍　潘博闻
策划编辑：马　妍　　责任终审：唐是雯　　封面设计：锋尚设计
版式设计：砚祥志远　　责任校对：吴大朋　　责任监印：张　可

出版发行：中国轻工业出版社（北京东长安街 6 号，邮编：100740）
印　　刷：河北鑫兆源印刷有限公司
经　　销：各地新华书店
版　　次：2023 年 4 月第 1 版第 1 次印刷
开　　本：787×1092　1/16　印张：18.5
字　　数：427 千字
书　　号：ISBN 978-7-5184-4190-7　定价：48.00 元
邮购电话：010-65241695
发行电话：010-85119835　传真：85113293
网　　址：http://www.chlip.com.cn
Email：club@ chlip.com.cn
如发现图书残缺请与我社邮购联系调换
171396J1X101ZBW

前言 | Preface

　　动物细胞培养工程作为进行细胞研究和细胞生产的重要技术，现已广泛应用于生物学、医学和生物制药等各个领域，是研究保障人民健康的前沿学科。经过一个多世纪的发展，基于动物细胞培养技术的蛋白质医药和疫苗等生物制品成为生物医药的主导，其中大规模细胞培养及细胞工程的发展拉开了动物细胞培养工程的序幕，为人类实现所需生物产品的工程化生产发挥巨大的作用。相应地，我国动物细胞培养的生物制药产业也得到了迅速发展，出现了具有一定规模的生物制药公司，专门从事动物细胞培养产品的开发。相对于产业的蓬勃发展，动物细胞培养工程的理论发展和人才培养则相对滞后，编著有关全面系统地突出基本理论与应用技术有机结合方面的动物细胞培养工程书籍十分必要。

　　西北民族大学甘肃省动物细胞技术创新中心自本世纪初，开始动物细胞培养方面的研究和教学工作，在细胞驯化、生物反应器悬浮培养、微载体培养及细胞代谢研究、培养基设计与开发、无血清培养技术和疫苗工艺研究等方面的研发取得了长足进步。坚持用问题导向和系统观念的思维全局地把控研究问题，将研究成果紧密结合人民实际需求，坚持以人民为中心的科研思想，为实体经济发展贡献新鲜血液。受"西北民族大学'双一流'和特色发展引导专项资金资助项目"以及"中央高校基本科研业务费专项资金项目（31920190004）"的资助，作者团队通过过去多年来对动物细胞培养工程方面科研和教学实践总结，围绕动物细胞培养工程的新技术和动态，在内部使用教材的基础之上做了进一步的优化与提高，编写了本教材。

　　本教材由西北民族大学生物医学研究中心乔自林、王家敏任主编，刘振斌、杨迪任副主编，马忠仁、马桂兰、孙娜、阿依木古丽·阿不都热依木、李自良、李铀、李倬、杨琨、靳冬武参与了部分章节的编写工作。其中，第一章由李倬、刘振斌编写，第二章由李铀、杨琨、阿依木古丽·阿不都热依木编写，第三、四章由乔自林、杨迪编写，第五、六章由王家敏、刘振斌、靳冬武编写，第七章由马忠仁、马桂兰、孙娜编写，附录由乔自林、王家敏、李自良编写。全书由乔自林、李自良统稿。

　　全书突出理论性和应用性，反映动物细胞培养方面的研究成果和发展现状，全面系统地介绍了动物细胞培养工程的基本理论和应用。主要内容包括：动物细胞培养工程基础，细胞培养基，细胞库，细胞检定技术，细胞培养生物反应器，生物反应器高密度培养技术，动物细胞培养生产疫苗的基础和常见细胞实验记录表。全书内容紧密结合实际应用，内容既涵盖动物细胞培养工程中生物反应器、微载体、细胞培养基、个性化培养基设计与优化、高密度培养技术、培养工艺和过程优化等关键技术，同时又对动物细胞培养生产疫苗的基础和实验环节的记录进行介绍，具有较高的学术和应用价值。本教材可供高等院校生物科学、生物工

程、动物医学等专业教学使用，也可作为动物细胞培养工程研究人员、生产和管理人员的重要参考书，

由于时间和经验不足，资料收集不全，整理撰写过程中疏漏在所难免。希望专家与读者多提宝贵意见，以便今后修订完善。

编　者

2023 年 1 月

目录 Contents

动物细胞培养工程基础

　　动物细胞培养是指从动物体内取出组织或细胞，在体外模拟体内环境使其生长繁殖，并维持其结构和功能的一种培养技术。动物细胞培养广泛应用于生物学和医学的各个领域。经过一个多世纪的发展，基于细胞培养技术的蛋白质医药和疫苗等生物制品成为生物医药的主导，其中大规模细胞培养及细胞工程的发展拉开了动物细胞培养工程的序幕，为人类实现所需生物产品的工程化生产发挥了巨大的作用。动物细胞培养工程基础主要讲述包括实验室布局、设施设备和细胞培养基本操作技术三个方面的内容。

第一节　动物细胞培养工程实验室布局

　　动物细胞培养工程实验室要进行动物细胞的培养、保存、鉴定、驯化和条件优化研究等一系列活动，因此建立一个具备无菌操作且功能相对齐全的实验室极为重要，不仅具有基本操作的功能空间，而且布局要相对合理。

　　动物细胞培养工程实验室内培养的细胞将来用于生物制品的生产，应采取相应措施防止外源物污染。为保持实验室整体的空气洁净度，避免外界空气流入，整体应当采用正压的空气净化系统。

　　动物细胞培养工程实验室功能区基本由准备室、细胞保藏室、制备室、温室、细胞培养室、生物反应器室、检测实验室、仪器室以及其他设施组成（图1-1）。

一、准备室

　　准备室内要进行与实验相关的准备工作，布局上尽量要靠近各个实验室功能区，使准备好的实验物品能按照要求快速送达，实验产生的废弃物能尽快集中处理。准备室一般应该宽敞明亮，通风条件好，同时地面应耐温、耐磨、耐酸、耐碱，应设有地漏，且便于排水和清洁。为了便于操作和管理，按其功能应分为清洗区和灭菌区（图1-2）。

　　清洗区，主要进行各种培养器皿、配液容器、实验服、无菌服和清洁器具的清洗。在清洗区的一侧设置专用水槽，用来清洗普通的器皿和容器，自来水、纯化水和注射用水的龙头应单独分槽配备。清洗区一般配备洗液缸，强酸或强氧化剂类洗液专门用来处理对洁净度要

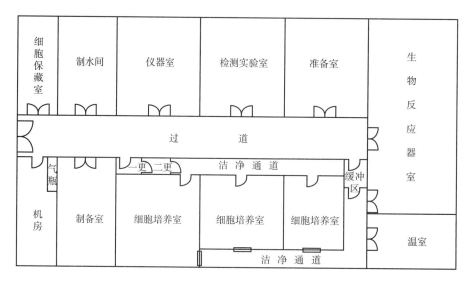

图 1-1　动物细胞培养工程实验室布局平面示意图

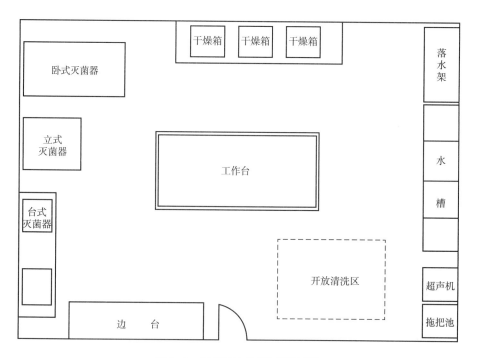

图 1-2　准备室布局平面示意图

求很高的玻璃器皿。此外，还应配置落水架、干燥箱、超声波清洗机和洗衣机等。准备室的中央一般放置操作台，除物品的临时性摆放外，还要对反复使用的器皿清洗前对上次使用的标记进行清理，对已清洁干燥的物品的待灭菌物品要进行包扎，台面尽量宽大。

灭菌区，主要进行各种培养器皿、培养用液、实验服、无菌服和清洁抹布的灭菌处理，一般配备有干热灭菌用的干燥箱和湿热灭菌用的高压灭菌器。根据工作需要应选配小型台式灭菌器、中型立式灭菌器和大型卧式灭菌器等常用高压灭菌设备。

二、 细胞保藏室

细胞株（系）对动物细胞培养工程的研究工作极为重要，一般动物细胞培养工程实验室配备有细胞保藏室，用以保存专用的细胞株（系），有条件实验室还专门配备有与其他细胞培养室相对隔离的种子细胞制备室。

细胞保藏室温度要低，对光照要求低，一般布局在靠近实验室出入口的阴面处，方便补充液氮。细胞保藏室通常配备有冰箱、超低温冰箱（-80℃）和若干液氮罐等常规设备，有些保藏重要种子细胞株（系）的保藏室还配备有自动补液氮装置，记录细胞存取的计算机、扫码机和打印机，液氮罐液位检测和报警装置等。由于动物细胞培养工程的细胞株（系）大多是用来生产人和动物的预防和治疗性药物，原始细胞库、主细胞库和工作细胞库的细胞株（系）均要求单独保藏，有多个细胞株（系）的实验室需要配备数量相对较多的液氮罐，以满足国家相关法规的要求（图 1-3）。

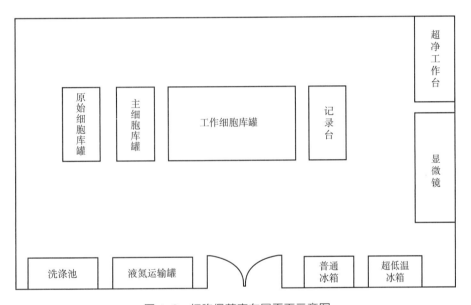

图 1-3 细胞保藏室布局平面示意图

三、 制备室

制备室主要进行试剂和培养基的配制，在与准备室和贮藏室较近的位置布局。

制备室需要配备普通天平、电子电平、酸度计、磁力搅拌器、电磁炉、微波炉和配液罐等设备以及纯化水、注射用水取水口。

四、 温室

温室是培养一些在培养箱中不宜放置的动物细胞培养容器的恒温培养空间，与无菌操作室较近，有的以无菌操作室的套间形式布局。其设计以充分利用空间和节省能源为原则，并保持相对的无菌环境。

温室中通常有转瓶培养机、细胞工厂架（台）、本身不具备加热功能的培养瓶和培养罐以及培养观察设备等。无菌检查和支原体等培养检查的恒温培养也通常在温室中进行。

五、 细胞培养室

细胞培养室是细胞培养工程实验室的核心工作区，是进行细胞的各种培养操作的场所。动物细胞培养工程实验室一般配备有多间细胞培养室（或无菌操作室），有的按实验人员的岗位分配不同房间操作，有的依据开展的工作内容在不同的房间配备相应设备按功能进行划分。

细胞培养室要长时间保持良好的无菌状态，在空间上要有更衣区、缓冲区和工作区。

细胞培养室（图1-4）通常配备有空气洁净设备（超净工作台、洁净层流罩）、培养箱（普通培养箱、二氧化碳培养箱）、观察设备（普通显微镜、倒置相差显微镜、显微镜照像系统）和推车等。

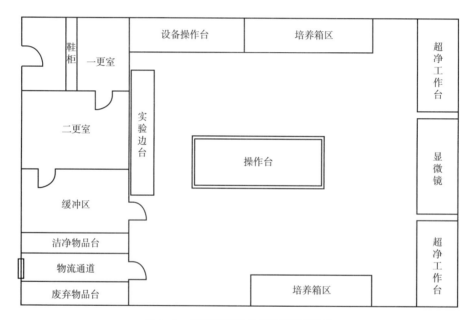

图1-4 细胞培养室布局平面示意图

六、 生物反应器室

生物反应器室是细胞培养工程实验室的关键工作区，是种子细胞株应用到工业化生产的过渡阶段，为大规模应用培养探索逐级放大的参数条件。生物反应器室通常布局在离细胞培养室较近的位置，由于其主要设备为各种不同规格型号的生物反应器，有的体积较大需配套的辅助设备较多，要求场地开阔宽敞，光线好。配备有体积较大且须在灭菌生物反应器的实验室效果好的空调，便于灭菌后快速散热。生物反应器培养的操作都是在无菌快接装置下进行的，对无菌环境的要求不如细胞培养室严格。

根据培养细胞株（系）的悬浮或贴壁生长的特性，生物反应器室要配备相应规格型号的反应器、培养辅助设备和检测观察设备。实验室规模的生物反应器按培养罐的培养体积可分3L、5L、10L、35L和50L等不同规格。培养辅助设备有细胞截留换液装置（alternating tangential flow filtration system，ATF）、细胞微载体培养消化装置、细胞液灌流循环装置和供气装置（O$_2$、CO$_2$、N$_2$和空气）等。检测观察设备有葡萄糖测定仪、多参数生化分析仪、细胞计数仪、细胞密度在线检测仪、显微镜等。另外生物反应器室还应配备有纯蒸汽发生器（图1-5）。

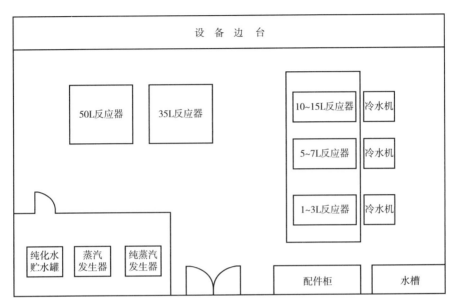

图1-5　生物反应器室布局平面示意图

七、检测实验室

检测实验室是细胞培养过程中进行无菌、支原体和外源病毒污染检查等安全检定以及有关特性研究的场所，有条件时检测实验室最好为空气负压区，并配备生物安全柜等生物安全防护设施。由于检测室进行的工作中含有不确定的污染物，布局原则上要远离细胞培养室，空气净化系统也应与细胞培养室分开。检测实验室同时配备有超净工作台、培养箱、冰箱、离心机、显微镜、荧光显微镜等。处理污染物时应有碱缸、高压锅等设备。

八、仪器室

仪器室是放置大型分析检测仪器的场所，一般都是需要专人操作的设备，如流式细胞仪、电子显微镜、激光扫描共聚焦显微镜、显微操作仪等。有些重要的精密仪器对安装地方的防震还有要求，这需要在实验室改造时有所考虑。

九、贮藏室

有条件的实验室可以单独设计用于试剂和材料贮藏的区域，并配备超低温冰柜、冰箱和冷藏柜贮藏对温度有要求的试剂和材料。

第二节 设施设备

动物细胞培养工程实验室的设施设备主要包括空气净化系统、水系统和各类仪器设备三部分。常用的仪器设备有局部空气净化设备、培养设备、观察设备、检测设备、灭菌（除菌）设备和冷冻贮存设备及其他设备。

一、空气净化系统

空气净化系统是一个能够通过控制温度、相对湿度、空气运动与空气质量（包括新鲜空气、气体微粒和气体）来调节环境的系统的总称。空气净化系统能够降低或升高温度、减少或增加空气湿度和水分、降低空气中颗粒烟尘污染物的含量，为培养物提供无菌环境的同时也为工作人员提供舒适的环境（图1-6）。

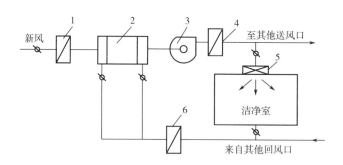

图1-6 空气净化系统

1—初效过滤器 2—热湿处理室 3—送风机 4—中效过滤器 5—高效过滤器 6—回风过滤器

空气净化系统的洁净度100级、10000级及100000级的空气净化处理应采用初效、中效、高效过滤器三级过滤。空气洁净度300000级的空气净化处理，可采用亚高效过滤器。初效过滤器（又称粗效过滤器）主要用作对>5μm大颗粒尘埃的控制，中效过滤器主要用作对末端高效过滤器的预过滤和保护，延长高效过滤器的寿命，主要过滤的对象是1~10μm的尘粒，亚高效过滤器作为终端过滤器或作为高效过滤器的预过滤。主要作用对象是5μm以下的尘粒，较高效过滤器作为送风及排风处理的终端过滤，主要过滤小于1μm的尘粒（表1-1）。

表1-1   空气净化系统的气流流型、送回风方式及送风量表

空气洁净等级	气流流型	送、回风方式	平均风速/（m/s）	换气次数/（次/h）
100级	单向流	水平、垂直	0.2~0.5	—
10000级	非单向流	顶送下侧回、侧送下侧回	—	15~25

续表

空气洁净等级	气流流型	送、回风方式	平均风速/（m/s）	换气次数/（次/h）
100000级	非单向流	顶送下侧回、侧送下侧回、顶送顶回	—	10~15
300000级	非单向流	顶送下侧回、侧送下侧回、顶送顶回	—	8~12

空气净化系统的温度和湿度主要是满足实验的要求和人体舒适，10000级和100000级的温度一般为20~24℃，相对湿度一般应为45%~60%；300000级的温度和温度一般为18~26℃和45%~65%。

空气净化系统的压差我国规定不同等级的洁净室以及洁净区与非洁净室的压差应不少于5Pa，洁净区与室外的压差应应不少于10Pa。欧盟规定不同洁净等级相邻房间之间保持10~15Pa，世界卫生组织（WHO）指南推荐相邻房间之间保持15Pa，一般可接受的压差为5~20Pa（表1-2）。

表1-2　　　　　　　　　　空气洁净度等级参数表

空气洁净等级	含尘浓度		含菌浓度	
	尘粒粒径/μm	尘粒数/（个/m³）	沉降菌/个（Φ9cm碟0.5h）	浮游菌/（个/m³）
100级	≥0.5	≤3500	≤1	≤5
	≥5	0		
10000级	≥0.5	≤350000	≤3	≤100
	≥5	≤2000		
100000级	≥0.5	≤3500000	≤10	≤500
	≥5	≤20000		
大于100000级（相当于300000级）	≥0.5	≤10500000	≤15	—
	≥5	≤60000		

洁净室除空气洁净度、温度、相对湿度、新鲜空气量和压差外，照度和噪声级也是控制对象。主要工作室的照度值宜为300lx，辅助工作室和走廊不宜低于150lx。对于噪声的要求为非单向流洁净区噪声级不应大于60dB，单向流和混合流的洁净区噪声级不应大于65dB。

二、水系统

细胞在离体培养条件下，对任何有害物质十分敏感，极少残留物都可以对细胞产生毒副作用，这就需要有一套试验用水系统来保证清洗和培养的要求。粗洗用自来水；与培养液和细胞接触的容器和器材的最终清洗需要用纯化水；培养液配制要用水质更高的注射用水，注射用水系统制备原理如图1-7所示。纯化水又称去离子水，以符合生活饮用水卫生标准的水为原水，通过电渗析法、离子交换器法、反渗透法、蒸馏法及其他适当的加工方法制得，纯化水要密封于容器内，在24h内用完。电导率是纯化水的特征性指标，反映的是纯化水的纯净程度以及制备工艺的控制好坏。纯化水设备见图1-8。实验室规模的纯化水以反渗透+去离子的模式比较常见，这种水的制备分以下几个阶段。

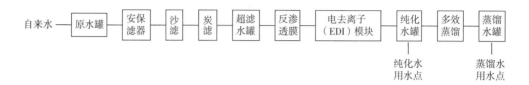

图1-7　注射用水系统制备原理图

图1-8　纯化水设备

深层过滤：饮用水经石英砂柱过滤和活性炭吸附，前者除去原水中的大颗粒、悬浮物、胶体和泥沙等，后者除去水中游离氯、色度、微生物、有机物以及部分重金属等有害物质，以防止对反渗透系统造成伤害。

反渗透：利用半渗透膜除去水中溶解的盐类，同时除去一些有机大分子以及前阶段没有去除的小颗粒等。半渗透膜可以渗透水，不渗透其他的物质，如大多数盐、酸、沉淀、胶体细菌和内毒素。通常情况下反渗透膜单根的除盐率可大于99.5%。

离子交换：作用是水的软化和脱盐。离子交换是用离子交换剂和水中溶解的某些阴、阳离子发生交换反应，进而除去水的有害离子，在软化处理中常选用离子交换树脂。固定床是将离子交换树脂装填于管柱式容器，形成固定的树脂层，操作为交换、反洗、再生及清洗四步间歇反复进行。连续式离子交换体系是把交换与再生过程在不同设备内同时进行，制水过程是不间断的。

电渗析：作用也是水的软化和脱盐。电渗析是在直流电场作用下，利用阴阳离子交换膜对水中的离子具有选择性和透过性的特点，使水中阴阳离子分别通过阴离子交换膜和阳离子交换膜迁移，从而达到除盐的目的。电渗析器中交替排列着许多阳膜和阴膜，分隔成小水室，当水进入这些小室时，在直流电场的作用下，溶液中的离子定向迁移。阳膜只允许阳离子通过而把阴离子截留下来，阴膜只允许阴离子通过而把阳离子截留下来，结果这些小室的一部分变成含离子很少的淡水室，出水称为淡水。而与淡水室相邻的小室则变成聚集大量离子浓水室，出水称为浓水。从而使离子得到了分离和浓缩，水便得到了净化。电渗析装置工作原理示意图见图1-9。

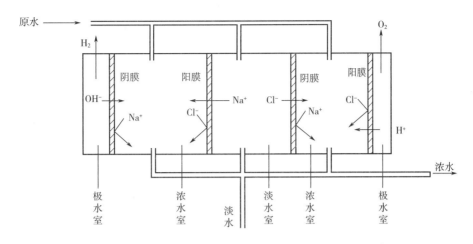

图 1-9　电渗析装置工作原理示意图

三、　局部空气净化设备

（一）超净工作台

超净工作台是目前较为常用的局部空气净化设备，它主要是通过空气高效过滤在操作台面形成局部无菌环境。超净工作台可以除去大于 $0.3\mu m$ 的尘埃、真菌和细菌孢子等，其空气流速为 $0.4\sim0.5m/s$，这已足够防止因空气对流而引起的污染，同时也不会妨碍用酒精灯进行灼烧消毒。

超净工作台根据气流方向的不同可以分为三种类型：侧流式、直流式、外流式。侧流式和直流式都是气流从一侧吹向另一侧，如从上至下、从左至右或从右至左，而外流式的气流是迎着操作者吹来，三者都能达到净化效果。外流式与直流式超净工作台见图 1-10。

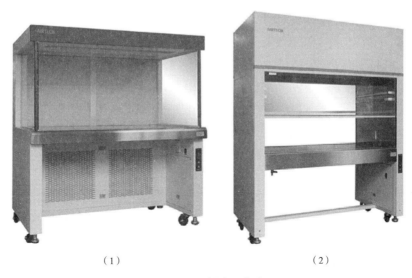

（1）　　　　　　　　　　　　　　（2）

图 1-10　超净工作台
（1）外流式　（2）直流式

侧流式和直流式是通过形成气流屏障将操作者与台面完全隔离，这样既可保持台面无菌，又可保证操作者免受病菌和毒物的侵害，但由于在超净气流和外界气体交界处易产生对流，会增加发生污染的可能性。外流式则可以有效避免净化气流混入，但由于其气流是向着操作者吹来，这样可能导致在操作有害样品时对操作者产生侵害，因此若选择此类工作台时宜选择有机玻璃遮蔽的产品，以克服此缺陷。

（二）洁净层流罩

洁净层流罩（图1-11）是从洁净室吸取空气，通过顶部增压舱里安装的风机，将空气以一定的流速（0.4~0.5m/s）通过高效过滤器后，形成均流层，使洁净空气呈垂直单向流，从而保证了工作区内达到高洁净度。废气从下面排出，返回洁净室区域。

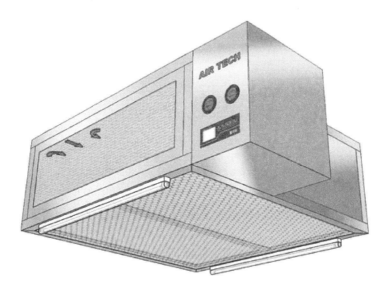

图1-11　洁净层流罩

（三）生物安全柜

生物安全柜是防止操作者和环境暴露于实验过程中产生的生物气溶胶的负压过滤排风柜，是防止实验室获得性感染的主要设备。气溶胶是悬浮于气体介质中，粒径一般为 $0.001 \sim 100 \mu m$ 的固态、液态微粒所形成的溶胶态分散体系。

生物安全柜的工作原理主要是将柜内空气向外抽吸，使柜内保持负压状态，安全柜内空气不能外泄从而保护工作人员，外界空气经高效过滤器过滤后进入安全柜，使操作面处于无菌状态。柜内的空气出需要经高效过滤器过滤后再排放到大气中以保护环境。

生物安全柜可分为一级、二级和三级三大类以满足不同的生物研究和防疫要求。

一级生物安全柜可保护工作人员和环境而不保护样品。气流原理和实验室通风橱一样，不同之处在于排气口安装有高效颗粒空气（HEPA）过滤器。所有类型的生物安全柜都在排气和进气口使用HEPA过滤器。一级生物安全柜本身无风机，依赖外接通风管中的风机带动气流，由于不能对试验品或产品提供保护，目前已较少使用。常用的生物安全柜见图1-12。

二级生物安全柜是目前应用最为广泛的柜型。与一级生物安全柜一样，二级生物安全柜也有气流流入前窗开口，被称作"进气流"，用来防止在微生物操作时可能生成的气溶胶从

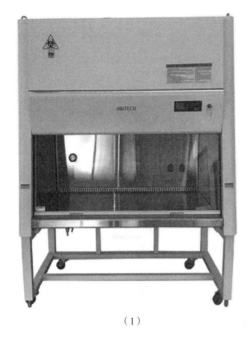
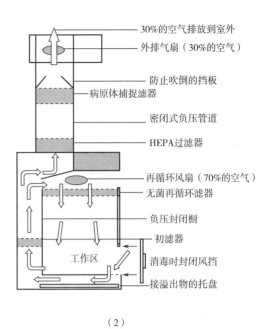

30%的空气排放到室外

外排气扇（30%的空气）

防止吹倒的挡板

病原体捕捉滤器

密闭式负压管道

HEPA过滤器

再循环风扇（70%的空气）

无菌再循环滤器

负压封闭橱

初滤器

消毒时封闭风挡

接溢出物的托盘

工作区

（1）　　　　　　　　　　　　（2）

图 1-12　生物安全柜

（1）生物安全柜　（2）工作原理图

前窗逃逸。与一级生物安全柜不同的是，未经过滤的进气流会在到达工作区域前被进风格栅俘获，因此试验品不会受到外界空气的污染。二级生物安全柜的一个独特之处在于经过HEPA 过滤器过滤的垂直层流气流从安全柜顶部吹下，被称作"下沉气流"。下沉气流不断吹过安全柜工作区域，以保护柜中的试验品不被外界尘埃或细菌污染。

按照国际通用的 NSF49—2002 标准中的规定，二级生物安全柜依照入口气流风速、排气方式和循环方式可分为 4 个级别：A1 型，A2 型（原 B3 型），B1 型和 B2 型。所有的二级生物安全柜都可提供对工作人员、环境和产品的保护。

A1 型安全柜前窗气流速度最小量或测量平均值应至少为 0.38m/s。70%气体通过 HEPA过滤器再循环至工作区，30%的气体通过排气口过滤排除。A2 型安全柜前窗气流速度最小量或测量平均值应至少为 0.5m/s。70%气体通过 HEPA 过滤器再循环至工作区，30%的气体通过排气口过滤排除。A2 型安全柜的负压环绕污染区域的设计，阻止了柜内物质的泄漏。

二级 B 型生物安全柜均为连接排气系统的安全柜。连接安全柜排气导管的风机连接紧急供应电源，目的在断电下仍可保持安全柜负压，以免危险气体泄漏入实验室。其前窗气流速度最小量或测量平均值应至少为 0.5m/s（100fpm）。B1 型 70%气体通过排气口 HEPA 过滤器排除，30%的气体通过供气口 HEPA 过滤器再循环至工作区。B2 型为 100%全排型安全柜，无内部循环气流，可同时提供生物性和化学性的安全控制。

三级生物安全柜是为生物安全防护等级为 4 级实验室而设计的，柜体完全气密，工作人员通过连接在柜体的手套进行操作，俗称手套箱（glove box），试验品通过双门的传递箱进出安全柜以确保不受污染，适用于高风险的生物试验，如进行 SARS、埃博拉病毒的相关实验等。

在允许循环化学气体的操作条件下，可以使用外接排放管道盖（exhaust collar）的 A2 型二级生物安全柜。排放管道盖与一般硬管不同的是有可吸入空气的进气孔；排放管道盖与外排管道连接，然后接到一个外排风机。排放管道盖上的进气孔对于 A2 型二级生物安全柜通过内置风机保持进气流和下沉气流的平衡至关重要。如果使用密封的外接风管，进气流将会过强可能导致安全柜对产品的保护失效；而排放管道盖上的进气孔可以从室内吸入空气，而不会影响安全柜内的气流平衡。此条件只适用于微量有毒化学物质。

如果不允许循环化学气体，则必须使用装备硬管的 B2 型二级生物安全柜。由于 B 型安全柜不是独立平衡系统，它的内置风机只能制造下沉气流，安全柜依赖外排风机制造进气流。这种型号的安全柜在安装和维护时会较为复杂，因为外排风机必须与内置风机保持平衡，否则将导致对操作人员或产品的安全性能的失效。

被分类为生物安全水平一级和二级的微生物试验品或产品不会产生气溶胶，因此在开放的实验台面上开展工作；而对于一些可能涉及或者产生有害生物物质的操作过程都应该在生物安全柜内进行，在这些条件下最好使用二级的生物安全柜。二级生物安全水平的试验品或产品是可以通过液体传播，所以操作人员对于污染的锐器必须要特别注意。客户在选购安全柜时，也应注意确保没有突出的锐角，在使用时也需要每天清理工作台面。

在三级生物安全水平的生物实验室中，所有与传染源操作有关的步骤，都在二级或者三级生物安全柜中进行，并由穿戴合适防护服的实验人员进行；对于四级生物安全水平，所有工作应限制在三级生物安全柜中；假若在二级生物安全柜中进行，必须使用装备生命支持系统的一体正压防护服。值得特别注意的是，当出现新型不明微生物时，必须在四级生物安全防护实验室中进行，待有充分数据后再决定此种微生物或毒素应在四级还是在较低级别的实验室中处理。

四、 培养设备

（一）培养箱

培养箱是细胞培养的必需设备，一般恒温培养箱的温度调控范围是 $33 \sim 43℃$，多数情况下家畜细胞培养的温度设在 $37℃$，而家禽细胞培养温度则设在 $38℃$。恒温培养箱应选隔水式或晶体管自控恒温培养箱，此类培养箱灵敏度高，温度控制较稳定。一般的恒温培养箱价格较便宜，其缺点是只宜用作密闭式培养。

pH 是影响细胞体外生长的另一个主要因素，大多数细胞的适宜 pH 范围为 $7.2 \sim 7.4$，偏离此范围将对细胞产生有害影响。由于细胞代谢产生的产物多为酸性物质，可使培养液的 pH 发生改变，为了维持细胞培养过程中 pH 的相对恒定，需要 CO_2 参与调节。CO_2 培养箱就是为此目的开发的细胞培养设备，还适用于开放或半开放培养。

CO_2 培养箱（图 1-13）是通过一微泵系统或气体漏斗将 CO_2 送入箱体内，其输入 CO_2 的量由

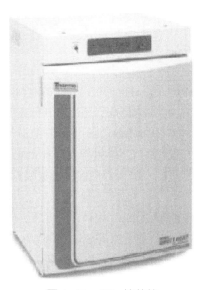

图 1-13　CO_2 培养箱

培养箱的电子控制装置自动调控，可以保证箱内 CO_2 浓度恒定。CO_2 培养箱有精确的温控装置，可以保证孵育室内温度恒定在所设置的范围内。此外，还有些特殊用途的培养箱，如 CO_2、N_2、O_2 培养箱，简称三气培养箱，可通入 CO_2 和 N_2，通过通入 N_2 调节箱内 O_2 的浓度。这种培养箱适用于进行细胞缺氧或高氧方面的研究。

（二）摇床

摇床（图 1-14）是由温度可控的培养箱和振荡器相结合的细胞培养设备，适用于全悬浮培养型细胞的培养。由于摇床在工作时机械部分的运动会产生热量，细胞培养用的摇床要具备制冷功能才能保持在恒温运行。培养箱、振荡器和 CO_2 控制三者相结合的 CO_2 摇床在细胞培养时效果更好。

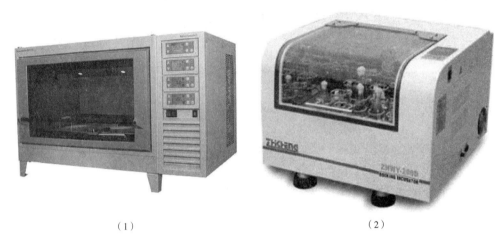

（1）   （2）

图 1-14 摇床

（1）普通摇床 （2）CO_2 摇床

（三）动物细胞生物反应器

生物反应器，指利用微生物、动植物细胞或酶等生物催化剂的功能进行细胞增殖或生化反应时，为其提供适宜环境的设备，它是生物反应中的关键设备。

从生物反应过程说，微生物发酵过程用的反应器称为发酵罐；酶反应过程的反应器则称为酶反应器。专为动物细胞大量培养用的生物反应器称为动物细胞生物反应器（图 1-15）。由于动物细胞没有细胞壁、非常脆弱、对剪切敏感以及对体外培养环境有严格的要求，传统的微生物发酵反应器不适用于动物细胞的大量培养，因而对动物细胞培养用反应器的设计和过程控制提出了特殊的要求。动物细胞培养用反应器采用的材料对细胞必须无毒；密封性能良好，避免一切外来微生物污染；培养环境中各物理化学参数能够自动检测和控制调节，控制的精确度高；可长期连续运转，容器内壁光滑，无死角，减少细胞沉积；拆装、连接和清洗方便，能够耐高压灭菌消毒。

生物反应器的设计、放大是生化反应工程的中心内容，也是生物化学工程的重要组成部分。生物反应器是能够控制各种参数的、比较完善的容器系统，集中各种高技术含量的机电一体化产品，不能简单的认为是一种机械加工与仪表的结合。细胞培养生物反应器的种类越来越多，规模也越来越大，反应器的主要结构形式仍以搅拌式、气升式和固定床为主。

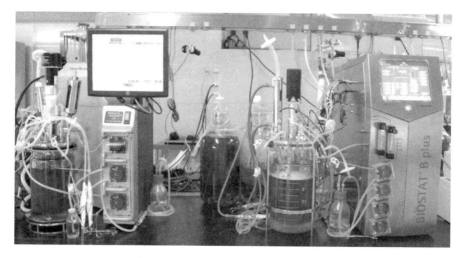

图 1-15　动物细胞生物反应器

五、　观察设备

动物细胞培养的观察设备主要是指生物显微镜及成像设备（图 1-16）。

（一）生物显微镜

相差显微镜是荷兰科学家 Zernike 于 1935 年发明的，用于观察未染色标本的显微镜。活细胞和未染色的生物标本，因细胞各部细微结构的折射率和厚度的不同，光波通过时，波长和振幅并不发生变化，仅相位发生变化（振幅差），这种振幅差人眼无法观察。而相差显微镜通过改变这种相位差，并利用光的衍射和干涉现象，把相差变为振幅差来观察活细胞和未染色的标本。相差显微镜和普通显微的区别是：用环状光阑代替可变光阑，用带相板的物镜代替普通物镜，并带有一个合轴用的望远镜。

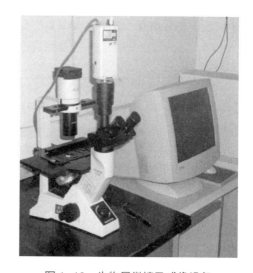

图 1-16　生物显微镜及成像设备

倒置显微镜是一种为适应生物学中大量发展的组织细胞离体培养工作的显微观察的需要而发展起来的一种光学显微装置，它可以对体外培养细胞进行长时间观察、拍照、摄影及录像等。由于它的物镜、物体和光源的位置刚好与经典的显微镜颠倒，因而称为"倒置"。

倒置显微镜的结构组成与相差显微镜基本相同，所不同的是它的照明系统与物镜的位置颠倒过来，物镜置于载物台下，照明系统位于载物台上。由于集光器与载物台之间的工作距离增加，可用于放置培养皿、培养瓶等容器，从而实现了对培养的细胞进行直接的观察。

倒置相差显微镜是相差显微镜和倒置显微镜的结合，即既具有倒置显微镜的倒置观察方式，同时成像原理又与相差显微镜成像原理相一致。

（二）荧光显微镜

荧光显微镜，指选择由高压汞灯或类似光源发出的一定波长的激发光，激发细胞中某些被荧光染料标记的物质发射荧光，观察细胞某种特异成分的分布状态的显微镜。也可进行半定量测定。荧光显微镜就是对这类物质进行定性和定量研究的工具之一。

（三）显微镜成像系统

显微镜成像系统是以非摄影方式获取微观世界的影像，并可以对获取的图片进行图像分析的系统。显微数码成像系统包括电荷耦合器件/互补金属氧化物半导体（CCD/CMOS）专业相机，图像采集处理软件，显微镜接口，数据传输线等，其中最核心的设备是 CCD 和 CMOS 图像传感器，前者由光电耦合器件构成，后者由金属氧化物器件构成。两者都是光电二极管结构感受入射光并转换为电信号，主要区别在于读出信号所用的方法。

（四）细胞工厂观察装置

由于常规显微镜观察不了两层及以上细胞工厂的生长情况，专门设计了针对细胞工厂的观察装置（图1-17），该装置可以观察到细胞工厂底层及每层边缘一定宽厚的生长情况。主要有机械运动及控制系统、数码显微镜系统和计算机显示系统等组成部分。机械运动及控制系统采用精密线性模组和滑轨、人机界面（触摸屏）、可编程序控制器（PLC）、步进电机组成，运动精度和可靠性高。数码显微镜系统通过光电转换器（工业相机）将光学显微镜与数码成像系统结合后，转换的数字视频信号传入计算机处理形成处理成像。计算机显示系统计算机将数字视频讯号处理后，由高清显示器显示实时动态图像，图像能进行编辑和保存，对相机的曝光时间、亮度、对比度、饱和度、锐度和分辨率可调节。

图1-17　细胞工厂观察装置

六、检测设备

动物细胞培养常用的检测设备有活细胞在线检测仪、细胞分析仪和生化分析仪等（图1-18）。

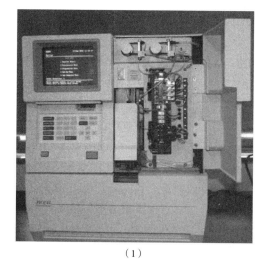
（1）

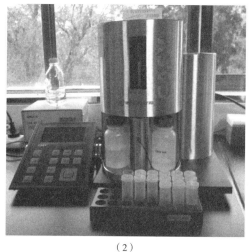
（2）

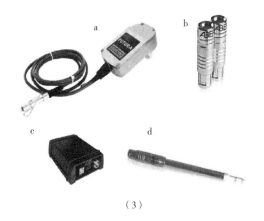
（3）

图 1-18　检测设备
（1）生化分析仪　（2）细胞分析仪　（3）活细胞在线检测仪
a—标准型 futura 主机　b—信号模拟器（零值和高值）
c—单通道连接组件　d—12mm×320mm 规格不锈钢环形电极

活细胞在线检测仪通常安装在不同大小生物反应器上，在线实时检测生物反应器内活细胞生物量。其原理采用双电极电容法原理，可以实时在线检测发酵罐内活细胞的浓度、生物量体积、电容大小、电导率大小，在检测过程不受细胞碎片、细胞团块、死细胞、发酵液泡沫、固体培养基颗粒等影响。

细胞分析仪能够在极短时间内检测细胞浓度、数目以及细胞碎片浓度，区分死活细胞和活率。广泛用于细胞生长因子研究，细胞增殖，细胞生长周期生长曲线，细胞倍增时间以及药物对细胞的影响作用，而且无染料对细胞的损害作用。

细胞培养用的生化分析仪，主要是检测细胞培养液中的营养成分、代谢产物、气体进行快速分析检测，参数包括葡萄糖、谷氨酰胺、谷氨酸、乳酸、铵、pH、Na^+、K^+、P_{O_2}、P_{CO_2} 和计算参数渗透压的测量。

七、灭菌（除菌）设备

（一）高温湿热灭菌

压力蒸汽灭菌是最常用的高温湿热灭菌方法。该法对生物材料有良好的穿透力，能造成蛋白质变性凝固而使微生物死亡。布类、玻璃器皿、金属器皿、胶和某些培养液都可以用此方法灭菌，是一种有效的、常用的消毒方法（图1-19）。

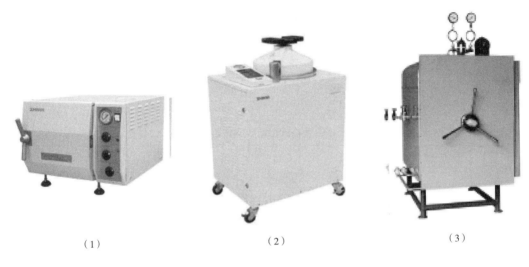

（1）   （2）   （3）

图1-19 高压灭菌器

（1）台式 （2）立式 （3）卧式

（二）高温干热消毒

干热灭菌主要是将电热烤箱内物品加热到160℃以上，并保持90~120min，杀死细菌和芽孢，达到灭菌目的。主要用于灭菌玻璃器皿（如体积较大的烧杯、培养瓶）、金属器皿以及不能与蒸汽接触的物品（如粉剂、油剂）。干热消毒后的器皿干燥，易于保存。但干热传导慢，可能有冷空气存留于烤箱内，因此需要用较高的温度和较长的时间才能达到消毒目的。

（三）过滤除菌

过滤除菌是将培养液用微孔薄膜过滤，使大于孔径的细菌等微生物颗粒阻留，从而达到除菌目的。微孔滤膜滤器加压式过滤比较（正压式）或抽滤式，由于加压式微孔滤膜滤器过滤具有流速高、过滤快、不易污染，可避免蛋白质产生气泡、使用方便、易清洗等优点，目前使用最为广泛。微孔滤膜滤器的构造原理类似于Zeiss滤器，用金属滤器和小型的塑料滤器，配上可以更换的一次性微孔滤膜。滤器型号按直径大小划分，如过滤量大的培养用液常用较大型号的金属滤器（直径90mm、100mm、142mm等），配以过滤泵使用。过滤量较小的液体常用注射器推动的塑料小滤器（直径20mm、25mm等），这些滤器清洗也比较方便（图1-20）。

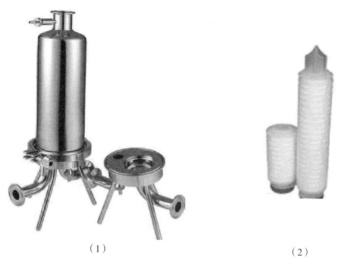

（1）　　　　　　　　　　　　（2）

图 1-20　过滤除菌的设备及滤芯

（1）滤壳　（2）滤芯

八、　冷冻贮存设备

　　冷冻贮存能较好地保持动物细胞的生物学特性。冷冻贮存装置主要是能盛放液氮的容器，即液氮罐（图 1-21）。液氮罐是细胞培养室的必备设备，有运输用的液氮罐和储存用的液氮罐两类。液氮罐有不同的规格，因厂家不同而异，国产液氮罐有容积为 10L、15L、30L、35L、50L 等多种规格。现在已经有了可以保存上万支细胞的液氮储存系统。液氮温度为 -196℃，因此在液氮罐中取用组织样品时要特别注意，防止液氮溅到皮肤上引起冻伤。

（1）　　　　　　　　　　　　（2）

图 1-21　液氮罐

（1）外观　（2）内部构造

九、 其他设备

（一）细胞截留装置

细胞截留装置（ATF）是一种以压缩空气为驱动力的隔膜泵，空气交替进出隔膜泵的底部使得培养液在生物反应器和系统间快速循环，培养液在经过中空纤维切向流过滤后，实现细胞拦截。系统快速的培养基交换速率和低剪切力，保证了培养系统内细胞的高密度和活力（图 1-22、表 1-3）。

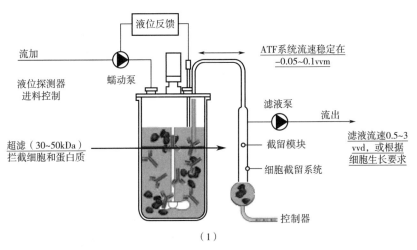

（1）

（2）

图 1-22　ATF 系统
（1）原理图　（2）外观图

表 1-3　　　　　　　　　　　ATF 系统的型号和换液量

系统	浓缩补料批次培养、 灌流、 浓缩灌流培养	微载体培养
ATF2	0~4L	0~10L
ATF4	4~25L	10~50L
ATF6	25~150L	50~250L

续表

系统	浓缩补料批次培养、灌流、浓缩灌流培养	微载体培养
ATF8	150~400L	250~1000L
ATF10	400~1000L	1000~5000L

（二）细胞消化装置

在工业化动物细胞培养过程中，为达到最终的生产规模，需要采用上一系统逐渐放大的反应器来培养种子细胞。反应器间传代培养是贴壁细胞扩大过程中的关键，细胞从上一级反应器的微载体上消化下来，再接种到下一级反应器中，通常需要一种专用的细胞消化装置，也叫消化反应器。细胞消化装置的种类很多，结构简单，其主要完成的流程是种子细胞无菌接入、原培养液的排除、缓冲液冲洗种子细胞、消化液消化、消化液排除、新鲜培养液加入、消化后细胞的无菌收集以及操作过程中搅拌和恒温加热（图1-23）。

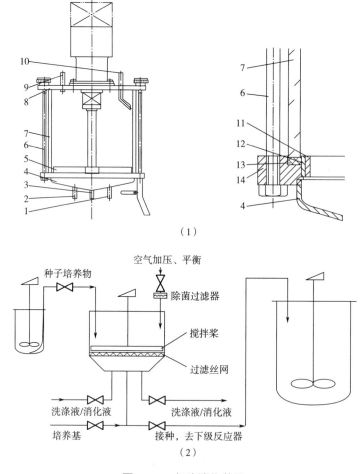

图1-23　细胞消化装置

（1）结构示意图　（2）消化过程流程图

1—洗涤液/消化液入口　2—消化液出口　3—进/出料口　4—底封头　5—搅拌装置　6—紧固螺栓　7—筒体
8—盖板　9—出/入气口　10—进料口　11—筛网　12—筛网固定环　13—密封圈　14—封头法兰

第三节　细胞培养基本操作技术

一、无菌操作

体外培养细胞缺乏抗感染能力，所以防止污染是决定培养成功的首要条件。无菌操作细胞培养的整体过程，无菌的概念要成为一种潜意识的习惯，一种自觉行为。即便使用设备完善的实验室，若实验者粗心大意，技术操作不规范，也会导致污染。因而，为在一切操作中最大可能地保证无菌，每一项工作都必须做到有条不紊和完全可靠。

培养前准备在开始实验前要制定好实验计划和操作程序。有关数据的计算要事先做好。根据实验要求，准备各种所需器材和物品、清点无误后将其放置操作场所（培养室、超净台）内，然后开始消毒。这可以避免开始实验后，因物品不全往返拿取而增加污染机会。

无菌培养室每天都要用 0.2% 的新洁尔灭拖洗地面一次（拖布要专用）。紫外线照射消毒 30~50min，超净工作台台面每次实验前要用 75% 酒精擦洗，然后紫外线消毒 30min。在工作台面消毒时切勿将培养细胞和培养用液同时照射紫外线，消毒时工作台面上用品不要过多或重叠放置，否则会遮挡射线降低消毒效果。一些操作用具如移液器、废液缸、污物盒、试管架等用 75% 酒精擦洗后置于台内同时紫外线消毒。

洗手和着装原则上和外科手术相同。平时仅做观察不做培养操作时，可穿着细胞培养室内紫外线照射的清洁工作服。在利用超净台工作时，因整个前臂要伸入无菌面，应着长袖的清洁工作服，并于开始操作前要用 75% 酒精消毒手。如果实验过程中手触及可能污染的物品和出入培养室都要重新用消毒液洗手。进入原代培养室需彻底洗手还要戴口罩、穿着消毒衣帽。

在无菌环境进行培养或做其他无菌工作时，首先要点燃酒精灯或煤气灯。以后一切操作，如安装吸管帽、打开或封闭瓶口等，都需在火焰近处并经过烧灼进行。但要注意：金属器械不能在火焰中烧的时间过长，以防退火，烧过的金属镊要待冷却后才能挟取组织，以免造成组织损伤。吸取过营养液后的吸管不能再用火焰烧灼，因残留在吸管头中营养液能烧焦形成炭膜，再用时会把有害物带入营养液中。开启、关闭长有细胞的培养瓶时，火焰灭菌时间要短，防止因温度过高烧死细胞。另外胶塞过火焰时也不能时间长，以免烧焦产生有毒气体，危害培养细胞。

操作开启无菌操作台风机运转 10min 后，才可开始实验操作，进行培养时，动作要准确敏捷，但又不必太快，幅度不能太大，以防空气流动，增加污染机会。无菌操作工作区域应保持清洁与宽敞，必要的物品可暂时放置，其他实验用品用完后应及时移出，以利于气体流通。实验操作应在操作台中央区域进行，勿在边缘非无菌区域进行。不能用手触及已消毒器皿，如已接触，要用火焰烧灼消毒或取备品更换。为拿取方便，工作台面上的用品要有合理的布局，原则上应是右手使用的东西放置在右侧，左手用品在左侧，酒精灯置于中央。工作由始至终要保持一定顺序性，组织或细胞在未做处理之前，勿过早暴露在空气中。同样，培养液在未用前，不要过早开瓶；用过之后如不再重复使用，应立即封闭瓶口直立，增加落菌机会。吸取营养液、磷酸盐缓冲溶液（PBS）、细胞悬液及其他各种用液时，均应分别使用吸管，不能混用，以防扩大污染或导致细胞交叉污染。工作中不能面向操作台讲话或咳嗽，以免唾沫把细菌或支原体带入工作台面发生污染。操作前用酒精擦拭超净台面及双手。手或相对较脏的物品不能经过开放的瓶口上方，不要在打开的容器正上方操作，实验容器打开后，用手夹住瓶盖并握住瓶身，倾斜45°取用，尽量勿将瓶盖盖口朝上放在台面上。瓶口最易污染，加液时如吸管尖碰到瓶口，则应将吸管丢掉。每次操作只处理一株细胞，以免造成细胞交叉污染。

实验结束后将实验物品带出工作台，如需要继续进行下一个实验，则用70%酒精擦拭无菌操作台面，再让无菌操作台风机运转10min后才可进行下一个实验。

二、 细胞计数和活力检查

（一）细胞计数

原代细胞制备时，培养的细胞在一般条件下要求有一定的密度才能生长良好，所以要进行细胞计数。计数结果以每毫升细胞数表示。细胞计数是细胞培养中一项基本技术，是了解培养细胞生长状态以及测定培养基、血清、药物等物质生物学作用的重要手段。细胞计数主要利用血球计数板来完成。血球计数板的每一大方格长为1mm，宽为1mm，高为0.1mm，体积为$0.1mm^3$，可容纳溶液$0.1\mu L$，每毫升溶液中所含细胞数即是视野中每一大方格数出的细胞数的10000倍。细胞计数步骤如下：

（1）准备计数板用酒精清洁计数板和盖玻片，然后用吸水纸轻轻擦干。

（2）准备细胞悬液用0.25%胰蛋白酶消化单层细胞或收集悬浮培养细胞，制成单个细胞悬液。要求细胞密度不低于10^4个/mL，若细胞数很少，应将悬液离心（1000r/min，5min），重悬浮于DMEM培养基中。

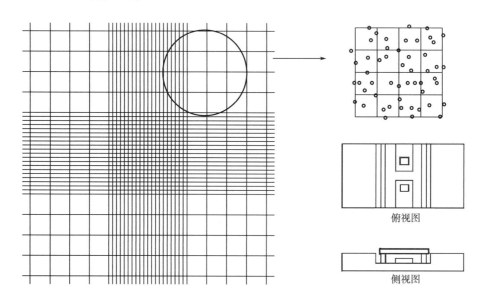

俯视图

侧视图

图1-24　血球计数板模式图

（3）加样将盖玻片盖在计数板两槽中间。用微量移液器轻轻吹打细胞悬液，吸取少量细胞悬液，在计数板上盖玻片一侧边沿加细胞悬液，加样量不要溢出盖玻片，也不要过少或带气泡。否则要将计数板和盖玻片擦干净重新加样。

（4）在显微镜下，用 10×物镜观察计数板四角大方格中的细胞数。细胞压中线时，只计左侧和上方者，不计右侧和下方者。

（二）细胞活力测定

在细胞群体中总有一些因各种原因而死亡的细胞，总细胞中活细胞所占的百分比叫做细胞活力，由组织中分离细胞一般也要检查活力，以了解分离的过程对细胞是否有损伤作用。复苏后的细胞也要检查活力，以了解冻存和复苏的效果。用台盼蓝对细胞染色，死细胞着色，活细胞不着色，从而可以区分死细胞与活细胞。利用细胞内某些酶与特定的试剂发生显色反应，也可测定细胞相对数和相对活力，活细胞中的琥珀酸脱氢酶可使噻唑蓝（MTT）分解产生蓝色结晶状颗粒积于细胞内和细胞周围。其量与细胞数呈正比，也与细胞活力呈正比。

细胞在培养瓶长成致密单层后，已基本上饱和，为使细胞能继续生长，同时也将细胞数量扩大，就必须进行传代（再培养）。传代培养也是一种将细胞种保存下去的方法，同时也是利用培养细胞进行各种实验的必经过程。悬浮型细胞直接分瓶就可以，而贴壁细胞需经消化后才能分瓶。传代细胞在生长过程中一般可分五期，分别为游离期、吸附期、生长期、维持期和衰退期，在传代后观察过程中注意区别。

1. 台盼蓝染色法

（1）将细胞悬液以 0.5mL 加入试管中。

（2）加入 0.5mL 0.4%台盼蓝染液，染色 2~3min。

（3）吸取少许悬液涂于载玻片上，加上盖片。

（4）镜下随机取 5 个任意视野分别计数死细胞和活细胞，并计算细胞活力。

（5）死细胞能被台盼蓝染上色，镜下可见深蓝色的细胞，活细胞不被染色，镜下呈无色透明状。细胞活力按下列公式计算：

$$细胞活力（\%）=（总细胞数-着色细胞数）÷总细胞数×100\%$$

2. MTT（噻唑蓝）法测定细胞相对数量和相对活力

（1）细胞悬液以 1000r/min 离心 10min，弃去上清液。

（2）沉淀中加入 0.5~1mL MTT，吹打成悬液（空白直接加 MTT）。

（3）37℃下保温 2h。

（4）加入 4~5mL 酸化异丙醇（定容），打匀。

（5）1000r/min 离心，取上清液分光光度计 570nm 比色，酸化异丙醇调零点。

3. 细胞计数设备计数和检查细胞活力

常用的细胞计数设备有 Countstar 自动细胞计数仪、CASY 快速细胞分析仪等，其中 Countstar 细胞计数仪是一款基于经典的台盼蓝染色法，整合先进的光学成像技术和智能图像识别技术的细胞计数仪。CASY 快速细胞分析仪是利用细胞膜的完整性来测定。死细胞具有一个可渗透的细胞膜，它允许等渗缓冲液 CASYt-on 进入。因此，死细胞内的细胞质同胞外的等渗缓冲液具有相同的电导率，可以被电极所忽略，所测得的仅仅是紧密结构的细胞核的体积。而活细胞拥有完整的细胞膜，CASY 快速细胞分析仪分析的是全细胞的体积。利用两者的相对差异即可区分开来。

三、 细胞保存、复苏与运输

为了保种和长期保存培养物的活性，必须将培养物进行冷冻保存，并在需要的时候重新复苏和培养，不论微生物、动物细胞、植物细胞还是体外培养的器官都可以进行冻存，并在适当的条件下复苏。冷冻保存就是将体外培养物悬浮在加有保护剂的溶液中，以一定的冷冻速率降至零下某一温度（一般低于-70℃的超低温条件），在此温度下对其长期保存。这一过程中，冷冻保护剂的选择，把握最佳的冷冻速率和冷冻保存温度至关重要。

甘油、二甲基亚砜（dimethyl sulfoxide，DMSO）、乙二醇、丙二醇、乙酰胺、甲醇等都为渗透性保护剂。自从 1959 年 Lovelock 等人发现了二甲基亚砜以来，目前仍较普遍将其作为冷冻保护剂。该类保护剂在细胞冻存冷冻悬液完全凝固之前，渗透到细胞内，在细胞内外产生一定的浓度，降低细胞内外未结冰溶液中电解质的浓度从而保护细胞免受高浓度电解质的损伤；同时细胞内水分也不会过分外渗，避免了细胞过分脱水皱缩。甘油和 DMSO 并不能防止细胞内结冰，尤其 DMSO 在常温下对细胞有较大毒副作用，但在 4℃ 其毒副作用大为减弱，所以使用时需要进行预冷，让甘油或 DMSO 等充分渗透到细胞内，在细胞内外达到平衡以起到保护作用。而一些大分子物质如聚乙烯吡咯烷酮、蔗糖、聚乙二醇、葡聚糖、清蛋白及羟乙基淀粉等都为非渗透性冷冻保护剂，其保护机制目前认为可能是聚乙烯吡咯烷酮等大分子物质可以优先同溶液中水分子相结合降低溶液中自由水的含量，使冰点降低，减少冰晶的形成。同时其分子质量大，使溶液中电解质浓度降低，从而减轻溶质损伤。

冷冻速率直接关系到冷冻效果，不同细胞的最适冷冻速率不同。当细胞被冷至-5℃左右时因溶液中加有冷冻保护剂而降低了溶液的冰点，细胞内外仍未结冰；当被冷至-15～-5℃时，细胞外溶液先出现结冰而细胞内仍保持未结冰状态。冷冻速率不同，细胞内水分向细胞外流动的情况会不同。如果冷冻速度慢，细胞内水分外渗多，细胞脱水，体积缩小，细胞内溶质浓度增高，细胞内不发生结冰产生溶质损伤；如果冷冻速度快，细胞内水分没有足够的时间外渗，结果随温度的下降而发生细胞内结冰形成较大冰晶造成细胞膜及细胞器的破坏，产生细胞内冰晶损伤；如果冷冻速度非常快（即超快速冷冻），则细胞内形成的冰晶非常小或不结冰而呈玻璃化凝固（玻璃化冷冻），对细胞膜和细胞器不造成破坏。所以超快速玻璃化冻存对细胞来说是最为理想的冷冻方法。而且为了保证获得最高冷冻存活率，在对一种细胞进行冷冻保存之前首先要测定其最适冷冻速率。

大量试验证明，细胞在合适的冷冻保存温度下，细胞生化反应极其缓慢甚至停止，经过长期保存，复苏后仍能保持正常的结构和功能。在-80～-70℃条件下保存细胞，短期内对细胞活性无明显影响，但随着冻存时间延长，细胞活率明显下降。-90℃时细胞可以保存 6 个月以上，在-196℃时，细胞活动几乎停止，复苏后细胞结构和功能完好，几乎可以无限地保存。因此液氮温度（-196℃）仍是目前最佳冷冻保存温度。

冻存细胞的复苏速率不当会降低细胞的存活率。一般来说复苏速度越快越好，过慢时细胞内会重新形成较大冰晶而造成细胞损伤。正规操作是在 37～42℃ 水浴中于 1～2min 内完成复温。

（一）细胞冻存

采用液氮超低温保存（-196℃），冻存前 24h 更换新鲜培养液，使细胞处于充足的营养环境中。常规法消化细胞，制备成细胞悬液后通过计数计算细胞总量。以 1000r/min 离心

10min弃上清再重复离心一次，尽量除去胰蛋白酶。加入4℃预冷的冻存保护液［90%胎牛血清（FBS）+10% DMSO］，调整细胞密度约$3.0×10^6$个/mL。每支冻存管中装约1mL后封口，标明日期、品种、细胞名称和培养代数。冻存管置4~8℃使DMSO充分渗透到细胞内，平衡2h移到液氮罐液氮面以上预冷，每隔一定时间向下降一定高度，约2h完全放入液氮罐底部，以后定期检查补充液氮，要完全杜绝细胞暴露在液氮外。

（二）细胞复苏

从液氮中取出冻存管，立即投入39~40℃水中快速晃动，直至完全融解，最好在90s内完成复温过程。加入约10mL（50mL培养瓶）培养液置5% CO_2培养箱中培养，2~8h后换加等量的新鲜细胞培养液以降低DMSO对细胞的损害作用。根据实验进展情况，及时进行传代。

（三）细胞运输

培养细胞的交流、交换、购买已经成为生命科学研究中一重要的环节。从其他实验室索取细胞时，应注意了解细胞性状、培养液以及培养时注意事项等详细资料。建立时间短的细胞系（株）培养过程中稍有差错，就有可能培养失败或使细胞生物学特征改变，因此需要时刻注意。

运输细胞的方法一般有两种：一种是冷冻储存运输，即利用特殊容器内盛有液氮或干冰冻存，保存效果较好，但比较麻烦，且不宜长时间运输，甚至在运输中容易发生意外事故；另一种方法是满瓶冲液法，步骤如下。

选择生长较好的细胞，可根据路程时间来选择接种细胞数量，一般以生长1/2~2/3贴壁为宜，弃去原有培养液，换加新鲜培养液，加至瓶颈部，稍留有微量空气，拧紧瓶盖；妥善包装运送，瓶口用封口膜密封。并用棉花等防震压处理，4~5d能到达的，一般放置贴身口袋即可，或包装好外包装并做好防震、易碎等标示后快递。到达目的地后，在洁净工作台内打开外包装，倒出多余的液体（留下正常培养用的量），37℃培养，次日传代。

四、 生长曲线绘制和倍增时间

体外培养的细胞常遵循一种标准的方式生长，即潜伏期、指数（对数）生长期、平台期和衰退期，细胞生长曲线是观测细胞在一代生存期内的增生过程的重要指标，它以培养时间为横坐标、细胞密度为纵坐标绘制坐标图。细胞生长曲线是观察细胞生长基本规律的重要方法，只有具备自身稳定生长特性的细胞才适合在观察细胞生长变化的实验中应用。因而在细胞系细胞和非建系细胞生长特性观察中，生长曲线的测定是最为基本的指标。在细胞生长曲线上细胞数量增加一倍的时间称为细胞群体倍增时间（PDT），生长曲线上的最高峰值即为促进细胞生长的最大增殖浓度。

五、 细胞克隆及克隆率测定

克隆是单个细胞通过有丝分裂形成的细胞群体。细胞克隆是把一个细胞从群体中分离出来单独培养，使之重新繁衍成一个新的细胞群体的培养技术。克隆形成率即向底物接种单细胞悬液能形成细胞小群的百分数。

细胞系中的细胞类型是不均一的。通过细胞克隆，能使培养物从不均一转变为均一，使培养物的遗传可变性减少。原代培养的细胞及其他未经克隆化的细胞系都具有异质性，而由单一细胞克隆化形成的细胞群体，细胞遗传性状差异减少，生物学性状均一，利于实验研究。

从理论上讲，各种培养细胞都可以克隆。但实际上，原代培养细胞和有限细胞系（二倍体细胞）比较困难，无限细胞系和肿瘤细胞比较容易。其原因是，当体内任何细胞被置于体外时，对细胞培养环境有一个适应过程，其间细胞对培养液具同化作用。而单细胞同化营养液的能力不如群体细胞强，原代细胞有限细胞系不如无限细胞系和肿瘤细胞。

细胞克隆化培养常用于肿瘤细胞、单克隆抗体的制备以及干细胞培养。但正常细胞很难在软琼脂和半固体中形成集落，而这种克隆化培养也是用来鉴别和筛选正常与异常细胞以及细胞恶性程度的方法之一。

单细胞分离培养技术有很多种方法。根据生长基质或培养物的性质或类型不同，常用的细胞克隆技术分为有限稀释法（多孔板克隆法）、饲养层克隆法、软琼脂克隆法、琼脂平板克隆法等多种。如干细胞一般多选用以成纤维细胞为饲养层，或用胶原、明胶预先包被在平皿上；恶性肿瘤细胞可选用琼脂和甲基纤维素作为支持物并提供一定的营养，也可用软琼脂和半固体的甲基纤维素；单克隆抗体的制备则多选用有限稀释法培养或半固体的甲基纤维素培养。

细胞克隆的大致过程如下。

（1）取生长状况良好对数生长期的待克隆细胞，吸出培养瓶内的培养液。

（2）制备成单细胞悬液，单个细胞百分率应在95%以上。

（3）取少量细胞悬液，用台盼蓝染色并计数活细胞。

（4）将细胞悬液做梯度倍数稀释，使细胞的最终浓度为5个/mL。

（5）接种细胞　取96孔培养板，接种上述细胞的稀释液，每孔接种200μL，置37℃、5%CO_2的培养箱培养。

（6）标记与培养养4~6h，待细胞下沉至培养板孔底后，从培养箱中取出培养板，置倒置显微镜台上，观察和标记下含单个细胞的孔数（B）。然后，送回CO_2培养箱中继续培养。待孔内细胞增至500~600个时，需10d左右，中间换液一次，可进行分离培养。挑选生长良好的单细胞克隆孔，重新接种并扩大培养。如果进行克隆率计算，培养至120~144h时，从培养箱中取出培养板，用倒置显微镜观察并计数已做过标记的孔（接种单细胞的孔）中形成了克隆的孔数（A）（图1-25）。克隆率（%）＝（A/B）×100%

 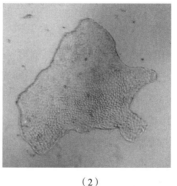

（1）　　　　　　　　　　　（2）　　　　　　　彩图

图1-25　细胞克隆

（1）悬浮型 BHK21 细胞 216h　（2）贴壁型 MDCK 细胞 216h

六、 细胞分裂指数和贴壁率测定

细胞分裂指数是计算分裂细胞占全部细胞中的比例的方法，用以表示细胞的增殖旺盛程度。一般要计算和观察 1000 个细胞中的细胞分裂相数。

细胞贴壁率又称接种存活率。适用于观察贴壁附着生长的细胞，是分析细胞增殖和存活的良好指标，因为只有活性相对较好的细胞才能贴壁生长，也反映细胞和培养底物材料的生物相容性。

当细胞在低密度下（2~50 个/cm²）以单细胞悬浮接种时，它们会生长成分散的集落，从这些集落的数目可以计算出贴壁效率。贴壁率的测定时一般都接种较少的细胞，计数由一定细胞数组成的集落（通常约为 50 个细胞数）。

（一）分裂指数测定

（1）按细胞传代培养的方法消化分散细胞，以 $2×10^5$ 个/mL 接种到放有盖玻片的 6 孔培养板中，每孔接 3mL。

（2）每 24h 取出个盖玻片，按常方法用 95% 的酒精固定，HE（苏木精–伊红染色法）染色封片。

①37℃温磷酸盐缓冲液漂洗 3 次，每次 1min。

②中性福尔马林固定 30min。

③先用蒸馏水漂洗 1 次，再用苏木精染色 20min。

④自来水洗，置入 1% Na_2CO_3 液中漂洗至蓝紫色。

⑤伊红水溶液染 1min。

⑥流水冲洗，自然干燥后观察。

（3）选择细胞密度适中的区域观察分裂细胞，共计数 1000 个细胞中分裂相细胞所占的千分比。

（4）将所测得的千分数逐日按顺序绘制成图即得细胞分裂指数曲线图。

（二）贴壁率测定

（1）按消化分散细胞，制备单细胞悬液。

（2）通过计数，将细胞接稀释至一定的密度（2~50 个/cm²）接种到培养皿中。

（3）培养 2~3 周，弃掉培养液，用结晶紫染色 10min。

（4）计数集落，计数贴壁率。贴壁率（%）=（所形成的集落数/接种的细胞数）×100%

七、 微载体培养

由于细胞培养的单层生长现象，培养系统中的细胞数量并不依赖于培养的体积，而是与培养系统提供的细胞贴壁面积有关。在规模培养中传统的转瓶培养，很难提高细胞的贴壁面积，因此大规模生产的效率很低。

微载体培养（microcarrier culture）是一种用于高产量培养贴壁细胞的实用技术。Cytodex 微载体专用于培养各类动物细胞，其培养体积可以从几毫升到 6000L 以上。应用 Cytodex 微载体技术，可以实现简单的贴壁细胞悬浮化培养，每毫升培养液可得到数百万细胞。微载体适于摇瓶、转瓶、搅拌罐以及波浪（WAVE）生物反应器等各种培养系统。微载体培养时将细胞吸附于微载体表面，在培养液中进行悬浮培养，使细胞在微载体表面长成单层的培养方法。微载体培养的优点：

（1）增加了比表面积，单位体积细胞产率高达 $10^7 \sim 10^8$ 个/mL。

（2）均匀悬浮和贴壁的培养方式，保证基质检测和控制。

（3）采用显微镜即可直接观察细胞的生长状况。

（4）培养基利用效率显著提高。

（5）收获细胞或目标产物的过程简单化。

（6）培养系可放大达到几千升的规模，降低了劳动强度和资源消耗。

微载体按制造材料可以分为六大类：中空玻璃微载体、葡聚糖微载体、聚苯乙烯微载体、交联明胶微载体、聚丙烯酰胺微载体和纤维素微载体。微载体按结构可分为两大类：实心球微载体和中空多孔微载体。中空多孔微载体因为具有更大的面积/体积比，因此具有更好的应用前景（图1-26）。

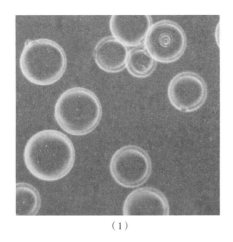 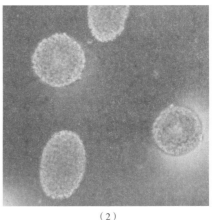

（1）　　　　　　　　　　　　　　（2）

图1-26　微载体
（1）葡聚糖实心球微载体　（2）中空多孔微载体

动物细胞贴附在微载体表面生长与细胞表面及微载体表面的化学–物理性质有关，微载体表面带有正电荷，而细胞表面带有负电荷，这种静电吸引作用使细胞易于在微载体表面贴附。用于制备微载体的材料的理想条件是对细胞无毒，不吸收培养基成分，与细胞有良好的相容性，荷电性，易于贴附细胞；表面利于细胞伸展，良好的透光性利于细胞的观察，非刚性材料避免损伤细胞；其密度要略大于培养液，在 $1.03 \sim 1.05$ 个/mL，易于悬浮和沉降；耐高压消毒且能重复使用，载体的粒径均匀分布在 $120 \sim 250\mu m$，易于收获细胞或目标产品，廉价并易于重复使用。

（一）微载体的处理

干燥的微载体在无 Ca^{2+} 和 Mg^{2+} 的磷酸盐缓冲液（PBS）（每克 Cytodex 微载体加 50mL ~ 100mL）中在室温下浸泡膨胀过夜。弃去上清液，用新配制的无 Ca^{2+}、Mg^{2+} 的 PBS（每克 Cytodex 微载体加 30~50mL）洗涤微载体数分钟。弃去 PBS，换上新的无 Ca^{2+}、Mg^{2+} 的 PBS（每克 Cytodex 微载体加 30 ~ 50mL），然后，微载体溶液用高压灭菌法灭菌（115℃，15min，103kPa）。Cytodex 微载体非常稳定，可以反复（至少5次）长时间（130℃，12h，186kPa）

进行高压灭菌而不影响其性能。

表 1-4   Cytodex 微载体的参数

项目	Cytodex 1	Cytodex 2
密度/(g/mL)	1.03	1.04
颗粒大小　$d_{50}/\mu m$	190	175
$d_{5\sim95}/\mu m$	147~248	141~211
大概面积/(cm²/g 干重)	4400	2700
每克干重约含微载体数量	4.3×10^6	3.0×10^6
膨胀因子/(mL/g 干重)	20	15

（二）微载体细胞培养

培养液的体积和接种量的大小应根据培养量的不同做相应的调整。配制 100mL 的培养液，应将 0.3g 的 Cytodex 溶于 30mL 培养基中，加入到旋转式容器。再接种 1×10^7 个细胞于该培养液中，轻轻混匀，37℃孵育。一旦细胞牢固地黏附在微载体的表面，即开始连续搅动。细胞黏附所需要的时间主要取决于该类细胞的黏附效率（attachment efficiency）。如果细胞黏附的时间过长，需要间断性（例如，每 30min 搅动 2min）搅动培养液以保证细胞和微载体的均匀分布。然后，将培养液的容积增加到 50min。搅拌的速度取决于培养容器，而且要足够快以防止微载体沉淀。1~2d 后，培养液体积增加至 100mL，3~5d 后，部分培养基需要更换。培养不同类型的细胞，该程序可能需要做一些相应的调整。

八、 全悬浮培养

（一）全悬浮培养细胞的优点

细胞培养中大多数原代细胞和连续传代的细胞都是贴壁培养型。由于生物制药工艺优化的需要，对许多生物细胞进行了全悬浮培养的驯化，驯化成全悬浮培养型细胞后可以像细胞菌一样传代生长。全悬浮培养的细胞有很多优点：

（1）不需要胰蛋白酶消化，传代过程更快，对细胞的创伤小，扩大培养更容易。

（2）悬浮培养物一般不换液，而是通过稀释培养物而扩大培养、稀释弃掉多余的或者吸弃大部分细胞悬液，将剩余的细胞悬液稀释到合适的接种密度。

（3）不需要增加基质表面积就可生产或收获大量细胞。

（4）通过稀释培养，使细胞密度保持恒定，就可获得稳定的生长状。

（5）细胞一旦实现全悬浮培养，可以设计成分明确的个性化无血清培养基，不仅能消除贴壁培养中使用动物带来的安全风险，也为生物制品的下游工艺提供了比较明确的培养物信息。

（二）细胞全悬浮培养的步骤

（1）用眼睛观察培养有无染污或衰退迹象（pH 下降、聚集、浮渣、真菌菌丝和孢子）。

（2）显微镜检查，细胞状态不好时的表现为皱缩、外形不规则和（或）颗粒化，健康的细胞干净而透明，在相差显微镜下核清晰可见，而且静置培养时常常可见小细胞。

（3）根据传代标准（密度、培养基耗尽和上次传代的时间）决定是否传代。

（4）混匀细胞悬液，必要时上下吹打使细胞团分散。

（5）向悬浮培养瓶中加入新鲜培养基，按细胞密度计算后依据接种密度向培养瓶中接种一定数量的细胞悬液。

（6）放入悬浮培养装置继续培养。

细胞培养基

近年来，通过对细胞培养基的逐步研究完善了动物细胞培养技术，使动物细胞培养技术已从单纯的实验操作扩展到生物学研究和商业利用的许多方面，成为广泛采用的技术手段。同时，随着疫苗、治疗性抗体和各种生物活性蛋白等生物制药产业的蓬勃发展，生物制药产业的基础产业发展也越来越成熟，特别是细胞培养基、生物反应器、反应器过程技术等基础产业的发展，极大地推动了生物制药产业的工艺升级和行业进步。

细胞培养基是体外细胞培养的重要因素。许多生物技术科学研究和产品的生产都离不开细胞培养，而在细胞培养发展史中，细胞培养基的发展占有很重要的位置。细胞培养基从20世纪50至60年代的基础培养基，经历低血清培养基、无血清培养基、无蛋白培养基，已发展至化学成分明确的化学限定细胞培养基。细胞培养基的拓宽和精准研究使动物细胞培养生物反应器开发和制造已经达到5000L以上规模，使反应器流加培养技术和灌注培养技术在疫苗和抗体领域广泛地被研究和应用。

本章包括动物细胞培养基、细胞培养基的理化性质、细胞培养基的基本成分及其作用、细胞培养基的选择、细胞培养基的配制和灭菌、细胞培养基使用过程中常见问题、细胞培养基的生产和过程控制、细胞培养基的质量标准和检测方法、悬浮培养用细胞培养基的选择和优化以及个性化培养基设计与优化十个方面的内容。

第一节　动物细胞培养基

细胞培养用培养基（cell culture medium）是在动物细胞体外培养体系中人工模拟动物细胞的体内生长环境，维持体外细胞存活和增殖的营养物质基础。细胞培养基的主要功能是提供细胞存活和增殖的适合pH和渗透压，以及细胞本身不能合成的各种营养物质。

按照细胞培养基的发展历史，细胞培养基大致分为平衡盐溶液、天然细胞培养基、合成细胞培养基、无血清细胞培养基等种类。

一、平衡盐溶液

平衡盐溶液（balanced salt solution，BSS）具有维持渗透压、调节pH的作用，含有供细胞存活所需的无机离子成分或营养物质，可用作洗涤组织、细胞和配制各种细胞培养液的基础溶液。

最简单的平衡盐溶液是生理盐水，即 0.9% NaCl 溶液，可用于维持细胞膜内外渗透压的平衡。此后，许多学者通过设计影响 pH 的弱酸和弱碱盐缓冲对、细胞代谢所需的葡萄糖以及 pH 指示剂酚红等物质，开发出更多的平衡盐溶液。其中，1948 年 Earle 设计出的 Earle's 平衡盐溶液，1949 年 Hanks 设计出的 Hanks' 平衡盐溶液，成为细胞培养基配方的基础成分。动物细胞培养中常用的平衡盐溶液有 PBS、Earle's（EBS）、Hanks'（HBS）与 D-Hanks'（DHBS）等，具体配方见表 2-1。

表 2-1　　　　　　　　　　　几种常用的平衡盐溶液配方　　　　　　　　　单位：g/L

名称	无 $Ca^{2+}Mg^{2+}$ PBS	含 $Ca^{2+}Mg^{2+}$ PBS	Earle's	Hanks'	D-Hanks'
NaCl	8.00	8.00	6.80	8.00	8.00
KCl	0.20	0.20	0.40	0.40	0.40
$CaCl_2$	—	—	0.20	0.14	—
$MgCl_2 \cdot 6H_2O$	—	0.1	—	—	—
$MgSO_4 \cdot 7H_2O$	—	—	0.20	0.20	—
Na_2HPO_4	1.15	1.15	—	0.048	0.048
$NaH_2PO_4 \cdot 2H_2O$	—	—	0.14	—	—
KH_2PO_4	0.20	0.20	—	0.06	0.06
$NaHCO_3$	—	—	2.20	0.35	0.35
葡萄糖	—	—	1.00	1.00	—
酚红	—	—	0.01	0.01	0.01

不同平衡盐溶液的使用方法有些区别。配制细胞消化液或者洗涤细胞时，通常采用无 Ca^{2+}、Mg^{2+} 的 PBS 或者 D-Hanks' 平衡盐溶液，因为 Ca^{2+}、Mg^{2+} 是细胞膜的重要组成成分，参与许多细胞黏附等功能，细胞容易结团。Earle's 平衡盐溶液含有较高的 $NaHCO_3$（2.2g/L），适合于 5% CO_2 的培养条件，Hanks' 平衡盐溶液中 $NaHCO_3$ 的含量较低（0.35g/L），适合于密闭培养，若放入 5% CO_2 细胞培养箱中，溶液变酸较快。

二、天然细胞培养基

在细胞体外培养的早期，培养细胞时采用的大多是天然培养基，即直接取自动物组织提取液或体液，如血浆、血清、淋巴液、胚胎浸出液等。目前尚在使用的天然培养基主要有水解乳蛋白（lactalbumin hydrolysate，LH）、牛血清等。

水解乳蛋白为乳白蛋白经蛋白酶和肽酶水解的产物，是多肽、氨基酸和碳水化合物的混合物，细胞培养时，一般采用 0.5% 水解乳蛋白溶液（采用平衡盐溶液溶解）与合成细胞培养基（如基础培养基）按 1:1 混合使用。

细胞培养中常用的血清包括胎牛血清、新生牛血清、马血清、鸡血清等。血清是一种组分复杂且尚不完全明确的混合物，含有上千种蛋白质，总蛋白质含量高达 60~150g/L，提供细胞生长所需要一些生长因子、激素、贴附因子和营养物质，基础细胞培养基通常添加 5%～10% 的血清。

水解乳蛋白和血清由于其成分复杂，批间差大及存在病毒等外源污染风险，对下游生物制品的分离纯化和安全性都存在较大的影响，在生物制药行业的使用也越来越少。因此，合成细胞培养基应运而生，基于对血浆成分的分析，开发出第一个组分复杂的细胞培养基 199，包含了 60 多种化学合成成分。

三、　合成细胞培养基

1959 年，Eagle 首先提出基础培养基（minimal essential medium，MEM）的配方，其基本营养成分是盐、氨基酸、维生素和其他必需营养物的 pH 缓冲的等渗混合物。在 MEM 基础上，DMEM、199、DMEM/F12、RPMI1640 等各种合成细胞培养基被不断开发出来。

通常，合成细胞培养基需添加 5%～10% 的血清，才能维持细胞活力，促进细胞增殖。针对不同的动物细胞，现已商业化开发了多种个性化低血清细胞培养基配方，营养成分更加丰富，血清使用量可降低至 1%～3%，减少了血清等动物来源成分对生物制品安全性的影响。例如北京清大天一科技有限公司开发的 BHK21 细胞低血清细胞培养基，不添加任何动物来源成分，成功应用于悬浮培养 BHK21 细胞生产口蹄疫疫苗。常用合成细胞培养基的配方见表 2-2。

表 2-2　　　　　　　　　　　常用合成细胞培养基的配方　　　　　　　　单位：mg/L

成分	BEM	DMEM	DMEM/F12	199	MEM	RPMI1640
四水硝酸钙	—	—	—	—	—	100
氯化钙	200	200	116.6	200	200	—
硫酸铜	—	—	0.0013	—	—	—
九水合硝酸铁	—	0.1	0.05	0.70	—	—
七水合硫酸亚铁	—	—	0.417	—	—	—
氯化钾	400	400	311.8	400	400	400
六水合氯化镁	—	—	28.64	—	—	—
无水硫酸镁	97.67	97.67	48.84	97.67	97.67	48.84
氯化钠	6800	6400	6999.5	6800	6800	6000
无水磷酸二氢钠	121.7	108.7	54.35	121.74	121.74	—
无水磷酸氢二钠	—	—	71.02	—	—	800
七水合硫酸锌	—	—	0.432	—	—	—
L-盐酸精氨酸	21	84	147.5	70	126	200
L-胱氨酸盐酸盐	15.65	63	31.29	26	31.29	65.15
L-谷氨酰胺	292	584	365	100	292	300
甘氨酸	—	30	18.75	50	—	10

续表

成分	BEM	DMEM	DMEM/F12	199	MEM	RPMI1640
L-盐酸组氨酸	15	42	31.48	21.88	42	15
L-异亮氨酸	26	105	54.47	40	52	50
L-亮氨酸	26	105	59.05	60	52	50
L-盐酸赖氨酸	36.47	146	91.25	70	72.5	40
L-甲硫氨酸	7.5	30	17.24	15	15	15
L-苯丙氨酸	16.5	66	35.48	25	32	15
L-丝氨酸	—	42	26.25	25	—	30
L-苏氨酸	24	95	53.45	30	48	20
L-丙氨酸	—	—	4.45	25	—	—
L-谷氨酸	—	—		75	—	20
L-天冬酰胺	—	—	7.5		—	50
L-天冬氨酸	—	—	6.65	30	—	20
L-盐酸半胱氨酸	—	—	17.56	0.11	—	—
L-谷氨酸	—	—	7.35	—	—	—
L-脯氨酸	—	—	17.25	—	—	20
L-羟脯氨酸	—	—	—	10	—	20
L-色氨酸	4	16	9.02	10	10	5
L-酪氨酸	18	72	38.4	40	36	20
L-缬氨酸	23.5	94	52.85	25	46	20
腺嘌呤硫酸盐	—	—	—	10	—	—
腺苷酸	—	—	—	0.20	—	—
三磷酸腺苷二钠	—	—	—	1	—	—
胆固醇	—	—	—	0.20	—	—
2-脱氧-D-核糖	—	—	—	0.50	—	—
无水葡萄糖	1000	1000	3151	1000	1000	2000
谷胱甘肽（还原型）	—	—	—	0.05	—	1
鸟嘌呤盐酸盐	—	—	—	0.30	—	—
4-羟乙基哌嗪乙磺酸（HEPES）	—	—	3574.5	—	—	—
次黄嘌呤	—	—	2	0.30	—	—
亚油酸	—	—	0.042	—	—	—
硫辛酸	—	—	0.105	—	—	—
苯酚红	10	15	8.10	20	10	5

续表

成分	BEM	DMEM	DMEM/F12	199	MEM	RPMI1640
D-核糖	—	—	—	0.50	—	—
乙酸钠	—	—	—	50	—	—
胸腺嘧啶	—	—	—	0.30	—	—
聚山梨酯 80	—	—	—	20	—	—
尿嘧啶	—	—	—	0.30	—	—
黄嘌呤	—	—	—	0.30	—	—
维生素 C	—	—	—	0.05	—	—
维生素 E	—	—	—	0.01	—	—
1,4-丁二胺二盐酸盐	—	—	0.081	—	—	—
丙酮酸钠	—	110	55	—	—	—
D-生物素	1	—	0.0035	0.01	—	0.2
维生素 D_2	—	—	—	0.10	—	—
泛酸钙	1	4	2.24	0.01	1	0.25
氯化胆碱	1	4	8.98	0.50	1	3
叶酸	1	4	2.65	0.01	1	1
肌醇	2	7.2	12.6	0.05	2	35
维生素 K_3	—	—	—	0.01	—	—
烟酸	—	—	—	0.025	—	—
烟酰胺	1	4	2.02	0.025	1	1
对氨基苯甲酸	—	—	—	0.05	—	1
盐酸吡哆醛	1	4	2	0.025	1	—
维生素 B_6	—	—	0.031	0.025	—	1
维生素 B_2	0.1	0.4	0.219	0.01	0.1	0.2
维生素 B_1	1	4	2.17	0.01	1	1
胸苷	—	—	0.365	—	—	—
维生素 B_{12}	—	—	0.68	—	—	0.005
维生素 A	—	—	—	0.14	—	—
pH（无碳酸氢钠）	5.60~6.20	3.20~3.80	5.50~6.10	3.90~4.50	5.60~6.20	7.20~7.80
pH（加碳酸氢钠）	7.40~8.00	7.20~7.80	6.50~7.10	7.00~7.60	7.30~7.90	7.50~8.10
渗透压（无碳氢钠）	238~263	238~263	265~293	238~263	238~263	225~249
渗透压（加碳酸氢钠）	285~315	300~332	284~314	274~302	280~310	265~293

值得注意的是，市场上也有添加各种动物来源成分的低血清细胞培养基，在选择细胞培养基时需采取必要的检测手段，消除动物来源成分潜在的牛脑海绵状病（BSE）的朊病毒危害。

各种常用细胞培养基的发展及适宜范围见表2-3。

表2-3　　　　　　　　　　各种常用细胞培养基的发展及适宜范围

培养基名称	概述
199 细胞培养基	1950年由Morgan等开发，添加适量的血清后，可广泛用于多种细胞培养，并用于病毒学、疫苗生产等
MEM 细胞培养基	MEM（minimal essential medium），1959年Eagle确定的一种最基本、适用范围最广的细胞培养基，也是一种被广泛应用的细胞培养基。 MEM细胞培养基有含Earle's平衡盐的类型，也有含Hanks'平衡盐的类型；有高压灭菌型的，也有过滤除菌型的；还有含非必需氨基酸的类型。
DMEM 细胞培养基	DMEM（Dulbecco's modified minimal essential medium）是由Dulbecco改良的Eagle培养基，各成分量加倍，分低糖（1000mg/L）、高糖（4500mg/L）。细胞生长快。附着稍差的肿瘤细胞、克隆培养用高糖效果较好，常用于杂交瘤的骨髓瘤细胞和DNA转染的转化细胞培养。
IMDM 细胞培养基	IMDM（Iscove's modified DMEM）是由Iscove在DMEM基础上改良，增加了几种氨基酸和胱氨酸量等。可用于杂交瘤细胞培养，以及无血清培养的基础细胞培养基
RPMI1640 细胞培养基	Moore等于1967年针对淋巴细胞培养设计，BSS+21种氨基酸+维生素11种等，广泛适于许多种正常细胞和肿瘤细胞，也用作悬浮细胞培养
HamF12 细胞培养基	Ham在1963年研制，含微量元素，可在血清含量低时用，适用于克隆化培养。F12适用于CHO细胞，也是无血清细胞培养基中常用的基础细胞培养基
DMEM/F12 细胞培养基	1980年Sato将DMEM和F12按照1：1比例混合，混合后营养成分丰富，血清使用量也减少，常作为开发无血清细胞培养基时的基础细胞培养基

四、无血清细胞培养基

无血清细胞培养基（serum-free medium，SFM）的出现是细胞培养基发展历史上的一个里程碑，其一般是在合成细胞培养基的基础上，引入成分完全明确的或部分明确的血清替代成分，既能满足动物细胞培养的要求，又能有效克服因使用血清的缺点。

血清所含组分的复杂性和不确定性，以及可能存在病毒等病原微生物污染的潜在风险，既是细胞培养成本的主要部分，也是纯化工艺的主要障碍，直接影响病毒疫苗生产工艺稳定和疫苗质量提高。血清所含组分的复杂性和批次间的质量差异增加了病毒疫苗生产工艺的复杂性、不稳定性和疫苗质量控制的难度；血清中可能存在的病毒等病原微生物，如引起牛海绵状脑炎（疯牛病）的朊病毒，给疫苗的使用带来了不容忽视的安全隐患。

1975年，Hayashi等在细胞培养基中用激素代替血清使垂体细胞株Gh3在无血清介质中生长获得成功，预示着无血清细胞培养基的诱人前景。1980年，Sato将DMEM和F12按照

1∶1比例混合，结合两种细胞培养基的各自优点，培养基营养成分将更丰富，形成 DMEM/F12 细胞培养基，既能用于克隆筛选，也能实现细胞高密度培养。DMEM/F12 细胞培养基已成为许多无血清细胞培养基开发的基础。Sato 的学生 Murakami 也为无血清培养基开发做出重要贡献，发现了三个重要的细胞共同营养成分：胰岛素、转铁蛋白和硒，并进一步发现细胞无血清培养时普遍所需的一种成分——乙醇胺。现在，胰岛素、转铁蛋白、硒和乙醇胺（简称 ITES）已成为商业产品，是实现细胞无血清培养的重要添加剂。

无血清细胞培养基早期开发的主要研究思路是阐明血清中对细胞培养有利的组分，在评价每一种血清替代物对细胞培养影响的基础上，选择具有类似血清相似功能的血清取代物，从而形成无血清细胞培养基的配方，该过程通常非常费时费力，因为每一种血清替代物的有无、浓度都需被考察，最终确定无血清培养基的优化配方。在当前生物制药行业，无血清细胞培养基开发的重要趋势是尽量减少营养组分的数量，最大化细胞培养的效率，达到简化纯化过程的目的。

开发无血清细胞培养基的方法主要有两种：一种是从有关细胞类型的已知配方出发，逐一验证各种组分，此种方法需借助于高通量的筛选系统；另一种是参考有关的配方和已有的经验，添加可能有用的成分，使细胞正常生长，然后在此基础上，进一步筛选有不利影响的组分，并对现有的一些组分进行浓度优化。

现在商业化的无血清细胞培养基有明显的特征区别，通常可分为四种类型。

（一）无血清细胞培养基

无血清细胞培养基（serum-free media，SFM）为一般意义上的无血清细胞培养基，在合成细胞培养基的基础上，添加大量可替代血清功能的生物材料配制而成，如牛血清白蛋白（bovine serum albumin，BSA）、转铁蛋白（transferrin，TRF）、胰岛素（insulin）等生物大分子物质，以及从血清中提取的去除蛋白质的混合脂类等。其特点是培养基中的蛋白质含量较高，添加物质的化学成分不明确，其中含有大量的动物来源蛋白质。其属于早期开发的无血清细胞培养基，但是由于培养基中不明确成分较多，在生物制品中的生产应用中逐渐被淘汰。

（二）无动物来源无血清细胞培养基

无动物来源无血清细胞培养基（animal-component-free media）是基于生物制品的安全性考虑，这些无血清细胞培养基不添加任何的动物来源成分，但添加重组蛋白，或者植物水解物、酵母抽提物等蛋白质水解物。无动物来源组分经过优化组合，形成无动物来源无血清细胞培养基，能有效促进细胞的生长增殖，也提高了生物制品的安全性，是目前生物制药行业应用较为广泛的一种。

（三）无蛋白质无血清细胞培养基

无蛋白质无血清细胞培养基（protein-free media）完全不含有动物来源蛋白质，但仍有部分添加物是植物蛋白质的小水解片段或合成多肽片段，以及类固醇激素和脂类前体等。其特点是完全没有蛋白质或蛋白质含量极低，有利于生物制品的分离纯化。

（四）化学组分限定无血清细胞培养基

化学组分限定无血清细胞培养基（chemically defined media）是目前最安全、最为理想的无血清细胞培养基，所有成分的浓度都完全明确，即使其所添加的少量蛋白质，也是经过纯化处理，成分明确、浓度确定的蛋白质。化学组分限定无血清细胞培养基较为理想地减少了生产的可变性，提高了生产工艺的重复性，并有效降低了纯化成本。因为化学成分明确，有利于进行细胞培养的代谢及调控研究，但价格较为昂贵。

无血清细胞培养基的发展伴随了细胞培养技术从实验室研究逐渐走向商业化大规模生产的历程，其指导思想在于不断提高商业化生产过程的稳定性，保障生物制品的有效性和安全性。化学成分明确、无动物来源成分或无蛋白质细胞培养基的应用，可以提高细胞培养成功的重复性和工艺稳定性，有效降低下游纯化成本，同时避免外源物质污染，生物制品也容易被药政当局批准。

无血清细胞培养基有着明显的细胞特异性，不同的细胞需要的无血清细胞培养基也不一样。现在商业化的无血清细胞培养基包括 CHO 无血清细胞培养基、Vero 无血清细胞培养基、BHK 细胞无血清细胞培养基和 293 无血清细胞培养基等。无血清细胞培养基能否大规模应用于生物制药行业，还取决于另一个重要因素：无血清细胞培养基成本必须满足当前生物制药行业的现实需要。北京一公司开发的 CHO 无动物来源组分无血清细胞培养基和 BHK21 无动物来源组分无血清细胞培养基，就是在综合考虑细胞培养效果、生物制品安全性及生产成本等基础上而开发的产品，其中的 BHK21 无动物来源组分无血清细胞培养基已成功用于反应器无血清悬浮培养生产口蹄疫苗工艺。

五、 个性化细胞培养基的研发及应用

由于各公司或研究单位构建的高性能细胞系不同，而不同细胞的营养要求往往是个性化的，但大部分培养基生产企业销售的培养基一般仅适合于其研发的细胞系，很难满足不同动物细胞系在反应器中大规模、高密度生长时的营养要求。对细胞无血清培养而言，因为不同细胞或同一细胞的不同克隆的营养要求都不一样，更需要与细胞相对应的个性化培养基。另外，动物细胞培养过程的不同培养阶段，细胞代谢所需的营养也不同的，即同一细胞系在整个培养过程也需要使用不同的培养基。因此，个性化细胞培养基的开发是动物细胞大规模培养成功的关键技术之一，也即为每一个细胞系及其培养过程每阶段均需要开发个性化、高效的培养基。

严格意义上来说，个性化细胞培养基不在细胞培养基的传统分类之列，其具体是指一类根据细胞特性、细胞培养工艺特点、使用者需求习惯而量身定制的细胞培养基，主要目的是提高细胞产率、产品质量、产品安全性和降低血清的使用等。个性化细胞培养基可能是无血清培养基，也可能是低血清培养基，最终是为满足某一种或某一类生物制品的生产需求。这说明个性化细胞培养基的研发和发展离不开实际的细胞特性和生物制品生产工艺要求，它可能是培养基生产企业根据市场需求自行研究开发的特定培养基，也可能是生物制药企业和培养基生产企业合作的结果。

国际上，生物制药企业的细胞培养基主要是通过"合同定制"方式进行开发或生产，主要模式是"合同研发外包"和"合同制造外包"。安进公司（Amgen）、基因泰克公司（Genetech）等世界著名的生物制药企业和细胞培养基生产企业建立一种"协议服务"的商业关系，合作开发或者委托生产最适合企业自身细胞特点的个性化细胞培养基，培养基生产企业也为客户提供细胞培养基优化服务以及技术支持，提高客户的细胞培养效率。专业人士分析认为，随着动物细胞培养技术以及抗体等高附加值生物制品产业的蓬勃发展，传统细胞培养基的需求已经缩小了，但为个性化细胞培养基的开发及细胞培养基定制等服务创造了巨大机会。与国外相比，目前我国生物制药企业的细胞培养基应用还停留在较低水平，疫苗生

产中最常用的细胞培养基是 20 世纪 50 至 60 年代开发的 199、MEM、DMEM 等细胞培养基。对国外的细胞培养基生产企业而言，MEM、DMEM 等细胞培养基不到其业务的 10%，主要用于满足科研院所和政府的研究者的实验室研究需求，而个性化培养基超过其业务的 90% 以上，主要服务于国际生物制药企业的反应器细胞大规模培养。当前，许多国内生物制药企业开始理解并接受"个性化细胞培养基"的概念，也与国内细胞培养基生产企业进行了多层次的合作，在实际细胞培养和疫苗生产过程中推广个性化细胞培养基的应用，逐步改变了平衡盐溶液加水解乳蛋白、MEM 加血清能培养所有动物细胞，以及高压灭菌的细胞培养基才可靠等观念。

从 20 世纪 80 年代起，国内科研机构及细胞培养基生产企业进行了大量的细胞培养基的开发、优化等工作，取得了许多重要成果，有利促进了国内动物细胞培养技术和疫苗生产工艺技术的进步。特别是近几年，得益于我们生物制药产业的迅速发展，国内细胞培养基行业也获得了快速发展，无论从个性化细胞培养基的应用，还是无血清细胞培养基的开发，细胞培养基的种类已实现与国际产品同步接轨，细胞培养基生产过程追求良好操作规范（GMP）管理，细胞培养基质量得到了有效的保证。

国内外很多生物公司如希格玛（Sigma）、Gibco、龙沙（Lonza）、Hyclone 等公司根据不同细胞生长特性和悬浮培养工艺要求，开发了一系列个性化细胞培养基，包括 BHK21 细胞低血清悬浮培养基、BHK21 细胞无动物组分无血清培养基、Vero 细胞低血清培养基、Vero 细胞反应器高密度培养基、CHO 细胞无动物组分无血清培养基和 CHO 细胞无动物组分营养添加剂等，已应用于疫苗、抗体等生物制品实际生产过程。

第二节　细胞培养基的理化性质

动物细胞在细胞培养基中不仅能存活，还要分裂增殖，合适的渗透压、pH 等理化性质是细胞培养基必须具备的前提条件。

一、pH

大多数动物细胞的适宜 pH 在 7.2~7.4，不同细胞株之间差别不大；但一些正常成纤维细胞系在 pH 7.4~7.7 生长较好，而一些转化细胞可能在 pH 7.0~7.4 生长较好。细胞培养基的 pH 通常需经校正的 pH 计来测定。依靠细胞培养基中的酚红等 pH 指示剂进行判断，需要细胞培养人员的经验积累，但存在较大的主观性。酚红是细胞培养基中最常用的 pH 指示剂，pH 7.8 时呈现紫色、pH 7.6 呈现桃红色、pH 7.4 呈现红色、pH 7.0 时呈现橘红色、pH 6.5 时呈现柠檬黄色。实际上，个性化细胞培养基或是无血清细胞培养基中酚红含量较少或是不含酚红，只能通过 pH 计或者 pH 电极进行 pH 的检测，结果也更为准确可靠。

二、缓冲能力

细胞培养基应具有一定的缓冲能力。细胞培养过程中造成细胞培养液 pH 波动的主要物质是细胞代谢产生的 CO_2，在封闭式培养过程中 CO_2 与水结合产生碳酸，细胞培养液 pH 很快下降；打开培养器具时 CO_2 逸出则会引起 pH 升高。细胞培养基通常采用 $NaHCO_3$-CO_2 缓冲系统，按下列化学反应方程式调节细胞培养基的 pH：

$$H_2O + CO_2 \rightleftharpoons H_2CO_3 \rightleftharpoons H^+ + HCO_3^- \tag{1}$$

由于 HCO_3^- 与大部分氧离子作用的解离常数都很低，因此又导致了重新组合，使培养基保持酸性。

$$NaHCO_3 \rightleftharpoons Na^+ + HCO_3^- \tag{2}$$

增加 HCO_3^- 浓度可迫使反应式（1）向左进行直至 pH 7.4 时达到平衡。如果用其他碱性物质如氢氧化钠（NaOH），最终结果是相同的：

$$NaOH + H_2CO_3 \rightleftharpoons NaHCO_3 + H_2O \rightleftharpoons Na^+ + HCO_3^- + H_2O$$

此外，细胞培养基还有采用磷酸盐缓冲系统，以获得较高的缓冲能力。相比碳酸盐缓冲系统的缓冲能力较低，但因其对细胞毒性小、成本低，在细胞培养中应用得更为广泛。

另一种较为常用的缓冲液是羟乙基哌嗪乙硫磺酸（HEPES）液，它是一种非离子两性缓冲液，在 pH 7.0~7.2 范围内具有较好的缓冲能力，在细胞培养液中添加合适浓度的 HEPES，可较好地控制 pH 在适宜范围。高浓度的 HEPES 可能对细胞有毒性作用，细胞培养时 HEPES 的添加浓度一般为 10~25mmol/L。

三、 渗透压

细胞必须生活在等渗的环境中，大多数体外培养的细胞对渗透压有一定耐受性。人血浆渗透压约 290mOsm/kg，可视为培养人体细胞的理想渗透压。鼠细胞渗透压约 320mOsm/kg。研究显示，对于大多数哺乳类动物细胞，渗透压在 260~320mOsm/kg 的范围内都适宜。在生产、配制细胞培养基的过程中，渗透压的测定较为重要，有助于防止在生产、配制过程中出现称量等方面的错误。反应器高密度培养动物细胞过程，在添加碳酸氢钠的过程中注意渗透压的监控，防止渗透压过高对细胞的损害。

四、 温度

温度对细胞培养基有较大的影响。较高温度可引起营养成分的降解或破坏，细胞培养基的 pH、离子强度和电解常数 pK_a 也可能都会受到影响。如配制后的细胞培养液中通常含有谷氨酰胺，谷氨酰胺在高温条件下降解的速度较快，如 35℃ 贮存时，放置 3d 降解 25% 左右，在 4℃ 贮存 3 周降解约 20%（图 2-1）。

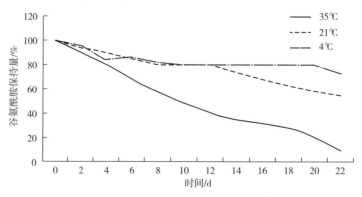

图 2-1 不同贮存条件下谷氨酰胺的降解速率

五、 黏滞性及表面张力

含血清细胞培养液的黏滞性主要是由血清引起的，在转瓶培养贴壁细胞时，培养液的黏滞性对细胞生长没有多大影响；但在生物反应器悬浮培养细胞时，细胞培养液的黏滞性则直接影响搅拌转速控制及搅拌剪切力对细胞造成的损伤程度。

表面张力对细胞培养有较大的作用，尤其在利用生物反应器进行悬浮培养时，搅拌和通气都会引起泡沫的产生，尤其对于含血清培养液，由于血清中多种蛋白质的存在，搅拌时产生的气泡较多，气泡的上升运动对细胞的损伤程度还有争议，但气泡的破裂对细胞有明显的损伤作用，在气泡破裂的瞬间对气泡周围的细胞有较大损伤。为降低这种损伤，可通过在细胞培养基中添加一些保护剂，降低细胞-气体和细胞-液体的表面张力，减少气泡的形成。

第三节 细胞培养基的基本成分及其作用

细胞培养基的成分是实现动物细胞体外培养成功的最重要因素之一。细胞培养基必须含有充分的营养物质，满足完成新细胞合成、细胞代谢等生化反应所需要的物质和能量。细胞培养基的主要成分是水、氨基酸、维生素、碳水化合物、无机盐和其他辅助营养物质。传统的合成细胞培养基在使用时还需添加一定量的血清才能促进细胞生长和繁殖。低血清细胞培养基或是无血清细胞培养基主要是在合成细胞培养基的基础上，通过调整营养成分配比或含量，或添加一些血清替代因子，能够满足细胞在低血清或无血清条件下维持细胞增殖的物质和能量需求。

一、 水

水不仅是细胞的主要成分，也是细胞赖以生存的主要环境，营养物质、代谢产物都必须溶解在水中，才能被细胞吸收和排泄。细胞培养液中90%以上的成分是水。细胞对水的品质非常敏感，水的品质直接影响细胞培养的效果。水中通常含有重金属、氯、磷、有机物、热原等污染物，细胞培养用水须经过纯化，水的品质应符合中国药典注射用水标准或者超纯水（水的电阻≥18.25MΩ/cm，25℃）。

细胞培养用水的贮存对保持水的品质有很大影响，周围环境和空气使水二次污染，内毒素含量升高等。在配制细胞培养液时，水最好是现用现制备。不同地区水质可能有差异，偏酸性或偏碱性，在配制细胞培养液的时候，需考虑实际水质情况及细胞培养工艺要求。

二、 能源和碳源

能源和碳源主要用于维持细胞生命和支持细胞生长，主要包括糖、糖酵解的产物和谷氨酰胺，其他氨基酸是次要的能源和碳源物质。细胞能够利用的糖类主要是六碳糖，目前大多体外培养时选取葡萄糖作为细胞的主要碳源和能量来源，因此细胞培养基中基本都含有葡萄糖。细胞培养基的葡萄糖含量一般为 5~25mmol/L。

在葡萄糖浓度较高时，细胞主要通过扩散作用吸收葡萄糖，细胞膜内外的葡萄糖浓度梯度是细胞吸收葡萄糖的动力。在葡萄糖浓度较低时，主要由钠离子推动的高亲和性转运过程使细胞摄取葡萄糖。葡萄糖进入细胞后首先在细胞质中进行糖酵解，糖酵解的中间产物6-磷酸葡萄糖可以进入磷酸戊糖途径，生成各种核糖，参与核酸代谢；也可以作为原料参与糖原合成。3-磷酸葡萄糖可以参与丝氨酸和甘氨酸的合成。丙酮酸可以不完全氧化生成乳酸和ATP（三磷酸腺苷），也可以进入线粒体通过三羧酸循环完全氧化生成二氧化碳和ATP。三羧酸循环的中间产物如乙酰辅酶A、α-酮戊二酸、琥珀酰辅酶A、苹果酸、草酰乙酸可以参与氨基酸、脂类和核酸代谢。

与体内的能量供应途径不同，体外培养时，一定的浓度范围条件下，葡萄糖主要经糖酵解循环转化成乳酸来为细胞提供能量，同时在产生能量的过程中产生的代谢副产物（乳酸）率较高，部分研究者试图寻求葡萄糖的替代品，如果糖及丙酮酸钠等，2007年Wlaschin等通过在CHO细胞系中表达果糖运输蛋白GLUT5，培养介质中使用果糖替代葡萄糖，在CHO细胞流加培养过程中大大降低了培养上清中乳酸的浓度，细胞最大生长密度由4.4×10^6个/mL提高到1.1×10^7个/mL。

三、 氮源（氨基酸）

氨基酸在细胞内的重要生理作用主要体现在以下几方面：

（1）氨基酸是蛋白质的基本组成单位，用于合成蛋白质和多肽。

（2）氨基酸可以用于合成某些具有重要生理作用的含氮化合物，如核酸、烟酰胺等。

（3）某些氨基酸还具有独特的生理作用，如甘氨酸参与生物转化作用，丙氨酸和谷氨酰胺参与细胞内氨的运输等。

（4）氨基酸还可以转变成糖类和脂肪，参与氧化供能。

细胞所能利用的氨基酸是L型同分异构体，D型氨基酸不能被利用。不同的细胞对氨基酸的需求各异，但几种必需氨基酸细胞不能自身合成，主要有组氨酸、异亮氨酸、亮氨酸、赖氨酸、甲硫氨酸、苯丙氨酸、苏氨酸、色氨酸、缬氨酸，必须依靠外源的细胞培养液提供，因此在细胞培养基配方中，上述氨基酸的浓度较高。其余非必需氨基酸如丙氨酸、天冬氨酸、天冬酰胺、谷氨酸、脯氨酸、丝氨酸、甘氨酸等，细胞可以自己合成，或通过转氨作用由其他物质转化而来，但是在细胞培养基中添加适当浓度的非必需氨基酸可以减轻细胞在合成方面的负担，提高必需氨基酸的利用率。不同的细胞株在自身生长和产物合成时对氨基酸的需求不同，细胞对不同氨基酸的利用速率也有很大差别，导致氨基酸的代谢有较大的差异，通常在个性化细胞培养基或无血清细胞培养基中氨基酸的浓度含量较高。

绝大部分细胞对谷氨酰胺有较高的要求，可能因其不仅是细胞的主要氮源，而且谷氨酰胺还可作为细胞生长的能源物质和嘌呤、嘧啶核苷酸的前体，另外还可以直接作为细胞增殖和产物合成中的蛋白质和多肽的组成成分，在缺少谷氨酰胺时，细胞生长不良而死亡。由于谷氨酰胺具有多种生理作用，体外动物细胞培养时需要大量谷氨酰胺，利用量常超过其他必需氨基酸利用量的总和，因此，细胞培养基中谷氨酰胺的浓度一般会大大高于其他氨基酸。谷氨酰胺在细胞内的代谢途径较多，其进入线粒体后在谷氨酰胺酶的作用下脱酰胺基生成谷氨酸和氨，谷氨酸可以继续脱酰胺基生成α-酮戊二酸，或者通过转氨基作用生成丙氨酸、天冬氨酸和α-酮戊二酸。α-酮戊二酸进入三羧酸循环后可以进入多条代谢途径：完全氧化生成二氧化碳，不完全氧化生成乳酸，成为核苷酸的前体，参与其他氨基酸的生成等。环境条件对谷氨酰胺代谢途径有影响，但是在谷氨酰胺水平高时，细胞更趋于产氨的代谢途径。

四、维生素

维生素是维持细胞正常生理状态的一种重要的生物活性物质，对细胞代谢有重要作用。维生素分为水溶性和脂溶性两类，水溶性维生素主要包括泛酸（维生素 B_5）、维生素 B_{12}、叶酸、烟酰胺、吡哆醛、维生素 B_1、维生素 B_2、维生素 C、胆碱、肌醇等；脂溶性维生素主要包括维生素 A、维生素 D、维生素 E、维生素 K 等；有的培养液中还直接采用 ATP 和辅酶 A，大部分培养基中还有生物素。

维生素在细胞中大多形成酶的辅基或辅酶参与细胞的代谢活动。泛酸可以在细胞内转变成酰基载体蛋白和辅酶（如辅酶 A），参与糖类、脂类和蛋白质代谢中的催化反应。维生素 B_{12} 则在细胞内参与叶酸的合成和脂肪酸的合成。叶酸用于合成四氢叶酸，四氢叶酸是重要的一碳单位传递体，在核酸和蛋白质的生物合成中起重要作用。烟酰胺在细胞内以尼克酸腺嘌呤二核苷酸和烟酰胺嘌呤二核苷酸的形式作为许多氧化还原酶的辅酶，在氧化还原反应中传递氢和电子。磷酸吡多醛是多种酶的辅酶，参与氨基酸的合成、分解及相互转变过程中的转氨基及脱羧基反应，这些反应都是氨基酸释放能量过程中的重要反应，所以磷酸吡多醛又被称为能量维生素。维生素 B_1 在细胞内与焦磷酸结合形成焦磷酸硫胺素后，成为多种脱氢酶和转酮醇酶的辅酶，例如丙酮酸脱氢酶和 α-酮戊二酸脱氢酶是细胞代谢过程中的关键性酶，而转酮醇酶则在核糖和 NADPH（烟酰胺腺嘌呤二核苷酸磷酸）的生成过程中起作用。维生素 B_2 是黄素蛋白酶辅基的组成成分，在生物氧化过程中起传递氢的作用，催化氧化还原反应。维生素 C 在细胞内参与一些重要的羟化作用，能够促进细胞分离，保护细胞免受损伤。维生素 A 是细胞合成糖蛋白时寡糖基的载体。维生素 E 是一种较强的抗氧化剂，可以防止生物膜磷脂中的不饱和脂肪酸被氧化，在保护生物膜上起重要作用。

不同配方的细胞培养基中维生素的浓度有较大差异，典型案例是 DMEM 细胞培养基中维生素的含量约为 MEM 培养基的 2 倍，其原因是一方面不同种类维生素的作用不同，另一方面不同种类的细胞对维生素的需求也可能有较大差异，相应细胞培养基的配方中维生素的含量也可能不同。例如，大多数细胞培养基含有 1~4mg/mL 的叶酸，但是 199 培养基的叶酸含量只是上述量的 1/100，如果用 199 培养基进行原代细胞或者正常二倍体细胞培养时，则通常需再另外添加叶酸或者胸腺嘧啶。此外，对于流加细胞培养基的研究显示，过量加入维生素对于细胞是否有毒害作用目前还无明确的定论，这种情况可能与细胞株对维生素的耐受性差异和基础细胞培养基配方中维生素含量的多少有关，细胞所能耐受维生素的浓度应该通过细胞耐受性的筛选实验来确定。

五、无机离子

无机盐是细胞维持生命活动所不可缺少的营养成分。无机离子主要有 Na^+、K^+、Ca^{2+}、Mg^{2+}、Cl^-、PO_4^{3-}、SO_4^{2-}、HCO_3^- 等，维持细胞培养液渗透压平衡，参与细胞的代谢活动。Na^+ 是细胞外液中最主要的阳离子，对维持渗透压的恒定有决定性的作用，此外，还与 Cl^- 共同参与生物电活动、维持水平衡和酸碱平衡等。K^+ 主要分布在细胞内液，细胞内 K^+ 对于激活某些酶是必需的，并在调节细胞内环境的酸碱平衡上也有极重要意义。Ca^{2+} 和 Mg^{2+} 是细胞内最为重要的两种二价离子，对于细胞具有信号传导、能量代谢、脂肪酸合成、核糖体稳定和蛋白质合成等多种生理作用，在培养基中维持一定的钙、镁离子浓度能够促进细胞生长。在悬浮培养时，为了减少细胞的聚集和附着，要减少 Ca^{2+} 的浓度；Mg^{2+} 是构成细胞间质的重要成分，对于细胞间相互稳定结合有很重要的意义。通过细胞培养基提供 Na^+、K^+、Ca^{2+}，能够帮助细胞调节细胞膜功能。PO_4^{3-}、SO_4^{2-}、HCO_3^- 是基质所需阴离子，同时是细胞内电荷的调节者，磷对于细胞的生长、代谢和调控都有重要的作用，含磷的化合物如核酸、磷脂、蛋白质是构成细胞的主要成分，ATP、ADP（二磷酸腺苷）是能量生成、存储和利用的不可或缺的化合物，cAMP（环磷酸腺苷）、磷酸肌醇是第二信使物质，对于蛋白质磷酸化有重要作用。

上述离子对于细胞的作用各有不同，它们共同构成了细胞赖以生存的渗透压、pH 和电化学平衡的微环境，细胞对于某种元素的吸收利用会受到其他元素的干扰，例如细胞培养基中过高的钙离子浓度会使镁和锌的吸收利用受到干扰。在动物细胞培养中，保持细胞培养基中上述离子具有足够的浓度与保持上述离子之间种类和比例的平衡有同等重要的意义。

此外，微量元素如铁、钴、镍、硒、碘、铜、锌、锰、铬、钼、氟等对于细胞生长代谢和产物合成都有促进作用，细胞对上述元素的需要量很小，因此又将它们称为微量元素。微量元素在细胞内通常以与有机物结合的形式存在。其中铁在细胞中参与氧的转运；钴是维生素 B_{12} 的组成部分，参与叶酸的合成和脂肪酸的合成；镍能够激活脱氧核糖核酸酶、乙酰辅酶 A 合成酶等在细胞内具有重要功能的酶，镍还具有稳定核酸结构的功能；亚硒酸钠中的硒，作为谷胱甘肽过氧化物酶的辅基，具有抗过氧化物能力，参与消除细胞内的脂肪酸过氧化物，提高细胞的生长速率和活性。铬参与细胞的糖代谢，并且具有稳定核酸结构的功能；铜、锌、钼、锰是多种酶的辅基，对于维持这些酶的正常生理功能非常重要。在细胞培养基中，需维持各微量元素之间的比例平衡。

六、 其他添加成分

在低血清、无血清细胞培养基中，为满足细胞生长增殖需要，常常添加一些成分：蛋白质、多肽、核苷、嘌呤、柠檬酸循环的中间产物、脂类、及一些血清替代因子等。其中蛋白质具有重要的作用，动物细胞对许多物质（难溶于水的离子或脂类物质）的摄取需要借助蛋白质的传递作用；蛋白质作为载体，如清蛋白、传递蛋白、贴壁蛋白等能够携带脂肪酸、激素、矿物质等促进细胞生长；转铁蛋白是一种重要的传递蛋白，能够结合铁，促进细胞对铁离子的吸收，并具有解毒作用，其促生长作用可能与其具有生长因子的功能有关。胰岛素可促进细胞对葡萄糖和氨基酸的利用，商业化中一些生长因子以重组蛋白形式添加到培养基中，主要用来刺激细胞增殖，并可促进糖原和脂肪酸的合成。乙醇胺是一种重要的刺激细胞生长的化合物，是脑磷酸的合成前提。

酚红在细胞培养基中被用来作为 pH 的指示剂。酚红在产物纯化过程中会造成干扰，并且具有一定的固醇类激素样作用，如雌激素样作用，尤其对于培养的哺乳类动物细胞，可能会发生一些固醇类反应。现在商业化细胞培养基中的酚红含量可根据需求调整。因生物反应器具有 pH 在线检测技术，生物反应器培养动物细胞时，酚红可完全去除。

七、 保护剂

细胞保护剂是保护细胞免受渗透压变化、剪切力、氧化及气泡作用等引起的损伤的物质。在使用生物反应器培养动物细胞时，细胞易被机械搅拌和通气鼓泡产生的流体剪切力和气泡作用所伤害甚至破损死亡，为降低这种损伤，除优化生物反应器结构和生产工艺外，在细胞培养液中添加一些保护剂是其中一个重要的缓解途径，添加的保护剂主要是通过改变细胞培养基特性或是对细胞具有保护作用的物质，常用的保护剂种类有血清、清蛋白、聚乙二醇（PEG）、非离子性表面活性剂普朗尼克 F68 或是其他一些高分子聚合物等。

八、 细胞培养基的优化

当前，细胞培养基的优化主要在无血清细胞培养基、个性化细胞培养基及流加细胞培养基的开发中应用。对于流加细胞培养基的开发在后续章节进行介绍。

细胞培养基优化的传统方法主要源自 Ham 及其同事的研究，即在获知各种细胞培养基成分的浓度范围后，进行多轮的筛选实验，每轮筛选一种成分，找到其最适浓度；在下一轮实验中固定筛选过的物质的最适浓度，再筛选另一种成分；如此循环直至每一种成分均获得优化。此种方法的优点是每一种培养基成分对细胞的作用均得到详细研究，容易找到其中最重要的因素；缺点是耗时耗力，成本高。因为各成分间可能存在交互协同作用，已经优化好的成分其最适浓度可能会因其他成分的浓度改变而改变，因此该方法需要多轮反复优化才能找到相对合理的配方，并且该方法无法考察成分间的交互作用，而这恰恰是培养基优化工作中最重要的一点。

在当前报道的细胞培养基优化研究中，多是针对某一种或某一类营养成分的优化，在方法上有所突破的很少。Xie 等提出了根据细胞特性和营养需求参数设计细胞培养基的方法，但此方法更多地运用于流加培养中补料细胞培养基的设计工作。Stoll 等提出了一种将氨基酸检测与浓度优化相结合的方法，系统地优化细胞培养基中的氨基酸浓度。

虽然上述方法可以对细胞培养基在一定程度上进行优化，但由于无血清细胞培养基的添加成分种类繁多及不同细胞的生长特异性，上述方法都没有从根本上解决无血清细胞培养基优化中的实验量大和成分交互作用的问题。近年来，有学者提出了一些无血清细胞培养基理性设计的优化方法，主要包括化学计量法、统计学优化法、计算机辅助实验设计的遗传算法等，结合近年来出现的基因组学、蛋白质组学及细胞代谢流分析优化法，使得细胞培养基的优化特别是无血清细胞培养基的优化取得较快进展。

诸多理性设计方法中，以统计学方法和优化实验设计方法应用得最多。常用的统计学设计方法有：析因设计、分式析因设计、正交设计、均匀设计及 Plackett-Burman 设计等。常用的优化实验设计方法有：响应曲面法（response surface methodology）、多元线性回归、高斯-塞德尔迭代法（Gauss-Seidel iterative method）、修正 Rosenbrock 法（modified Rosenbrock）、Nelder-Mead 单纯形法等。该类方法多是在对特定细胞有一定了解的基础上对细胞培养基成分合理分组，并选择适当的参数水平，通过软件设计实验并分析实验结果，找出正负作用因素和有交互作用的因素，再针对上述因素进行下一轮优化。这些方法优点是可以考察各细胞培养基成分的交互作用，节省人力物力和时间成本，不需要多轮筛选，较短时间内即可获得较理想的配方。但是该方法在成分分组及水平确定时仍具有一定的盲目性，如果能够结合细胞特性检测，则更为有效。如果能与高通量的细胞培养方法结合，运用统计学方法将是无血清培养基优化的一个有力工具。

运用基因组学和蛋白质组学方法筛选特定细胞生长与产物合成需要的细胞因子。基因组学技术和蛋白质组学技术是近年来用于细胞培养研究的新工具，通过其在分子水平对细胞培养过程认识的深入，可以更准确地预测和判断体外培养细胞的生长和代谢状态。另外，通过抗体芯片遴选参与细胞培养调控过程的细胞表面受体、黏附分子及信号通路相关生物分子，可以相应地确定在细胞培养基中添加配体或其他生物分子来调控细胞增殖、凋亡、分化、黏附和外源基因表达。分子生物学技术在动物细胞培养基优化设计中的应用，不仅为有针对性和预见性的无血清细胞培养基组分筛选提供了理论指导，也为其提供了高通量和精确灵敏的高效技术手段。目前，基因组学技术和蛋白质组学技术已成为国外大型细胞培养基商业开发机构和生产商进行无血清细胞培养基优化设计的主要技术手段。

由于细胞培养基组分繁多，交互影响复杂，尽管采用各种优化方法或技术，当前的无血清或者无血清无蛋白质细胞培养基仍存在一个主要问题：由于特定细胞系的代谢规律及营养需求不同，以及现有科学认识的局限性，开发一种具有普遍适用各种细胞的无血清无蛋白质细胞培养基较为困难。

对于细胞培养基，优化的过程中还要考虑细胞培养基生产成本问题。生物制药过程希望能在保证生物制品质量、提高生产效益的同时，降低生产成本，这是一对矛盾体。细胞培养基是生物制药过程的一种直接易耗品，其成本高低对制品有着重要的意义。抗体、重组蛋白、人用疫苗及兽用疫苗等生物制品附加值高低不同，在细胞培养基的优化设计中，需充分考虑这些生物制品的成本要求。北京一公司在开发设计 BHK21 无血清无动物组分细胞培养基时，在关注提高 BHK21 细胞培养效率的同时，更关注该无血清培养基的应用对生物制品的生产成本和市场竞争力的影响。

第四节　细胞培养基的选择

一、依据细胞和产物特征选择

根据细胞生长特点、蛋白质表达及病毒特点和培养方式选择细胞培养基。

商售工业用细胞培养基主要是干粉培养基，常用的培养基主要包括 199、MEM、RP-MI1640、DMEM、DMEM/F12 等系列，根据细胞的特性及工业化的生产需求，开发或生产的同一系列的细胞培养基在成分上也有一定的变化，如 MEM 细胞培养基有含 Earle's 平衡盐的类型，也有含 Hanks' 平衡盐的类型；依据除菌方式又可分为高压灭菌型和过滤除菌型；还有含非必需氨基酸的类型，及是否含有酚红等；DMEM 培养基分为高糖型和低糖型，据此结合实际培养的细胞特点、产品特点及生产工艺等进行选择和优化，最终选择的培养基需要达到以下目标：

（1）提高细胞密度和细胞活力。

（2）提高单位体积培养液中病毒量或抗体表达量，提高生产效率。

（3）降低动物来源成分，简化纯化成本，提高生物制品的安全性。

不同的细胞株甚至同一细胞株在不同的培养条件下都有着不同的营养需求，细胞作为病毒等繁殖的宿主，为细胞株选用合适的培养基，使细胞保持快速增殖和高活率状态，才能够提高生物制品的产率。在选用合适的细胞培养基时可根据以下几种方法进行：

（1）可从细胞系最初建系用培养基，也可从细胞的来源处获得，细胞库可以提供常用细胞系所用培养基的信息。但该种细胞培养基通常选择的是最基础的培养基。

（2）还可用多种细胞培养基培养目的细胞，观察其生长状态，可用生长曲线、集落形成率等指标判断，根据试验结果选择最佳培养基，这是最客观的方法，但比较烦琐。

（3）也可根据本实验室惯用的细胞培养基，许多培养基可以适合于多种细胞，通过几种培养基的选择测试进行挑选，也可参考一些经验，缩小选择的范围。

（4）针对细胞特点及培养工艺需要。

传代细胞系常用的细胞培养基见表2-4。

表2-4 传代细胞系常用的细胞培养基

细胞或细胞系	产品种类	细胞培养基种类
BHK_{21} 细胞	口蹄疫病毒、狂犬病毒、兽用乙脑病毒、伪狂犬病毒	MEM
VERO 细胞	兽用乙脑病毒	199、MEM
MDCK 细胞	禽流感病毒、圆环病毒、狂犬病毒	MEM、DMEM/F12
PK-15 细胞	猪圆环病毒、猪瘟病毒	MEM、DMEM
ST 细胞	猪瘟病毒、猪细小病毒	MEM
Marc-145 细胞	蓝耳病毒	DMEM
IBRS 细胞	猪细小病毒	MEM
地鼠肾细胞	兽用乙脑病毒	199
牛睾丸细胞	猪瘟病毒	MEM+水解乳蛋白

培养细胞的目的是使其表达生产相应的目的物，因此，在满足细胞生长增殖的基础上，细胞培养基的开发还应满足病毒等在细胞中的高表达及性能稳定性。同一株细胞可以作为几种生物制品的生产平台（表2-4）、同一病毒液可在几种宿主细胞中表达，因此，选择最优化的宿主细胞及最高产品表达量是生物制品厂家追求的一个目标，而相应细胞培养基的正确选择是促使目标实现的一个重要影响因素。龙沙公司2005年研究结果表明，同一细胞株，采用优化后的限定化学成分细胞培养基与传统的合成细胞培养基相比，蛋白质表达量提高了9.6倍，从该结果可以看到细胞培养基的选择和优化对于提高产物表达量的重要性。

生产工艺的革新或改进是提高生产效率、降低生产成本的一个有效途径，相应细胞培养基的支持显得较为重要。如由转瓶培养转换为生物反应器培养时，传统的合成细胞培养基较难满足生物反应器中细胞的高密度生长、抗剪切力、降低表面张力等需要，则需要更换相应的悬浮培养用细胞培养基满足上述需求。在有血清悬浮培养转至无血清悬浮培养时，缺少了血清的保护和促增殖作用，相应无血清培养基的支撑显得更为重要。

随着细胞培养技术及基因工程技术的发展，细胞株的改造和驯化技术提高，高表达细胞株或是悬浮细胞株（贴壁细胞悬浮化培养等）的构建、驯化，如细胞由贴壁培养状态向悬浮培养状态转换时，或是在有血清悬浮培养转至无血清悬浮培养时，细胞的代谢状况可能发生改变，传统用细胞培养基可能不能适应改造后或是驯化后细胞株的生长增殖需求，相应个性化细胞培养基的支撑显得更为重要。这些个性化细胞培养基或是直接来自细胞培养基生产厂家的革新，或是与使用者共同开发定制的专业化细胞培养基。

二、 依据品质选择

细胞培养基作为原材料直接影响生物制品的质量。无论是国产细胞培养基还是进口细胞培养基，由于国内目前还无明确的法律法规来规范细胞培养基的产销过程，各企业执行各自的生产工艺及产品配方，由于信息的不对称，细胞培养基生产企业存在的诸多问题，尤其是安全性问题并不能被用户所了解。生物制品生产企业需筛选真正符合生物制品原材料质量要求的培养基，从源头上控制好生物制品的安全风险，需建立基本的产品检验标准，尤其在没有统一法规、行规的条件之下，只能通过挑选合格的供应商、自身建立一套质量检验体系、对每批产品进行检验等确保培养基的质量。

三、 依据经济性、安全性选择

随着生物制品安全性要求的提高，细胞培养基作为生物制品的一个重要原材料，直接影响其产品的质量和安全性。当前，基于人、畜安全性角度考虑，国外许多法规要求采用不含动物组分的细胞培养基，无动物来源成分的无血清细胞培养基将是生物制品企业选择的趋势所在。

除满足安全性需求外，选择细胞培养基时价格也是不得不考虑的一个因素。工业化通常直接购买供应商的干粉细胞培养基，有些培养基可能需要添加谷氨酰胺，大部分基础合成细胞培养基中需要添加一些血清。随着对生物制品安全性要求的提高，并满足生物制品体外生产时需要去除动物蛋白质的要求，针对一些连续细胞系，设计了个性化的低血清细胞培养基及无血清细胞培养基，虽然这些培养基的价格较为昂贵，但相比血清给后期纯化及产品质量带来的影响，这些培养基生产的产品质量和安全性明显较高，相应产品的市场竞争力增强、市场占有率提升，企业的最终生产效益提高。

四、 依据供应商的选择

选择细胞培养基的同时也需考核、选择供应商。

目前，国内细胞培养基行业管理存在缺失现象，国内细胞培养基行业没有统一的生产质量管理规范。生物制品企业除自身建立一套质量检验体系外，挑选合格的细胞培养基供应商是进行原材料质量控制的另一种重要的方法。选择供应商时可通过对比细胞培养基生产企业在硬件和软件上的情况和差距，对细胞培养基的原材料、生产过程、生产环境、生产用设备、应用性检测、安全性检测等方面检查并评估供应商的生产、质控能力。

国产与进口细胞培养基的生产及销售渠道可能会有一定差别，进口产品供货周期有一定限制，在国产和进口培养基均能够满足生物制品厂家要求的时候，国产细胞培养基相应是较好的选择，原因主要包括两个方面：一方面国产细胞培养基在价格上存在优势，生产同样的产品，与国内细胞培养基厂家相比，技术水平和可信度较高的国外细胞培养基厂家通常整体规模较大，相应的产品生产及运营费用较高，导致产品价格昂贵；另一方面，细胞培养基使用厂家可直接考核国内供应商，易于使用厂家控制细胞培养基的质量，并更易获得产品性能相关的技术支持及售后技术服务。

第五节　细胞培养基的配制和灭菌

细胞培养基的种类不同，其使用上可能会有一定的差异，因此正确地配制细胞培养基是使其被充分利用的前提。

一、培养基配制准备工作

物品准备、器皿清洁（物理、化学及生物清洁）符合 GMP 要求，最终目的是保证细胞培养基的纯度，避免混入抑制物、有毒物质及减少微生物污染的机会。

配制前需要确保设备及仪器正常运转，通常所用的设备或仪器主要包括：

（1）超净工作间或超净工作台　可根据自身条件或建立设施完备的万级、千级、百级等超净工作环境。

（2）烤箱　烘烤玻璃器皿、去除热源。

（3）高压蒸汽灭菌锅。

（4）恒温培养箱　用于检测过滤后的细胞培养基中是否还含有细菌的检测。

（5）过滤器　不锈钢滤器或一次性膜过滤器。

（6）仪器　天平，pH 计，渗透压仪，正压、负压蠕动泵或吸引器，纯水设备。

由于使用或配制量不同，在设备或仪器的规格上可能会有出入，但需确保所有的设备和仪器按 GMP 等相关规定进行验证，其中，配液用水管路出水口所出水每天需进行检测；不锈钢过滤器每次使用前和使用后需进行无菌验证，验证合格方可使用。

二、干粉细胞培养基的配制

在细胞培养基配制过程中，不同的培养基其溶解性可能有一定的差别，培养基配制过程中血清、碳酸氢钠及抗生素等的添加时间和用量、pH 和渗透压的测定及酸碱度是否需要调节等，都可能影响最终细胞培养基性能的发挥。

（一）过滤除菌粉末细胞培养基

（1）配制用水　通常选择最新制备的超纯水器过滤出的去热原（细菌内毒素<0.25EU/m）培养基用水［TOC（总有机碳）< 10μg/L 或 10mg/L，电阻率 18.2MΩ（25℃）］。最好现用现制备，隔夜储存用水（非无菌）的细菌内毒素及电导率等升高，影响细胞的增殖和产品的质量。

（2）培养基粉剂的称量　小量采用天平称量，要求准确；大量采用市售大包装，配制时可以根据说明书。

（3）粉剂溶解　溶解充分，观察有无颗粒，颜色改变情况等。

（4）过滤前约 0.5h（根据配制量可调）按使用说明添加碳酸氢钠，充分溶解。

（5）测定 pH，根据需要用 1mol/L 氢氧化钠溶液或 1mol/L 盐酸溶液来调节 pH。过滤后的 pH 将会有所增长。

（6）定容，检测渗透压。

（7）尽快过滤、分装，封好瓶口，避免漏气，2~8℃保存。

（8）采用一次性滤器时滤后检查滤膜，有无漏、裂、是否很脏或是有未溶解物；采用不锈钢滤器（内置可反复用的除菌滤芯）需进行滤器的完成性检测。

（9）过滤前、中、后三段采样进行无菌检测，同时，留取样品置于37℃培养，至该批培养基用完。

（10）完整记录整个过程每一个步骤，便于追溯。

新购细胞培养基或是新批次的细胞培养基，需小剂量配制，进行细胞适应试验，结果验证可用后，方可进行大规模配制。

（二）可高压灭菌粉末细胞培养基

（1）配制用水及配制粉剂的称取、配制程序基本同过滤型培养基配制方法。溶解后高压，通常在121℃、103kPa下灭菌15min。

（2）待细胞培养液冷却至室温，按一定比例加入无菌的谷氨酰胺溶液、无菌7.5%（w/v）碳酸氢钠溶液，加注射用水（水温20~30℃）至规定体积，混匀。

（3）如果必要，用1mol/L氢氧化钠溶液或1mol/L盐酸溶液调pH至所需值。

（4）溶液应在2~8℃下避光保存。

目前国内工业化用细胞培养基主要为干粉型。考虑水质量对细胞培养液的影响以及使用方便，国外实验室和部分工业生物制药企业开始使用一次性袋子包装的液体细胞培养液。

鉴于目前运输成本，国内生物制药企业基本都采用干粉型细胞培养基，配制培养基要注意以下几个共同问题：

（1）培养基配制用水的品质控制非常重要。

（2）在配制或使用过程中应注意配制说明，不可随意浓缩，因为不同成分的溶解性不同，如叶酸在浓缩的储存液中会产生沉淀。

（3）产品说明书中都注明干粉细胞培养基中不包含的成分，常见的有碳酸氢钠、谷氨酰胺、丙酮酸钠、HEPES、酚红等。这些成分中有些是必须加，如碳酸氢钠、谷氨酰胺，有些则要根据实验需要来决定。

（4）配制时要保证充分溶解，碳酸氢钠、谷氨酰胺等物质都要在培养基完全溶解之后才能添加。

（5）所用器皿应十分洁净。

（6）配制好的细胞培养基应马上过滤，无菌保存于2~8℃。

三、 培养基的除菌

细胞培养基灭菌的方式分为高压灭菌和膜过滤除菌，不同的培养基由于其营养成分不同，灭菌方式也可能不同。

绝大多数细胞培养基不适宜高压灭菌。因为高压灭菌易破坏细胞培养基中的一些成分，如某些维生素等。因此，在通常的高压灭菌型细胞培养基中，配方中的维生素种类与过滤型培养基相比较少，对于细胞生长不可或缺的谷氨酰胺等，需待高压后补充到培养基中。在高压过程中，灭菌用器皿的选择应注意避免蒸发或是污染。在大规模工业化生产中，可以采用短时超高温处理的方法进行流水线式的灭菌，能够提高自动化生产效率，降低成本。

膜过滤除菌是当前较为常用及便捷的一种方法，常采用 0.2μm 孔径的滤膜，部分采用 0.1μm 孔径，与高压过滤方式相比，虽然滤膜具有使用期限且价格较高，但对细胞培养基的营养成分破坏性较小。

四、 培养基贮存

通常液体细胞培养基避免 −20℃ 冻存，因为解冻时可能会有营养成分析出，影响培养效果；正常情况下于 2~8℃ 避光保存，使用前从冰箱取出，放入室温进行平衡。通常的液体培养基有效期是 6 个月到 12 个月。液体细胞培养基尽量避免长期贮存，其中的谷氨酰胺会随着贮存时间的延长而慢慢分解，如果细胞生长不良，可考虑检测培养基中的谷氨酰胺含量确定是否再补加谷氨酰胺。市售商业化液体细胞培养基有具体的有效期，对于使用干粉细胞培养基自行配制成液体以后，也应低温（2~8℃）贮存，除培养基中如谷氨酰胺易降解之外，培养基中的其他成分随着温度的升高也可能会发生降解或是析出。

在国内传统的生物制品生产过程中，配制的细胞培养基过滤后用转瓶进行分装，为防止液体过滤及分装时可能存在的污染性问题，常采用配制后于 37℃ 搁置一段时间（7~14d），无菌方可使用，但是对比试验显示，低温贮存的细胞培养基培养细胞的效果好于 37℃ 贮存，通常对于过滤设备的验证合格后，过滤过程中间隔取样进行无菌验证即可；并且大批量长时间的高温贮存除可能对营养成分造成降解外，场地及高温的保持也造成了生产成本的提高。目前，对于一些较大规模的生物制品厂家，已经实现管道化配制、使用，污染的可能性明显降低。

工业化生产中通常采购干粉细胞培养基，与液体培养基相比，存储方便且价格便宜，干粉细胞培养也应长期贮存在 2~8℃，尤其是对于一些营养丰富的低血清和无血清细胞培养基，成分复杂且含量较高，有些成分的溶解性较低，生产过程中采用特殊的加工工艺提高其溶解性的同时，如果长期的高温或极端低温条件，也有可能改变其理化性质，在购买或使用过程中，须严格按照产品说明书进行贮存。

第六节 细胞培养基使用过程中常见问题

一、 细胞培养基的缓冲系统选择及 pH 变化问题

由于大多数细胞适宜的 pH 为 7.0~7.4，偏离此范围可能对细胞生长将产生有害的影响。但各种细胞对 pH 的要求也不完全相同，原代培养的细胞一般对 pH 变动耐受力差，无限细胞系耐受力强。因此，原代培养时，培养液中的缓冲系统就显得较为重要。一般的细胞培养基采用的都是平衡盐系统，但不同的培养基或是同一系列的培养基所用平衡盐系统不同，如 199 系列培养基、MEM 系列培养基均为有 Hanks' 平衡盐及 Earle's 平衡盐的培养基。但是有些培养基不是上述常规的平衡盐系统。例如：RPMI1640 培养基、F12 培养基。MEM 低血清培养基的平衡盐系统也不是常规的平衡盐系统，该平衡盐系统的缓冲能力强于常规平衡盐系统的缓冲能力，选择合适的缓冲系统具有重要的作用。

在配制细胞培养液时，新配制的培养基在经过 0.10μm 或 0.22μm 滤膜过滤时，溶液的

pH 会向上浮动约 0.2。

细胞培养过程中 pH 下降产生的原因较多。在细胞生长非常快时，pH 通常下降得很快，此时可以通过及时传代、提高传代比例或降低血清量等方法进行解决。此外，培养瓶盖拧得过紧、碳酸氢钠缓冲系统缓冲能力不够、培养液中盐浓度不正确、细菌、酵母或真菌污染等也能导致 pH 通常下降的很快。这时，可以通过以下几种方法解决：

（1）按培养液中碳酸氢钠含量增加或减少培养箱内 CO_2 含量，碳酸氢钠含量在 2.0 ~ 3.7g/L 时对应的 CO_2 含量为 5% ~ 10%。

（2）改用不依赖 CO_2 的培养液。

（3）松开瓶盖 1/4 圈。在培养液加 HEPES 缓冲液至 10 ~ 25mmol/L 终浓度。

（4）在 CO_2 培养环境中改用基于 Earle's 平衡盐配制的培养液，在大气培养环境中培养改用 Hanks' 平衡盐配制的培养液。

（5）如果是污染造成的则丢弃培养物或用抗生素除菌。

二、　细胞培养基常用添加成分

酚红在细胞培养基中用作 pH 的指示剂，一般情况下，可以通过酚红的指示作用判断培养基的 pH，中性时为红色，酸性时为黄色，碱性时为紫色；但低血清或是无血清细胞培养基中酚红的含量与普通细胞培养基中的酚红含量不同，不能通过肉眼观察或通过经验来判定 pH，建议使用 pH 计进行测定。酚红通常对含血清的细胞培养基生产的生物制品质量并不会产生明显影响，也可通过纯化技术去除，但酚红在无血清细胞培养基中可能带来细胞内钠/钾失衡，影响细胞生长，这种作用能被血清所中和或减轻。因此，酚红并不是细胞培养基中必需的一种成分，很多国外的疫苗或抗体生产企业在生产过程中都使用无酚红细胞培养基。

碳酸氢钠在细胞培养基中主要是作为缓冲系统，此外还具有调节渗透压的作用。通常产品使用说明中的碳酸氢钠推荐量是一个标准、安全量，是在科学的基础上根据实践经验所得，但是由于不同的细胞系（株）不同，同一株细胞适应环境也可能不同（细胞耐受性不同等），且存在的地域性水质差异等，在实际生产过程中也可稍作改动，但使用者需做相应的检测（理化及细胞生产试验等）。

HEPES 是一种非离子缓冲液，在 pH 7.2 ~ 7.4 具有较好的缓冲能力，其在高浓度时对一些细胞可能有毒。HEPES 缓冲液可与低水平的碳酸钠（0.34g/L）共用，以抵消因额外加入 HEPES 引起的渗透压增加。其安全浓度范围是 10 ~ 25mmol/L。

丙酮酸钠可以作为细胞培养中的替代碳源，尽管细胞更倾向于以葡萄糖作为碳源，但是，如果没有葡萄糖的话，细胞也可以代谢丙酮酸钠。

谷氨酰胺在溶液中很不稳定，4℃ 下放置 1 周可分解 50%，使用中最好单独配制，置 -20℃ 冰箱中保存，使用前加入细胞培养液中。

三、　细胞培养基使用相关问题

一旦在新鲜培养基中添加了血清和抗生素时，应该在 2 ~ 3 周内使用完毕。因为一些抗生素和血清中的基本成分在解冻后就开始降解。此外，当在无血清培养基中添加抗生素时，降低至少在有血清培养基中所使用浓度的 50%，因为血清中的蛋白质会结合和灭活一些抗生素，而在无血清培养条件下，抗生素不被灭活。

通常液体细胞培养基在冷藏条件下可存放 6~12 个月，如果细胞培养基偶然被冻，应该使其自然溶解并观察是否有沉淀产生。如果没有沉淀产生，培养基可以正常使用，如果出现沉淀，只能丢弃这些培养基。

四、　细胞培养相关问题

细胞冻存讲究"慢冻"。动物细胞冷冻保存时最常使用的冷冻培养基是 5%~10% 二甲基亚砜（dimethyl sulfoxide，DMSO）和 90%~95% 原来细胞生长用的新鲜细胞培养基均匀混合。由于 DMSO 稀释时会放出大量热能，不可将 DMSO 直接加入细胞液中，在使用前先行配制完成。用于细胞冻存的大部分添加物和试剂要冷藏，常用液体细胞培养基用于冻存时，最多可以冻融 3 次，如果次数过多会将使含有的蛋白质发生降解和沉淀，这将会影响培养基的性能。

体外培养的贴壁细胞大多具有生长接触抑制的特性，即当一个细胞被其他细胞包围的时候，它就会停止生长，及时传代后，细胞的生长得以继续。一般采用胰蛋白酶消化的方式进行传代。胰蛋白酶溶液的消化能力与溶液的 pH、温度、胰酶浓度及溶液中是否含有钙、镁离子和血清等因素有关，通常情况下胰蛋白酶在 pH 8.0、温度 37℃ 时作用能力最强，钙、镁离子及血清均能大大降低其消化能力，每次进行传代消化前，先用不含钙、镁离子的缓冲液冲洗细胞培养瓶，去除残留的含血清的培养液，能明显提高消化液的消化能力。多数细胞传代消化使用的消化液为 PBS 溶液中添加 0.25% 胰蛋白酶和 0.02% 乙二胺四乙酸（EDTA），EDTA 主要是用来螯合能够抑制蛋白酶活性的游离的镁离子和钙离子，以保持胰蛋白酶的活性。

通常细胞消化的时间越短越好，但是不同的细胞，其贴壁性有一定的差异，对于易消化的细胞控制其消化程度，对于贴壁性较强的细胞，在消化时可将消化液事先在 37℃ 条件下进行预热，消化时尽量控制在 37℃ 条件下进行，可加快消化的时间及降低对细胞的损伤。值得注意的是，胰蛋白酶在 4℃ 就可能开始降解，如果在室温下放置超过 30min，就会变得不稳定。

五、　细胞的污染判断及消除

细菌、真菌类污染较易判断，但是支原体污染几乎可影响所有细胞的生长参数、代谢及研究中的任一数据。故进行实验前，必须确认细胞未被支原体污染，实验结果的数据方有意义。除极有经验的专家外，大多数遭受支原体污染的细胞株，无法以其外观分辨。通常污染的细胞直接丢弃不再使用。重要的培养细胞污染而不能丢弃时，需消除或控制污染。首先，确定污染物是细菌、真菌、支原体或酵母，把污染细胞与其他细胞系隔离开，用实验室消毒剂消毒培养器皿和超净台，检查过滤器等。其次，高浓度的抗生素和抗霉菌素可能对一些细胞系有毒性，因而，做剂量反应实验确定抗生素和抗霉菌素产生毒性的剂量水平。这点在使用抗生素如两性霉素 B 和抗霉菌素如泰乐菌素时尤其重要。

下面是推荐的确定毒性水平和消除培养污染的实验步骤。

（1）在无抗生素的培养基中消化、计数和稀释细胞，稀释到常规细胞传代的浓度。

（2）分散细胞悬液到多孔培养板中或几个小培养瓶中。在一个浓度梯度范围内，把选择抗生素加入到每一个孔中。例如，两性霉素 B 推荐下列含量：0.25，0.50，1.0，2.0，4.0，8.0mg/mL。

（3）每天观测细胞毒性指标，如脱落、出现空泡、汇合度下降和变圆。

（4）确定抗生素毒性水平后，使用低于毒性浓度 2~3 倍浓度的抗生素的培养液培养细胞 2~3 代。

（5）在无抗生素的培养基中培养细胞一代。

（6）重复步骤（4）。

（7）在无抗生素的培养基中培养 4~6 代，确定污染是否以已被消除。

第七节　细胞培养基的生产和过程控制

细胞培养基作为生物制品生产的重要原材料之一，其质量对生物制品有重要的影响。细胞培养基的生产工艺和细胞培养基的原材料选用、生产过程及检验过程中的质量控制对于细胞培养基的产品质量具有直接影响。其中原材料的成分及其质量直接决定了细胞培养基产品的质量及安全性，选择合适的物料是实现细胞培养基功能过程中需要解决的基础问题。生产工艺的选择（如原料的研碎、混合技术等）及生产过程中的质量控制等直接影响产品的溶解性、批生产量及批次间差异，进而影响产品的质量。

动态药品生产管理规范（cGMP）稽查员在对国内细胞培养基生产企业进行 cGMP 审计时指出，细胞培养基的生产工艺及设备应经过验证，原材料必须做鉴别试验，记录应真实反映生产过程的实际情况，生产过程偏差处理应包括对出现偏差之前涉及的批次均应进行调查等。这些要求是基于食品与药物管理局（FDA）对生物制药用原料的质量要求方面提出，高于国内对药用原料的要求。随着对人用和动物保健用生物制品安全性要求的提高，严格执行良好操作规范（GMP）规范进行细胞培养基生产是国内细胞培养基行业发展的必然趋势。

一、　细胞培养基的原料选择及质量控制

（一）原材料的选择

由于动物细胞培养基产品属于药用原料，HG/T 3935—2007《哺乳类动物细胞培养基》对细胞培养基产品的微生物限度、内毒素含量进行了限定，所以细胞培养基所用原料宜采用注射级、药用级原料。对于部分没有注射级和药用级的原料，细胞培养基制造者针对自身产品质量要求，制定一些重要指标（微生物限度、内毒素、重金属等）进行原材料的质量控制。

（二）原材料的质量控制

细胞培养基生产企业建立完善的原材料质量标准，对于原材料的来源、检验、使用、及销毁等有明确的可追溯记录。在质量控制过程中，药用级原材料的质量标准应参考中国药典相关标准，对于非药用级原材料应根据生产工艺需要与供应商一起共同确定质量标准，质量标准应包括如下内容：

（1）指定的物料名称和企业内部使用的物料代码。

（2）药典专论的名称（如有）。

（3）经批准的供应商以及原始生产商。

（4）印刷包装材料的样张。

（5）物料质量标准依据及其编号。

（6）取样、检验方法或相关规程编号。

（7）定性和定量的限度要求。

（8）贮存条件和注意事项。

（9）复验前的最长贮存期。

原材料的质量检测主要从材料、人员、方法三个方面进行控制：

（1）具有必要的检测试剂、设备和设施，如鲎试剂、分析天平、洁净操作室或取样柜。

（2）拥有相应操作资质和能力的检验人员，如相应检测人员应具备化验员资质并经过全面的技能培训。

（3）选择具有法律效力的检测方法以及对应的操作规范，在检测方法的选择方面药用原料应优先采用药典方法，非药用原料应采用经过验证有效的检测方法，在确定检测方法后应制定相应标准操作文件，用于规范试验操作。

应严格控制细胞培养基的原材料质量管理，并建立相应完善的原材料质量管理文件体系。原材料的质量管理方面，应明确规定责任范围和流程方法，它们是保证原材料质量的基础。原材料质量管理文件体系内容通常包括两个方面，一方面是明确原材料质量责任应归属的部门及人员，以实现分工明确；另一方面是明确原材料的取样、检验、放行、判定不合格、异常情况、偏差、验证等事务具体流程，确保流程正确，方法无误，为质量控制提供依据。

二、　细胞培养基生产工艺

传统的细胞培养基生产工艺即生产过程通常分为物料配比、物料干燥、物料研磨、物料混合、物料包装、成品检验 6 个阶段，下面结合过程中的质量控制对此工艺进行介绍。

（一）物料配比

物料配比是根据配方要求将各种原料按比例配制的过程。配制需严格执行配方，才能保证细胞培养基产品功能的实现及降低批间差，而实现低误差的物料配比过程需从以下几个方面进行控制：

（1）提供与生产工艺规程匹配且经过审核的、有效力的物料配方，生产部门根据配方制定配比操作记录，经质量管理部门审核后，方可投入生产作业使用。

（2）具有详细明确的经过验证的设备、设施、工序操作规程以及相关管理规程，如通过编制设备、设施的验证、使用、维护、维修操作规程来明确操作方法和流程，通过编制相应管理文件，来明确人员责任。

（3）具有足够的在校验有效期内的精确度合理的计量器具，及与产品质量要求相匹配的生产环境设施，如为降低细胞培养基微生物、内毒素限度使用洁净厂房进行生产等。

（4）足够的经过合理培训具有上岗资质的操作人员和设备管理人员（操作员上岗证、计量员证），各岗位操作人员配备足够，能够确保操作过程实现双人操作双人复核。

（5）配备足够的基层管理人员以及现场质量保证（QA），起到指导和监督作用。

（二）物料干燥

基于细胞培养基产品营养丰富，且不是无菌制剂的特性，为避免微生物滋生破坏细胞培养基成分，需控制细胞培养基中的水分含量，依据行业标准要求，其干燥减重质量分数应低于 5.0%，而原料干燥是控制其含水量的最重要环节。

目前常用的干燥方法有常压干燥和冷冻干燥。常压干燥包括烘干干燥、鼓式干燥、带式干燥，由于国内细胞培养基生产厂家普遍采用球磨缸进行生产，由于各缸独立，无法使用鼓式干燥、带式干燥的方式进行连续烘干作业，所以普遍采用烘干干燥的方式按批进行物料干燥。冷冻干燥主要用于不能耐受高温的贵细物料的干燥处理。

（三）物料研磨

细胞培养基颗粒越细，同质条件下比表面积越大，其溶解性越好，而其成品细度是由物料的研磨过程直接决定。对于物料的研磨，传统普遍采用药用球磨机，其主要优点是结构简单、操作方便、易于清洁及使物料混合作用（能够实现缸体内各种成分的均匀分布）。球磨缸内的研磨球材质通常有陶瓷、玛瑙、不锈钢（304L 或 316L）。但是球磨机也存在批量小、噪声大、难以控制温度、粉状物料不易取出且取料过程会产生大量粉尘等缺点。目前国内一些细胞培养基生产企业在球磨缸取料工序装备了全密闭自动取粉装置，较好地解决了粉尘污染问题，也进一步降低了由于物料的裸露可能带来的引入异物及物料受潮的风险。

（四）物料混合

混合设备首先必须具备能够实现物料均匀性的功能。在上述物料研磨过程中，可能存在投料微量误差、过程参数细微差异以及其他不可控因素，上述因素的累积会导致不同研磨单元内物料可能出现一定的差异（外观、理化性质、培养性能），这些差异将直接影响产品的使用，造成使用者生产效率及产品的批间差异。根据哺乳类细胞培养基行业标准中对于"批"的定义，即同一台混合设备一次混合量所生产的均质产品为一批，物料经研磨单元研磨以后必须进行总混合均匀后才能称为一批成品进行包装。目前常用的物料混合设备以掺和机、双锥混合机较为常见。

（五）物料包装

物料的包装分为内包装和外包装，主要为了实现如下功能：

（1）阻隔性功能 即密闭保存（避光、防潮、防污染、防氧化等），是指直接与产品接触的内包装，在选择内包装材料时其阻隔性是关键，高阻隔性包装薄膜所采用的阻隔性树脂主要有乙烯-乙烯醇共聚物（EVOH）、聚酰胺（PA）、聚对苯二甲酸乙二醇酯（PET）、聚偏二氯乙烯（PVDC）、聚碳酸酯（PC）、聚己二酰间苯二甲胺（MXD6）和聚丙烯腈共聚物（PAN），其中 PVDC 是开发较早的阻隔性能优异的材料，而包装用薄膜材料结构包括纸/塑料、塑料/镀铝塑料、纸/铝箔/塑料和塑料/铝箔/塑料等几种。

（2）产品信息的提供 产品外包装上应明确标识品名、批号、代码、生产日期、有效期、使用方法等基础信息，并随附企业质量监管部门下发的产品合格证以及质量检验报告等质量证明文件。

（3）易于运输的防护 确保外包装物能够抵御运输过程中装卸产生撞击的冲击，并要具备一定的堆叠强度，对于需要远途运输的不能耐受高温的成品应做好低温保护工作（填充保温材料，包装箱内混装冰袋、干冰等蓄冷物）。

（六）成品检验

细胞培养基产品生产完毕，由质量检测部门对该批次产品进行检测，在这一周期内，成品处于待验状态，储存条件应与合格成品一致，应专区存放专人管理，避免混淆和遗漏，在收到质量检测部门检测合格予以放行的通知后，转交成品库，移入合格品区备售。

三、　细胞培养基生产的新工艺

采用上述传统的生产工艺（通常称作球磨工艺）生产的产品均一性较好，物化性能稳定以及细胞培养效果较好，但是存在批量小、研磨过程中的散热难以控制、噪声及粉尘污染较大等缺点。2005 年新开发了一种连续生产的针式研磨系统（pin mill），集"物料混合-针式研磨-研磨后混合"一体，用于工业化生产干粉细胞培养基，可以用来生产 10~4000kg 不等批量的干粉细胞培养基。

这种连续生产的针式研磨系统是一种高速冲击研磨系统，包括一个进料口、两个同轴带有研磨针的转盘以及一个出料口。当原料通过进料口投入研磨器后到达转盘中央，在转盘旋转离心力的推动下往径向外侧运动同时被相互咬合且相对旋转运动的研磨针研细。物料在进入针式研磨腔前和完成研磨离开研磨设备后都使用混合机进行了混合，以确保进入研磨器和最终产品的成分均匀性。

与传统的球磨生产工艺相比，pin mill 系统研磨的颗粒更细，批次控制范围大且灵活（0.5~4000kg），在研磨及研磨后颗粒输送的过程中，采用氮气控制机体的温度，使研磨机的温度保持在 40℃以下，并且避免了粉尘污染、交叉污染等。该系统机体的拆分、组装及清洁也较为简单，适合 cGMP 生产。

关于使用 pin mill 系统生产的二丙二醇甲醚（DPM）性能，如生产过程中的成分组成均质性、生产的产品性能及是否适合细胞培养和生物制品生产等，有详细的验证研究，结果显示，pin mill 系统生产的产品均匀分布性满足标准，并且均匀性与成分以及批量大小无关；生产的产品诸如溶解性、pH、渗透压等理化性质、细胞培养方面及生物制品生产与球磨生产工艺相同。

第八节　细胞培养基的质量标准和检测方法

国内细胞培养基使用者一般采用经验法或实验法选择培养基，但是这些经验或是来自以前的传统方法、或是通过简单的细胞培养实验，因其影响因素较多，在判定的过程中，不同的使用者判定的标准也不相同，进而可能影响对产品的正确选择。因此，采用统一的质量管理规范是控制产品质量的一个基本前提。

2007 年 10 月 1 日国家发展和改革委员会批准的 HG/T 3935—2007《哺乳类动物细胞培养基》国家化工行业标准正式实施，为国内动物细胞培养基产品质量及检测方法提供了统一的标准，该标准对哺乳类动物细胞培养基的检测项目和方法做出了明确的规定。

一、　细胞培养基的检测方法

（一）澄清度检查法

该方法依据《中国药典（2020 年版）》二部附录ⅨB 澄清度检查法制定。澄清度是检查药品溶液的浑浊程度，即浊度，药品溶液中如存在细微颗粒，当直射光通过溶液时，可产生光散射和光吸收的现象，致使溶液微显浑浊，所以澄清度可在一定程度上反映药品的质量和生产工艺水平。水是培养基的溶剂，细胞培养基中的营养成分只有完全溶解于水才能被细胞吸收摄取，细胞才能生长增殖，因此培养基是否溶解以及培养液是否透明澄清直接影响培养基使用。通过对水溶解后的培养基的澄清度检查，判断细胞培养基的溶解性。此法是用规定级号的浊度标准溶液与供试品溶液比较，以判定细胞培养液的澄清度或其浑浊程度。

（二）pH 测定法

各种细胞的正常功能及一切生物化学反应，都是在适当和稳定的酸碱环境下进行的，因此细胞培养基的 pH 是细胞生长的重要参数，pH 偏低或偏高都会影响细胞生长。该法依据《中国药典（2020 年版）》二部附录ⅥH pH 的测定法进行。由于各酸度计的精度与操作方法有所不同，应严格按各仪器说明书与注意事项进行操作，并在使用之前注意校正。

在工业化使用时，由于传统的细胞培养基中含有 pH 指示剂如酚红等，通常依据肉眼观察培养液颜色来判定 pH，或是简单的使用 pH 试纸测定，但是上述方法存在较大的主观因素，影响正确判定，并且在配制的过程中，不同区域还可能存在一定的水质区别等，采用 pH 仪器检测可以消除人的主观因素，准确性高。此外，在检测过程中，添加碳酸氢钠后的培养基在测定的过程中，暴露在空气中的时间也会对所测 pH 的准确性有一定的影响。

（三）干燥减量测定方法

细胞培养基具有吸湿性，在空气中放置时水分会很快升高，干燥减量表示产品中的含湿量。细胞培养基是有菌制剂，其丰富的营养成分有利于微生物生长，保持培养基中的低水分含量可以防止微生物的繁殖。检测细胞培养基中水分的含量采用的方法是干燥减量法。该测定方法是依据《中国药典（2020 年版）》二部附录ⅧL 干燥失重测定法制定，具体是指产品在规定条件下干燥后所减少重量的百分率。减少的重量主要是水分、结晶水及其他挥发性物质等。由减少的重量和取样量计算供试品的干燥失重。

（四）渗透压

通常动物细胞必须生活在等渗环境中，借助 K^+、Na^+ 维持渗透平衡。虽然大多数细胞对渗透压具有有一定的耐受性，但是培养液渗透压过高容易使细胞脱水萎缩，培养液渗透压过低容易使细胞膨胀破裂，控制培养基的渗透压范围对于细胞培养具有重要的作用。检测通常采用冰点渗透压仪进行，当供试品溶液的毫渗透压摩尔浓度太大或大于仪器的测定范围时，用适宜的溶剂稀释至可测定的毫渗透压摩尔浓度范围。

（五）细菌内毒素检测方法

细菌内毒素是许多病原性细菌所产生的毒素。细胞培养基中细菌内毒素过高，对生物制品的质量如纯度、引起副反应等方面有影响，而且会降低生物制品的产率。

细菌内毒素检查法通常利用鲎试剂来检测或量化由革兰氏阴性菌产生的细菌内毒素，以判断供试品中细菌内毒素的限量是否符合规定的一种方法。其检查包括凝胶法和光度测定法，后者包括浊度法和显色基质法。供试品检测时，可使用其中任何一种方法进行试验。通常当测的结果有争议时，以凝胶法结果为准。

（六）微生物限度

细胞培养基不是无菌产品，其中的微生物在一定条件下会吸收培养基中的营养物质滋生繁殖，导致培养基变质失效。控制细胞培养基中细菌和霉菌，是延长培养基有效期的方法之一，也是对生产企业的产品、原料、辅料、设备器具、工艺流程、生产环境和操作者的卫生状况进行卫生学评价的综合依据之一，对其的检测是非常必要的。检测方法依据《中国药典（2020 年版）》附录ⅪJ 微生物限度检查法进行，检查项目为细菌数、霉菌数。

（七）细胞生长试验

细胞在体外进行培养时，失去了机体的调节和控制作用，因此，细胞培养液除满足细胞的营养要求外，还必须使其生存环境接近活体的环境。其中培养液及外环境的培养条件如温度、渗透压、酸碱度等均能影响细胞的生长。细胞培养基的功能就是满足细胞体外生长增殖需求，因此细胞培养效果的检验是产品质量优劣的一个直观表述，是必检项目，这也是一个产品性能特性表述的要求。

细胞培养检测方法是：细胞在 37℃ 恒温条件下，在含体积分数为 3%～10% 小牛血清的细胞培养液中生长 72h，观察细胞形态并进行细胞计数；细胞生长 72h 后，更换不含小牛血清的细胞培养液，继续培养 48h，观察细胞形态并进行细胞计数。培养过程中加血清培养主要检测培养基的培养质量，不加血清培养主要检测培养基的有无毒害物质。

细胞生长实验不但在使用一个新的产品时是必须进行的检测项目，在更换不同批次时，为检测是否有批间差也必须进行；此外，即使是同一个批次，分次购买时，或是存放搁置较长时间再次使用时，也需进行该项目检测，以防止培养基在贮存、运输过程中可能发生的质量变化。

该行业标准中的检测项目为生物制品厂家控制原材料质量提供一定的依据，但是随着生物制品安全性要求的提高，其所检内容还有待完善，如添加一些诸如动物蛋白质、抗生素等的检测，为生物制品厂家控制原材料的安全性提供更高的保障。

二、　细胞培养基安全技术说明

细胞培养基安全技术说明（MSDS）是化学品安全技术说明书，是化学品生产或销售企业按法律要求向客户提供的有关化学品特征的一份综合性法律文件。化学品安全说明书作为传递产品安全信息的最基础的技术文件，其主要作用体现在：

（1）提供有关化学品的危害信息，保护化学产品使用者。

（2）确保安全操作，为制定危险化学品安全操作规程提供技术信息。

（3）提供有助于紧急救助和事故应急处理的技术信息。

（4）指导化学品的安全生产、安全流通和安全使用。

（5）是化学品登记管理的重要基础和信息来源。

随着世界各国对产品安全和环境保护的日益重视，无论在国际贸易还是国内贸易中，只要企业生产的产品涉及到化学物质，都必须为客户提供准确的 MSDS。如果供应商提供的 MSDS 存在错误或失实，或故意隐瞒有害信息，造成用户的人员伤亡或环境污染，用户往往要求 MSDS 的提供单位承担相应的法律责任。因此，编制 MSDS 必须符合买方所在国家和地区的有关危险化学品的法律法规。我国于 2000 年颁布了 GB 16483—2000《化学品安全技术说明书编写规定》（现已被 GB/T 16483—2008《化学品安全技术说明书　内容和项目顺序》替代)，用于规范国内化学品生产企业编写化学品安全技术说明书的内容和编写要求，该内容主要包含 16 项：化学品及企业标识、危险性概述、成分/组成信息、急救措施、消防措施、泄漏应急处理、操作处置与储存、接触控制和个体防护、理化特性、稳定性和反应性、毒理学信息、生态学信息、废弃处置、运输信息、法规信息、其他信息。每项下面有详细的说明，不同的化学品制造者据此结合产品特性制定相应的条款。

哺乳类动物细胞培养基是一种由无机盐、氨基酸、维生素以及其他有机化合物按一定比例组成的混合物，在贸易中属于化学品范畴，并且每个品种中的成分及含量不同，针对每个品种都应制定相应的 MSDS 说明。国外的生物制药企业在对细胞培养基生产企业进行质量审计时，都要求生产企业提供所使用细胞培养基品种的 MSDS，经审计符合对方法律要求才有资格作为供应商。而国内生物制品厂家目前尚未对细胞培养基厂家提出该要求。

第九节　悬浮培养用细胞培养基的选择和优化

一、　悬浮培养用细胞培养基的选择

根据细胞系和病毒株的特性，病毒在细胞内的繁殖方式不一样，所选用的工艺及细胞培养基也有一定的区别。有的细胞系在慢速增长或是不分裂状态下利于病毒的繁殖，有些细胞系则与病毒一起增殖，即与病毒的生产具有生长偶联性；对于细胞而言，有些病毒的生产属于分泌型，有些则是裂解型，不同类型所采用的生产工艺和细胞培养基不同，工业上根据悬浮培养生产工艺，通常把细胞培养液分为生长液、维持液和流加培养液等。

生长液通常也称为完全培养液，主要是针对细胞生长而言，在培养过程中，细胞接种病毒前为满足细胞快速增殖的需要，需要细胞培养基营养丰富或是添加一定剂量的血清，该种培养液可广泛应用于各种培养工艺。

维持液通常是指在批培养过程中，接种病毒前，根据毒株特性不同，在不需细胞继续快速增殖，只需维持细胞活性、特异性地提高病毒复制繁殖速率，或是接种病毒以后不使用含有血清的细胞培养液的时候，需要更换的培养液，该种培养液依据不同的细胞系、病毒株或是生产工艺成分会有变化。如培养 MDCK 细胞生产流感病毒时，维持液中是否添加胰酶及胰酶的添加量均对病毒的增殖有明显影响。

流加培养液是依据悬浮培养工艺中的流加培养方式而言，是指在流加培养时使用的细胞培养基。该培养基的成分不固定，是根据细胞的代谢速率及对营养成分的消耗进行调配，通常部分营养成分含量较高，可采用完全培养液的浓缩液或是部分营养成分的浓缩液。

与静置培养的细胞相比，悬浮培养的细胞密度较大，悬浮培养时产生的剪切力等，除细胞自身的适应能力外，如前所述，培养基的支持很重要，它能够维持细胞高密度生长，降低对细胞的损伤。此外，研究显示，在细胞由贴壁培养状态向悬浮培养状态转换时，细胞的代谢状况可能发生改变。在贴壁细胞及悬浮化适应后细胞的能量代谢比实验中，细胞在不同的生长状态下，悬浮适应后细胞的葡萄糖平均比消耗率、乳酸平均比产率及转化率均低于悬浮适应前，表明细胞经悬浮适应后提高了细胞对葡萄糖的利用率；在细胞悬浮适应后，葡萄糖消耗用于乳酸的产出比例在减少，而用于细胞生长、维持及蛋白质生成的比例在增加。原因可能是与静置贴壁培养方式相比，悬浮培养时培养物的营养成分丰富且环境均一，一定程度上促进了细胞的生长，提高了细胞对葡萄糖的利用率，因此，培养基也应依据细胞的代谢需求进行变化。

瑞士联邦科技学会生物工艺学教授 Wurm 博士在 2005 年指出："培养基虽不是细胞培养中的唯一重要因素，但却是最重要的一种"。尤其在大规模培养技术中，为维持细胞高密度甚至无血清生长，达到提高目标生物制品的稳定性、表达量的目的，培养基的营养含量则尤为重要。此外，由于不同细胞营养代谢状况、细胞和病毒培养工艺和抗剪切力能力均可能不同，因此，这些均需要个性化培养基的支持。龙沙公司在 2005 年的研究结果表明，采用优化后的限定化学成分细胞培养基与目录细胞培养基相比，蛋白质表达量提高了 9.6 倍。

二、 细胞培养基的优化

细胞培养基经过天然细胞培养基、合成细胞培养基，发展到无血清细胞培养基，历近百年已发生质的飞跃，但直到现在，细胞培养基的优化仍是研究的热点。推动细胞培养基优化的主要原动力有两点：第一，提高细胞的产能，降低成本；第二，生物制品的安全性需求。国际上，目前针对提高悬浮培养技术产能的热点是优化培养基，与细胞驯化或是优化工艺技术相比，优化细胞培养基的成功率及实际效果更高，个性化、专业化细胞培养基是研究的热点也是未来细胞培养基的发展趋势。悬浮培养时，需针对细胞的增殖、病毒的繁殖特性及培养工艺等对细胞培养基的成分进行优化，如前述细胞由贴壁状态转为悬浮状态等，其代谢状况会发生一定的变化，如葡萄糖的代谢变化等，相应培养基的成分也不同；细胞的培养由贴壁培养转向悬浮培养时，搅拌产生的流体剪切力或是通气产生的泡沫效应，是悬浮培养时对细胞损伤最大的两个因素。目前除优化反应器的结构及生产工艺外，另外一个重要的方法就是优化细胞培养基，通过在细胞中添加一定的保护剂，常用的 Pluronic F-68，其作为一种表面活性剂，已广泛用于哺乳动物细胞的大规模培养中。Pluronic F-68 对细胞的保护作用，目前主要有两种机制用于解释：一种认为 Pluronic 加入细胞培养基后，由于改变了细胞培养基的黏度而起到了保护作用；另一种认为由于 Pluronic F-68 与细胞膜之间的相互作用，使细胞对剪切力的抗性发生了改变。而其他如聚乙二醇（PEG），可以改变培养液的表面张力，但仅对部分细胞有保护作用，且受分子质量大小及浓度的限制。不同保护剂的保护作用机理及作用范围有一定的差别，在添加时也应适当选择。

其次，生物制品的安全性需求促进细胞培养基向无动物来源成分、无蛋白质的方向发展。法律法规对于生物制品原材料的质量要求逐步提高，生物制品生产越来越倾向采用无血清无动物组分培养基。无血清培养基杜绝了血清的外源性污染和对细胞毒性作用，使产品易于纯化、回收率高；其成分明确，有利于研究细胞的生理调节机制；可避免血清批次间的质量变动，提高细胞培养和试验结果的重复。目前国际上生物制药生产中，已经有 50% 以上的产品采用无血清、无蛋白质培养基生产，当前这些主要针对于人用生物制品，但是随着动物源性食品在人类食物中的比重日益增加、宠物等的快速增长等，增加了某些疾病在人类和动物的共染性，兽用生物制品的安全性及质量要求也在逐渐提高。目前国内首家无血清悬浮培养生产口蹄疫的生产工艺已获得农业农村部批准变更注册。与口蹄疫生产的常规含血清培养工艺不同，无血清悬浮培养工艺技术制备口蹄疫病毒最大的特点是工艺更简单、操作更简便，因全过程使用无血清培养，细胞在最后一级反应器中达到合适细胞密度后，补加一定量的新鲜培养基后直接接种口蹄疫病毒，无须进行细胞沉降换液去除血清等操作步骤，口蹄疫病毒毒力及病毒抗原含量无明显区别（表 2-5、表 2-6）。

表 2-5　　　　　　　　BHK21 细胞无血清与低血清培养口蹄疫病毒毒力比较

工艺类别	血清含量	$lgTCID_{50}/0.1mL$		$lgLD_{50}/0.1mL$	
		接毒后 10h	接毒后 12h	接毒后 10h	接毒后 12h
低血清工艺	3%~5%	6.5	7	—	7.5
无血清工艺	0	7.75	7.25	—	7.25

注：$TCID_{50}$ 为半数组织培养感染剂量，LD_{50} 为半数致死量。

表 2-6　　　　BHK21 细胞无血清与低血清培养口蹄疫病毒抗原含量（146S）　比较

检测项目	低血清培养工艺		无血清培养工艺	
DV 亚型	0	Asia-1	0	Asia-1
细胞密度/(10^6个/mL)	3~5	3~5	3~5	3~5
146S/(μg/mL)	2~3	3~5	2~3	3~5

　　除无血清培养基的持续研发外，当前细胞培养基的优化工作主要集中在流加培养基的设计和优化方面。流加培养基的优化常与代谢物分析及相关成分的化学计量衡算相结合，其目的是提供一个平衡的流加培养液，使得细胞生长过程中各种营养物质保持相对稳定的浓度。该模型早期主要由 Xie 等建立，他们在研究了细胞组成（蛋白质，核酸，脂类，碳水化合物等）、产物组成（氨基酸）、维生素的利用率以及 ATP 需求的基础上建立了化学计量模型，用于设计流加培养基；Zhou 等在分析杂交瘤细胞的生长代谢中氨基酸需求的基础上，定量计算出流加培养基中的氨基酸等配比。

　　对于流加成分的研究，到目前为止，主要集中在葡萄糖、谷氨酰胺和其他氨基酸方面，原因是葡萄糖和氨基酸的代谢分析相对容易。对于较难分析的维生素、脂肪酸、微量元素等成分较少有文献提到，但维生素、脂肪酸、微量元素等成分的缺乏也会造成流加培养的营养限制，工业化中倾向于将浓缩的氨基酸和维生素、甚至浓缩的完全培养基应用到流加培养基中，细胞密度和产物浓度都有了提高，但是造成一些非必需添加成分的浪费，且营养成分及代谢副产物过度积累可能对细胞的增殖、产率及产品的质量有影响。但是逐一分析上述成分来寻找限制性因素，成本高，耗时长，成功率较低。因此，需要建立一种简单、快速、低成本的方法，在上述成分中筛查导致营养限制的因素。

　　Franek 等曾经利用稀释培养基和成分缺失的培养基筛选氨基酸和蛋白质中对细胞凋亡起作用的成分。虽然这些研究着眼于氨基酸和蛋白质对细胞凋亡的影响，但是这一方法同样可以用于细胞培养基中的维生素、脂肪酸、微量元素等难以进行代谢分析的成分中的限制性因素筛查。该方法开发的原理是，细胞培养基中的成分对于细胞生长和产物合成都是必需的，当这些成分低于某一浓度时细胞生长会受到抑制。与成分完全的细胞培养基相比，使用稀释细胞培养基和成分缺失的细胞培养基筛选限制性因素有以下优点：首先，细胞在被稀释成分耗尽后会生长停滞，发生限制时细胞培养基中除了被稀释的成分外，其他成分相对于细胞都是过量的，不会出现除被筛选成分以外的其他成分的营养限制；其次，在成分稀释的细胞培养基中，细胞密度不会达到很高，也就意味着不会产生高浓度的有毒代谢副产物（乳酸和氨等）而使细胞生长和产物增殖受到抑制。

　　此外，采用统计学方法进行细胞培养基的理性设计也是无血清、无蛋白质培养基优化方法的新突破；将高通量细胞培养系统和统计学方法结合将是细胞培养基优化的有力工具。

虽然对于细胞培养基的优化方法快速发展，自动化水平及针对细胞代谢组学设计培养基的水平不断提高，但是针对不同的细胞系，相应细胞培养基的优化仍然要依赖于科学的洞察力和实践经验的积累。细胞培养基的优化工作仍较为烦琐且难度较高，是目前及未来相当长的时期内的一项艰巨的工作。

此外，对于细胞培养基安全性的研究主要集中在寻找一些关键的血清替代因子，用于设计和开发无血清细胞培养基。目前市售或是实验室研发的无血清细胞培养基中许多成分非常昂贵，不适宜规模化生产使用。因此，探寻一些对产品特性无影响的，化学成分明确，原料来源方便及价格较低的因子也是未来的一个研究热点。

第十节　个性化培养基设计与优化

一、　低血清培养基的开发研究

为了维持细胞较长时间的生长并促进细胞增殖、迁移和分化，一种基本的培养基必须可提供多种因子。来源于动物或者人类的血清最通常用于维持和增殖细胞。血清是含有多种因子的混合物并含有大量对于细胞生长和维持重要的组分，如生长因子、蛋白质、维生素、微量元素，激素等。然而由于一系列原因，血清的使用存在争议。血清的采集给人和动物带来痛苦；血清培养具有成本高、成分不明确、不利于下游产品的纯化、对细胞具有潜在毒性、可能含有病原菌等缺点。

由于季节性和大陆气候的变化导致血清成分批次间存在差异，这会导致细胞培养中出现表型差异，造成以细胞为基质生产的生物产品质量不稳定；由于受污染的可能性（如疯牛病等），以及生物制品中血清的存在可能给人或者动物造成不良反应，新的生物医药产品不鼓励使用动物源成分。

事实上，对于生产来说，高含量的血清增加了终产品的成本，而且进行大规模生物反应器的生物制品生产时，需要大量的血清，其来源及储存都可能会受限制；在疫苗的生产中，血清的存在可能会抑制病毒增殖，从而降低了病毒的滴度，高浓度的血清对细胞也具有潜在的毒性；另外，疫苗产品对血清含量具有严格的要求，高浓度的血清不利于生物产品的下游纯化。近几年，生物领域人士逐渐意识到血清对生产过程及终产品可能带来的一系列问题。由于体外培养方法是动物实验方法最好的替代，有必要对细胞和组织培养方法包括质量保证等进行更科学可靠的界定。良好的细胞培养操作准则涉及无血清培养基的使用。无血清培养基可以保持实验结果的可重复性，避免病原菌等的污染，利于终产品的分离纯化等。但是，由于血清在一定中程度上刺激了细胞的生长及分化，同时在胰酶消化传代过程中，可中和胰酶对细胞的伤害。生物制品如疫苗的生产中，细胞培养用商业无血清培养基价格昂贵，疫苗生产可能对血清存在依赖，所以低廉的低血清培养基的开发势在必行。与无血清培养基相比，开发低血清培养基（血清甚至更低）相对比较容易，培养基中添加的成分也相对来说更加简单。以传统的培养基为基础，针对不同的特定细胞株，在基础培养基基础上添加一些廉价且具有生物安全性的血清替代成分。降低血清的添加量后，需仍能维持细胞的贴附、生长和增殖，并保证细胞的倍增时间不低于甚至高于血清含量的培养基。低血清细胞培养液中包含几个重要组分，这几个组分可构成一个金字塔，金字塔的底部是最主要和用量最多的组分，如胰岛素转铁蛋白硒。为了使细胞贴附在培养容器的底部，必须包含胞外基质成分，往往需要添加细胞贴附因子。培养基配方开发的下一步是加入特定的激素和生长因子，例如表皮生长因子和糖皮质激素（氢化可的松和地塞米松）通常存在于大多数培养基中。基于细胞类型不同，也需要加入特定的细胞生长因子，例如用于神经元的神经生长因子。已证实，上皮细胞的生长需要补充一个激活剂，用于提高细胞的水平。喉素和霍乱毒素，虽然作为强效的药物制剂，但也用于细胞的体外有丝分裂。金字塔的尖部代表了血清的特定替代成分，加入了血脂，抗氧化剂和特定的维生素。维生素在大多数上皮细胞类型的细胞培养基中是必要的添加剂。总体而言，低血清培养基中需补加以下几类因子。

（一）氨基酸

在基础培养基的基础上需要补加氨基酸，氨基酸是哺乳动物细胞培养所必需的，有精氨酸、半胱氨酸、谷氨酰胺、异亮氨酸、亮氨酸、赖氨酸、甲硫氨酸、苯丙氨酸、苏氨酸、色氨酸、酪氨酸、缬氨酸等，在基础培养基中的含量均只在各种细胞系细胞消耗量较大的氨基酸大多是必需氨基酸，如色氨酸、赖氨酸、异亮氨酸等。由于不同的细胞株对氨基酸种类的喜好不同，低血清培养基中需要针对不同的细胞株设计专门的氨基酸添加量。培养基中足量且均衡的氨基酸，可减少细胞对乳酸和氨的生成。细胞在低血清条件下培养由于吸附能力降低，极易从贴附的介质上脱落，谷氨酰胺可刺激细胞合成贴附相关的因子。因此低血清培养基中添加足量的谷氨酰胺是必需的。此外，由于培养基中血清的大幅度减少也会加大细胞对不同氨基酸的吸收，所以，氨基酸在低血清培养基中的添加不可忽视。

（二）维生素

至少有 7 种维生素被认为是细胞生长和增殖所必需的：胆碱、叶酸、烟酰胺、泛酸（维生素 B_5）、吡哆醛、维生素 B_2、维生素 B_1，虽然在含血清的培养基中，这些维生素可以足量的供给，但当血清含量降低时，维生素的供给量远远不能满足细胞的需求，需要向培养基中添加对细胞生长和增殖作用较大的维生素。维生素在大多数上皮细胞类型的细胞培养基中是必要的添加剂，诱导细胞的增殖和生长分化，而维生素作为主要的抗氧化剂，用于保护细胞避免氧化作用。

（三）微量元素

由于细胞无法合成微量元素，必须由外界提供。低血清培养基中由于血清的降低也减少了培养基中对微量元素的供给，所以添加适量的微量元素是细胞生长和增殖所必需的。由于不同的细胞系对微量元素的喜好不同，低血清培养基中特定成分的微量元素的添加量需要通过实验验证完成。

（四）缓冲及保护体系

低血清培养基由于血清的降低，减弱了血清作为强缓冲剂对细胞的缓冲以及对胰酶消化的中和保护作用，因此，低血清培养基中还需要添加用于缓冲及保护细胞的特定培养基成分（如牛血清白蛋白等保护细胞免受胰酶消化及剪切力的损伤）。细胞在低血清培养基中的适应原则细胞对低血清培养基的适应，通常采用两种方法。对于一些简单培养即可增殖生长的细胞株，可采用直接适应法，将血清中的细胞直接转移至低血清培养基中培养。另外一种是采用逐步降低血清浓度的方法，即在细胞传代过程中，将血清浓度从高降至低，使细胞逐步适应降低的血清浓度，这主要是针对一些较难培养的细胞株。适应培养要在细胞指数生长期且活性在90%以上。

二、无血清培养基的设计与优化

（一）无血清培养基基础及主要添加因子

1. 基础培养基

无血清培养基由营养完全的基础培养基添加细胞生长因子、细胞贴壁因子、激素和结合蛋白等组成。

早期用于细胞培养的基础培养基有血浆凝块、淋巴液、大豆蛋白胨和胚胎浸出液等天然培养基。合成培养基是按细胞生长需要将一定比例的氨基酸、维生素、无机盐、葡萄糖等组合成的基础培养基。基础培养基的成分是完全已知的，因此在对不同的细胞株进行培养时，可以对基础培养基的某些组分进行相应的调整，以更好的符合细胞株的营养要求，或提高目的蛋白质的表达量。经过几十年的发展，现在商品化的无血清培养基多以 DMEM/F12（1∶1）或 F12 为基础，添加物是无动物来源的重组蛋白、蛋白质水解物以及植物来源提取物，这些成分可以保障细胞生长及增殖。

2. 主要添加因子

添加因子又称补充因子，是代替血清的各种添加物的总称。已经证实目前有 100 多种因子在无血清培养条件下对细胞培养有效，通常无血清培养基补加多种添加因子，其中有些是必须添加的因子，如胰岛素、亚硒酸钠和转铁蛋白，也有一部分为辅助作用的因子。按其在无血清细胞培养中的功能不同，可将添加因子分为以下五类。

（1）激素　胰岛素、生长激素、胰高血糖素、甲状腺素、类固醇激素、雌二醇、氢化可的松等是很多细胞无血清培养基中广泛使用的激素。胰岛素，它是一种多肽，能与细胞上的胰岛素受体结合形成复合物，促进 RNA、蛋白质和脂肪酸的合成，是细胞存活中起重要作用的激素，几乎所有的细胞系无血清培养需要加的胰岛素，胰岛素的使用量为 0.1~10μg/mL。Jan 等认为在批培养中胰岛素迅速耗尽是细胞比生长速率下降的主要原因。此外生长激素、胰高血糖素、甲状腺素、类固醇激素、雌二醇、氢化可的松等也根据不同细胞株添加，添加量与细胞株的种类相关。

（2）生长因子　表皮生长因子（EGF）、成纤维细胞生长因子（FGF）和神经生长因子（NGF）是无血清培养基中经常使用的生长因子，生长因子是维持细胞体外培养生存、增殖和分化所必需的补充因子。生长因子按化学性质可分为多肽类生长因子和甾类生长因子。无血清培养基中添加的生长因子主要是多肽类生长因子，已经证实有 20~30 种多肽类生长因子对细胞生长有效，其中半数以上都可以通过基因重组的手段获得。生长因子能有效地促进细胞有丝分裂，能缩短细胞群体倍增时间。

（3）结合蛋白　转铁蛋白是结合蛋白的一种，因为大多数哺乳动物细胞膜上存有转铁蛋白的受体，这些受体与转铁蛋白铁离子的复合物结合是细胞获取必需的铁元素的主要途径。清蛋白也是无血清培养基中常用的添加因子。已经证实它通过与维生素、脂类、激素、金属离子和生长因子的结合而调节这些物质在无血清培养基中活性的作用，此外清蛋白还有结合毒素和减轻蛋白酶对细胞影响的作用。

（4）贴壁因子 大多数动物细胞通过贴附在培养基质的表面才能正常生长和分裂。细胞贴附是一个复杂的过程，这个过程是在贴壁因子的参与下完成。无血清培养中常用的贴壁因子有细胞间质和血清中的成分，如纤维粘连蛋白、胶原和多聚赖氨酸等。

（5）其他添加因子 动物细胞无血清培养基中除上述添加物外还要补充低分子质量的化学物质，如亚硒酸钠、维生素、微量元素、丁二胺和亚油酸等，B族维生素主要以辅酶的形式参与细胞代谢，维生素C和维生素E具有抗氧化作用。丁二胺和亚油酸等脂类是提供细胞膜合成所需的脂质和细胞生长所需的水溶性脂质。

（二）无血清培养基的设计和开发

在细胞生物学快速发展的今天，无血清培养基的应用将会日益广泛，无血清培养基设计开发工作也要逐步跟进。无血清培养基的设计一般遵循以下三个原则：①设计无血清培养基的第一步是要明确该培养基运用于何种细胞的培养，培养的细胞是贴壁依赖性生长细胞还是悬浮型培养细胞，最终产物是要收集细胞分泌的培养上清还是要收集整个细胞，是用于科学研究还是用于规模化培养生产药物。②由于无血清培养基适用细胞的范围有限，在无血清培养环境中，除去一种关键营养物，如一种氨基酸，将会极大地抑制细胞的活性。用已有实验定性地证明了各种类型的细胞需要相同的营养物，但在添加的数量上有显著的差异。③无血清培养基培养细胞应同时考虑细胞比生长率、最大增殖密度、活力及目的产物的产率，用这些指标来综合考虑培养基成分配方。

随着实验设计（design of experiment，DOE）软件的推广，近年来统计实验设计方法被广泛应用于细胞培养及过程优化，并取得了明显的效果。统计实验设计方法通过在培养基的设计、优化及数据结果分析中运用统计学方法，对实验进行合理安排，以较小的实验规模、较短的实验周期和较低的实验成本，准确控制及估量误差的大小，获得理想的实验结果，从而得出科学的结论。

1. 动物细胞无血清培养基设计

随着VERO细胞、EB66细胞、MDCK细胞、BHK21细胞在疫苗生产的优势已经得到了验证，其无血清培养基开发也逐渐被重视。无血清培养基的设计和优化相对于应用于动物细胞悬浮培养工艺生产流感疫苗，设计无血清培养基组成配方的技术核心是筛选和确定具有促进细胞增殖、维持细胞存活、提高病毒扩殖效果的培养基组成成分。文献报道动物细胞无血清培养基的较为便捷和有效的策略是以DMEM，F-12，199和RPMI1640等商品化的合成培养基的单独使用或联合使用为基础培养基。以反映细胞生长和代谢的主要参数为评价指标，结合统计学方法确定向其中添加生长因子、激素、结合蛋白及黏附因子、微量元素、脂类和脂类前体物等的种类和浓度。无血清培养基中常用的黏附因子主要是存在于细胞间质和血清中的胞外基质（extracellular matrix，ECM）蛋白，如纤维黏连蛋白、层黏连蛋白、玻连蛋白和胶原等。其中，纤维黏连蛋白和层黏连蛋白不仅具有提高细胞的黏附力及活力的作用，同时在促进有丝分裂中也起着重要的作用。某些含有精氨酸-甘氨酸-天冬氨酸（RGD）序列的短肽也能够有效地促进细胞贴附到以聚苯乙烯和醋酸纤维素为材料的介质表面。

HyPep1510是一种经超滤处理、且不含动物组分的由水解大豆粉生产出来的一种培养基添加物，对于MDCK无血清培养来说是一种重要的添加物。

ACF（sheffield rALbumin ACF）无血清且无动物组分，在作为单一添加物或者与其他组分（植物源蛋白质水解物）组合使用时，可以降低或者取代培养基中添加血清的浓度。该蛋白质的优点是完全不含动物组分，可提升培养基性能。

2. 培养基优化方法

贴壁细胞由于本身的生长特性决定了不易悬浮培养的特点，更何况无血清悬浮培养，对培养基的营养组成要求更高。动物细胞无血清培养基由近百种的营养成分组成，如何合理地对各种物质进行组合是培养基优化的关键。在无血清环境下，细胞对于极端条件更为敏感，如 pH、温度、渗透压、剪切力及酶处理。细胞培养是一个动态的复杂过程，伴随着细胞对营养物的消耗、细胞生长及代谢，代谢副产物逐步积累，造成细胞培养环境不断恶化。培养过程分析方法是以细胞代谢方面的研究理论为基础，通过对批次培养过程中培养基各组分进行动态监测，了解细胞对营养物的消耗、代谢副产物的积累判断细胞生理状态变化，可以通过培养基设计和补料策略进行调整。目前，氨基酸分析、微量元素分析、维生素分析、脂肪酸分析及糖类物质分析等项目已被用于细胞培养过程分析。无血清培养基开发的方法要求较高，通常采用的方法有消耗组分分析法和化学计量分析法。

（1）消耗组分分析法　通过葡萄糖、谷氨酰胺、氨基酸等组分的优化，对培养过程消耗组分分析及时补充易消耗组分，维持培养基营养成分在一定浓度范围内，使细胞处在相对适合的环境中生长。

（2）化学计量分析法　通过建立培养基中各类成分与培养过程中能量代谢、细胞生物量、蛋白质合成量之间的化学计量关系的数学模型，从而进行基础培养基，补料培养基及补料策略的优化，可有效控制乳酸、铵离子等副产物的累积，使细胞处在相对适合的环境中生长。

3. 无血清培养的适应

细胞从含血清培养基转入无血清培养基需要一个逐步适应的过程，一般有两种方法可供使用。

（1）直接适应法　即通过换液直接将细胞转移到无血清培养基中，彻底移除血清，使用直接适应法，细胞的培养环境变化剧烈，因此对所用无血清培养基要求更高。

（2）连续传代适应法　即传代过程中逐步降低血清浓度直至彻底去除。相比直接适应法，连续适应法相对温和，细胞成活较好，也会出现细胞生长缓慢，活率下降的现象。在降低血清浓度过程中，上述两种方法目前均尚无手段可直接跳过该适应过程，而所用细胞处于细胞对数生长期中期，活率大于90%，以较高的初始密度接种等条件可提高细胞无血清驯化的成功率。在无血清驯化的过程当中应对细胞生长状态严密监控，根据情况及时对驯化策略进行调整。

动物细胞无血清培养基的研究就成为生物技术领域的一项重要研究课题，并在近几年内取得了很大的进展。首先，体现在对无血清培养基有关的理论及认识的提高。归纳起来有如下几点。

①对无血清培养基中各类添加成分如激素和生长因子、结合蛋白、贴壁和扩展因子以及低分子质量营养因子等的性质及作用有了较全面和正确的认识；

②认识到无血清培养基不可能像某些合成培养基那样具有广泛的适用性，不同类型的细胞甚至是不同的细胞系或细胞株都可能有各自独特的无血清培养基组成；

③认识到动物细胞在低密度培养和高密度培养，以及不同的培养方式下细胞生理状况及其对培养基的要求显著不同；

④克服了先前无血清培养基设计时过于注重细胞增殖速率的局限，而把高密度、细胞活力及目的产物产率作为无血清培养基的综合评估指标。

三、 工业规模细胞培养的培养基设计与优化

（一）工业规模细胞培养的培养基

在工业规模的动物细胞培养中，培养基的设计除了要考虑细胞生长的基本要求外，过程的可行性和经济性是重要的考虑因素。生产过程要符合良好操作规范（GMP）的要求，培养基的设计必须符合工艺规程的规定。细胞的高密度和产物的高比生产速率是过程经济性的重要因素，培养基不仅能使细胞正常生长，还应当能够满足细胞高密度培养的营养需要，有利于促进细胞的产物产生。

（二）低血清培养基和无血清培养基

使用血清，将会面临许多问题。首先，高质量血清（特别是胎牛血清）的大量供应成本高昂，质量控制困难。血清可能给细胞培养带来危险的污染，如病毒、抗生素、蛋白酶和其他物质。使用血清还会导致高的运行费用和不必要的设备投资。血清常要成批大量购买，放到-20℃冷藏室中保存直至使用。冷藏室花钱又占空间。每批血清都要预先测定促生长活力，这需要烦琐费时的测试工作。含有血清的培养上清使下游处理非常困难。血清中存在的干扰物质也使最终产物的认证变得复杂。由于上述原因，已经花费了许多努力降低或排除对血清的依赖，特别是在放大培养过程中。

1. 低血清培养

只要生物制品法规允许，分离纯化工艺成熟和经济，采用低血清培养是省力又省钱的解决方案。

为了使细胞在低血清条件下成功培养，通常要对培养基进行改进，使含有所有基本营养物，包括所有能量代谢和细胞构成所需原材料、维生素、微量元素、各种无机离子等。一个简单的无血清培养基，省略蛋白质添加成分，而添加低含量的血清，常能取得好的培养结果。在此基础上添加其他物质（蛋白胨或特殊成分），可以使培养基达到较高的密度或存活率，有时也可以进一步降低血清含量，甚至使其降低到0.1%以下。

在低血清含量下培养细胞，常常需要采用适当的适应过程，使细胞从高血清含量培养条件逐步降低到低血清含量培养，如从20%血清先降低到10%，再依次降低到5%、2%、1%、0.5%、0.2%、0.1%。每一个梯度可以培养一代，必要时也可以培养多代，直至细胞在该含量下能够很好地适应。在传代过程中，特别是在降低血清的传代培养中，维持高的细胞接种密度是至关重要的。对于贴壁依赖性细胞，改善生长表面的生物相容性，如涂胶原于贴壁表面，常有助于降低血清含量。

2. 无血清培养

无血清培养基已经有了多年深入的研究，形成了很多固定的商业配方。这些配方有的是专利保护的，有的是商业秘密。对应于不同的细胞系，建立的无血清培养基配方是不同的。但是，无论是转化细胞，还是正常细胞，多数细胞系已实现了无血清培养，甚至来自正常和恶性组织的原代细胞都可以无血清培养。

现有的无血清培养基应用于大规模生产过程，还有许多问题需要重视或有待克服。首先，目前的商业无血清培养基多数是在培养方瓶静态条件下开发的，应用到动态培养，特别

是生物反应器大规模培养，可能会产生新的问题，如抗剪切和消泡等问题。其次，无血清培养基设计中可能加入了昂贵的成分，在实验室研究中使用，其价格不是很大问题，但在工业规模生产中，其成本可能不被接受。第三，一种无血清培养基针对一种细胞系优化配方，对于另外一种细胞系不是最佳配方，甚至不能支持其生长，有的培养基对于不同克隆都具有选择性，如用同一种培养基培养表达不同产物的 CHO 细胞，会有不同的培养结果。第四，再好的无血清培养基，在支持细胞生长和功能表现方面，几乎总是没有添加血清的效果好。最后，过去开发的无血清培养基中，还可能还有化学上不确定的成分（如血清白蛋白、胎球蛋白、神经元提取物等），它们的添加会对产物稳定性和下游处理带来不利影响。

尽管存在上述问题，无血清培养基已经成功地应用到动物细胞大规模培养中。迄今为止，培养成功的有杂交瘤细胞、淋巴细胞、重组 CHO 细胞、重组 BHK 细胞、重组 C-127 细胞、Bowes 黑色素瘤细胞、昆虫细胞等。

3. 无蛋白质培养基

无蛋白质培养基化学成分确定，质量容易控制，运输和储存方便，成本低，受到动物细胞培养领域的普遍欢迎。但是，无蛋白质培养基开发成功的例子并不多，在动物细胞大规模培养中的应用也还非常有限。即使如此，在无蛋白质培养基的开发方面仍然有了令人鼓舞的进展。在这方面的工作得益于以下因素的驱动：①按照美国食品与药物管理局（FDA）管理规程的要求，全面控制生产和下游加工过程的迫切性越来越高；②原核表达的组织培养添加物（如胰岛素、表皮生长因子等）已获成功；③细胞的基因工程使细胞自己合成生长因子成为可能；④开发了具有相同功能的合成小肽取代大的天然蛋白质；⑤设计了生物相容性更好的介质材料；⑥开发了连续反应器系统，使细胞长期处于维持状态，降低了对生长因子的要求。

4. 维持培养基

为了维持细胞的高密度和长期稳定生产，流加培养和灌注培养已经是常用的培养方式。在这些培养方式下，一次接种细胞，可以培养到很高的细胞密度，甚至可以连续生产产物。在 CHO 细胞灌注培养中，用无血清培养基维持 2 次/d 的灌注速率，连续生产的周期已长达 2 个月以上。根据细胞系的不同，产物生产和分泌与细胞生长状态的关系不同。有的细胞系在迅速生长状态下最有利于产物生产，而有的细胞系在慢生长或不分裂状态下最有利于产物生产。按照细胞系的特征，需要特别设计长期连续培养的培养基。

对于产物生产属于生长偶联型的细胞系，所设计的培养基必须同时支持细胞的快速生长和产物的大量表达。对于正常细胞系，通常这意味着需要添加高浓度的血清或者各种昂贵的生长因子。但是对于非正常细胞系，添加低浓度血清或者少量生长因子就能达到目的，如果培养基设计合理，不添加生长因子的无血清培养基仍然能够支持这类细胞的生长和产物表达。

对于在慢生长或不分裂状态下产物生产最快的细胞系，所设计的培养基应该能够阻断或减缓细胞的生长，但同时支持细胞的存活并保持高产物生产速率。添加某些生长抑制成分（如乙酸钾），能够使杂交瘤细胞生产单克隆抗体的速率提高。适当提高培养基的渗透压，也能够降低细胞生长速率，促进细胞的产物生产。反应器的精心设计有助于实现这个目标。

值得注意的是，细胞的长期维持培养有可能造成细胞的产物比生产速率降低，这通常是重组细胞的遗传不稳定性或融合细胞的变异造成的。

（三）对贴壁依赖性细胞系悬浮培养的培养基设计

某些在工业上有重要价值的细胞系，包括 BHK、CHO 和 293 细胞，通常是贴壁依赖性的细胞系。它们作为外源基因表达的宿主，在基因工程药物的生产中有许多用途。但是，大量培养这些贴壁依赖性的细胞，在工业生产上有许多困难。微载体法是一种很受重视的工艺，当从有血清培养转至无血清培养时，这些细胞贴壁不牢，常常会从微载体上面脱落下来，使工艺失败，成功例子不多。各种各样的细胞固定化方法被试验，例如微胶囊固定、陶瓷介质固定、纤维固定等技术都申请了专利保护或发表了研究报告，但是在工业上均难以实际应用。Disc 填充的固定床方法尽管仍然存在着介质成本高、放大较困难和床层不均一的问题，但是其在实际应用中仍是最为成功的技术。近年来，有很多报道正在开发悬浮培养的技术。事实证明，在培养基精心设计和培养条件良好控制的前提下，悬浮培养某些贴壁依赖性细胞系是可能的。

悬浮培养贴壁依赖性细胞系，有许多关键技术需要突破，特殊的培养基设计常常是首当其冲的任务。首先，这些细胞转为悬浮培养时，对添加生长因子的需要增加了。对某些细胞，细胞与基质间的相互作用可以减少或排除对某些多肽生长因子（如血小板源性生长因子和成纤维细胞生长因子）的需要。悬浮生长时，常要添加这些因子，才能维持细胞的正常生长。如果细胞具有合成这些因子的能力，则要求维持细胞的高密度，以保持培养系统的稳定。如果需要特别添加多肽生长因子，会使培养成本上升。同时，这些多肽生长因子常常是不稳定的，其在培养基系统的半衰期不足以支持整个的培养周期。研究发现，某些生长因子可以结合到基质上并保持生物活性，例如，胰岛素结合到塑料或载体上以及血小板源性生长因子结合到塑料上。都可以提高多肽生长因子的稳定性，延长半衰期。某些生长因子与基质分子结合，效果更显著，例如成纤维细胞生长因子结合到肝素上，可以提高活性，减少用量。

在悬浮培养贴壁依赖性细胞时，减小细胞-细胞和细胞-容器间的作用也是很值得关注的问题。细胞从贴壁转为悬浮培养过程中，细胞结团和黏到容器壁上是一个经常遇到的问题。结团的细胞活性低，死亡快，控制不好会造成培养的迅速失败。通过培养基的改良，可以部分改善细胞结团的现象。下列措施或者它们的组合会对于解决细胞结团的问题有所帮助：①添加 0.01%～0.1% 普朗尼克 F68；②添加 10～100mg/L 肝素；③用小牛血清或马血清代替胎牛血清；④降低培养基中的钙浓度到 0.1mmol/L；⑤在无血清培养基中增加清蛋白浓度；⑥使用无硫培养基。贴壁生长的细胞转为悬浮培养，气泡和机械剪切的作用发生了很大变化。防止气泡和机械剪切对细胞的损伤有专门章节讨论。

（四）适合于高密度培养的低成本培养基设计

一种细胞培养基，既要适合于高密度培养，又要低成本，还要无血清，这常常是难以做到的，并且有时是相互矛盾的。但是，一种好的培养基，应当在这些方面权衡利弊，以寻找最优的方案。

在降低成本方面，通常有很大的潜力可以挖掘。因为研究者为了把细胞培养好，常常是"不惜一切代价"的，有时开发的培养基是非常"奢侈"的。到培养结束时，大量价格不菲的营养物根本没有被细胞利用，而是作为废物被处理掉；添加的许多昂贵的生长因子，本身就是可有可无的，或者是可以大大减少用量的。在这方面，应当着重考虑以下问题。

（1）添加剂或营养物是否真正为生长或生产所必需？

（2）添加剂或营养物的纯度要求有多高？

（3）添加剂或营养物的浓度是否能降低而不影响生长和生产？

（4）添加物或营养物是否能被便宜的物质代替？

（5）能否调节添加剂或营养物的组成保证它们的最佳利用？

但是，迄今为止，对上述问题的关注远远不够。主要的原因是所生产的基因工程蛋白质药物利润率比较高，生产成本略高些还能够承受。另外的原因是目前生产规模比较小，所用的培养基量也比较小，其成本与设备投资和公共系统的成本相比尚未达到引起重视的程度。

在适合于高密度培养的培养基设计中，主要的着眼点在于能源物质的优化（葡萄糖和谷氨酰胺）和最小代谢废物（乳酸和氨）积累。在高密度培养中，一种或多种营养物会成为限制性物质，更经常的是多种营养物质同时限制，如必需氨基酸、磷脂及其前体、微量元素、铁等。有时，不能发现任何已知营养物成为限制性的，但已影响了细胞的正常生长，这时应当在副产物抑制和营养平衡上找问题。有时营养的平衡很重要，特别是两种营养物竞争性的通过同一个转运系统进入细胞的情况，其中一种营养物的过高浓度抑制了细胞对另一种营养物的摄取。这方面的研究还很不充分。值得注意的是，适合于高密度培养的培养基的研究无法与培养的工艺分开。例如，分批培养的优化培养基不可能相同于流加培养的优化培养基，更不同于灌注培养的优化培养基。即使是对于流加培养，不同的培养阶段，培养基的组成都会有所不同。

四、 培养基的高通量筛选与优化

高通量筛选（high throughput screening，HTS）技术是指以分子水平和细胞水平的实验方法为基础，以微板形式作为实验工具载体，以自动化操作系统执行试验过程，以灵敏快速的检测仪器采集实验结果数据，以计算机分析处理实验数据，在同一时间检测数以千万的样品，并以得到的相应数据库支持运转的技术体系，它具有微量、快速、灵敏和准确等特点。简言之就是可以通过一次实验获得大量的信息，并从中找到有价值的信息。

充分利用药用资源：由于高通量筛选依赖数量庞大的样品库，实现了药物筛选的规模化，较大限度地利用了药用物质资源，提高了药物发现的概率，同时提高了发现新药的质量。

微量筛选系统：由于高通量筛选采用的是细胞、分子水平的筛选模型，样品用量一般在微克级（μg），节省了样品资源，奠定了"一药多筛"的物质基础，同时节省了实验材料，降低了单药筛选成本。

高度自动化操作：随着对高通量药物筛选的重视程度不断提高，用于高通量药物筛选操作设备和检测仪器都有了长足发展，实现了计算机控制的自动化，减少了操作误差的发生，提高了筛选效率和结果的准确性。

多学科理论和技术的结合：在高通量筛选过程中，不仅应用了普通的药理学技术和理论，而且与药物化学、分子生物学、细胞生物学、数学、微生物学、计算机科学等多学科紧密结合。这种多学科的有机结合，在药物筛选领域产生大量新的课题和发展机会，促进了药物筛选理论和技术的发展。

高通量筛选的实验方法：分子水平和细胞水平的实验方法（或称筛选模型）是实现药物高通量筛选的技术基础。由于药物高通量筛选要求同时处理大量样品，实验体系必须微量化，而这些微量化的实验方法应根据新的科研成果来建立。中国人民解放军空军军医大学

（第四军医大学）周四元研究认为，药物高通量筛选模型的实验方法，根据其生物学特点，可分为以下几类：受体结合分析法；酶活性测定法；细胞分子测定法；细胞活性测定法；代谢物质测定法；基因产物测定法。这些实验方法，均已广泛用于药物高通量筛选中。

特色效用高通量筛选技术是将多种技术方法有机结合而形成的一种新技术体系，它以微板形式作为实验工具载体，以自动化操作系统执行实验过程，以灵敏快速的检测仪器采集实验数据，以计算机对数以千计的样品数据进行分析处理，从而得出科学准确的实验结果和特色效用。英国学者 Alan D 研究提示，一个实验室采用传统的方法，借助 20 余种药物作用靶位，1 年内仅能筛选 75000 个样品；1997 年高通量筛选技术发展初期，采用 100 余种靶位，每年可筛选 100 万个样品；1999 年高通量筛选技术进一步完善后，每天的筛选量就高达 10 万种化合物。

（一）荧光检测法

近年来，光学测定技术在美、英两国研究人员在高通量筛选检测中，努力进行了光学测定方法的研究，建立了大量的非同位素标记测定法，如用分光光度法筛选蛋白酪氨酸激酶抑制剂、组织纤溶酶原激活剂等，均获得成功。

放射性检测技术美国学者 Ganie SM 在高通量药物筛选研究中，应用放射性测定法，特别是亲和闪烁（SPA）检测方法，使在 96 孔板上进行的样本量实验得到发展。该方法灵敏度高，特异性强，促进了高通量药物筛选的实现，但存在环境污染问题。

荧光检测技术美国学者 Giulianok A 研究认为，采用荧光检测法（fluorometric imagine-greadet），可在短时间内同时测定荧光的强度和变化，对测定细胞内钙离子流及测定细胞内 pH 和细胞内钠离子流等，是非常理想的一种高效检测方法。同时采用功能性药物筛选系统（functional drug screening system，FDSS）进行实时多通道荧光检测，96 微孔板、384 微孔板、1536 微孔板一次性加样，实现实时荧光强度信号检测。

多功能微板检测系统由西安交通大学药学院研制的 1536 孔板高通量多功能微板检测系统，目前是国际上先进的高通量检测系统，它可使筛选量进一步提高，现已在该院投入使用。

（二）AlphaScreen 检测法

AlphaScreen 检测法（放大发光接近均匀分析检测法，amplified luminescence proximity homogeneous assay）应用广泛且拥有众多优点，更优化药物筛检试验的效果。其操作硬体的限制，导致这实验方法虽然已研发数年，大多数研究人员并未知晓或广泛应用它。

化学生物学研究项目的研究重点是在我们的平台上执行的筛选与蛋白质相互作用的高通量检测。为了这个目的，我们采用 AlphaScreen 检测法，正如它的名字所暗示的，Alpha 屏是基于发光接近检测。

AlphaScreen 检测法主要优势在于待测物质的范围宽泛，从小分子到大型复合物；均相体系、快速、稳定，灵敏度更高；AlphaScreen 检测法也不需要荧光标签的引入，避免了空间位阻影响生物分子的相互结合；可用于检测生物学粗提物例如细胞裂解物、血清、血浆、体液等，而不会影响测读效果。

AlphaScreen 检测法主要的限制在于反应体系对于强光或是长时间的室内光敏感；其次，某些化合物对于单体氧分子的捕获会降低光信号；供体珠光漂白效应使得信号检测以单次为佳。与电化学发光分析检测法（ECL）、FMAT 技术相似，AlphaScreen 检测法也需要高能激光器；同其他技术相比，AlphaScreen 检测法对于检测仪器平台有要求。

（三）技术进展

我国进行药物高通量筛选的优势首先是化合物来源广泛，且多为天然；其次是对化合物生物活性的筛选目的较明确，无目的合成的化合物较少；第三，我国传统药物为筛选研究提供了一个巨大的资源库，可从中药中提取分离筛选新的化合物。这些优势为药物的高通量筛选打下了坚实基础。我国药物高通量筛选初现规模：药物高通量筛选工作在我国起步较晚，且不规范。近几年，我国进行了外引内联的整体化、规模化基础建设，已初见成效。1996 年中国医学科学院引进国内第一台 Bionek2000 型实验自动化工作站；1998 年又引进全国第一台 Topcount 微量闪烁计数器，使放射配基实验、放射免疫实验等技术微量化、自动化。上海药物研究所、北京军事医学科学院分别成立了药物筛选专门机构，开始从事大规模筛选工作。西安交通大学药学院贺浪冲教授首创的细胞膜色谱（CMC）为化合物的体外高通量筛选提供了高选择性、高特异性、高效率的筛选手段。CMC 已成功用于钙离子拮抗剂受体配体结合反应的研究，目前正在进行心血管化学合成药物的高通量筛选和中药有效部位及有效成分的寻找。今后将利用分子生物学方法建立 CMC 自动化筛选体系，促进我国药物高通量筛选技术的全面发展。

高通量筛选技术是目前药物筛选领域研究的重要课题，近年来，对它的研究应用虽然已取得了长足的发展，但仍然存在许多难题，如体外模型的筛选结果与整体药理作用的关系；对高通量筛选模型的评价标准以及新的药物作用靶点的研究和发现等。随着医药学的进步，高通量筛选技术在创新药物的研发中将会开拓出更广阔的空间。

科学与工程中的很多问题需要对系统的运行进行观测与实验，以阐明系统运行的原因与方式。设计良好的实验可以导出系统运行的经验模型，这些经验模型与原理模型一样，能指导科学家与工程师更好地分析与解决系统中所出现的问题。细胞本身是一个复杂的系统，生理行为受胞内基因、蛋白质等多个水平的共同调控，此外还受到外部环境影响因素影响，如环境、渗透压等理化条件及培养基的营养浓度等，因此对外部培养环境因素进行实验设计与分析，寻求合理稳定的外部条件对细胞生理状态、行为尤为重要。

培养基中成分复杂，各组分浓度水平对不同细胞株系而言差别较大，单因子实验优化培养基的方法耗时耗力，且不能分析因素水平间的交叉作用进行分析，因此，人们常采用统计学设计结合高通量摇床筛选技术优化、开发培养基，从而达到快速、有效开发适合特定细胞株系培养基的目的。如 Simplex Lattice 设计，又称单纯型格子设计，最先出现于混料回归设计方法中，可保证试验点分布均匀，且回归计算简单准确。作为混合实验设计方法的一种，通过筛选实验能够有效考察因子的配比，不同组分间多个水平间的交互作用，目前广泛应用于大量因子的培养基筛选实验。Sung Hyun，Kim Gyun 等通过 Simplex Lattice 设计方法对 rCHO 细胞的无血清培养基中三种无动物来源的水解物浓度优化，分别为：酵母水解物、大豆水解物、小麦蛋白水解物。研究发现大豆水解物和小麦蛋白水解物对细胞生长具有促进作用，而高含量的酵母水解物可以显著促进抗体比生成速率的提高，通过分析使优化后的培养基相对于优化前终抗体浓度提高一倍。部件搜索的方法用于寻找显著影响因子。基本思路为：首先确认两组效果差异确实存在并推测可能导致差异的因子；然后交换每组中该因子的浓度水平并进行实验；分析实验结果，若交换某一因子浓度水平后出现两组效果颠倒，则认为该因子为显著性因子。部件搜索方法由于无须分析，简单易行，实验量小且能够判断因子间的交互作用，广泛用于产品零部件的质检中。对于培养基中因子较少，着重考察因子浓度水平时，往往采用响应面设计的方法进行优化。等通过设计即中心组合设计，对细胞的无血清培养基中组营养物成分的浓度进行优化，分别为谷氨酰胺、非必需氨基酸（non-essential amino acid）、必需氨基酸（essential amino acid）、胰岛素/转铁蛋白/硒和脂类，最终，培养基优化后细胞密度与抗体产量分别提高了和35%和50%。

因为用最短的时间，最少的实验提供了最大的相互关系信息，所以多因子实验是研究培养基开发与过程优化的最佳策略。然而由于多因子实验所需的实验量巨大，个因子往往需要几百组实验，采用高通量筛选技术已成为发展的主要趋势。自20世纪80年代，重组蛋白生产的小规模过程研究主要采用转瓶培养，然而，其最低工作体积也要大于50mL，传质系数 K_La 在 $2\sim3h^{-1}$，最大细胞密度被限制在 $(2\sim3)\times10^6$ 个/mL，很难应用于高通量筛选过程。近来，已建立起一系列小规模细胞培养系统，包括孔板微反应器及深孔板培养系统。其中，摇床微孔板培养为快速评估和优化细胞生长条件提供了良好的平台，细胞生长和抗体生产的动力学与摇瓶中类似，可提供关键的过程设计数据并更经济，过去十年里，微孔板已取代摇瓶成为多因子筛选实验的主要工具。另外，通气管（作为动物细胞悬浮培养的高通量蹄选系统也被广泛应用）。据报道采用该高通量筛选系统，K_La 在 $10\sim20h^{-1}$，细胞密度可达 10^6 个/mL，成本低、易于操作，可以同时做组培养，显著减少了培养基设计的耗时。特定的离心管TPP（techno plastic products trasadingen switzerland），弹性工作体积为 $5\sim35mL$，有通气帽。其主要优点有：独立的监测器可显示所有管子的状态；卓越的混匀效果；协调，交换，通气量可控；低剪切；可通过离心快速更换培养基；适用于流加培养；快速收集样品；独立性好。

目前，Seahorse Bioscience 公司致力于高通量微生物反应器系统，已开发出 Simcell 系统，工作体积约700μL，可自动测量pH、溶解氧（DO）和细胞密度，并连接反馈控制系统，同时监控几百个培养基，因此可用于多因子平行实验。实验最终实现3L放大，表明高通量细胞生长平台是预测生产和产物质量的有效工具。应用高通量技术可以同时筛选20个以上的因子，高通量筛选技术结合统计学实验设计省时省力，实验组数增加对各因素之间的交互作用考察更透彻，对过程参数及产出间的联系的理解也更深入。

（四）培养基高通量筛选设备

1. BIOLECTOR 微型生物反应器

BIOLECTOR 微型生物反应器（图2-2）基于通用的微孔板标准，能同时进行 24/48/96 组实验；能实时在线测量每个反应器的生物量，pH，可见光范围内的荧光信号，DO；能测量总的温度，P_{O_2}，P_{CO_2}，并能进行 O_2 和 CO_2 浓度的控制；溶氧系数最高可至 $1000h^{-1}$；能进行湿度控制，以减少蒸发量。

500~1000μL 的工作体积，每个反应器都有相同的动力输入，在微反应器中有最高的溶氧系数。通过选购的微孔板进行 24~96 组的平行实验，通过持续的摇动来实现不间断的供氧记录和分析所有相关的

图2-2　BIOLECTOR 微型生物反应器

发酵数据。

2. ambr®微型生物反应器

ambr® 15 微型生物反应器系统培养体积为 10~15mL，ambr® 250 微型生物反应器培养体积为 100~250mL。ambr®是一款自动化的微型生物反应器系统，它模拟了经典的实验室规模的生物反应器（图2-3）。作为值得信赖的微型系统，它被广泛的应用于制药和生物制品公司、科研机构的大多数上游工艺步骤中。提供具有 pH 和 DO 反馈控制的预测型生物反应器模型，促进早期克隆的筛选；同时管理多个并行的细胞系研发实验（24 或 48 个），提高实验室生产效率；节省大量的设施空间、资金、劳动力、培养基和耗材，降低实验成本；自动化容器控制、补料、补碱和取样，实现细胞系更快捷高品质的创建；采用简化的质量设计（QbD）原则进行实时的多因素实验设计（DOE）。该系统的特点如下。

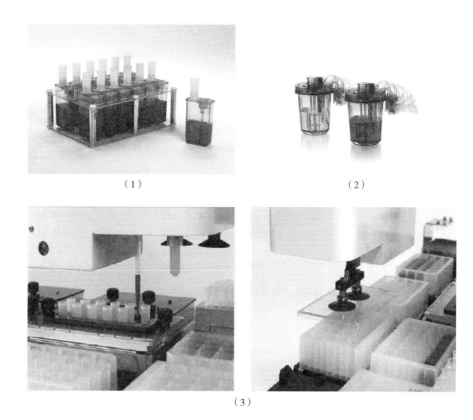

（1）　　　　　　　　　　　　　　　　　　（2）

（3）

图2-3　ambr®微型生物反应器
（1）15 型　（2）250 型　（3）设备操作部分结构

（1）该系统的组成包括一次性微型生物反应器的罐体，自动化工作站以及用户友好的操作软件。

（2）两种型号可选择　提供可对24 或 48 个生物反应器进行并行的自动控制，补料与取样操作。

（3）在线监测和独立的 pH 及 DO 的反馈控制，每个生物反应器均能独立控制 O_2 和 CO_2。

（4）全自动的液体处理　包括培养液，料液和试剂的添加，以及从生物反应器的罐体中进行取样。

（5）软件能够轻松进行实验设计　它控制并监控所有实验与记录的数据及事件，具有完整的审核追踪功能。易于安装在标准层流罩生物安全柜内以实现无菌操作。

（6）可选择性地与 Beckman Coulter Vi-CELL XR 或 Cedex 的高分辨率细胞活力分析仪相集成。

3. Tubespin 体系

Tubespin 是一种以 50mL 离心管为原型开发的具备生物反应器特性的一次性缩小反应装置，它是 2004 年由 De Jesus MJ 博士首次开发（图 2-4）。在 140～300r/min 转速范围内，Tubespin 凭借其优越的氧传递效率，低剪切力和良好的气液交换界面等优点而逐渐成为小规模研究和高通量应用领域的理想反应系统，而且该反应器的出现填补了筛选用的传统培养装置（如 6 孔板，24 孔板等）和工业生产用的中试规模生物反应器之间的空白。体积溶氧数 K_La 对于评价微生物或动物细胞大规模培养中所用生物反应器的氧传递性能具有重要意义。Deshpande 等人研究表明 K_La 为 1/h 条件下细胞能获得 0.23（mmol/L）/h 的氧，同时 CHO 细胞平均氧摄取率为（1.8～3.2）$\times 10^{-10}$（mmol/L）/（个/h），所以根据优化的培养条件（180r/min，10mL）下所达到的 K_La 为 24.3/h 计算，理论上可以满足至少 1×10^7 个/mL 以上的高密度细胞培养（图 2-5）。

图 2-4　Tubespin 高通量筛选系统

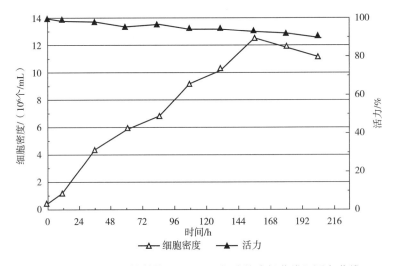

图 2-5　Tubespin 培养体系下 CHO 细胞的生长曲线和活力曲线

　　瑞士阿道夫科耐公司的二氧化碳摇床 ISF4-X 是针对 Tubespin 旋转管研发的一款高通量培养装置，该摇床不但能保证细胞培养所需的恒定培养温度和二氧化碳浓度，支持同时运行三种不同的转速和在线监测 Tubespin 中的 DO 和 pH 变化，还配备了适合不同体积 Tubespin bioreactor 的支架并能同时进行 200~300 个实验。Tubespin 的良好体积氧传递效率结合该摇床的高通量及实时监控优势可促成无血清培养基高通量筛选平台的成功建立。

第一节 细胞系和细胞库

一、 细胞系

来自原代培养的细胞往往含有多种类型，在传代过程通过纯化才会获得较为均一的细胞群体。细胞系（cell line）是由原代培养经初步纯化而获得的以一种细胞为主，能在体外长期生存的不均一的细胞群体，细胞系经过进一步的克隆化，便可得到由单一细胞组成的细胞株。由于由细胞系和细胞株组成比较均一，生物性状比较清楚，能传代培养，被广泛应用于生命科学研究和生物医药的生产。当前世界上已建立的各种细胞系（株）多得难以计数，我国也建立了上千种，其数量还在不断增加。

初代培养物开始第一次传代培养后的细胞，即称为细胞系。如细胞系的生存期有限，则称为有限细胞系；已获无限繁殖能力能持续生存的细胞系，称连续细胞系或无限细胞系。无限细胞系大多已发生异倍化，具异倍体核型，有的可能已成为恶性细胞，因此本质上已是发生转化的细胞系。无限细胞系有的只有永生性（或不死性），但仍保留接触抑制和无异体接种致癌性；有的不仅有永生性，异体接种也有致瘤性，说明已恶性化。

由某一细胞系分离出来的、在性状上与原细胞系不同的细胞系，称该细胞系的亚系。这是现有细胞系中最多的一类，我国已建立的细胞系主要为这类细胞。肿瘤细胞系多由癌瘤建成，多呈类上皮型细胞，常已传几十代或百代以上，并具有不死性和异体培养接种致瘤性。

对已建成的各种细胞系或细胞株习惯上都给以名称。细胞的命名无严格统一的规定，大多采用有一定意义的缩写字或代号表示。例如，HeLa 为供体患者的姓名，CHO 为中国仓鼠卵巢细胞（Chinese hamster ovary），NIH3T3 为美国国立卫生研究院（National Institute of Health，NIH）建立的，每 3d 传代，每次每毫升接种 3×10^4 个细胞。

二、 细胞库

这里特指长期保存有多种细胞系和细胞株的设施或机构。与生物制品生产中的细胞库系统相区别，即通过培养细胞用以连续生产多批制品的细胞系统，这些细胞来源已经充分证明无外源因子的一个细胞种子和（或）一个主细胞库，从主细胞库中取一定数量容器的细胞制备工作细胞系。

（一）国内细胞库

1. 中国典型培养物保藏中心

中国典型培养物保藏中心（China Center for Type Culture Collection，CCTCC）于 1985 年由国家知识产权局（原中国专利局）指定、经教育部（原国家教委）批准建立的专利培养物保藏机构，受理国内外用于专利程序的培养物保藏。保藏的培养物包括细菌、放线菌、酵母菌、真菌、单细胞藻类、人和动物细胞系、转基因细胞、杂交瘤、原生动物、地衣、植物组织培养、植物种子、动植物病毒、噬菌体、质粒和基因文库等各类培养物（生物材料/菌种）。1987 年中国典型培养物保藏中心加入世界培养物保藏联盟（World Federation for Culture Collections，WFCC），经世界知识产权组织审核批准，自 1995 年 7 月 1 日起成为布达佩斯条约国际确认的培养物保藏单位（International Depository Authority，IDA）。

迄今，中国典型培养物保藏中心已保藏有来自 20 个国家和地区的各类专利培养物（生物材料/菌种）1200 多株，非专利培养物 2000 多株，标准细胞系、模式菌株 300 余株，是国内保藏范围最广、专利培养物保藏数量最多的保藏机构。

中国典型培养物保藏中心设在武汉大学校内。学校学科齐全、各学科互相交叉渗透，极大地推动了中国典型培养物保藏中心各项工作的发展。现在中国典型培养物保藏中心已具有妥善保藏各类培养物（生物材料）的先进手段和分析测试仪器，技术力量雄厚、各类人员齐全、实践经验丰富。此外，还聘请了 16 位以院士为主体的国内外专家、教授担任科学顾问，以保持和增强 CCTCC 的发展。为了提高各类培养物的保藏质量、扩大对外开放，中国典型培养物保藏中心广泛开展国际间的合作与交流，与世界上许多国家的专利事务所、有关的生物学实验室和培养物保藏机构建立了广泛的业务联系。

2. 中国科学院典型培养物保藏委员会细胞库

中国科学院上海生命科学研究院细胞资源中心为了顺应我国生命科学技术发展的需要，"七五"期间中国科学院在上海细胞生物学研究所筹建中国科学院细胞库，并于 1991 年经中科院验收后正式启用。1996 年中国科学院典型培养物保藏委员会成立，细胞库为其成员之一。2000 年该库参加世界培养物保藏联合会，成为其登记成员之一。2002 年挂靠在中科院上海生科院，名称为中国科学院上海生命科学研究院细胞资源中心。2013 年，中科院细胞库回归中科院生化细胞所。2014 年年初，中国科学院细胞库与干细胞库整合后形成新的细胞资源库，隶属于中科院生化细胞所，下属细胞库和干细胞库两个部门。目前，中国科学院细胞库已完成所有细胞资源的规范化和数字化整理，有四百多种细胞可对外提供资源共享服务，几乎涵盖了当前细胞生物学研究领域的所有细胞种类，是全国范围内细胞种类最全、供应量最大的资源中心之一。

3. 中国科学院典型培养物保藏委员会昆明细胞库

中国科学院昆明野生动物细胞库，简称昆明细胞库，挂靠在遗传资源与进化国家重点实验室，是在已故中国科学院院士施立明先生的倡导下，于 1986 年在中国科学院昆明动物研究所成立的，是中国第一个规模最大，收藏最丰富的、以保存动物的遗传资源为主要目的的野生动物细胞库。1996 年，它成为中国科学院典型培养物保藏委员会的一个分支机构；2005 年，作为参加单位之一，参加了科技部国家科技基础条件平台项目"实验细胞资源的整理、整合与共享"的工作。2009 年 11 月，通过国家验收，成为中国西南野生生物种质资源库动物分库的成员单位之一。2011 年 11 月，通过国家认定，成为国家实验细胞资源平台的成员单位之一。

昆明细胞库保藏的资源，大多是自行建立的拥有自主知识产权的具有我国动物资源特色的细胞系。目前，已保藏有 315 种（亚种）动物的体细胞系 1585 株，共计 10000 余份。在保藏有细胞系的 315 种（亚种）动物中，有昆虫 4 种，鱼类 30 种，两栖爬行类 14 种，鸟类 26 种，哺乳类 241 种（包括 33 种非人灵长类），其中有国家一级保护动物 33 种，二级保护动物 21 种。另外，在保藏的 1585 株细胞系中，有 200 余株标准化的人和实验动物的正常二倍体细胞和肿瘤细胞系，可供全国各地的科研单位、大专院校和医院等的科研人员使用。除细胞系外，还保藏有 200 余种动物的组织/DNA 样品；45 种动物的染色体特异探针；4 种动物（赤麂、中国穿山甲、鳝鱼和白颊长臂猿）的细菌人工染色体文库（BAC）和 Fosmid 文库。除提供实物服务外，我们还提供有关细胞培养、核型分析、荧光原位杂交等方面的咨询和技术服务。

4. 中国医学科学院基础医学研究所基础医学细胞中心（国家实验细胞资源共享平台）

国家实验细胞资源共享平台是国家自然科技资源平台的重要组成部分。实验细胞资源共享平台的主要任务包括：资源系统调查；规范制定及检验完善；实验细胞标准化整理整合；实验细胞资源数据库建设整合；实验细胞资源评价；实验细胞资源信息共享；实验细胞实物共享；珍贵新建资源的收集整理保藏。

实验细胞资源共享平台整合了全国本领域最具影响力的 6 家单位的实验细胞资源，分别是中国医学科学院基础医学研究所，中国食品药品检定研究院、上海中国科学院上海生命科学院、武汉大学生命科学研究院、中国科学院昆明动物研究所和第四军医大学细胞工程研究中心。

5. 中国食品药品检定研究院细胞资源保藏研究中心

细胞资源保藏研究中心负责毒株、细胞株的研究、收集、鉴定、保藏、分发和管理工作；负责生产和检定用毒株、细胞株的质量标准技术复核等工作；负责干细胞、体细胞等细胞治疗产品的标准复核及检定工作；承担相应品种标准物质研究和标定工作；开展相应技术方法研究及技术人员培训；承办所交办的其他事项。

6. 中国兽医药品检察所/中国兽医微生物菌种保藏管理中心

中国兽医微生物菌种保藏管理中心主要采用超低温冻结和真空冷冻干燥保藏法，长期保藏细菌、病毒、虫种、细胞系等各类微生物菌种。到目前为止，收集保藏的菌种达 230 余种（群）、3000 余株。20 多年来，中国兽医微生物菌种保藏管理中心为我国科研院所、高等院校及兽医生物制品的生产企业，提供了 6 万多株各类兽医微生物菌种。

7. 第四军医大学细胞工程研究中心

第四军医大学细胞工程研究中心是在"八五""九五"期间国家 863 计划肝癌导向研究课题组的基础上，于 1999 年成立细胞工程研究中心，2007 年批准为细胞生物学国家重点学科，是国家 863 计划西安细胞工程基地。"十五"期间牵头承担了"创新药物与中药现代化"国家重大科技专项——动物细胞表达产品的大规模高效培养技术平台项目。在"十一五"承担国家 863 计划重点项目——蛋白质药物规模化制备技术。中心已建立以动物细胞表达生物技术产品大规模发酵为基础的生物制药技术平台。建立有细胞保藏平台，为全社会提供细胞服务。

8. 甘肃省动物细胞工程技术研究中心细胞保藏中心

甘肃省动物细胞工程技术研究中心（以下简称工程中心）是甘肃省科学技术厅依托西北民族大学生物工程与技术国家民委重点实验室，联合赛默飞世尔科技（中国）有限公司（Thermo Fisher Scientific）、北京生物制品研究所、中牧实业股份有限公司兰州生物药厂和兰州民海生物工程有限公司于 2008 年 8 月共同组建。工程中心主要利用动物细胞培养技术和西北地区特有动物资源，建立动物细胞保藏中心，为科学研究和疫苗生产提供标准细胞株和相关技术服务；构建动物细胞工程技术开发研究平台，与国内外生物技术相关单位开展合作与交流。目前保藏有西部省区特有动物种质资源原代细胞和疫苗研究、生产常用细胞株，面向全社会提供细胞株、细胞培养技术和检定技术服务。

9. 中国台湾卫生研究机构

中国台湾卫生研究机构是一所非营利性医药与卫生研究机构，总部位于苗栗县竹南镇。该研究院主要的研究对象是医学、药物、卫生或其他生命科学领域以及相关的技术，例如疫苗研发。除了研究以外，它也提供一些研究资源，例如细胞库，或是进行医学专业人才的培训。

（二）国外细胞库

1. 美国模式培养物集存库

美国模式培养物集存库（American type culture collection，ATCC）成立于 1925 年，是世界上最大的生物资源中心，由美国 14 家生化、医学类行业协会组成的理事会负责管理，是一家全球性、非营利生物标准品资源中心。ATCC 向全球发布其获取、鉴定、保存及开发的生物标准品，推动科学研究的验证、应用及进步。

美国模式培养物集存库可以提供以下类别生物标准品：细胞株（3000 多种）；菌株（15000 多种）；动植物病毒株（2500 多种）以及重组物质等。现已成为可信赖的活体微生物、细胞系等获得、保存和发放的国家资源中心。美国模式培养物集存库有 29000 多种不同品系可靠的动物细胞和微生物培养体，它能满足各科学团体对可信赖品系的需要。仅 1981 年就有 39000 多培养物发放给全世界的科学工作者，并成功地用冷冻和冷冻干燥的方法保存各种细胞品系。美国模式培养物集存库参加的科学团体有：美国国家科学院、美国国家研究委员会、美国免疫协会、美国生物化学会、美国细胞生物学会、美国微生物学会、美国动物学会、美国遗传学会、原生动物学会、美国传染病学会、美国生物科学所、美国寄生虫学家学会、美国热带医学与卫学学会和组织培养协会等学术组织。主要研究项目有：酶联免疫吸附分析技术（ELISA），真核细胞转录的调控，杂交瘤、淋巴类和髓类以及其他细胞系的建立，人突变细胞系的基因蛋白质，借助计算机进行鉴别分析，培养物的特征鉴别和保存技术的改进，关于化学致癌、致畸和致突变的。

美国模式培养物集存库不仅是美国的细胞库，也受世界卫生组织委托，认为它为国际性培养的保存库——国际细胞培养参照中心（International Reference Center for Cell Culture）。

美国模式培养物集存库收入细胞时，如无特殊拨款，则接纳为"储存细胞系"，标号为"CRL"。首先检查是否被支原体、细菌、真菌、原生动物或致病病毒污染，再检查细胞的组织来源。如有需有，继续检查 CRL 的特征以成为深入查证的"合格细胞系"，标号为"CCL"。

2. 其他细胞库

（1）欧洲标准细胞收藏中心（European Collection of Cell Cultures，ECACC）建立于 1984 年，是高质量的细胞培养和细胞系供应商，ECACC 拥有超过 40000 种细胞株，产品覆盖了

45 种不同种属和 50 种不同组织类型，其收藏的每一株细胞系都经过专业技术鉴定，确保每一株细胞来源准确，无支原体以及其他细胞污染成分。

（2）德国微生物菌种保藏中心（Deutsche Sammlung von Mikroorganismen und Zellkulturen，DSMZ）成立于 1969 年，是德国的国家菌种保藏中心。该中心一直致力于细菌、真菌、质粒、抗菌素、人体和动物细胞、植物病毒等的分类、鉴定和保藏工作。该中心是欧洲规模最大的生物资源中心，保藏有细菌 9400 株，真菌 2400 株，酵母 500 株，质粒 300 株，动物细胞 500 株，植物细胞 500 株，植物病毒 600 株，细菌病毒 90 株等。

（3）日本健康科学研究资源库（HSBBR）。

（4）马来西亚医学研究院（Institute for Medical Research，IMR）。

《质检总局关于在北京中关村开展进境动植物生物材料检验检疫改革试点有关意见的批复》（国质检动函 [2013] 710 号）明确，从 2014 年 9 月 25 日起"同意将来自 ATCC、ECACC、DSMZ、HSBBR 细胞库的细胞系确定为四级风险产品，进口时须随附境外提供者的安全声明原件和安全评估资料文件，免于提供国外官方卫生证明"。

第二节　人用生物制品生产检定用动物细胞基质制备及要求

一、对生产用细胞基质总的要求

用于生物制品生产的细胞系/株均须通过全面检定，须具有如下相应资料，并经国家药品监督管理部门批准。

（一）细胞系/株历史资料

1. 细胞系/株来源资料

应具有细胞系/株来源的相关资料，如细胞系/株制备机构的名称，细胞系/株来源的种属、年龄、性别和健康状况的资料。这些资料最好从细胞来源实验室获得，也可引用正式发表文献。

人源细胞系/株须具有细胞系/株的组织或器官来源、种族及地域来源、年龄、性别、健康状况及病原体检测结果的相关资料。

动物来源的细胞系/株须具有动物种属、种系、饲养条件、组织或器官来源、地域来源、年龄、性别、供体的一般健康状况及病原体检测结果的相关资料。

如采用已建株的细胞系/株，应具有细胞来源的证明资料。应从能够提供初始细胞历史及其溯源性书面证明材料的机构获得，且应提供该细胞在该机构的详细传代记录，包括培养过程中所使用的所有原材料的详细信息，如种类、来源、批号、生产日期及有效期、制备或使用方法、质量标准及检测结果等。

2. 细胞系/株培养历史的资料

应具有细胞分离方法、细胞体外培养过程及细胞系/株建立过程的相关资料，包括所使用的物理、化学或生物学手段，外源插入序列，筛选细胞所进行的任何遗传操作或筛选方法、在动物体内传代过程以及细胞生长特征、培养液成分等；同时还应具有细胞鉴别、内源及外源因子检查结果的相关资料。

应提供细胞传代历史过程中所用的细胞培养液的详细成分并应具有溯源性，如使用人或动物源性成分，如血清、胰蛋白酶、乳蛋白水解物或其他生物学活性的物质，应具有这些成分的来源、批号、制备方法、质量控制、检测结果和质量保证的相关资料。

（二）细胞培养操作要求

细胞取材、建库及制备全过程应具有可溯源性及操作的一致性，并对各个环节的风险进行充分的评估。

1. 细胞来源供体

所有类型细胞的供体应无传染性疾病或未知病原的疾病。神经系统来源的细胞不得用于疫苗生产。

2. 原材料的选择

与细胞培养相关的所有材料，特别是人源或动物源性材料，应相关要求进行风险评估，选择与生产相适应的原材料，必要时进行检测。所有生物源性材料均应无细菌、真菌、分枝杆菌、支原体及病毒等外源因子污染。细胞培养过程中所用的牛血清及胰酶应符合相关要求。

细胞培养液中不得含有人血清。如果使用人血清白蛋白，应使用获得国家药品监督管理局批准的人用药品。

细胞制备过程中不得使用青霉素或 β-内酰胺类抗生素。配制各种溶液的化学药品应符合药典或其他相关国家标准的要求。

3. 细胞培养体系

应控制对细胞生长有重大影响的关键的已知可变因素，包括规定细胞培养液及其添加成分的化学组成及纯度；所有培养用试剂应有制备记录并经检定合格后使用，应规定细胞培养的理化参数（如 pH、温度、湿度、气体组成等）的变化范围并进行监测，以保证细胞培养条件的稳定性。

4. 细胞收获及传代

应结合生产工艺的特性，尽可能减少对细胞的操作。细胞收获及传代应采用可重复的方式，以保证收获时细胞的汇合率、孵育时间、温度、离心速度、离心时间以及传代后活细胞接种密度具有一致性。

传代细胞的体外细胞龄可采用细胞群体倍增水平或传代水平计算。

二倍体细胞的细胞龄通常以群体倍增水平计算，也可以每个培养容器细胞群体细胞数为基础，每增加 1 倍作为 1 世代粗略估算，即 1 瓶细胞传 2 瓶（1∶2 分种率），再长满瓶为 1 世代；1 瓶传 4 瓶（1∶4 分种率）为 2 世代；1 瓶传 8 瓶（1∶8 分种率）则为 3 世代。生产用细胞龄限制在细胞寿命期限的前 2/3 内。

连续传代细胞系的细胞龄可以群体倍增水平计算，也可以按照固定的传代比率进行传代，每传代一次视为一代。

5. 细胞系建立

细胞系建立过程中进行了对细胞特性有重要影响的操作，如导致细胞具有了成瘤性，或经细胞克隆及遗传修饰等操作的细胞，应被视为一个新的（或不同的）细胞系，应在原细胞名称后增加后缀或编号重新命名，并重新建立主细胞库。

在细胞克隆过程中，应选择单个细胞用于扩增，详细记录克隆过程，并根据整合的重组DNA的稳定性、细胞基因组及表型的稳定性、生长速率、目的产物表达水平和完整性及稳定性，筛选具有分泌目的蛋白最佳特性的候选克隆，用于建立细胞种子。

6. 细胞冻存

应在大多数细胞处于对数生长期时进行细胞冻存。应采用符合细胞培养物的最佳冻存方法；每一次冻存时均应采用相同的降温过程，并记录冻存过程。

每一个细胞库冻存时，应将同一次扩增的处于相同倍增水平的细胞培养物合并混匀后分装。每支冻存管中的细胞数应足以保证细胞复苏后可获得有代表性的培养物。

对于一个新的细胞库，除早代培养物在组织采集时或重组细胞筛选时可能需要使用抗生素外，细胞建库培养时不应使用抗生素。

7. 人员

生产人员应定期检查身体，已知患有传染性疾病的人员不能进行细胞培养的操作。在生产区内不得进行非生产制品用细胞或微生物的操作；在同一工作日进行细胞培养前，不得接触动物或操作有感染性的微生物。

（三）细胞库要求

细胞库的建立可为生物制品的生产提供检定合格、质量相同、能持续稳定传代的细胞。细胞建库应在符合国家现行《药品生产质量管理规范》的条件下制备。

1. 细胞库的建立

三级细胞库管理包括细胞种子或原始细胞库（PCB）、主细胞库（MCB）及工作细胞库（WCB）。在某些特殊情况下，也可采用细胞种子及主细胞库二级管理，但须得到国务院药品监督管理部门的批准。

（1）细胞种子（cell seed）　由一个原始细胞群体发展成传代稳定的细胞群体，或经过克隆培养而形成的均一细胞群体，通过检定证明适用于生物制品生产或检定。在特定条件下，将一定数量、成分均一的细胞悬液，定量均匀分装于一定数量的安瓿瓶或适宜的细胞冻存管，于液氮或-130℃以下冻存即为细胞种子，供建立主细胞库用。

对于引进细胞，生产者获得细胞后，冻存少量细胞，经过验证可用于生物制品生产，此细胞可作为细胞种子，供建立主细胞库用。

（2）主细胞库（MCB）　取细胞种子通过规定的方式进行传代、增殖后，在特定倍增水平或传代水平同次均匀地混合成一批，定量分装于一定数量的安瓿瓶或适宜的细胞冻存管，保存于液氮或-130℃以下，经全面检定合格后，即可作为主细胞库，用于工作细胞库的制备。生产企业的主细胞库最多不得超过两个细胞代次。

（3）工作细胞库（WCB）　工作细胞库的细胞由主细胞库细胞传代扩增制成。由主细胞库的细胞经传代增殖，达到一定代次水平的细胞，合并后制成一批均质细胞悬液，定量分装于一定数量的安瓿瓶或适宜的细胞冻存管，保存于液氮或-130℃以下备用，即为工作细胞库。生产企业的工作细胞库必须限定为一个细胞代次。冻存时细胞的传代水平须确保细胞复苏后传代增殖的细胞数量能满足生产一批或一个亚批制品。复苏后细胞的传代水平应不超过批准用于生产的最高限定代次。所制备的工作细胞库必须经检定合格后，方可用于生产。

2. 细胞库的管理

主细胞库和工作细胞库应分别存放。每一个库应在生产设施内至少2个不同的地点或区域存放。应监测并维护细胞库冻存容器，以保证细胞库贮存在一个高度稳定的环境中。

非生产用细胞应与生产用细胞严格分开存放。

每种细胞库均应分别建立台账，详细记录放置位置、容器编号、分装及冻存数量，取用记录等。细胞库中的每支细胞均应具有细胞系/株名、代次、批号、编号、冻存日期，贮存容器的编号等信息。

为保证细胞冻存后仍具有良好的活力，冻存前的细胞活力应不低于 90%，冻存后应取一定量的可代表冻存全过程的冻存管复苏细胞，复苏后细胞的活力应不低 80%。二倍体细胞冻存后，应至少做一次复苏培养并连续传代至衰老期，检查不同传代水平的细胞生长情况。细胞冻存后，可通过定期复苏细胞及复苏后细胞的活力数据验证细胞在冻存及贮存条件下的稳定性。

（四）细胞检定要求

细胞检定主要包括以下几个方面：细胞鉴别、外源因子和内源因子的检查、成瘤性/致瘤性检查等。必要时还须进行细胞生长特性、细胞染色体检查、细胞均一性及稳定性检查。这些检测内容对于 MCB 细胞 WCB 细胞及生产限定代次细胞均适用。

细胞库建立后应至少对 MCB 细胞及生产终末细胞（EOPC）进行一次全面检定，当生产工艺发生改变时，应重新对 EOPC 进行检测。每次 MCB 建立一个新 WCB，均应按规定项目进行检定。细胞检定项目要求见表 3-1。

表 3-1 细胞检定项目要求

检测项目	MCB	WCB	EOPC[①]
细胞鉴别	+	+	(+)
细菌、真菌检查	+	+	+
分枝杆菌检查	(+)	(+)	(+)
支原体检查	+	+	+
内源病毒污染、外源病毒污染 细胞形态观察及血吸附试验	+	+	+
体外不同细胞接种培养法	+	+	+
动物和鸡胚体内接种法	+	−	+
逆转录病毒	+	−	+
种属特异性病毒检查	+	−	+
牛源性病毒检查	(+)	(+)	(+)
猪源性病毒检查	(+)	(+)	(+)
其他特定病毒	(+)	(+)	(+)
染色体检查	(+)	(+)	(+)
成瘤性检查*	(+)	(+)	—
致瘤性检查*	(+)	(+)	—

注：①生产终末细胞，是指在或超过生产末期时收获的细胞，尽可能取按生产规模制备的生产末期细胞。项目，"+"为必检，"−"为非强制检定项目，(+)表示需要根据细胞特性、传代历史、培养过程等情况要求的检定项目。*表示 MCB 或 WCB。—为无数据。

二、 连续传代细胞系的特殊要求

传代细胞系一般是由人或动物肿瘤组织或正常组织传代或转化而来，可悬浮培养或采用微载体培养，能大规模生产。这些细胞可无限传代，但到一定代次后，成瘤性会增强，除"对生产用细胞基质总的要求"进行细胞库的检查外，对生产过程中细胞培养的要求如下。

（一）用于生产的细胞代次

用于生产的传代细胞系，代次应有一定限制。用于生物制品生产的细胞最高限定代次须经批准。

（二）生产过程中的细胞检查

除另有规定外，病毒类制品，在生产末期，取不接种病毒的对照细胞，按"对生产用细胞基质总的要求"进行如下检查并符合规定。

(1) 细胞鉴别试验。

(2) 细菌、真菌无菌检查。

(3) 支原体检查。

(4) 病毒外源因子检查法。

三、 人二倍体细胞株的特殊要求

新建的人二倍体细胞必须具有以下资料：建立细胞株所用胎儿的胎龄和性别、终止妊娠的原因、所用胎儿父母的年龄、职业及健康良好的证明（医师出具的健康状态良好、无潜在性传染病和遗传性疾患等证明），以及胎儿父系及母系三代应无明显遗传缺陷疾病史的书面资料。

人二倍体细胞株应在传代过程的早期，选择适当世代水平（2~8世代）增殖出大量细胞，定量分装后，置液氮中或-130℃下冻存，供建立细胞种子之用，待全部检定合格后，即可正式定为细胞种子，供制备 MCB 用。

新建人二倍体细胞株及其细胞库必须进行染色体检查。对于已建株的人二倍体细胞株，如 WI-38、MRC-5，2BS、KMB17 等，在建立 MCB 时可不必进行细胞染色体检查；但如对细胞进行了遗传修饰，则须按新建细胞株进行染色体检查。

1. 染色体检查

新细胞建株过程中，每 8~12 世代应做一次染色体检查，在 1 株细胞整个生命期内的连续培养过程中，应至少有 4 次染色体检查结果。每次染色体检查，应至少随机取 1000 个分裂中期细胞，进行染色体数目、形态和结构检查，并做记录，以备复查。其中至少选择 50 个分裂中期细胞进行显微照相，作出核型分析，并应粗数 500 个分裂中期细胞，检查多倍体的发生率。

每次染色体检查，应从同一世代的不同培养瓶中取细胞，混合后进行再培养，制备染色体标本片。染色体标本片应长期保存，以备复查。

可用 G 分带或 Q 分带技术检查 50 个分裂中期细胞染色体带型，并作出带型分析。

2. 判定标准

对 1000 个和 500 个分裂中期细胞标本异常率进行检查，合格的上限（可信限 90%，泊松法）见表3-2。

表3-2 人二倍体细胞染色体分析标准

染色体分析项目	染色体异常细胞数上限		
	1000（检查细胞数）	500（检查细胞数）	100（检查细胞数）
染色单体和染色体断裂	47	26	8
结构异常	17	10	2
超二倍体	8	5	2
亚二倍体①	180	90	18
多倍体②	30	17	4

注：①亚二倍体如超过上限，可能因制片过程人为丢失染色体，应选同批号标本重新计数。②一个分裂中期细胞内超过53条染色体，即为一个多倍体。

（1）无菌检查 每8~12世代细胞培养物，应进行无菌检查，依法检查，应符合规定。

（2）支原体检查 每8~12世代细胞培养物，应进行支原体检查，应符合规定。

（3）病毒检查 二倍体细胞株传代过程中，至少对2个不同世代水平进行病毒包涵体及特定人源病毒检测，结果应均为阴性。

（4）成瘤性检查 每8~12世代应做一次成瘤性检查，结果应无成瘤性。

3. 生产过程中的细胞检查

除另有规定外，在生产末期，取不接种病毒的细胞作为对照，进行染色体检查、细胞鉴别试验、无菌检查、支原体检查和对照细胞外源病毒因子检测各项检查，结果应符合规定。其中，染色体检查可根据制品特性及生产工艺，确定是否进行生产过程中细胞的染色体检查。通常含有活细胞的制品或下游纯化工艺不足的制品，应对所用细胞进行染色体检查及评价；但如采用已建株的人二倍体细胞生产，则不要求进行染色体核型检查。

四、 重组细胞的特殊要求

重组细胞系通过 DNA 重组技术获得的含有特定基因序列的细胞系，因此重组细胞系的建立应具有细胞基质构建方法的相关资料，如细胞融合、转染、筛选、集落分离、克隆、基因扩增及培养条件或培养液的适应性等方面的资料。细胞库细胞的检查按"对生产用细胞基质总的要求"的规定进行，还应进行下述检查：

（一）细胞基质的稳定性

生产者须具有该细胞用于生产的目的基因的稳定性资料，稳定性检测的项目及方法依据产品的特性确定，对于细胞基质来说，稳定性的分析是保证 MCB/WCB 与 EOPC 之间的一致性，包括重组细胞的遗传稳定性（如插入基因拷贝数、插入染色体的位点、插入基因的序列等）、目的基因表达稳定性、目的产品持续生产的稳定性，以及一定条件下保存时细胞生产目的产品能力的稳定性等资料。

（二）细胞鉴别试验

除按"对生产用细胞基质总的要求"鉴别外，还应通过检测目的蛋白基因或目的蛋白进行鉴别试验。

五、原代细胞的要求

原代细胞应来源于健康的动物脏器组织或胚胎，包括猴肾、地鼠肾、沙鼠肾、家兔背、犬肾等动物脏器或动物的胎儿和其他组织，以及鸡胚和鹌鹑胚等正常组织，以适当的消化液消化、分散组织细胞进行培养，原代细胞不能建立细胞库，只能限于原始培养的细胞或传代少数几代内（一般不超过 5 代）使用，无法事先确定细胞代次。因此，只能严格规范管理和操作措施，以保证以原代细胞为基质所生产的制品质量。

（一）动物组织来源和其他材料

1. 动物组织来源

用于制备注射用活疫苗的动物细胞应来源于无特定病原体（SPF 级）动物；用于制备口服疫苗和灭活疫苗的动物细胞应来自清洁或清洁级以上动物。所用动物应符合实验微生物学和寄生虫学检测要求的相关规定。

用于制备鸡胚或鸡胚细胞的鸡蛋，除另有规定外，应来自无特定病原体的鸡群。

2. 生产或检定用猴

多采用非洲绿猴、恒河猴等，中国以恒河猴为主。应为笼养或小群混养的正常健康猴。动物用于制备细胞前，应有 6 周以上的检疫期，检疫期中出现病猴或混入新猴，应重新检疫。从外面新引入的猴群应做结核菌素试验及猴疱疹 I 型病毒（B 病毒）的检查。

（二）原代细胞培养物的检查

用于细胞制备的动物剖检应正常，取留的器官组织也应正常，如有异常，不能用于制备细胞。

1. 细胞培养原材料检查及细胞培养

按细胞培养操作要求进行。

2. 细胞培养物的检查

（1）细胞形态检查　细胞在接种病毒或用于生产前，其培养物均应进行外观检查和镜检，应无任何可疑、异常和病变，否则不得用于生产。

（2）特定病毒检查　原代猴肾细胞培养应检查 SV40 病毒、猴免疫缺陷病毒和 B 病毒；应采用 Vero 或原代绿猴肾细胞、兔肾细胞检查。地鼠肾原代细胞应采用 BHK21 细胞培养检查。观察细胞形态，如有可疑应在同种细胞上盲传一代继续观察。

（3）对照细胞检查　应符合总要求。

六、检定用细胞的要求

检定用细胞是指用于生物制品检定的细胞，包括原代细胞、连续传代细胞或二倍体细胞，以及经特定基因修饰过的细胞。检定用细胞的质量对检定结果的判定具有重要的影响，为保证检定结果的有效性、可靠性及真实性，检定用细胞应符合下列要求。

（一）细胞资料

（1）检定用细胞应具有明确合法来源的证明资料。

（2）如使用传代细胞系/株，应建立细胞库体系，即主细胞库及工作细胞库，如细胞使用量较少，可建立单一主细胞库。应根据制品特性，在保证检测结果可靠性的基础上，通过验证确定该细胞允许使用的最高限定代次，在此基础上规定检定用细胞的使用代次范围。检定时从工作细胞库复苏细胞后，不能再回冻保存。

（3）应详细记录检定用细胞建库的过程，包括细胞培养所用原材料的来源、批号，细胞生长液的配制方法、使用浓度等，以及细胞的传代及冻存过程，并建立细胞冻存及使用台账。

（二）细胞检定

检定用细胞要进行细胞鉴别试验、无菌检查和支原体检查项检定，根据检定用细胞用途的不同，还应进行以下其他相关项目的检定。外源病毒污染检查和其他检测，包括成瘤性检查、病毒敏感性检查和细胞功能检查。

用于成瘤性检查的阳性对照细胞，应具有成瘤性；用于检测活疫苗制品病毒滴度的细胞，应进行病毒敏感性检查，证明所用细胞具有足够的相应病毒敏感性。用于生物学活性、效力或效价测定的细胞，应进行细胞功能检查，证明所用细胞能够有效评价待检样品质量。

第三节　兽用生物制品生产检验用细胞标准

一、禽源原代细胞

生产用禽源原代细胞应来自健康家禽（鸡为 SPF 级）的正常组织。每批细胞均应按下列各项要求进行检验，任何一项不合格者，不得用于生产，已用于生产者，产品应予以销毁。

（1）支原体检验应无支原体生长；

（2）细菌和霉菌检验应无菌生长；

（3）外源病毒检验每批细胞至少取 $75cm^2$ 的细胞单层进行检验。

被检细胞单层的培养液和培养条件应与生产相同。维持期不少于 14d，其间传代至少 1 次。最后 1 次传代后长成的细胞单层面积应满足下列检验的需要，其余每次不应少于 $75cm^2$。

维持期内定期观察细胞单层，若出现细胞病变，判该批细胞为不合格。

维持期末，进行致细胞病变和红细胞吸附性病毒检查。

二、非禽源原代细胞

生产用非禽源原代细胞应来自健康动物的正常组织。每批细胞应进行下列各项检验，任何一项不合格者，不得用于生产，已用于生产的，产品应予销毁。

（1）支原体检验应无支原体生长。

（2）细菌和霉菌检验应无菌生长。

（3）外源病毒检验每批细胞至少取 $75cm^2$ 的单层进行检验。

被检细胞单层的培养液及培养条件应与生产相同。

维持期不少于 28d, 其间传代至少 2 次, 最后 1 次传代后长成的细胞单层面积应满足下列检验的需要, 其余每次应不少于 $75cm^2$。维持期内, 定期观察细胞单层, 若出现细胞病变, 判不合格。

维持期末, 进行下列检验:

(1) 致细胞病变和红细胞吸附性病毒检查。

(2) 荧光抗体检查, 应符合规定。

三、 细胞系

按下列各项要求进行检验, 任何一项不合格的细胞系不能用于生产, 已用于生产的, 产品应予销毁。

(一) 一般要求

(1) 应保存细胞系的完整记录, 如细胞来源、传代史、培养基等。

(2) 按规定制造的各代细胞至少各冻结保留 3 瓶, 以便随时进行检验。

(3) 应对每批细胞的可见特征进行监测, 如镜检特征、生长速度、产酸等。

(二) 支原体检验

对生产中每次传代后的细胞培养物、成品或半成品进行支原体检验, 应符合要求。被检物至少应含有 $75cm^2$ 的活性生长细胞或相当于 $75cm^2$ 的细胞培养物, 且应有代表性。

(三) 细菌和霉菌检验

应无菌生长。

(四) 外源病毒检验

取 $75cm^2$ 的细胞单层进行检验。

(1) 致细胞病变和红细胞吸附性病毒检查。

(2) 荧光抗体检查, 应符合规定。

(五) 胞核学检验

对主细胞库和代次至少为生产中所用最高代次的细胞, 取 50 个处于有丝分裂中的细胞进行检查。在主细胞库中存在的染色体标志, 在最高代次细胞中也应找到。这些细胞的染色体模式数不得比主细胞库高 15%。核型必须相同。如果模式数超过所述标准, 工作细胞库中未发现染色体标志或发现核型不同, 则该细胞系不可用于生物制品生产。

(六) 致瘤性检验

用于致瘤性检验的细胞系, 应包括原始细胞库、主细胞库及工作细胞库细胞。被检查的细胞需要增殖到或超过生产用体外细胞龄限制的传代水平。

下列方法, 任择其一。

1. 裸鼠法

用无胸腺小鼠至少 10 只, 每只皮下或肌肉注射 10^7 个待检细胞; 同时用 Hela 或 Hep-2 细胞作为阳性对照细胞, 每只小鼠注射 10^6 个细胞; 用二倍体细胞株作为阴性对照细胞。

2. 乳鼠或小鼠法

用 3~5 日龄乳鼠或体重为 8~10g 的小鼠 6 只, 用抗胸腺血清处理后, 每只皮下接种 10^7 个待检细胞, 用二倍体细胞株作为阴性对照细胞。

结果判定：对1或2中的动物观察14d，检查有无结节或肿瘤形成。如有结节或可疑病灶，应观察至少1~2周，然后解剖，进行病理组织学检查。对未发生结节的动物，取其中半数，观察21d，剖检；对另外半数动物观察12周，对接种部位进行解剖和病理学检查。观察各淋巴结和各器官中有无结节形成，如有怀疑，应进行病理组织学检查，不应有移植瘤形成。对注射二倍体细胞株的小鼠，观察21d，结果应为阴性。

第四章

CHAPTER

细胞检定技术

第一节　形态检查

新建细胞系/株、细胞库（MCB 和 WCB）和生产终末细胞应进行鉴别试验，以确认为本细胞，且无其他细胞的交叉污染。细胞鉴别试验方法有多种，包括细胞形态、生物化学法（如同工酶试验）、免疫学检测（如组织相容性抗原、种特异性免疫血清）、细胞遗传学检测（如染色体核型、标记染色体检测）、遗传标志检测［DNA 指纹图谱，包括短串联重复序列（STR）、限制片段长度多态性（RFLP-PCR）和内含子多态性（EPIC-PCR）法等］以及其他方法（如杂交法、PCR 法、报告基因法等）。应至少选择上述一种或几种方法对细胞进行种属和细胞株间及专属特性的鉴别。

一、　大体形态

体外培养细胞形态结构与体内细胞基本相同，但在大体形态以及某些细微结构方面仍存在着一定的差异。根据细胞是否贴附于支持物上生长，形态有所不同。呈悬浮生长时，不论细胞原来源于体内何种类型细胞，由于生长在液体环境中，胞体基本呈圆形。当贴附于支持物表面后，开始仍为圆形，但为时很短，很快便经过形态演变过渡成扁平形态。细胞大体形态可随支持物的构形而改变。附于球体表面时，细胞与球体呈同心圆层；支持物表面平坦时，则细胞先由圆形延展成圆饼形。此时的细胞可称之为放射延展细胞（radial spread cell）。其细胞质可区分为：①中心区或内质，细胞中央为细胞核，核周围胞质稠密区即内质（endoplasm），内含有较多的细胞器（主要为线状或颗粒状线粒体和内质网）；②外质（exoplasm）或板层区，是胞质外周部分，无色透明包绕内质，用特殊的染色法在外质中，可显示出微丝和微管。放射延展细胞持续 0.5~2h 便过渡为极性细胞（polarized cell）。极性细胞可呈纺锤形、三角形、不规则多角形等多种形态。极性细胞形态常随细胞运动发生改变。它们外质的周边部可分为活跃与不活跃的两部分；不活跃部分比较稳定，活跃部常伸出伪足，使细胞发生定向运动。有时细胞从悬浮状贴壁附于支持物上后，也可不经过放射延展阶段直接进入极性细胞。当细胞相互接壤成片后，极性常变得不明显，外质周边部也无明显活跃部分与不活跃部分的区别。

在一般光镜下直接观察体外培养健康活细胞时，细胞是均质而透明的，结构极其不明显。只有用相差显微镜才能看清细胞轮廓和内部结构。培养中细胞一般有1~2个核仁。用固定染色法和特殊技术可显示出细胞器等结构，但活的细胞中却不易观察到。在细胞机能状态不良时，细胞轮廓会增强，反差增大。在细胞质中会出现颗粒、脂滴和空泡等，是细胞代谢不良的表现。反差很大的暗色小颗粒是变形的线粒体。细胞形态结构与细胞在体外生存时间的长短、细胞种类等有直接关系。初代培养的正常二倍体细胞，除大体形态外，在构造和生物学性状上与原体内细胞近似性大，细胞均质性和透明度都很强。随细胞在体外生活时间的延长和反复传代，会发生一定的变化，如轮廓增强、核仁增多、有时出现双核或多核巨细胞等。如细胞发生转化，它们的形态发生的变化更大。

按细胞的贴附性，体外培养细胞分为贴附型和悬浮型两种类型。

1. 贴附型

目前已有很多种细胞能在体外培养生长，包括正常细胞和肿瘤细胞。例如：成纤维细胞、骨骼组织（骨及软骨）、心肌和平滑肌、肝、肺、肾、乳腺、皮肤、神经胶质细胞、内分泌细胞、黑色素细胞及各种肿瘤细胞等。这些细胞在活体体内时，不同种类的细胞均具有其特殊的形态；但处于体外培养状态下时，贴附生长型细胞常在形态上表现的比较单一化，失去其在体内原有的一些特征，并且反映出其胚层起源情况，判断细胞形态时不能按体内组织学标准判定，仅大致分成以下四型（图4-1）。

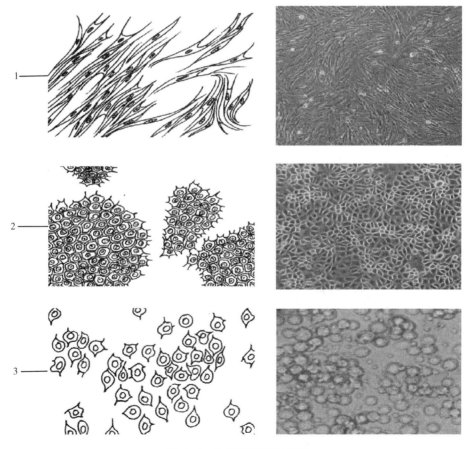

图4-1 体外培养细胞分型

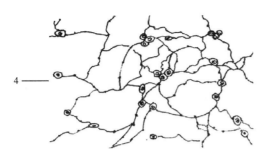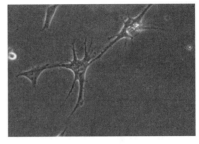

图 4-1　体外培养细胞分型（续）
1—成纤维细胞型　2—上皮细胞型　3—游走细胞型　4—多形细胞型

（1）成纤维细胞型　本型细胞的形态似在体内生长的成纤维细胞，胞体呈梭型或不规则三角形，中央有卵圆形核，胞质向外伸出 2~3 个长短不同的突起。生长时呈放射状、火焰状或旋涡状。除真正的成纤维细胞外，凡由中胚层间充质起源的组织，如心肌、平滑肌、成骨细胞、血管内皮等常呈本型状态。另外，凡培养中细胞的形态与成纤维类似时皆可称为成纤维细胞。因此组织培养中的成纤维细胞一词是一种习惯上的称法，此点与体内细胞不同。

生长特点：排列成放射状，旋涡状生长。

（2）上皮细胞型　指形态上类似上皮细胞的多种培养细胞，细胞呈扁平不规则多角形，中央有圆形核，生长时细胞相互依存性强，细胞彼此紧密相连成单层膜。生长时呈膜状移动，处于膜边缘的细胞总与膜相连，很少单独行动。起源于内、外胚层的细胞如皮肤表皮及其衍生物、消化管上皮、肝胰、肺泡上皮等皆呈上皮型形态。

生长特点：细胞紧密相连成单层膜，呈铺石状。

（3）游走细胞型　细胞呈散在生长，一般不连成片，细胞质常突起，呈活跃游走或变形运动，方向不规则。此型细胞不稳定，有时难以和其他细胞相区别。在一定条件下，由于细胞密度增大连接成片后，可呈类似多角形；或因培养基化学性质变动等，也可能变成成纤维细胞形态。

（4）多形细胞型　有一些细胞，如神经细胞难以确定其规律和稳定的形态，可统归于此类。

2. 悬浮型

有些贴壁培养型细胞由于生产工艺的需要经驯化后可悬浮生长（图 4-2）。另外，某些类型的癌细胞以及取自血、脾或骨髓的培养细胞，尤其是血液白细胞和癌细胞本身就是悬浮生长的。悬浮培养型细胞胞体圆形，不贴附于支持物上，在悬浮状态下即可生长，可以是单个细胞或微小的细胞团。这类细胞容易大量繁殖且传代方便。细胞悬浮生长时，胞体为圆形，观察时不如贴附型方便。其优点是细胞悬浮在培养液中生长，生存空间大，允许长时间生长，能繁殖多量细胞，便于无血清大规模培养和细胞代谢等研究。

对培养细胞形态的分类，主要根据细胞在培养中的表现以及描述上的方便而定。众多培养细胞的形态稳定性，是在培养液成分、pH、温度、体外生存时间以及细胞本身性状等条件不变的情况下才能维持。因此形态上只有相对的稳定性，仅在一定程度上能反映细胞的起源，正常和异常（恶性）也可能区别开来。但是培养条件的稳定性在一般情况下很难做到，

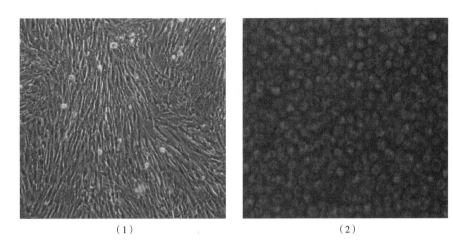

图 4-2　BHK-21 细胞由贴壁型驯化成悬浮型

（1）贴壁型　（2）悬浮型

所以，培养细胞虽然在良好培养条件和传代不多的情况下，各类特点基本能表现出来，但可因 pH 改变、反复开关温箱、支原体污染、细胞数量增多等条件的变化而发生改变。例如，Hela 细胞本身是上皮细胞型，但若培养的条件过酸或过碱时，则可呈现为梭形而似成纤维细胞样；有些细胞在高血清浓度中生长时为细长的成纤维细胞状，在低血清浓度中则更似上皮样。另外贴附型和悬浮型细胞性质也不是一成不变的，在一定条件下，悬浮型细胞可呈贴附状生长，贴附型细胞也可呈悬浮状生长。当细胞发生转化后，细胞形态变化更大，如成纤维细胞转化后可变成上皮形态。另外在一些类型相同的细胞之间，如癌细胞等，也难以在形态上看出有什么明显区别。因此，培养细胞的一般形态，作为判定细胞生物学性状的一个指标或依据时，并不是一项十分可靠的标志，只能作为一般性参考。不应仅仅依赖光学显微镜观察所见，必要时须做超微结构和其他方法的分析，如电镜下观察到桥粒时，可确认为上皮型细胞，因为桥粒是上皮细胞所特有的结构，光镜下不可见，只有在电子显微镜下才能观察到。因此电子显微镜所提供的形态学论据显然更为可靠。

二、　超微结构

电镜下观察组织培养细胞膜分为三层结构，总厚度约 7.5nm，由双层类脂分子组成，亲水极互相对应，疏水极向外，双层分子间嵌有蛋白质分子。细胞膜向外凸出形成泡状、叶状、丝状和指状突起，长度比较一致，存在时间也长，这类突起称微绒毛。随细胞类型、正常或异常（肿瘤细胞），以及处于周期阶段不同，微绒毛的形状和数量均有差别。即使细胞连接成片时，在细胞之间仍存在着一定的间隙。成纤维细胞之间的间隙不恒定，上皮细胞相互之间一般有 1.5~15nm 的间隙，细胞相互接触部并可见到桥粒（desmosome）；桥粒的有无可作为识别上皮细胞的标志。细胞膜表面常附有由细胞分泌形成的糖蛋白膜，即细胞外衣。它对细胞的运动，尤其对细胞贴附于支持物生长有很大作用。用胰蛋白酶消化处理细胞，能改变细胞外衣的性质，使细胞易从支持物上脱落下来，此外细胞外衣与物质交换、酸碱平衡及膜电位等均有一定的关系。在细胞膜下面有一层厚 100~500nm 的细胞质区，称膜下皮质层。该层具有中等电子密度，其中常见有直径 5~7nm 的微丝。微丝在膜下皮质层中分布甚广，它们主要由多聚肌动蛋白组成。它们在膜下皮质层中有两种存在形式，一是呈无定形基质，二是组成微丝束，后者可观察到。当细胞在悬液中生长或从支持物脱离时，微丝可能消失再变成无定形基质，当细胞贴附于支持物后，细胞质延展，微丝又出现。微丝受温度的影响，低温时解聚，温度恢复又重新组装再现。微丝可逆性变化存在形式，与微丝组成成分肌动球蛋白有密切关系。微管是另一种细丝，比微丝粗而长，由微管蛋白（tublin）组成，分散在细胞各处。微丝和微管构成细胞质骨架系统（cytoskeleton system，CSS）；CSS 除与细胞形态和细胞运动有关外，对细胞膜的功能如吞饮、免疫反应等都有关。细胞松弛素 B（cytocha-lasin B）、秋水仙素（chochicine）和刀豆球蛋白等对细胞的特殊效应也与 CSS 有关。转化细胞中的 CSS 的排列状态与正常细胞不同，正常细胞中的微丝微管走行有一定方向性，细胞转化后走行紊乱（组装差），被视为一项检测的标志。微丝和微管在光学显微镜下也可观察到。

细胞质的其他结构如线粒体、内质网、高尔基复合体、中心体和溶酶体等多集中在细胞内质。线粒体形态结构与体内细胞相似，但常随细胞生长状态不同有很大变化，在机能状态良好的细胞中，呈杆状或卵圆形，数量较多，当细胞机能低下或代谢不良时，能变成颗粒形或集聚成更大的团粒，在光镜下明显可见。

细胞核超微结构与体内细胞无大差别，核膜仍为双层结构，也能看到核孔。女性细胞核仍可见到巴尔（Barr）氏体。永生性细胞系和肿瘤细胞的细胞核一般比较大，染色质比较丰富，核仁大而多。

第二节　同工酶检测

一、 同工酶及同工酶谱

1959 年 Markets 首次用电泳分离方法发现动物的乳酸脱氢酶具有多种分子形式，并将其称为同工酶。同工酶是指催化相同的化学反应，但其蛋白质分子结构、理化性质和免疫性能等存在明显差异的一组酶。按照国际生化联合会（IUB）所属生化命名委员会的建议，则只把其中因编码基因不同而产生的多种分子结构的酶称为同工酶。同工酶不仅存在于同一个体的不同组织中、甚至同一组织、同一细胞的亚细胞结构中。同工酶谱在细胞培养中可用于鉴定细胞系的细胞种属来源；作为细胞系细胞特征的指标；鉴定细胞是否恶性转化或区分正常和肿瘤细胞；检查细胞系在培养过程中有否交叉污染等（图 4-3）。

乳酸脱氢酶（lactate dehydrogenase，LDH）同工酶是一类参与糖代谢的重要的酶，催化乳酸氧化成丙酮酸，同时 NAD^+ 还原成 NADH，或催化两者的逆向反应，是发现最早，研究最多的同工酶。1959 年 Markert 等人用电泳的方法将牛心肌提纯的 LDH 结晶分离出 5 条区带，靠近阳极一端的称为 LDH1，靠近阴极一端的称为 LDH5，其余 3 种由"阳极"到"阴极"依次命名为 LDH2、LDH3 和 LDH4。目前已知，LDH 在哺乳动物的体细胞中由两个不同的基因位点编码的 H 亚基、M 亚基以不同比例组成的四聚体分子组成，形成 5 种同工酶，即 LDH1（H4），LDH2（H3M），LDH3（H2M2），LDH4（HM3），LDH5（M4）。5 种同工酶是

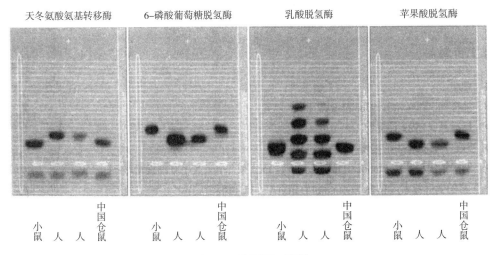

图 4-3 种属同工酶谱

由 A、B 两种亚基构成的四聚体，它们产生于同一细胞，催化同一反应，分子质量基本上是一致的，但它们的组织分布具有种的特异性，动力学性质和热稳定性彼此有区别，生理功能也不相同。同工酶的 A、B 两个亚基是由两个不连续的基因所决定的，而这两个基因的表达又受到组织的组成，氧饱和程度等因素的影响。显然不同品种所呈现的特异性同工酶酶谱是与特定的生理功能、代谢类型紧密相关的。LDH 同工酶的生成受代谢物和遗传基因的双重控制，在组织分化过程中 A、B 基因调控和表达不同，并且一旦形成就可以稳定遗传。绝大多数脊椎动物，往往是在厌氧组织（如骨骼肌，肝脏）中，LDH-A 基因占优势，其功能是将丙酮酸还原为乳酸；而在耗氧的组织，如心脏则是 LDH-B 占优势，其功能是将乳酸氧化为丙酮酸。

除乳酸脱氢酶外，细胞种属鉴定的同工酶通常有苹果酸脱氢酶（malate dehydrogenase，MDH）、葡萄糖 6-磷酸脱氢酶（glucose 6-phosphatedehydrogenase，G6PD）、甘露糖 6-磷酸异构酶（mannose-6-phosphate isomerase，MPI）、肽酶 B（peptidase B，PepB）、天冬氨酸氨基转移酶（谷草转氨酶）（aspartate aminotransferase，AST）和核苷磷酸化酶（nucle-oside phos-phorylase，NP）。

在多数情况下，细胞的种属来源可用乳酸脱氢酶、核苷磷酸化酶、苹果酸脱氢酶和葡萄糖 6-磷酸脱氢酶来确定。细胞间的交叉污染在大多数情况也可用这 4 种同工酶检测，分析小鼠细胞系被分鼠细胞污染时也需要肽酶。

二、 同工酶检测操作流程

以乳酸脱氢酶同工酶为例，其检测操作流程如下。

（一）样品提取

（1）取生长状态良好的细胞，按常规方法培养细胞至少达 5×10^6 个活细胞。

（2）依照具体细胞系实验室推荐的方法收集细胞。

（3）细胞团块重悬于 D-PBSA（杜尔贝克磷酸盐缓冲液）中，计数活细胞。

（4）细胞悬液移至离心管中，1000r/min 离心 10min。

（5）弃上清，按上述（3）和（4）的方法共洗涤 3 次。

（6）加入 12.5μL 的 D-PBSA（用于 5×10^6 个活细胞）。

（7）涡旋细胞管 1~2s，直到细胞团块分散。

（8）向细胞悬液中加入 12.5μL 2×Trition-X-100。

（9）用加样枪反复吹打，不可涡旋，使细胞完全破碎。

（10）4℃ 最高快速离心 2min。

（11）向裂解液中加行等量的酶稳定剂。

（12）通过轻柔抽吸混合裂解液，不可涡旋。

（13）将提取物等分为所需体积，-70℃ 保存。

（二）电泳

1. 电泳仪安装

（1）打开孵育箱电源。

（2）每个孵育箱内放一个盘垫。

（3）在每孵育盘中加 6.0mL 去离子水，37℃ 保温 20min。

（4）向电泳槽每个盘室中加入 95mL SAB8.6 缓冲液（整个电泳槽中缓冲液的总体积为 190mL）。该缓冲液可重复使用，因为电泳通过过程中 pH 会有明显改变。

（5）将装了缓冲液的电泳槽通过安全连接线与电压可调的电源线连接，电源接地。

（6）将每个温控电泳室盖表面充满 500mL 冷水（4~10℃）。电泳盖一定要在垂直放置时装满水，否则水将流失。用冰将水冷却或在冰箱中储备足够的冷水，每次电泳前要更换冷水。

（7）每个染色盘中放 500mL 去离子水或蒸馏水，并用它洗涤孵育盘。这些水不能重复使用。

2. 电泳步骤

（1）电泳前再从冷室中取出琼脂糖凝胶，仔细标记每块待用琼脂糖凝胶，可用标签或用永久性记号笔在凝胶背面做记号。

（2）将凝胶放在台面上，塑料突起向下。调整凝胶方面使样品孔离操作者最近。操作琼脂糖凝胶时戴手套。

（3）标记每个样品孔，标明将待检测的样品（如标准、对照、未知 1、未知 2 等）。每块凝胶可检测 6 个未知样品。

（4）将琼脂糖凝胶从坚硬的塑料支持物上小心地剥离。沿着边缘小心处理凝胶，弃去硬塑料支持物。

（5）向样品孔加入细胞抽提物。用装有 Teflon（特氟龙）头的分液器将 1μL 细胞抽提物精确地加到每个孔中。每个样品用一个新头。将标准品点于泳道 1，对照品点样于泳道 2，未知点样于泳道 3~8。为避免损伤琼脂糖，只有细胞抽提液滴可接触样孔，点样器尖不能碰孔。若点样量为 2μL，在第一个 1μL 样品散到琼脂糖内后再点第 2 滴。

（6）将每个已点样的琼脂糖胶插入电泳槽盖上，琼脂糖面向上。将琼脂糖胶的阳极（+）与电泳槽盖的阳极（+）匹配，可能需将琼脂胶轻微弯曲以便插入电泳槽盖。

（7）在每个电泳槽座上放一个电泳槽盖。内部有磁铁的黑端电靠近电源。打开电源（160V），定时 25min。

（8）在电泳结束前大约5min时，从冰箱中拿出每个底物的试剂瓶，使其恢复到室温。

（9）临用前加0.5~1mL去离子水到时每个试剂瓶中，轻轻地旋转小瓶使试剂溶解。

（10）电泳结束时，从电泳槽座上拿开电泳槽盖并将置于吸水纸上。

3. 染色

（1）从电泳槽室上取出琼脂糖胶，抓住凝胶膜边缘，向内轻压便可将其从盖中取出。

（2）将琼脂糖凝胶侧立，置于水平放在平面上的吸水纸上，点样孔朝向操作者。

（3）仔细地用不起毛的吸纸吸去琼脂糖凝胶两端残余的缓冲液。

（4）沿着琼脂糖凝胶底边放置一支5mL的移液管。

（5）沿着移液管的前缘将重新制备的底物均匀倾倒于琼脂糖胶上。

（6）用平滑的动作推动吸管经过琼脂糖表面，移交完成，再向操作者方向拖回吸管，在琼脂糖表面推多次，吸管滚动着离开琼脂糖末端，在此过程中移去多余的物质，注意不要破坏琼脂糖，此步骤无需加压。

（7）将边缘整齐的琼脂糖胶入在预热的孵育器盘中，琼脂糖面向上，并把盘置于37℃孵箱内5~20min。

（8）孵育后，用500mL双蒸水或去离子水清洗琼脂糖两次，用磁力搅拌棒搅动，每次15min，第一个15min后，取出每个凝胶膜，将水弃去，加入500mL新鲜水于容器中，将凝胶膜浸入水中，并予以遮盖避光，确保薄膜完全浸入而不是漂浮在清洗液上。

（9）从水中取回凝胶膜，将其放置于孵育箱或烤箱烘干室的干架内，烘干30min或直到琼脂糖胶干燥，也可将琼脂糖胶温室干燥过夜。

（10）清洁整理，倒掉电泳槽底缓冲液，并用蒸馏水冲洗，将电泳槽盖中的水倒出，冲洗槽盖内部并晾干。

（11）结果评估，区带是永久性的，凝胶膜也可保存起来，便于将来参考，如果随时间延长，出现背景染色，说明凝胶清洗不够充分。

4. 计算迁移率

同工酶迁移率（R_f）用相对迁移率来表示，即区带泳动距离（d）与指示染料泳动距离之比（D），计算公式：

$$R_f = d/D \times 100\%$$

区带泳动距离一律按区带后缘的距离测算。

第三节 染色体核型分析

一、染色体及核型分析

染色体技术是细胞遗传学研究的基本技术。目前，各种染色体技术已经广泛地应用于确定核型、鉴别突变、分析体细胞杂交和绘制基因图等方面。原则上可以从所有发生有丝分裂的细胞悬浮液中制备染色体。核型是指将某一生物体细胞内的整套染色体按其相对恒定的特征排列起来的图像。核型的模式表达称为模式组型或模式图，是根据对许多细胞染色体的测量，取平均值绘制而成的理想化、模式化的染色体组型，它代表 1 个物种的染色体组型特征。核型分析对于探讨动物起源、物种间的亲缘关系，以及鉴定远缘杂种等方面具有重要的意义。

染色体组在有丝分裂中期的表型即为核型，包括染色体的数目、大小、形态特征等。按照染色体的数目、大小、着丝粒位置、臂比、次缢痕、随体等形态特征，对生物核内的染色体进行配对、分组、归类、编号等分析过程称之为染色体核型分析。染色体是遗传物质在细胞内的特殊形态结构，在细胞分裂中期，复制后的染色体排列于赤道板上达到了最高程度的凝聚，其大小和长短恰到好处，因此，中期染色体是进行染色体形态观察分析的最佳时期。在正常情况下，染色体的数目、形态和结构都很稳定，只在某些因素作用下，就会发生形态或结构甚至数目的改变，即所谓的染色体畸变。所以在细胞培养中，染色体数目、核型可作为鉴定细胞系的种属、性别来源，鉴定细胞系是否稳定、离体细胞是否转化，区别正常细胞和恶性细胞，检验种内或种间有否交叉污染的较为确切的指标。

制备染色体标本是对染色体进行核型分析最基本的方法，这一方法的基本原理都是利用秋水仙素不但能使分裂的细胞停留在分裂中期，还可以使染色体收缩形成清晰的轮廓，将中期相经过低渗、固定、滴片和染色等过程便可制得染色体标本。标本可以放在显微镜下观察并照相统计，在 50~100 个铺展完好的中期相中以染色体数目相同的细胞数最多者才能算作该细胞系的细胞染色体数目。

中期染色体已纵裂为两个染色单体，但着丝粒还未分离，所以两条染色单体相连于一着丝粒，着丝粒在标本上为一淡染区。从着丝粒向两端就是染色体的"两臂"，凡着丝粒不在中央者，必然将染色体分隔成短臂（p）和长臂（q）。根据着丝粒位置不同，可将染色体分为中部着丝粒染色体（m）、亚（近）中部着丝粒染色体（sm）、亚端部着丝粒染色体（st）、端部着丝粒染色体（t）。对于任何一个染色体的基本形态学特征来说，重要的参数有四个。

相对长度（relative length），指单个染色体长度与包括 X 染色体（或 Y 染色体）在内的单倍染色体总长之比，以百分率（或千分率）来表示。

$$相对长度 = \frac{某一染色体长度}{全部常染色单倍体总长度 + X 染色体长度} \times 100（或 1000）$$

臂指数（arm index），指长臂和短臂的比率，即

$$臂比值 = \frac{长臂长度}{短臂长度}$$

$$着丝点指数 = \frac{短臂长度}{染色体长度} \times 100$$

染色体臂数（fundamental arm number，NF）是根据着丝粒的位置来确定，着丝粒位于染色体端部，为端部着丝粒染色体，其臂数为 1 个，当着丝粒位于染色体中部或亚中部，染色体臂数可计为 2 个。

二、　动物细胞染色体的制备

细胞处于分裂中期，染色体螺旋化状态最好，长短适宜，是研究染色体结构和功能的最好阶段。为了更清晰准确地显示此期的染色体，要获得多量的中期分裂相；还要将在细胞中相互密集交错缠绕的染色体分散开。1952 年，美籍华人徐道觉发现用蒸馏水低渗处理分裂细胞可使染色体展开；1956 年，Tjio 发现秋水仙素可使分裂细胞停止中期；Lij. G 发现植物血

凝素（PHA）可使淋巴细胞转化为淋巴母细胞，并呈分裂状态；后又发现空气干燥可使细胞和染色体展平。目前可综合应用这四大发现来获得染色体。大致过程如下：

（1）取对数生长期的细胞，加秋水仙素到培养液内，终含量为 $0.1 \sim 0.4 \mu g/mL$，在 37℃培养箱中继续培养 6~8h，使大部分细胞处于分裂中期。

（2）加 0.25% 胰蛋白酶溶液用常规方法消化并将细胞收集到离心管，以 1000r/min 离心 8min。

（3）弃去上清液，加入预热至37℃、0.075mol/L（或0.4%）氯化钾溶液10mL，37℃温箱中温育 30min。

（4）向悬液中加入新鲜的卡诺固定液 1mL，轻轻吹打均匀，防止细胞破裂；1000r/min 离心8min，弃去上清液，加入新鲜卡诺固定液 5mL，吹打均匀，室温静置 10min；离心后再重复固定一次。

（5）离心后弃去部分上清液，剩余 0.5~1.0mL，混匀滴片（预冷的载玻片），空气干燥后用 Giemsa（吉姆萨）液染色 10min，用蒸馏水轻轻冲洗，空气干燥。

（6）用油镜观察，选择染色体形态及分散良好的分裂相进行显微照相，每个品种统计50 个分裂相予以确定染色体数目。

（7）选取分裂相较好的拍照，放大打印。并用直尺对染色体进行测量，根据测量结果进行计算臂比值、着丝点指数、相对长度等，并排布正确的核型分析图。

三、　核型分析

核型（karyotype）一般是指染色体组在有丝分裂中期的表现。核型分析是指按照染色体的数目、长度、着丝粒的位置、次缢痕及随体有无等相态特征，对细胞核内染色体进行分组、排队、配对并进行分析的过程。核型代表了生物体固有的细胞染色体组成，对生物分类、探讨动物遗传疾病、物种亲缘关系与进化等具有重要意义（表4-1、图4-4）。目前计算机的一些软件的应用，对于快速分类、分组、测量等有了很大的帮助。具体步骤：①在显微镜下仔细观察，找出染色体分散良好、长度适中、姐妹染色单体清楚的中期分裂相进行显微拍摄；②显微拍摄的照片放大，将其上的一个细胞内的全部染色体分别剪下。按照染色体的长短和形态特征进行同源染色体的目测配对。测量出每条染色体的短臂和长臂长度，计算出各条染色体的相对长度、着丝粒指数、臂指数，并就此作为原始数据；③根据测量数据校正目测配对排列的结果，进行调整排列。染色体最后在一张淡色的纸上按一定顺序排列，排列时注意短臂向上，长臂向下，性染色体单独排列，把染色体贴成一条完整的染色体组型图。

表 4-1　　　　　　　　　　　　　　　　染色体核型表

染色体编号类型	相对长度	臂比值	染色体	染色体编号类型	相对长度	臂比值	染色体
1	5.32±0.25	—	T	5	3.72±0.16	—	T
2	4.83±0.14	—	T	6	3.70±0.31	—	T
3	4.28±0.21	—	T	7	3.48±0.18	—	T
4	4.16±0.25	—	T	8	3.33±0.20	—	T

续表

染色体编号类型	相对长度	臂比值	染色体	染色体编号类型	相对长度	臂比值	染色体
9	3.17±0.16	—	T	25	2.13±0.21	—	T
10	3.12±0.18	—	T	26	2.07±0.14	—	T
11	3.06±0.08	—	T	27	1.96±0.25	—	T
12	2.92±0.14	—	T	28	1.88±0.15	—	T
13	2.84±0.12	—	T	29	1.80±0.12	—	T
14	2.75±0.09	—	T	30	1.74±0.26	—	T
15	2.68±0.14	—	T	31	1.69±0.22	—	T
16	2.59±0.11	—	T	32	1.67±0.13	—	T
17	2.53±0.18	—	T	33	1.59±0.27	—	T
18	2.46±0.12	—	T	34	1.57±0.25	—	T
19	2.46±0.04	—	T	35	1.44±0.31	—	T
20	2.45±0.05	—	T	36	1.42±0.19	—	T
21	2.45±0.14	—	T	37	1.38±0.14	—	T
22	2.33±0.25	—	T	38	1.31±0.21	—	T
23	2.27±0.17	—	T	X	5.02±0.20	1.01±0.20	M
24	2.25±0.18	—	T	X	5.21±0.13	1.03±0.18	M

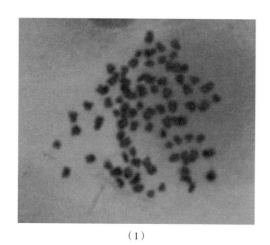

（1）

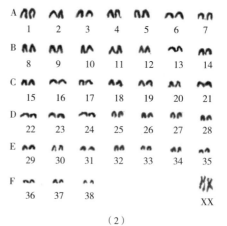

（2）

图 4-4 染色体及核型图

（1）染色体图　（2）核型图

第四节　无菌检查

培养细胞的无菌检查应在环境洁净度 B 级背景下的局部 A 级洁净度的单向流空气区域内或隔离系统中进行，其全过程应严格遵守无菌操作，防止微生物污染，防止污染的措施不得影响待检物微生物的检出。单向流空气区、工作台面及环境应定期按 GB/T 16292—2010《医药工业洁净室（区）悬浮粒子的测试方法》等现行国家标准进行洁净度确认。隔离系统应定期按相关的要求进行验证，其内部环境的洁净度须符合无菌检查的要求。日常检验还需对试验环境进行监控。从事无菌检查人员必须具备微生物专业知识，并经过无菌技术的培训。

一、　培养基的制备

硫乙醇酸盐流体培养基主要用于厌氧菌的培养，也可用于需气菌培养；胰酪大豆胨液体培养基适用于真菌和需气菌的培养。

培养基的制备及培养条件：

培养基可按以下处方制备，也可使用按该处方生产的符合规定的脱水培养基或成品培养基。配制后应采用验证合格的灭菌程序灭菌。制备好的培养基应保存在 2~25℃、避光的环境。若保存于非密闭容器中，一般在 3 周内使用。若保存于密闭容器中，一般可在一年内使用。

1. 硫乙醇酸盐流体培养基

酪胨（胰酶水解）15.0g　　　　　　酵母浸出粉 5.0g

无水葡萄糖 5.0g　　　　　　　　　氯化钠 2.5g

L-胱氨酸 0.5g　　　　　　　　　　新配制的 0.1% 刃天青溶液 1.0mL

琼脂 0.75g　　　　　　　　　　　　硫乙醇酸钠 0.5g（或硫乙醇酸 0.3mL）

纯化水 1000mL

除葡萄糖和刃天青溶液外，取上述成分混合，微温溶解，调节 pH 为弱碱性，煮沸，滤清，加入葡萄糖和刃天青溶液，摇匀，调节 pH 使灭菌后在 25℃ 为 7.1±0.2。分装至适宜的容器中灭菌，其装量与容器高度的比例应符合培养结束后培养基氧化层（粉红色）不超过培养基深度的 1/2。在待检物接种前，培养基氧化层的高度不得超过培养基深度的 1/5，否则，须经 100℃ 水浴加热至粉红色消失（不超过 20min），迅速冷却，只限加热一次，并防止被污染。除另有规定外，硫乙醇酸盐流体培养基置 30~35℃ 培养。

2. 胰酪大豆胨液体培养基

胰酪胨 17.0g　　　　　　　　　　　氯化钠 5.0g

大豆木瓜蛋白酶消化物 3.0g　　　　磷酸氢二钾 2.5g

葡萄糖（一水合/无水）2.5g（2.3g）　纯化水 1000mL

除葡萄糖外，取上述成分，混合，微温溶解，滤过，调节 pH 使灭菌后在 25℃ 的 pH 为 7.3±0.2，加入葡萄糖，分装，灭菌。胰酪大豆胨液体培养基置 20~25℃ 培养。

3. 中和或灭活用培养基

按上述硫乙醇酸盐流体培养基或胰酪大豆胨液体培养基的处方及制法，在培养基灭菌或使用前加入适宜的中和剂、灭活剂或表面活性剂。

4. 0.5%葡萄糖肉汤培养基（用于硫酸链霉素等抗生素的无菌检查）

蛋白胨 10.0g　　　　　　　　　　氯化钠 5.0g

葡萄糖 5.0g　　　　　　　　　　　水 1000mL

牛肉浸出粉 3.0g

除葡萄糖外，取上述成分混合，微温溶解，调节 pH 为弱碱性，煮沸，加入葡萄糖溶解后，摇匀，滤清，调节 pH 使灭菌后在 25℃的 pH 为 7.2±0.2，分装，灭菌。

5. 胰酪大豆胨琼脂培养基

胰酪胨 15.0g　　　　　　　　　　氯化钠 5.0g

大豆木瓜蛋白酶水解物 5.0g　　　　琼脂 15.0g

纯化水 1000mL

除琼脂外，取上述成分，混合。微温溶解，调节 pH 使灭菌后在 25℃的 pH 为 7.3±0.2，加入琼脂，加热溶化后，摇匀，分装，灭菌。

6. 沙氏葡萄糖液体培养基

动物组织胃蛋白酶水解物和胰酪胨等量混合物 10.0g

葡萄糖 20.0g　　　　　　　　　　纯化水 1000mL

除葡萄糖外，取上述成分，混合，微温溶解，调节 pH 使灭菌后在 25℃的 pH 为 5.6±0.2，加入葡萄糖，摇匀，分装，灭菌。

7. 沙氏葡萄糖琼脂培养基

动物组织胃蛋白酶水解物和胰酪胨等量混合物 10.0g

葡萄糖 40.0g　　　　　　　　　　纯化水 1000mL

琼脂 15.0g

除葡萄糖、琼脂外，取上述成分，混合，微温溶解，调节 pH 使灭菌后在 25℃的 pH 为 5.6±0.2，加入琼脂，加热溶化后，再加入葡萄糖，摇匀，分装，灭菌。

8. 稀释液、冲洗液及其制备方法

稀释液、冲洗液配制后应采用验证合格的灭菌程序灭菌。

（1）0.1%蛋白胨水溶液　取蛋白胨 1.0g，加水 1000mL，微温溶解，滤清，调节 pH 至 7.1±0.2，分装，灭菌。

（2）pH 7.0 氯化钠-蛋白胨缓冲液　取磷酸二氢钾 3.56g，磷酸氢二钠 7.23g，氯化钠 4.30g，蛋白胨 1.0g，加水 1000mL，微温溶解，滤清，分装，灭菌。

（3）根据供试品的特性，可选用其他经验证过的适宜的溶液作为稀释液、冲洗液（如 0.9%无菌氯化钠溶液），如需要，可在上述稀释液或冲洗液的灭菌前或灭菌后加入表面活性剂或中和剂等。

培养基的适用性检查：无菌检查用的硫乙醇酸盐流体培养基和胰酪大豆胨液体培养基等应符合培养基的无菌性检查及灵敏度检查的要求。本检查可在待检物的无菌检查前或与待检物的无菌检查同时进行。

无菌性检查：每批培养基随机取不少于 5 支（瓶），置各培养基规定的温度培养 14d，应无菌生长。

二、 培养基灵敏度检查

（一）菌种

培养基灵敏度检查所用的菌株传代次数不得超过 5 代（从菌种保存中心获得的冷冻干燥菌种为第 0 代），并采用适宜的菌种保存技术进行保存，以保证试验菌株的生物学特性。

金黄色葡萄球菌（*Staphylococcus aureus*）〔CMCC（B）26 003〕

铜绿假单胞菌（*Pseudomonas aeruginosa*）〔CMCC（B）10 104〕

枯草杆菌（*Bacillus subtilis*）〔CMCC（B）63 501〕

生孢梭菌（*Clostridium sporogenes*）〔CMCC（B）64 941〕

白色念珠菌（*Candida albicans*）〔CMCC（F）98 001〕

黑曲霉（*Aspergillus niger*）〔CMCC（F）98 003〕

（二）菌液制备

接种金黄色葡萄球菌、铜绿假单胞菌、枯草杆菌的新鲜培养物至胰酪大豆胨液体培养基中或胰酪大豆胨琼脂培养基上，接种生孢梭菌的新鲜培养物至硫乙醇酸盐流体培养基中，30～35℃培养 18～24h；接种白色念珠菌的新鲜培养物至沙氏葡萄糖液体培养基或沙氏葡萄糖琼脂培养基上，20～25℃培养 24～48h，上述培养物用 0.9% 无菌氯化钠溶液制成每 1mL 含菌数小于100CFU（菌落形成单位）的菌悬液。接种黑曲霉的新鲜培养物至沙氏葡萄糖琼脂斜面培养基上，20～25℃培养 5～7d，加入 3～5mL 含 0.05%（体积分数）聚山梨酯 80 的 0.9% 无菌氯化钠溶液，将孢子洗脱。然后，采用适宜的方法吸出孢子悬液至无菌试管内，用含 0.05%（体积分数）聚山梨酯 80 的 0.9% 无菌氯化钠溶液制成每 1mL 含孢子数小于 100CFU 的孢子悬液。

菌悬液在室温下放置应在 2h 内使用，若保存在 2～8℃可在 24h 内使用。黑曲霉孢子悬液可保存在 2～8℃，在验证过的贮存期内使用。

（三）接种培养与灵敏度判定

取每管装量为 12mL 的硫乙醇酸盐流体培养基 7 支，分别接种小于 100CFU 的金黄色葡萄球菌、铜绿假单胞菌、生孢梭菌各 2 支，另 1 支不接种作为空白对照，培养 3d；取每管装量为 9mL 的胰酪大豆胨液体培养基 7 支，分别接种小于 100CFU 的枯草杆菌、白色念珠菌、黑曲霉各 2 支，另 1 支不接种作为空白对照，培养 5d。逐日观察结果。

结果判定：空白对照管应无菌生长，若加菌的培养基管均生长良好，判该培养基的灵敏度检查符合规定。图 4-5 为白色念珠菌、黑曲霉、铜绿假单胞菌、金黄色葡萄球菌、生孢梭菌的培养基灵敏度检查结果。

（1）

图 4-5　培养基灵敏度检查

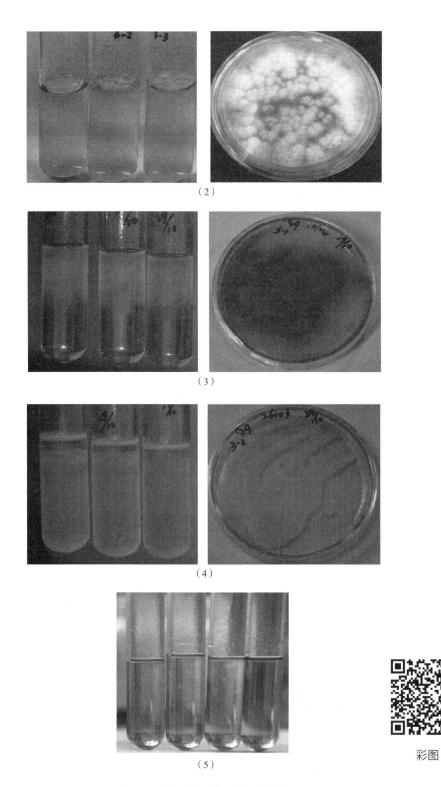

（2）

（3）

（4）

（5）

彩图

图 4-5 培养基灵敏度检查（续）

（1）CMCF（F）98 001 （2）CMCC（F）98 003 （3）CMCC（B）10 104

（4）CMCC（B）26 003 （5）CMCC（B）64 941

三、 检查方法适用性试验

当进行无菌检查法时，应进行方法适用性试验，以确认所采用的方法适合于待检物的无菌检查。若检验程序或产品发生变化可能影响检验结果时，应重新进行方法适用性试验。

菌种及菌液制备除大肠杆菌（*Escherichia coli*）［CMCC（B）4 4102］外，金黄色葡萄球菌、枯草杆菌、生孢梭菌、白色念珠菌、黑曲霉同培养基灵敏度检查。大肠杆菌的菌液制备同金黄色葡萄球菌。

（一）薄膜过滤法

取每种培养基规定接种的待检物总量按薄膜过滤法过滤，冲洗，在最后一次的冲洗液中加入小于100CFU的试验菌，过滤。加硫乙醇酸盐流体培养基或胰酪大豆胨液体培养基至滤筒内。另取一装有同体积培养基的容器，加入等量试验菌，作为对照。置规定温度培养3~5d，各试验菌同法操作。

（二）直接接种法

取符合直接接种法培养基用量要求的硫乙醇酸盐流体培养基6管，分别接入小于100CFU的金黄色葡萄球菌、大肠杆菌、生孢梭菌各2管，取符合直接接种法培养基用量要求的胰酪大豆胨液体培养基6管，分别接入小于100CFU的枯草杆菌、白色念珠菌、黑曲霉各2管。其中1管接入每支培养基规定的供试品接种量，另1管作为对照，置规定的温度培养3~5d。

（三）结果判断

与对照管比较，如含供试品各容器中的试验菌均生长良好，则说明供试品的该检验量在该检验条件下无抑菌作用或其抑菌作用可以忽略不计，照此检查方法和检查条件进行供试品的无菌检查。如含供试品的任一容器中的试验菌生长微弱、缓慢或不生长，则说明供试品的该检验量在该检验条件下有抑菌作用，应采用增加冲洗量、增加培养基的用量、使用中和剂或灭活剂、更换滤膜品种等方法，消除供试品的抑菌作用，并重新进行方法适用性试验。

方法适用性试验也可与供试品的无菌检查同时进行。

四、 无菌检查方法

无菌检查法包括薄膜过滤法和直接接种法。只要待检物性质允许，应采用薄膜过滤法。无菌检查所采用的检查方法和检验条件应与方法适用性试验确认的方法相同。无菌试验过程中，若需使用表面活性剂、灭活剂、中和剂等试剂，应证明其有效性，且对微生物无毒性。

（一）薄膜过滤法

薄膜过滤法应采用封闭式薄膜过滤器。无菌检查用的滤膜孔径应不大于0.45μm。直径约为50mm。根据供试品及其溶剂的特性选择滤膜材质。抗生素供试品应选择低吸附的滤器及滤膜。滤器及滤膜使用前应采用适宜的方法灭菌。使用时，应保证滤膜在过滤前后的完整性。图4-6为HTY-2000B型集菌仪。

（二）直接接种法

直接接种法适用于无法用薄膜过滤法进行无菌检查的待检物，即取规定量待检物分别等量接种至硫乙醇酸盐流体培养基和胰酪大豆胨液体培养基中。除生物制品外，一般样品无菌检查时两种培养基接种的支/瓶数相等；生物制品无菌检查时硫乙醇酸盐流体培养基和胰酪

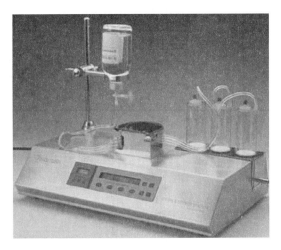

图4-6 HTY-2000B型集菌仪

大豆胨液体培养基接种的支/瓶数为2:1。除另有规定外，每个容器中培养基的用量应符合接种的供试品体积不得大于培养基体积的10%，同时，硫乙醇酸盐流体培养基每管装量不少于15mL，胰酪大豆胨液体培养基每管装量不少于10mL。

（三）结果判断

阳性对照管应生长良好，阴性对照管不得有菌生长。否则，试验无效。若接种管均澄清，或虽显浑浊但经确证无菌生长，判符合规定；若接种管中任何一管显浑浊并确证有菌生长，判不符合规定，除非能充分证明试验结果无效，即生长的微生物非供试品所含。当符合下列至少一个条件时方可判试验结果无效：

（1）无菌检查试验所用的设备及环境的微生物监控结果不符合无菌检查法的要求。

（2）回顾无菌试验过程，发现有可能引起微生物污染的因素。

（3）供试品管中生长的微生物经鉴定后，确证是因无菌试验中所使用的物品和（或）无菌操作技术不当引起的。

试验若经确认无效，应重试。重试时，若无菌生长，判供试品符合规定；若有菌生长，判不符合规定。

五、 培养细胞的无菌检查

取混合细胞培养上清液或冻存细胞管样品进行检查，对于MCB及WCB培养物，至少取混合细胞培养上清液10mL，尽可能采用薄膜过滤法检测。对于冻存细胞，至少取冻存细胞总支数的1%或至少2支冻存细胞管（取量大者），可采用直接接种法检测。

六、 分枝杆菌检查

取至少 1×10^7 个活细胞用培养上清液制备细胞裂解物接种于适宜的固体培养基（如罗氏培养基或米氏7H10培养基），每个培养基接种1mL并做3个重复，并同时以不高于100CFU的草分枝杆菌菌液作为阳性对照。将接种后的培养基置于37℃培养56d，阳性对照应有菌生长，接种管的培养基未见分枝杆菌生长，则判为合格。

用于外源病毒检测的豚鼠接种法也可检测分枝杆菌。豚鼠在注射前应观察 4 周，结核菌素试验为阴性者方可用于试验，观察期末应进行结核菌素试验，并剖检观察主要脏器是否有结节形成。结核菌素试验为阴性，主要脏器无结节，则为符合要求。

也可采用经过验证的分枝杆菌核酸检测法替代培养法。

第五节　支原体检查

主细胞库、工作细胞库、病毒种子批、对照细胞以及临床治疗用细胞进行支原体检查时，应同时进行培养法和指示细胞培养法（DNA 染色法）。病毒类疫苗的病毒收获液、原液采用培养法检查支原体，必要时，也可采用指示细胞培养法筛选培养基。也可采用经国家药品检定机构认可的其他方法。

一、 培养法

（一）培养基的制备

1. 支原体肉汤培养基

猪胃消化液 500mL，氯化钠 2.5g，牛肉浸液（1:2）500mL，葡萄糖 5.0g，酵母浸粉 5.0g，酚红 0.02g，pH 7.6±0.2。于 121℃灭菌 15min。

2. 精氨酸支原体肉汤培养基

猪胃消化液 500mL，葡萄糖 1.0g，牛肉浸液（1:2）500mL，L-精氨酸 2.0g，酵母浸粉 5.0g，酚红 0.02g，氯化钠 2.5g，pH 7.1±0.2。于 121℃灭菌 15min。

3. 支原体半流体培养基

按 1 支原体肉汤培养基配制，培养基中不加酚红，加入琼脂 2.5~3.0g。

4. 支原体琼脂培养基

按 1 支原体肉汤培养基配制，培养基中不加酚红，加入琼脂 13.0~15.0g。

除上述推荐培养基外，也可使用可支持支原体生长的其他培养基，但灵敏度必须符合要求。

（二）培养基灵敏度检查（变色单位试验法）

1. 菌种

肺炎支原体（ATCC 15531 株）、口腔支原体（ATCC 23714 株），由国家药品检定机构分发。

2. 培养基灵敏度检查

将菌种接于适宜的支原体培养基中，经（36±1）℃培养至培养基变色，盲传两代后，将培养物接种至待检培养基中，做 10 倍系列稀释。

肺炎支原体稀释至 10^{-9}~10^{-7}，接种在支原体肉汤培养基内；

口腔支原体稀释至 10^{-5}~10^{-3}，接种在精氨酸支原体肉汤培养基内。

每个稀释度接种 3 支试管，置（36±1）℃培养 7~14d，观察培养基变色结果。

3. 结果判定

以接种后培养基管数的 2/3 以上呈现变色的最高稀释度为该培养基的灵敏度。

液体培养基的灵敏度：肺炎支原体（ATCC 15531 株）应达到 10^{-8}，口腔支原体（ATCC 23714 株）应达到 10^{-4}。

（三）检查方法

（1）待检物如在分装后 24h 以内进行支原体检查可贮存于 2～8℃；超过 24h 应置-20℃以下贮存。

（2）检查支原体采用支原体液体培养基和支原体半流体培养基（或支原体琼脂培养基）。半流体培养基（或琼脂培养基）在使用前应煮沸 10～15min，冷却至 56℃左右，然后加入灭活小牛血清（培养基∶血清＝8∶2），并可酌情加入适量青霉素，充分摇匀。液体培养基除无须煮沸外，使用前也应同样补加上述成分。

取每支装量为 10mL 的支原体液体培养基各 4 支、相应的支原体半流体培养基各 2 支［已冷却至（36±1）℃］，每支培养基接种待检物 0.5～1.0mL，置（36±1）℃培养 21d。于接种后的第 7d 从 4 支支原体液体培养基中各取 2 支进行代次培养，每支培养基分别转种至相应的支原体半流体培养基及支原体液体培养基各 2 支，置（36±1）℃培养 21d，每隔 3d 观察 1 次。

（3）结果判定　培养结束时，如接种待检物的培养基均无支原体生长，则供试品判为合格；如疑有支原体生长，可取加倍量供试品复试，如无支原体生长，供试品判为合格，如仍有支原体生长，则供试品判为不合格（图 4-7）。

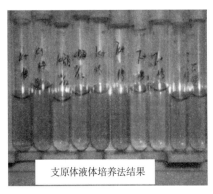

支原体液体培养法结果

彩图

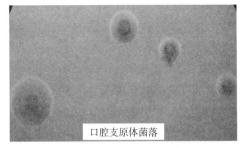

口腔支原体菌落

肺炎支原体菌落

图 4-7　支原体培养结果

二、指示细胞培养法（DNA 染色法）

将供试品接种于指示细胞（无污染的 Vero 细胞或经国家药品检定机构认可的其他细胞）中培养后，用特异荧光染料染色。二苯甲酰胺荧光染料能与 DNA 特异结合，支原体内含有

DNA，能着色，可根据着色细胞情况进行鉴别。细胞被支原体污染经染色后，在细胞核外与细胞周围可看到许多大小均一的荧光小点，证明有支原体污染。

（一）材料准备

（1）二苯甲酰胺荧光染料（Hoechst 33258）浓缩液　称取二苯甲酰胺荧光染料 5mg，加入 100mL 不含酚红和碳酸氢钠的 Hank's 平衡盐溶液中，在室温用磁力搅拌 30~40min，使其完全溶解，−20℃避光保存。

（2）二苯甲酰胺荧光染料工作液　无酚红和碳酸氢钠的 Hank's 溶液 100mL 中加入二苯甲酰胺荧光染料浓缩液 1mL，混匀。

（3）固定液　乙酸：甲醇（1：3）混合溶液。

（4）封片液　量取 0.1mL/L 柠檬酸溶液 22.2mL、0.2mol/L 磷酸氢二钠溶液 27.8mL、甘油 50.0mL 混匀，调 pH 至 5.5。

（5）DMEM 完全培养基。

（6）DMEM 无抗生素培养基。

（7）指示细胞（已证明无支原体污染的 Vero 细胞或其他传代细胞）　取培养的 Vero 细胞经消化后，制成每 1mL 含 1×10^5 个/mL 的细胞悬液，以每孔 0.5mL 接种 6 孔细胞培养板或其他容器，每孔再加无抗生素培养基 3mL，于 5%二氧化碳孵箱（36±1）℃培养过夜，备用。

（8）细胞培养物　将待检细胞经无抗生素培养液至少传 1 代，然后取细胞已长满的且 3d 未换液的细胞培养上清液待检。

（9）毒种悬液　如该毒种对指示细胞可形成病变并影响结果判定时，应用对支原体无抑制作用的特异抗血清中和病毒后或用不产生细胞病变的另一种指示细胞进行检查。

（二）检查方法

（1）于制备好的指示细胞培养板中加入待检物（细胞培养上清液）2mL（毒种或其他供试品至少 1mL），置 5%二氧化碳孵箱（36±1）℃培养 3~5d。

（2）指示细胞培养物至少传代 1 次，末代传代培养用含盖玻片的 6 孔培养板培养 3~5d。

（3）吸出培养孔中的培养液，加入固定液 5mL，放置 5min，吸出固定液，再加入 5mL 固定液固定 10min。

（4）吸出固定液，使盖玻片在空气中干燥，加二苯甲酰胺荧光染料（或其他 DNA 染料）工作液 5mL，加盖，室温放置 30min。

（5）吸出染液，每孔用水 5mL 洗 3 次，吸出水，盖玻片于空气中干燥，取洁净载玻片加封片液 1 滴，分别将盖玻片面向下盖在封片液上制成封片。

（6）用荧光显微镜观察　检查时用无抗生素培养基 2mL 作为阴性对照料；用 2mL 含有已知标准菌株的培养基作为阳性对照。结果见图 4-8。

（三）结果判定

（1）阴性对照　仅见指示细胞的细胞核呈现黄绿色荧光。

（2）阳性对照　荧光显微镜下除细胞外，可见大小不等、不规则的荧光着色颗粒。

（3）当阴性及阳性对照结果均成立时，试验有效。如待检物结果为阴性判为合格，如待检物结果为阳性或可疑时，应进行重试；如仍阳性时，判为不合格。

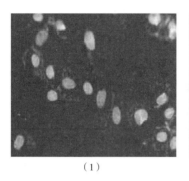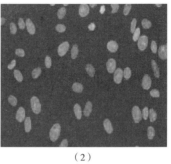

（1）　　　　　　　　　　　（2）

图4-8　支原体DNA染色法检查结果图
（1）阳性　（2）阴性

第六节　细胞内源病毒因子、外源病毒因子检查

在检查内源病毒因子、外源病毒因子时应注意检查细胞系/株中是否有来源物种中潜在的可传染的病毒，以及由于使用的原材料或操作带入的外源性病毒。细胞进行病毒检查的种类及方法，须根据细胞的种属来源、组织来源、细胞特性、传代历史、培养方法及过程等确定。如主细胞库（MCB）进行了全面检定，工作细胞库（WCB）需检测的外源病毒种类可主要考虑从主细胞库到工作细胞库传代过程中可能引入的病毒，而仅存在于MCB建库前的病毒可不再重复检测。

一、　细胞形态观察及血吸附试验

取混合瓶细胞样品，接种至少6个细胞培养瓶或培养皿，待细胞长成单层或至一定数量后换维持液，持续培养两周。如有必要，可以适当换液。逐日镜检细胞，细胞应保持正常形态特征。

如为贴壁细胞或半贴壁细胞，细胞至少培养14d后分别取1/3细胞培养瓶或培养皿后置2~8℃，30min，一半置20~25℃，30min，分别进行镜检，观察红细胞吸附情况，结果应为阴性。新鲜红细胞在2~8℃保存不得超过7d，且溶液中不应含有钙或镁离子。

0.2%~0.5%的鸡和豚鼠红细胞悬液的制备　250~300g健康豚鼠心脏采血3mL，加至12mL 4%（g/mL）柠檬酸三钠溶液中，轻轻混匀，800r/min离心10min，吸出上清，将红细胞悬浮于D-PBSA中，再次离心，如此洗涤直至上清液澄清，弃上清，将沉积的红细胞留用；选用1000~3000g健康鸡采血1mL，同法制备鸡红细胞。分别取100~250μL豚鼠红细胞和鸡红细胞于100mL D-PBSA中，即得0.2%~0.5%的鸡和豚鼠红细胞悬液。新鲜红细胞在2~8℃保存不得超过7d。

二、　体外不同指示细胞接种培养

用待检细胞培养上清液制备活细胞或细胞裂解物，分别接种包括猴源细胞人二倍体细胞和同种属、同组织类型来源的细胞等三种单层指示细胞。待测样本检测前，可于-70℃或以下保存。每种单层指示细胞至少接种 10^7 个活细胞或相当于 10^7 个活细胞的裂解接种量,应占维持液的 1/4 以上,每种指示细胞至少接种 2 瓶。取培养 7d 的细胞各 1 瓶,取上清液或细胞裂解物再分别接种于新鲜制备的相应的指示细胞盲传一代,与初次接种的另一瓶细胞继续培养 7d,观察细胞病变,并在观察期末取细胞培养物进行血吸附试验;取细胞培养上清液进行红细胞凝集试验。

用 0.2%~0.5% 豚鼠红细胞和鸡红细胞混合悬液进行血吸附试验和红细胞凝集试验。将混合红细胞加入细胞培养瓶,一半于 2~8℃ 孵育 30min,一半置于 20~25℃ 孵育 30min,分别进行镜检,观察红细胞吸附情况。取细胞上清液从原倍起进行倍比稀释后,加入混合红细胞,先置 2~8℃ 孵育 30min,然后置于 20~25℃ 孵育 30min,分别观察红细胞凝集情况。

接种的每种指示细胞不得出现细胞病变,血吸附试验及红细胞凝集试验均应为阴性。试验要设立病毒阳性对照,包括可观察细胞病变的病毒阳性对照、血吸附阳性对照及血凝阳性对照。如待检细胞裂解物对单层细胞有干扰,则应排除干扰因素。

若已知待检细胞可支持人或猴巨细胞病毒(CMV)的生长,则应在接种人二倍体细胞后至少观察 28d,应无细胞病变,且血吸附试验及红细胞凝集试验均应为阴性。

细胞病变阳性对照可选用脑心肌炎病毒(X74312 株),血吸附阳性对照可选用牛副流感病毒 3 型(SB 株)或其他适宜的病毒。

指示细胞病变和血吸附试验结果见图 4-9。

细胞形态观察阳性　　　　血吸附试验阳性　　　　阴性

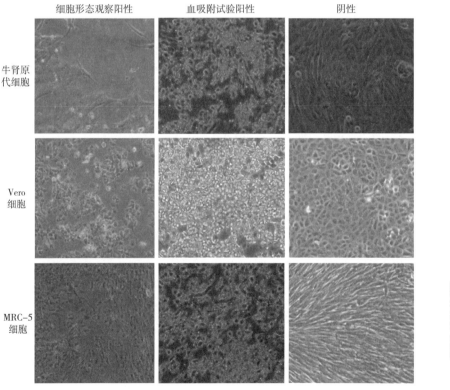

彩图

图 4-9　指示细胞病变和血吸附试验结果

用 0.2%~0.5% 豚鼠红细胞和鸡红细胞混合悬液进行血吸附试验和红细胞凝集试验。将混合红细胞加入细胞培养瓶，一半置于 2~8℃ 孵育 30min，一半置于 20~25℃ 孵育 30min，分别进行镜检，观察红细胞吸附情况。取细胞上清液从原倍起进行倍比稀释后，加入混合红细胞，先置 2~8℃ 孵育 30min，然后置于 20~25℃ 孵育 30min，分别观察红细胞凝集情况。

接种的每种指示细胞不得出现细胞病变，血吸附试验及红细胞凝集试验均应为阴性。试验要设立病毒阳性对照，包括可观察细胞病变的病毒阳性对照、血吸附阳性对照及血凝阳性对照。如待检细胞裂解物对单层细胞有干扰，则应排除干扰因素。

若已知待检细胞可支持人或猴巨细胞病毒（CMV）的生长，则应在接种人二倍体细胞后至少观察 28d，应无细胞病变，且血吸附试验及红细胞凝集试验均应为阴性。

细胞病变阳性对照可选用脑心肌炎病毒（X74312 株），血吸附阳性对照可选用牛副流感病毒 3 型（SB 株）或其他适宜的病毒。

三、 动物和鸡胚体内接种

用待检细胞培养上清液制备活细胞（或适宜时采用相当量的细胞裂解物），接种动物体内进行外源病毒因子检测。待检细胞至少应接种乳鼠、成年小鼠和鸡胚（两组不同日龄）共计 4 组，如为新建细胞，还需接种豚鼠。原代猴肾细胞还需用家兔体内接种法或兔肾细胞培养法检查猴疱疹 B 病毒。按表 4-2 所列方法进行试验和观察。接种后 24h 内动物死亡超过 20%，试验无效。

表 4-2　　　　　　　　　　动物体内接种检测法检测外源病毒因子

动物组	要求	数量	接种途径	细胞密度/（个活细胞/mL）	接种细胞液量/（mL/只）	观察天数
乳鼠	24h 内	至少 20 只（2 窝）	脑内 腹腔	>$1×10^7$	0.01 0.1	21d
成鼠	15~20g	至少 10 只	脑内 腹腔	>$1×10^7$	0.03 0.5	21d
鸡胚[①]	9~11 日龄	10 枚	尿囊腔[①]	>$5×10^6$	0.2	3~4d
鸡胚	5~6 日龄	10 枚	卵黄囊	>$2×10^6$	0.5	5d
豚鼠	350~500g	5 只	腹腔	>$4×10^5$	5.0	至少 42d，观察期末解剖所有动物
家兔	1.5~2.5kg	5 只	皮下 皮内[②]	>$2×10^5$	9.0 $0.1×10$	至少 21d

注：①经尿囊腔接种的鸡胚，在观察末期，应用豚鼠和鸡红细胞混合悬液进行直接红细胞凝集试验。②每只家兔于皮内注射 10 处，每处 0.1mL。

观察期内，如被接种动物出现异常或疾病应进行原因分析，观察期内死亡的动物应进行大体解剖观察及组织学检查，以确定死亡原因。如动物显示有病毒感染，则应采用培养法或分子生物学方法对病毒进行鉴定（如观察期内超过 20% 的动物出现死亡，且可明确判定为因动物撕咬所致），试验判定为无效，应重试。

观察期末时，符合下列条件判为合格。

1. 乳鼠和成年小鼠接种

至少应有80%接种动物健存，且小鼠未显示有可传播性因子或其他病毒感染。

2. 鸡胚接种

卵黄囊接种的鸡胚至少应有80%存活，且未显示有病毒感染；尿囊腔接种的鸡胚至少应有80%存活，且尿囊液红细胞凝集试验为阴性。

3. 豚鼠接种

至少应有80%接种动物健存，且动物未显示有可传播性因子或其他病毒感染。

4. 家兔接种

至少应有80%接种动物健存，且动物未显示有可传播性因子或其他病毒感染（包括接种部分损伤）。

四、　逆转录病毒及其他内源性病毒或病毒核酸的检测

1. 逆转录酶活性测定

采用敏感的方法，如产物增强的逆转录酶活性测定法（PERT或PBRT法），但由于细胞中某些成分也具有逆转录酶活性，因此，逆转录酶阳性的细胞，应进一步确认是否存在感染性逆转录病毒。

2. 透射电镜检查法

取至少$1×10^7$个活细胞采用超薄切片法进行透射电镜观察。

3. 聚合酶链式反应（PCR）法或其他特异性体外法

根据细胞的种属特异性，在逆转录酶活性结果不明确或不能采用逆转录酶活性测定时，可采用种属特异性的逆转录病毒检测法，如逆转录病毒PCR法、免疫荧光法、酶联免疫吸附试验（ELISA）法等，逆转录病毒的定量PCR法还可用于逆转录病毒颗粒的定量。

4. 感染性试验

将待检细胞感染逆转录病毒敏感细胞，培养后检测。根据待检细胞的种属来源，须使用不同或多种的敏感细胞进行逆转录病毒感染性试验。

不同的方法具有不同的检测特性，逆转录酶活性提示可能有逆转录病毒存在，透射电镜检查及特异性PCR法可证明是否有病毒性颗粒存在并进行定量，感染性试验可证明是否有感染性的逆转录病毒颗粒存在，因此应采用不同的方法联合检测。若细胞逆转录酶活性检测为阳性，则需进行透射电镜检查或PCR法及感染性试验，以确证是否存在感染性逆转录病毒颗粒。可产生感染性逆转录病毒颗粒，且下游工艺不能证明病毒被清除的细胞基质不得用于生产。

已知鸡胚成纤维细胞（CEF）或其他禽源性细胞含有逆转录病毒序列，常可产生缺陷型逆转录病毒颗粒，逆转录酶活性为阳性，对这类细胞进行逆转录病毒检测时，可直接检测细胞基质中是否存在外源性逆转录病毒污染，如禽内血病病毒、禽网状内皮病肿瘤病毒、感染性内源性逆转录病毒。在某些情况下，也可通过监测鸡群，以保证无上述感染性逆转录病毒污染。

小鼠及其他啮齿类动物来源的细胞系含有逆转录病毒基因序列，可能会表达内源性逆转录病毒颗粒，因此，对于这类细胞系，应进行感染性试验，以确定所表达的逆转录病毒是否

具有感染性。对于特定啮齿类细胞，如中国仓鼠卵巢细胞（CHO）、仓鼠肾细胞（BHK21）、NS0 和 Sp2/0，还应确定其收获液中病毒颗粒的量及其是否有感染性逆转录病毒，并应在生产工艺中增加病毒去除和（或）灭活工艺。仅有高度纯化且可证明终产品中逆转录病毒被清除至低于现行检测方法的检测限以下时，方可使用这类细胞。

五、 种属特异性外源病毒因子的检测

应根据细胞系/株种属来源、组织来源及供体健康状况等确定检测病毒的种类。若在 MCB 或 WCB 中未检测到种属特异性病毒，后续过程中不再进行重复检测。

鼠源的细胞系，可采用小鼠、大鼠和仓鼠抗体产生试验（MAP、RAP 及 HAP）检测其种属特异性病毒。

人源的细胞系/株，应考虑检测如人 EB 病毒、人巨细胞病毒（HVMV）、人逆转录病毒（HIV-1/2、HTLV-1/2）、人肝炎病毒（HAV、HBV、HCV）、人细小病毒 B19、人乳头瘤病毒、人多瘤病毒、人腺病毒和人疱疹病毒-6/7/8 等。

猴源细胞系/株应考虑检测猴多瘤病毒（如 SV40）、猴免疫缺陷病毒（SIV）等。

这类病毒的检测可采用适当的体外检测技术，如分子检测技术，但所用方法应具有足够的灵敏度，以保证制品的安全。

（一）牛源性病毒检测

若在生产者建库之前，细胞基质在建立或传代历史中使用了牛血清，则所建立的 MCB 或 WCB 和（或）生产终末细胞至少要求检测一次牛源性病毒。取待检细胞用培养上清液制备成至少相当于 10^7 个活细胞/mL 的裂解物，进行检测。如果在后续生产过程中不再使用牛血清，且 MCB 和（或）EOPC 检测显示无牛源性病毒污染，则后续工艺中可不再重复进行此项检测。

（二）猪源性病毒的检测

如果在生产者建细胞库之前，细胞基质在建立或传代历史中使用了胰酶（猪源），则所建立的 MCB 或 WCB 和（或）超过生产限定水平的细胞至少应检测一次与胰酶来源动物相关的外源性病毒，包括猪细小病毒或牛细小病毒。如在后续生产过程中不再使用胰酶，且 MCB 和（或）EOPC 检测结果显示无相关动物源性病毒污染，则后续工艺中可不再重复进行此项检测。如使用重组胰酶，应根据胰酶生产工艺可能引入的外源性病毒评估需要检测的病毒种类及方法。

（三）其他特定病毒的检测

根据细胞的特性、传代历史或培养工艺等确定检测病毒的种类。有些细胞仅对某些特定病毒易感，采用上述检测方法无法检出，因此需要采用特定的方法检测，如对 CHO 细胞进行鼠细小病毒污染的检测等。

（四）荧光抗体法操作步骤

1. 材料准备

（1）磷酸盐缓冲液（PBS）配制 称取磷酸氢二钠 1.19g、磷酸二氢钠 0.22g、氯化钠 8.55g，用少量蒸馏水/纯化水溶解后定容至 1000mL，调 pH 为 7.2~7.4，室温存放。

（2）洗涤液配制 称取碳酸钠 11.4g、碳酸氢钠 33.6g、氯化钠 8.5g，用少量蒸馏水/纯化水溶解后定容至 1000mL 为 4 倍浓缩液。使用时做 1:4（1 份浓缩液+3 份蒸馏水/纯化水）

稀释为工作液，调 pH 为 9.0~9.5，室温存放。

（3）封片液的配制　洗涤液（工作液）与甘油 1 : 1 混合（体积比），调 pH 至 5.5，2~8℃ 保存。

（4）直接荧光抗体结合物

①牛腹泻病毒直接荧光抗体结合物；

②牛腺病毒 3 型直接荧光抗体结合物；

③牛细小病毒直接荧光抗体结合物；

④牛副流感病毒 3 型直接荧光抗体结合物；

⑤呼肠孤病毒直接荧光抗体结合物；

⑥狂犬病毒直接荧光抗体结合物；

⑦牛呼吸道合胞体病毒直接荧光抗体结合物；

⑧犬冠热病毒直接荧光抗体结合物；

⑨犬温热病毒直接荧光抗体结合物；

⑩犬细小病毒直接荧光抗体结合物。

（5）细胞株

①牛肾原代细胞（MDBK Primary）（5 代以内）：来源于甘肃省动物细胞工程技术研究中心；

② MDCK 细胞：来源于 ATCC；

③VERO 细胞：来源于 ATCC。

（6）培养基　DMEM 高糖培养基（无抗生素，含新生牛血清 10%）。

（7）阳性对照标准毒株

①牛腹泻病毒：Oregon C24V 标准株，来源于中国兽医药品监察所；

②牛腺病毒 3 型：WBR-1 株，来源于 ATCC；

③牛细小病毒：Haden 株，来源于 ATCC；

④牛副流感病毒 3 型：SB 株，来源于 ATCC；

⑤呼肠孤病毒：Abney 株，来源于 ATCC；

（以上病毒做阳性对照时接种于牛肾原代细胞）

⑥狂犬病毒：CTN-1V 株，由甘肃省动物细胞工程技术研究中心提供；

（本病毒做阳性对照时接种于 Vero 细胞）

⑦阳性质控玻片。

犬瘟热病毒、犬细小病毒、犬冠状病毒和猪细小病毒的荧光抗体结合质控玻片购自 VMRD 公司。

（8）设备

①倒置式生物显微镜（日本 OLYMPUS CKX-41）；

②CO_2 培养箱（美国 Thermo 3111）；

③倒置式荧光生物显微镜（日本 OLYMPUS IX-71）；

④生物安全柜（美国 Thermo MSC-Advantage）。

2. 方法

（1）待检细胞样品制备　待检细胞经无抗生素培养基传 1 代，取 3d 未换液的且已长成单层的细胞，经反复冻融 3 次，1000r/min 离心 15min 除去细胞碎片，收集上清液，过滤除菌即为待检样品。悬浮培养型细胞直接冻融后离心，同法制备待检品。

（2）待检细胞和阴性对照的细胞片制备

①细胞培养：选取生长至++~+++的牛肾细胞，用 0.25%胰蛋白酶消化后，加含有 15%待检细胞样品的培养基 10mL，吹打成细胞悬液，按 1∶4 比例传代，置（36±1）℃培养。至第 7d 同法传代 1 次，再培养 7d。在培养过程中观察细胞形态变化或细胞病变情况。

②细胞爬片：细胞培养至第 14d，选取细胞 3~4 瓶，弃去培养液，经 0.25%胰酶消化后，用含有 15%待检细胞样品的培养基制成 $5×10^4$ 个/mL 的细胞悬液。取 7 个无菌平皿，向每个培养皿（预先放入 2 个盖玻片）中加入 10mL 细胞悬液，置（36±1）℃培养 7d。在培养过程中定期观察细胞形态变化或细胞病变情况。

③同法制备 Vero 细胞的细胞片。

（3）阳性对照细胞片制备

①细胞爬片：选取培养至第 14d 的阴性对照细胞 1 瓶，制成 $5×10^4$ 个/mL 的细胞悬液，按上述方法制备细胞爬片，置（36±1）℃培养 48h。

②病毒接种：48h 时，弃去培养液，加 10mL 牛腹泻病毒稀释液（10^{-6}←1mL 牛腹泻病毒 10^{-5}+9mL 培养液）于培养皿中，置（36±1）℃吸附 2h。弃去病毒稀释液，再加入含 5%阴性血清的培养基 10mL，置（36±1℃）培养 7d。

③同法用牛腺病毒 3 型、牛细小病毒、牛副流感病毒 3 型和呼肠孤病毒在牛肾原代细胞以及用狂犬病毒在 Vero 细胞上制备阳性对照。

（4）固定、染色、洗涤、制片和镜检

①固定：培养至第 21d，取出供试品、阴性对照、阳性对照的培养皿，弃去培养液，取出盖玻片，用 PBS 冲洗 3 次，丙酮固定 10min。弃去丙酮，于 37℃培养箱中干燥 15min。

②染色：于上述盖玻片上分别滴加牛腹泻病毒直接荧光抗体结合物 75μL/片，置于湿盒中，37℃温育 30min。

③洗涤：取出盖玻片，用洗涤工作液轻轻冲洗 3 次，然后在其中浸泡 10min。

④制片：取出盖玻片，用滤纸小心吸取背面及侧面的液体。另取洁净载玻片加封片液一滴，分别将盖玻片细胞面向下，盖在封片液上制成封片。

⑤镜检：在荧光显微镜的蓝光波长 520~530nm 下，观察。

⑥同法用其他荧光抗体结合物依次检查细胞片，包括相应的阴性和阳性对照组。

（5）结果判定　见图 4-10。

①病毒特异荧光的判断。

Ⅰ牛病毒性腹泻病毒（指示细胞为牛肾原代细胞）：细胞质呈现连续的黄绿色荧光；

Ⅱ牛腺病毒 3 型（指示细胞为牛肾原代细胞）：细胞核呈现强的黄绿色荧光，细胞质细胞膜也着色，呈弥散状。

Ⅲ牛细小病毒（指示细胞为牛肾原代细胞）：细胞质和细胞核黄绿色荧光。

Ⅳ牛副流感病毒 3 型（指示细胞为牛肾原代细胞）：细胞质合胞体中小而明亮的球形特异性黄绿色荧光。

Ⅴ呼肠孤病毒（指示细胞为牛肾原代细胞）：单个细胞或弥漫性胞浆黄绿色荧光和鲜明的中等大小不等的大型细胞质夹杂斑。

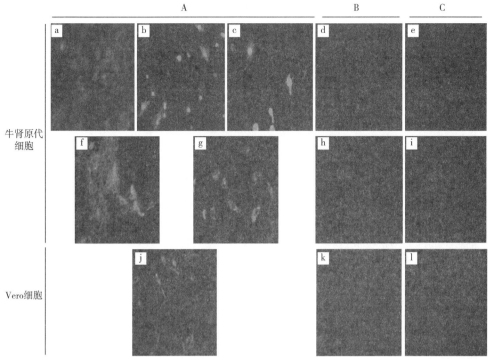

图 4-10　利用病毒荧光抗体结合物检查特异性病毒

A 阳性对照　B 阴性对照　C 试验组

a—BVDV　b—BAV-3　c-BPV　d—BAV-3　e—BAV-3　f—PI-3

g—REO　h—PPV　i—PPV　j—RAB　k—RAB　l—RAB

彩图

Ⅵ狂犬病毒（指示细胞为 Vero 细胞）：单核细胞和多核细胞的细胞质呈现连续的特异性黄绿色荧光。

Ⅶ犬瘟热病毒（指示细胞为 MDCK 细胞）：单个细胞的包涵体和胞浆膜呈现黄绿色荧光。

Ⅷ犬细小病毒（指示细胞为 MDCK 细胞）：单个细胞细胞质和细胞核呈现黄绿色荧光。

Ⅸ犬冠状病毒（指示细胞为 MDCK 细胞）：单个细胞间或细胞周围形成较大面积的换绿色荧光。

Ⅹ猪细小病毒（指示细胞为 ST 细胞）：绝大多数荧光位于细胞核，核外有少量细胞质呈现黄绿色荧光。

②阴性对照组在显微镜视野下细胞单层无特异性黄绿色荧光；阳性对照组在显微镜视野下细胞单层有相应的特异性黄绿色荧光，则试验有效。待检组呈现的荧光与阴性对照相同为合格，否则为不合格。

（6）注意事项

①病毒接种应在生物安全柜内进行，切不可同时进行两个或两个以上病毒的检测，以免病毒交叉感染。

②带有病毒的培养液，应集中至一个容器中，实验后高压灭菌处理。

③所有接触过病毒的物品实验后应高压灭菌处理。

第七节 成瘤性和致瘤性检查

一、 成瘤性检查

（一）成瘤性检查要求

成瘤性检查是确定细胞基质在动物体内是否能够形成肿瘤，是对细胞特性的鉴定。

新建细胞系/株及新型细胞基质应进行成瘤性检查。

某些传代细胞系已证明在一定代次内不具有成瘤性，而超过一定代次则具有成瘤性，如 Vero 细胞，因此必须进行成瘤性检查。

用于疫苗生产的细胞系/株应进行成瘤性检查，但当未经遗传修饰的二倍体细胞被证明无成瘤性后，可不作为常规检查要求。

已证明具有成瘤性的传代细胞，如 BHK21、CHO、HEK293、C127、NS0 细胞等，或细胞类型属成瘤性细胞，如杂交瘤细胞，用于生产治疗性制品时可不再做成瘤性检查。

具有成瘤性的新建细胞或新型细胞基质，需采用定量的方法进一步分析细胞成瘤性的大小，并计算该细胞的半数致瘤量（TPD_{50}），并根据生产工艺及制品的特性，评估成瘤性的风险。

体内法是成瘤性评价的标准，但对于某些细胞，也可采用软琼脂克隆形成试验或器官培养试验等体外法检测细胞的成瘤性，特别是对于低代次、在动物体内无成瘤性的传代细胞系。体外法的结果可作为细胞成瘤性评价的参考。

（二）成瘤性检查方法

成瘤性是指待检细胞接种动物后，接种细胞在动物体内形成（肿）瘤的过程，成瘤性检查的目的是确定细胞基质接种动物后形成（肿）瘤的能力。

1. 细胞制备

（1）待检细胞制备从 MCB 或 WCB 复苏细胞，扩增至或超过生产用细胞龄限定代次 10 代以上，收获细胞并悬于无血清液体中（如 PBS），制备成浓度为每 1mL 含 $5×10^7$ 个活细胞的待检细胞悬液，细胞活力应不低于 90%，用于成瘤性检测。

（2）阳性对照细胞

用 Hela 或 Hela S3 细胞或其他已知成瘤性为阳性的细胞，扩增至所需细胞量，用与待检细胞相同的液体悬浮细胞，并制备成浓度为每 1mL 含 $5×10^6$ 个活细胞的悬液，细胞活力应不低于 90%，作为阳性对照细胞。

（3）阴性对照细胞

如需要，可用人二倍体细胞作为阴性对照，扩增至所需细胞量，用与待检细胞相同的液体悬浮细胞，制备成浓度为每 1mL 含 $5×10^7$ 个活细胞的待检细胞悬液，细胞活力应不低于 90%，作为阴性对照细胞。

2. 动物选择

下述两种动物可任选其一：

（1）裸鼠 4~7 周龄，尽量用雌鼠，每组至少 10 只。如使用新生裸鼠，则为 3~5 日龄。

（2）新生小鼠 3~5 日龄，体重 8~10g 小鼠，每组 10 只，在出生后第 0d、第 2d、第 7d 和第 14d，分别用 0.1mL 抗胸腺血清（ATS）或球蛋白处理后用于试验。

3. 动物接种

待检细胞组每只裸鼠皮下或肌肉注射待检细胞 0.2mL（即每只裸鼠接 10^7 个活细胞），阳性对照组每只注射阳性对照细胞 0.2mL，含 10^6 个活细胞。皮下接种时细胞应接种于裸鼠背部区域，肌肉接种时细胞应接种于裸鼠大腿部位。对于弱成瘤性表型的细胞或新建细胞，最好再使用新生裸鼠进行成瘤性试验，每只接种 0.1mL ，含 10^7 个活细胞。

4. 观察

应定期观察及触摸所有动物在注射部位是否有结节形成，至少观察 16 周（至少 4 个月），前 3~6 周，每周观察 2 次，之后每周观察 1 次，并记录结果。

5. 结果分析及判定

（1）如注射部位有结节形成，应对结节进行双向测量，并记录每周的测量结果，以判定结节是否为进行性生长、保持稳定还是随时间而消退。

（2）阳性对照组应至少有 9 只动物有进行性肿瘤生长时，试验才视为有效。

（3）对出现的结节开始消退的动物，应在观察期末处死。不能形成进行性结节的细胞，不视为具有成瘤性。细胞在动物体内没有形成进行性结节，但结节在观察期内始终存留，且具有瘤的组织病理学形态时，则需考虑是否需要开展进一步的检测，如延长观察时间或采用新生裸鼠或其他动物模型分析细胞是否具有成瘤性。

（4）在观察期末处死所有动物，包括对照组动物，肉眼及显微观察注射部位及其他部位（如心脏、肺、肝、脾、肾、脑及局部淋巴结）是否有接种细胞增生。将这些组织用 3.7%~4.0% 甲醛溶液固定、切片，并用苏木精和伊红染色后进行组织病理学检查，判定接种细胞是否形成肿瘤或有转移瘤。如果有转移瘤形成，则需进一步分析转移瘤的性质及与原发瘤的相关性，并深入分析转移瘤形成的原因。

（5）如待检细胞接种组 10 只动物中至少有 2 只在注射部位或转移部位形成瘤，并且组织病理学及基因型分析显示形成瘤的细胞性质与接种的细胞一致时，则可判定为待检细胞具有成瘤性。

（6）如待检细胞接种组 10 只动物中仅有 1 只形成瘤且满足（5）的条件，则待测细胞可能具有成瘤性，需要做进一步的分析。

细胞在裸鼠上形成的瘤体及肿瘤成长过程见图 4-11。

二、 致瘤性检查

（一）致瘤性检查要求

致瘤性检查是保证细胞基质中不存在可使细胞永生化并具有形成肿瘤的因子。细胞基质致瘤性可能与细胞 DNA（或其他细胞成分）或细胞基质中含有致瘤性因子相关。来源于肿瘤的细胞或因未知机制形成肿瘤表型的细胞，含有致瘤性物质的理论风险性相对较高。

已建株的二倍体细胞，如 MRC-5、2BS、KMB17，WI-38 及 FRhL-2 新建主细胞库不要求进行致瘤性检查。

已建株的或有充分应用经验的连续传代细胞，如 CHO、NS0、Sp2/0、低代次的 Vero 细

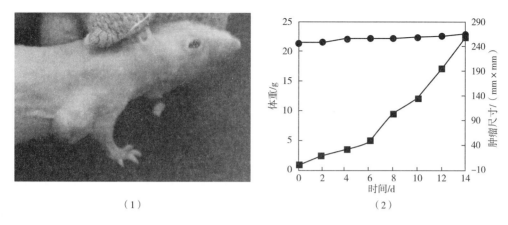

（1）　　　　　　　　　　　　　　　（2）

图 4-11　细胞在裸鼠上形成的瘤体及肿瘤成长过程

——●——裸鼠体重　——■——肿瘤尺寸（瘤体直径双向测量相乘值）

胞不要求进行致瘤性检查。

新型细胞基质，特别是成瘤性为阳性的细胞，用于疫苗生产时，需进行致瘤性检查。

可采用待测细胞裂解物和（或）细胞 DNA 按照进行致瘤性检查。如根据细胞基质的表型或来源疑似有致瘤性病毒，建议用细胞基质裂解物接种动物进行致瘤性检查；若细胞基质具有成瘤性表型，建议用细胞 DNA 接种动物进行致瘤性检查。

对致瘤性检查中出现进行性结节的细胞，应开展进一步的研究，鉴别致瘤性因子或致瘤性活性，并确定细胞的可适用性。

MDCK 细胞成瘤/致瘤性病理检测结果见图 4-12。

（二）致瘤性检查准备

致瘤性是指将待检细胞的细胞成分接种动物后，诱导动物本身细胞形成肿瘤的特性。

1. 接种动物及数量

采用新生（出生 3 日龄内）裸鼠、新生仓鼠及新生大鼠进行致瘤性检查，动物接种数量应多于成瘤性检查用量。

2. 细胞准备

待检细胞：来源于 MCB 或 WCB 的细胞扩增至或超过生产用体外细胞龄 3~10 个细胞倍增水平用于致瘤性检查。

（三）对照

细胞裂解物阳性对照尚不明确，DNA 阳性对照可采用含有致瘤性基因的在动物体内可引起致瘤的 DNA 质粒。设置阴性对照可监测接种动物的自发肿瘤发生频率。设置阴性对照可根据具体情况而定，可采用 PBS 作为阴性对照。

（四）检查方法

1. 细胞裂解物

采用对病毒被坏最小且能最大释放病毒的方法制备细胞裂解物，如可采用 3 次冻融及低速离心法，将样本悬浮于 PBS 中，取含 10^7 个细胞的裂解物 50~100μL 分别于肩胛骨处皮下接种新生裸鼠、新生仓鼠及新生大鼠。接种前应确认样本中无活细胞存在，以免影响结果的有效性。

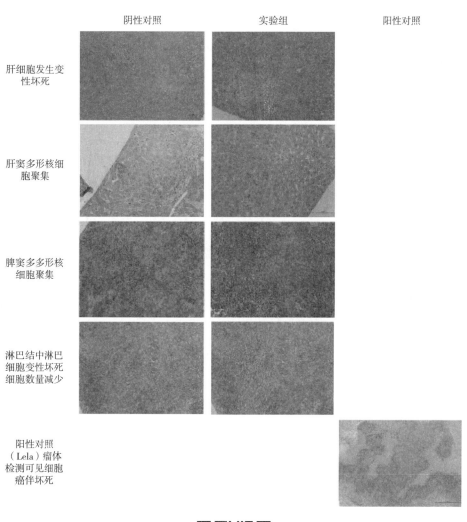

阴性对照　　　　实验组　　　　阳性对照

肝细胞发生变性坏死

肝窦多形核细胞聚集

脾窦多多形核细胞聚集

淋巴结中淋巴细胞变性坏死细胞数量减少

阳性对照（Lela）瘤体检测可见细胞癌伴坏死

彩图

图 4-12　MDCK 细胞成瘤/致瘤性病理检测

2. 细胞 DNA

提取细胞质基质全细胞 DNA 悬浮于 PBS 中，可适度进行超声波等剪切处理，取 50～100μL 含低于 100μg 的 DNA 样本分别于肩胛骨处皮下接种新生裸鼠、新生仓鼠及新生大鼠。阳性对照组应将阳性对照质粒与待测细胞 DNA 混合后接种，以确认待测样本无抑制效应。

（五）结果观察及分析

（1）每周观察并触摸接种部位是否有结节形成，应至少观察 4 个月。

（2）观察期内如有 1 个或多个结节出现，则应每周双向测量结节大小并记录结果，以确定结节是进行性生长、保持稳定还是随时间而消退。有进行性结节生长的动物，当结节达到直径约 2cm 或国家规定的大小时应处死。

（3）观察期末，所有动物均应处死，肉眼及显微观察接种部位或其他部位是否有瘤形成。任何疑似瘤均应采用适宜浓度甲醛溶液固定后进行组织学检查。如可行，建立细胞系并冻存后，以备进行后续的分子技术分析。

（4）显微检查肝、心、肺、脾及局部淋巴结是否存在转移性损伤。如有肿瘤形成，则要分析与接种部位原发瘤的相关性；如组织学检查显示与原发瘤不同，则要考虑可能有自发瘤形成，这种情况需跟踪结果。

（六）结果判定

（1）观察期末，如接种部位或其他远端部位未观察到进行性生长肿瘤，可判定细胞无致瘤性。

（2）在致瘤性检查中形成的所有肿瘤均应检查其基因组 DNA，分析是否有细胞基质物种来源的 DNA 及接种动物来源的 DNA，致瘤性试验中形成的肿瘤应为接种动物宿主 DNA。保存所有的肿瘤样本，以备必要时开展深入研究。

（3）对致瘤性检查中出现进行性结节的细胞基质，应考虑开展进一步的研究，鉴别致瘤性因子或致瘤性活性，并确定细胞的可适用性。

细胞培养生物反应器

动物细胞培养的关键设备是细胞培养生物反应器，它为细胞提供适宜的生长环境并决定着细胞培养的质量和产量，是实现生物产品产业化的关键设备。随着生物制药产业的迅速发展，通过动物细胞培养能生产各种疗效高的药物、灵敏的诊断试剂及生物制品，这方面已发展成为一支高新技术产业。

由于动物细胞与微生物细胞有很大的差异，对体外培养环境有严格的要求，如动物细胞没有细胞壁，非常脆弱，对剪切力敏感，传统的微生物发酵用的反应器不能适用于动物细胞的大量培养，因而对培养用的反应器设计和过程控制系统提出了特殊的要求。由此，促进了新型细胞培养用的生物反应器的研究和开发。

细胞培养生物反应器是大规模动物细胞培养的核心设备（图 5-1）。因此，细胞培养生物反应器的选择和设计是细胞培养过程整体设计中最为重要的环节。一台理想的细胞培养生物反应器设计必须满足如下要求。

（1）生物因素　细胞培养生物反应器应有很好的生物相容性，能很好地模拟细胞在动物体内的生长环境。

（2）化学因素　设计必须提供适当的停留时间，达到所需的底物利用率，符合细胞生长和产物生成动力学的要求。

（3）传质因素　培养过程往往被反应物（特别是氧）的扩散速率制约，而不是被反应动力学所控制，因此，必须满足物质传递的要求。

（4）传热因素　有能力加入热量，无过热点。

（5）安全因素　有优良的防污染性能。

（6）操作因素　便于操作和维护。

为了满足这些相互关联而且常常是相互矛盾的因素的需要，就使得细胞培养生物反应器的设计成为一个复杂和困难的任务。

目前，细胞培养生物反应器（以下可简称生物反应器）主要包括：转瓶培养器、塑料袋增殖器、填充床生物反应器、多层板生物反应器、螺旋膜生物反应器、管式螺旋生物反应器、陶质矩形通道蜂窝状生物反应器、填充（固定）生物反应器、流化床生物反应器、中空纤维及其他膜式生物反应器、搅拌式生物反应器、气升式生物反应器等。

按培养细胞的方式不同，可分为以下 3 类：①悬浮培养用生物反应器，如搅拌式生物反应器、中空纤维生物反应器、陶质矩形通道蜂窝状生物反应器、气升式生物反应器等；②贴壁培养用生物反应器，如搅拌式生物反应器（微载体培养）、玻璃珠床生物反应器、中空纤维生物反应器、陶质矩形通道蜂窝状生物反应器等；③包埋培养用生物反应器，如流化床生物反应器、固定床生物反应器等。

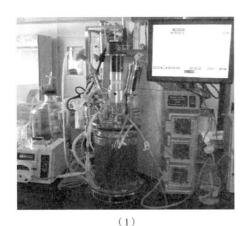

（1）

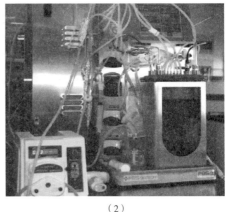

（2）

（3）

图 5-1　细胞培养生物反应器
（1）提升式　（2）离心式　（3）搅拌式

自 20 世纪 70 年代以来，细胞培养生物反应器有了很大的发展，种类越来越多，规模越来越大。搅拌式反应器的搅拌器型式大致上有桨式搅拌器、棒状搅拌器、船舶推进桨搅拌器、倾斜桨叶搅拌器、船帆形搅拌器、往复振动锥孔筛板搅拌器、笼式通气搅拌器、双层笼式通气搅拌器和离心式通气搅拌器等。随着市场对细胞培养产物需求的增加，国外许多公司设计并产生了许多大型细胞培养生物反应器，如赛齐（Celltech）公司建立了 10m³ 规模的反应器，培养杂交瘤细胞生产单克隆抗体；住友（Sumitomo）公司建立了 8m³ 反应器生产组织型纤溶酶原激活剂（TPA）；Wellcome 公司建立了 8m³ 搅拌反应器生产病毒疫苗、干扰素和其他生物制品；加拿大从瑞士比欧（Bioengineering）公司购进 2m³ 反应器生产骨髓灰质炎疫苗。就生产的生物制品价值而言，无疑都是大规模生产。开发新型的反应器以适应生产的需要始终是一项具有挑战性的研究任务。

反应器的种类通常可按操作模式（即分批或连续）、存在的相（即均相或非均相）或反应器的几何特性（即流动形态和相接触方式）来加以划分。本章介绍几类已经应用和具有应用前景的细胞培养用生物反应器。

第一节 搅拌式生物反应器

搅拌式生物反应器是最经典、最早被采用的一种生物反应器。此类反应器与传统的微生物生物反应器类似，针对动物细胞培养的特点，采用了不同的搅拌器及通气方式。通过搅拌器的作用使细胞和养分在培养液中均匀分布，使养分充分被细胞利用，并增大气液接触面，有利于氧的传递。现已开发的搅拌式反应器有：笼式通气搅拌器、双层笼式通气搅拌器、离心式通气搅拌器等。

搅拌式反应器主要由罐体、搅拌系统、加温和冷却系统、进出气系统、进出液系统、检测和控制系统、管线和接头等部分组成。各种搅拌式反应器的主要区别在于搅拌器的结构。根据动物细胞培养的特点，要求搅拌器转动时产生的剪切力小，混合性能好。按照培养条件及要求，目前常用的搅拌桨有篮式搅拌桨、细胞提升式搅拌桨、螺旋桨叶搅拌桨、带旋转过滤器螺旋桨叶搅拌桨、斜叶涡轮搅拌桨等。

一、 笼式通气搅拌生物反应器

笼式通气装置最早于1983年由英国科学家Spier发明。笼式通气装置的主要特点是在向培养基中通气时，气泡不会直接损伤细胞。同时，在采用微载体系统培养时，微载体不会被通气所产生的泡沫裹挟在气液界面。采用400目（38μm）的不锈钢丝网制成的笼式结构，微载体也不会贴附在丝网的表面。由一个多孔的通气装置在笼内通气以满足培养时溶解氧的需要。实验结果表明，培养过程最难解决的泡沫也得到了控制，泡沫比没有这种结构时少得多。采用Cytodex1微载体培养BHK细胞在这个反应器中达到了与静止的方瓶单层培养相同的结果。在Spier研究成果的基础上，美国新布朗斯维克（New Brauswich Scientific，NBS）公司研究人员开发出一种改进过的笼式通气搅拌器，于1987年前后作为商品推向国际市场。安装这类搅拌器的细胞培养生物反应器有1.5L、2.5L、5L的CelliGen生物反应器（图5-2）和15L、30L至1000L的Microlift生物反应器。

（一）笼式通气搅拌生物反应器的特点

作为对最初设计的笼式通气搅拌装置的重大改进，在NBS公司设计的装置中分别为笼式的通气腔和笼式的消泡腔。气液交换在由200目（75μm）不锈钢丝网制成的通气腔内实现。在鼓泡通气过程中所产生的泡沫经管道进入液面上部的由200目（75μm）不锈钢丝网制成的笼式消泡腔内，泡沫经丝网破碎分成气、液两部分，达到深层通气而避免产生泡沫的效果。该反应已成功的用于许多国家的科研和中试生产。在细胞生长期，搅拌器转速一般保持在30~60r/min范围内。当3个导流筒随搅拌同步转动时，由于离心力的作用，使搅拌器中心管内产生负压，迫使搅拌器外培养基流入中心管，沿管螺旋上升，再从3个导流筒口排出，绕搅拌器外缘螺旋下降，培养基和悬浮的细胞或附着细胞和微载体反复循环。流体搅拌加流体

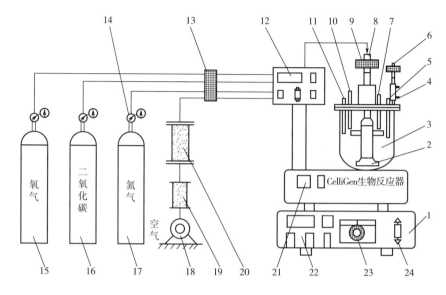

图5-2 CelliGen生物反应器示意图

1—控制器 2—搅拌桨 3—罐体 4—冷凝器 5—进出料口及取样口 6—气体出口 7—温度电极
8—气体入口 9—入口过滤器 10—溶解氧电极 11—pH电极 12—温度转速选择调节 13—过滤器
14—减压调节阀 15—氧气钢瓶 16—二氧化碳钢瓶 17—氮气钢瓶 18—空气压缩机 19—油水分离器
20—空气过滤器 21—电源开关 22—pH、DO选择开关 23—功能选择 24—调节开关

循环，使反应器内流体混合良好。经用塑料球示踪法和光导法，分别测定流体的循环时间和
混合时间与搅拌器转速关系见表5-1。

表5-1 5L CelliGen生物反应器中流体循环时间和混合时间与搅拌器转速的关系

搅拌器转速/（r/min）	流体循环时间/s	流体平均混合时间/s
30	121	24
40	93	18
60	68	12
80	51	10

搅拌器运转时，产生的剪切力有多大？经用热风速仪测定2.5L和5L罐的时均速度和脉
动速度分布，两种尺寸罐的两种速度分布线相似。从5L罐的时均速度和脉动速度分布分析
发现，除在导流筒转动平面处时均速度和脉动速度分布有较小的梯度外，远离此平面的区域
速度分布线相当平坦，速度梯度很小。由此可以判断，对比其他构型生物反应器来说，Celli-
Gen生物反应器罐内剪切力是比较小的。有文献显示在1.5L、2.5L CelliGen生物反应器中用
微载体培养Vero细胞和乙脑病毒，原代成纤维细胞及鸡的法氏囊病病毒，CHO细胞和悬浮
培养杂交瘤细胞都获得了满意的结果，实践说明，CelliGen生物反应能满足微载体系统培
养动物细胞的要求，同时也可用于细胞悬浮培养系统，但是丝网不能起到原来的作用。

（二）传递特性分析

CelliGen 生物反应器的提升式搅拌器转动时，导流筒中流体受到离心力作用，造成流体的循环运动。

当搅拌器以速度 N 转动时，在半径为 γ，厚度为 dr 的两侧的压强差为：

$$dp = \rho_L \gamma \pi^2 N^2 dr \tag{5-1}$$

导流筒所产生的压头：

$$p = \frac{\int_0^p dp}{\rho_L g} = \frac{\pi^2 D^2 N^2}{8g} \tag{5-2}$$

式中　p——压强，Pa；

　　D——导流筒有效直径，m；

　　ρ_L——流体密度，kg/m^3；

　　g——重力加速度，m/s^2。

产生的压头消耗在三个方面：①流体流动的动能增加；②克服流体流动中的摩擦阻力；③克服流体流动中的局部阻力。由于流体流速较小，流程短，压头主要消耗于流体流动中的局部阻力。于是：

$$\frac{\pi^2 D^2 N^2}{8g} = \frac{\lambda u^2}{2g} \tag{5-3}$$

或

$$\frac{DN}{u} = \frac{2\lambda^{1/2}}{\pi} \tag{5-4}$$

式中　λ——阻力系数，在湍流时与流速 u 无关；

　　u——流速，m/s。

实验测定阻力系数 λ 为一常数。

生物反应器的循环性质用循环时间表示。它是指通过搅拌器提升筒的流体体积等于反应器中流体总体积所需的时间：

$$\tau_{循环} = \frac{V}{\pi d^2 u/4} = \frac{8\lambda^{1/2} V}{\pi d^2 DN^2} = K \frac{V}{Dd^2 N} \tag{5-5}$$

式中　d——提升筒内径，m；

　　V——反应器中液体体积。

实验数据拟合 K 值为 0.45。如果大小不同的生物反应器几何相似，则循环时间只与转速有关。也就是说，大小不同的反应器在相同转速下，有相同的循环时间。

CelliGen 生物反应器的氧传递有两条途径，一是表面气液传递，二是深层通气传递。生物反应器中氧的传递系数可分为两部分：

$$k_L a = (k_L a)_s + (k_L a)_d \tag{5-6}$$

式中　$(k_L a)_s$——气液表面的氧传递系数；

　　$(k_L a)_d$——深层通气的氧传递系数。

1. 表面通气

在不断搅拌下，可以假定通过培养基上表面的氧传递阻力集中的气液界面，通过上表面的氧传递速率 N_s 为：

$$N_s = (k_L a)_s V(c^* - c_L) \tag{5-7}$$

式中 V——生物反应器中液体体积，m^3；

c^*、c_L——分别为与气相平衡的液相饱和氧浓度和液相氧浓度，mol/m^3。

根据传递理论，表面休伍德数与叶轮雷诺数、施密特数和几何因子等有关，采用无因次关联形式：

$$Sh_s = \frac{k_s T}{D_{O_2}} = f\left(\frac{\pi N D_1^2}{v}, \frac{v}{D_{O_2}}, \frac{D_1}{T}, \frac{H_1}{T}, \cdots\right) \tag{5-8}$$

对于几何相似的生物反应器，在37℃的水中，表面休伍德数与雷诺数有关，那么：

$$Sh_s = aRe^d = a\left(\frac{\pi N D_1^2}{v}\right)^b \tag{5-9}$$

式中 Sh_s——表面休伍德数；

k_s——表面通气氧传递系数，m/s；

T——反应器直径，m；

v——液体动力学黏度，m^2/s；

H_1——笼式装置中液体的高度，m；

Re——雷诺数；

a、b——常数；

D_{O_2}——氧扩散系数，m^2/s；

D_1——搅拌桨导流管外缘圆直径，m。

根据报道，b 值多在 0.75~1.5。实验测定，a 值为 0.16，b 值为 0.90。表面通气的氧传递系数一般为总的氧传递系数的 10% 以下。由于搅拌器起搅拌作用的导流筒接近液面，在增加液面湍动的措施一般不会显著提高氧的传递系数。

2. 深层通气

动物细胞培养基中一般含有血清，很容易形成泡沫，微载体又有集聚于泡沫中的趋势，气泡运动也会对动物细胞造成损害。因此，生物反应器中的深层通气多采用间接方式。Celli-Gen 生物反应器在金属丝网隔开的环形区内通气鼓泡，将气相中的氧溶解于培养基。然后，充氧的培养基通过金属丝网把氧带到整个生物反应器中。在实验中，用染色的微载体示踪可以观察到，当通入气体时，金属丝网的下面一半为培养基从外向内通过区，上面一半为培养基从内向外通过区。在这种对流状态下，分子扩散的内外传质作用可以忽略。

深层通气时的氧传递过程可以分为两步。在丝网内，液体可视为全混，溶解氧浓度为 c_b，气体流动虽接近活塞流，但由于氧溶解速率一般很低，排出气体与通入气体的氧含量相差很小。因此，气体鼓泡时气液传递速率为：

$$N_b = (k_L a)_b V_b (c^* - c_b) \tag{5-10}$$

在搅拌下丝网外的液体为全混，通过金属丝网的氧传递速率：

$$N_c = (k_L a)_c (V - V_b)(c_b - c_L) \tag{5-11}$$

总的氧传递速率：

$$N_d = (k_L a)_d V(c^* - c_L) \tag{5-12}$$

丝网内的积累量远小于传递量，即 $N_b = N_c = N_d$，由此可得：

$$\frac{1}{(k_L a)_d V} = \frac{1}{(k_L a)_b V_b} + \frac{1}{(k_L a)_c (V - V_c)} \tag{5-13}$$

式中 N_b、N_c、N_d——分别为鼓泡、丝网、深层氧传递速率，mol/s；

c_b——通气腔内氧浓度，mol/m^3；

c_L——主体氧浓度，mol/L；

V_b——通气腔体积，m^3；

$(k_L a)_b$、$(k_L a)_c$——分别为气体鼓泡、丝网氧传递系数，s^{-1}。

气液鼓泡传递系数 $(k_L a)_b$ 的计算有经验式可选用：

$$(k_L a)_b = 0.015 H^{-1/2} v^{-1/3} g^{1/5} u_g \tag{5-14}$$

式中 H——丝网高度，m；

u_g——通气腔内气体表观线速度，m/s。

通过金属丝网的培养基交换量主要有气体鼓泡时输入的能量所决定，即：

$$(k_L a)_c = f(P_g) \tag{5-15}$$

$$P_g = \frac{\rho_L g H Q}{V} = \frac{\rho_L g a_c d_c Q}{\pi d_c^2} \tag{5-16}$$

式中 Q——气体体积流速，m^3/s；

d_c——丝网直径，m；

a_c——丝网面积为培养体积之比，m^{-1}；

P_g——单位体积液体的通气输入能量，W/m^3；

ρ_L——流体密度，kg/m^3。

由于金属丝网内的环形区很窄，可近似为：

$$\frac{Q}{\pi d_c^2} \approx \mu_g \tag{5-17}$$

由此可得

$$k_L a = a'(d_c a_c u_g)^{b'} \tag{5-18}$$

式中 a'、b'——常数。

以上各式下标 b、c、d、g、s 分别表示鼓泡、丝网、深层通气、气体、表面。实验测定，a' 为 0.094，b' 为 0.74。

动物细胞的耗氧速率一般为 $(2-10) \times 10^{-12}$ g/（个·h）。以 CHO 细胞为例，它的耗氧速率为 4.8×10^{-12} g/（个·h）。在 30r/min 转速下，以空气为氧源，5L 反应器在 1L/min 通气速率下，$k_L a$ 可达 4.2h^{-1}，最大培养密度为 2.8×10^6 个/mL。若用纯氧作为氧源，收氧供给限制的细胞密度值可以大大提高。

二、 双层笼式通气搅拌生物反应器

虽然 CelliGen 生物反应器有许多优点，但经原理和实践分析，CelliGen 生物反应器还存在如下缺点：

（1）氧传递系数小，不能满足培养高密度细胞的耗氧要求；

（2）笼式通气搅拌器结构复杂，拆卸清洗困难。

针对以上缺点，并参照其他生物反应器装置，在放大设计生物反应器时，尚需做如下改进：

（1）采用具有静止密封的磁力驱动装置，机械加工精度要求不高，不泄漏，不易造成污染；

（2）将单层笼式通气搅拌器改为双层笼式通气搅拌器，以扩大丝网交换面积，使氧传递系数提高。在 30r/min 转速和 4L/min 通气条件下，$k_L a$ 可达 5.6h^{-1}；

（3）改进罐体拆装和附属配件等。

在生物反应器自动控制方面，开发的计算机控制的气体 pH 和溶解氧关联控制系统，能有效地控制整个细胞培养过程。pH、溶解氧、温度、液位和搅拌器转速各项参数的控制范围和程度，可满足培养的细胞特性和生物反应器操作条件的要求。其主要特点：

（1）温度、pH、搅拌转速、溶解氧、罐压、液位的自动控制；

（2）运用微机操作面板的轻触键和数字显示屏，可随时对各被测被控参数的瞬时测量值，控制设定值和控制比例度等进行显示、设定和修改，进行人机对话；

（3）运用控制状态选择开关，可随时对每一被控工艺参数进行微机自控、手控或关闭三种状态的选择和无扰动切换；

（4）各工艺参数的输出控制量为经光电隔离的可变频脉宽调制变量或开关控制变量；

（5）微机具有与上位机联网通讯能力，具有实现多级分布控制系统的功能；

（6）pH 和溶解氧实行关联控制。

针对动物细胞生长的特异性和培养过程的特点，开发了通过微机处理机按特定的关联模型，控制进入生物反应器的空气、氧气、氮气和二氧化碳四种气体流量来关联控制 pH 和溶解氧的自动控制系统。系统用调节进入生物反应器气体中氧气和氮气的量来控制溶解氧，用改变进入生物反应器气体中二氧化碳的分压来控制 pH。由于为控制溶解氧水平调节了进入生物反应器气体中氧气和氮气的量，从而改变了二氧化碳在进气总量中原有比例，对培养液的 pH 产生了影响；同样，增加二氧化碳进气来调节 pH，也会改变进气中氧气所占的原有比例从而打乱整个系统的溶解氧平衡，所以在总进气量不变的情况下，改变某一气体的进气量，势必会影响其他气体的相应量，即 pH 和溶解氧的控制之间有着不可分割的相互关系。采取将 pH 与溶解氧控制关联，组成一个具有相互补偿作用的 pH 和溶解氧关联的控制系统。该系统借助于微机处理，根据培养过程对 pH 和溶解氧不同要求和精度，对检测信号以一定的调节规律和关联数学模型进行判断、计算和处理，再控制精密电磁阀和泵，精确地调节进入生物反应器气体中空气、氧气、氮气、二氧化碳及碱的量，完成对 pH 和溶解氧的关联控制。

根据上述改进，研制的装有双层笼式通气搅拌器的 20L 生物反应器，与控制系统、管路系统、蒸汽灭菌系统组装成完整的动物细胞培养装置 CellCul-20 用于悬浮培养杂交瘤细胞生产单克隆抗体和用于微载体培养 Vero 细胞和乙脑病毒，都取得了满意结果。

三、 离心式搅拌生物反应器

细胞离心式搅拌器，产生的剪切力小且混合性能好，在动物细胞培养中得到了广泛的使用。在此搅拌器上配置笼式通气装置的笼式通气搅拌生物反应器，现已成为动物细胞培养生物反应器的主要型式之一。Treat 等首次将细胞离心式搅拌器用于植物细胞培养，发现在提高细胞收率、缩短细胞生长迟滞期方面，都明显优于透平搅拌器和推进式搅拌器，特别是在细胞结团尺寸方面大大低于透平搅拌器。为了提高这类搅拌器的流体循环速率，他们将 NBS 公司的细胞离心式搅拌器由径向出口改为切向出口，从而使循环速率提高了 4%~6%（图5-3）。

1. 流体循环特性

离心式搅拌器在转动时，提升筒中由于离心力作用，流体由叶轮中心向外缘流动，在叶轮中心形成低压。流体在吸液口和叶轮中心处的压差作用下，源源不断地吸入叶轮，造成反应器中流体的循环运动。参照离心泵的研究结果，离心式搅拌器所产生的理论压头 H_T 与流体循环量之间的关系：

$$H_T = \frac{u'^2}{g} - \frac{u'Q_L \cot\beta}{gA} \tag{5-19}$$

其中

$$Q_L = wA\sin\beta \tag{5-20}$$

$$u' = Rw = \pi DN \tag{5-21}$$

因此

$$H_T = \frac{\pi DN(\pi DN - w\cos\beta)}{g} \tag{5-22}$$

设此离心式搅拌器的有效系数为，根据伯努利方程有 $\eta H_T = \sum H_T$，即

$$\frac{\eta\pi DN(\pi DN - w\cos\beta)}{g} = \frac{\lambda u^2}{2g} \tag{5-23}$$

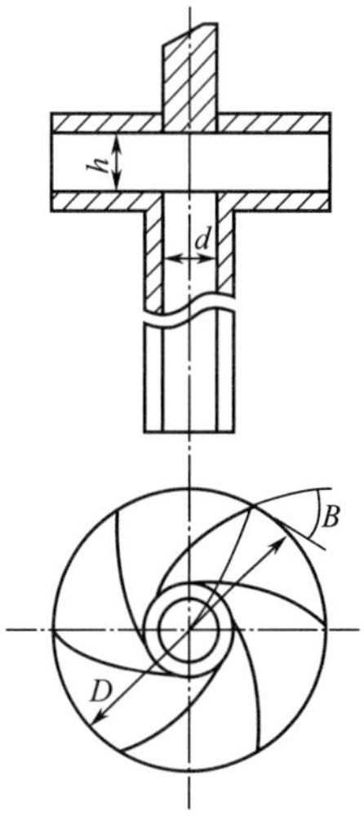

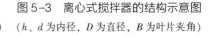

图 5-3　离心式搅拌器的结构示意图
（h、d 为内径，D 为直径，B 为叶片夹角）

式中　A——叶轮出口处的环形面积，m^2；

$\quad\quad D$——叶轮直径，m；

$\quad\quad g$——重力加速度，m/s^2；

$\quad\quad H_T$——理论压头，m；

$\quad\sum H_T$——流体阻力损失，m；

$\quad\quad N$——转速，r/s；

$\quad\quad Q_L$——流体循环量，m^3/s；

$\quad\quad u$——流体在提升筒中流速，m/s；

$\quad\quad u'$——叶轮外缘的切向流速，m/s；

$\quad\quad w$——流体的相对流速，m/s；

$\quad\quad \beta$——叶轮出口处的倾角；

$\quad\quad w$——旋转角速度，r/s。

流体循环量：

$$Q_L = \frac{\pi d^2 u}{4} \tag{5-24}$$

式中　d——提升筒直径。

由前式得：

$$w = \frac{\pi d^2 u}{4} \tag{5-25}$$

代入式（5-23）并解方程得：

$$u = \frac{(\pi^2 d^4 \cot^2\beta + 32A^2\delta)^{1/2} - \pi d^2\cot\beta}{4A\delta}\pi DN \tag{5-26}$$

$$\delta = \lambda/\eta$$

式中，设：

$$K = \frac{(\pi^2 d^4 \cot^2\beta + 32A^2\delta)^{1/2} - \pi d^2 \cot\beta}{4A\delta}$$

则有

$$u = K\pi DN \tag{5-27}$$

当搅拌器的结构参数和流体物系确定后，K 即为一常数，与转速无关。

流体循环倍率：

$$N_u = \frac{Q_L}{V_L} \tag{5-28}$$

式中 V_L——液体体积，m^3。

流体循环时间：

$$\tau = \frac{V_L}{Q_L} \tag{5-29}$$

与 CellCul-20A 生物反应器提升筒中的液体流速相比，离心式搅拌器的提升筒内的液体流速提高了 68%，流体循环量提高了 84%。实验数据拟和得式（5-27）中的 K 值为 0.38。提升筒中液体流速与搅拌器转速的关系见图 5-4，CellCul-50 生物反应器在不同通气量和不同转速下的混合时间见图 5-5，不同转速下离心式搅拌器的流体循环倍率及循环时间见表 5-2。

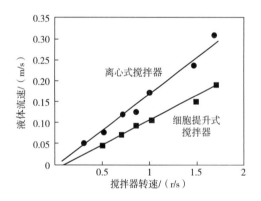

图 5-4　提升筒中液体流速与
搅拌器转速的关系

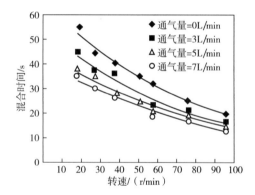

图 5-5　CellCul-50 生物反应器在不同通气量
和不同转速下的混合时间

表 5-2　　　　　　　　　　不同转速下离心式搅拌器的流体循环倍率及循环时间

项目	转速/（r/min）							
	20	30	40	50	60	70	80	90
流体循环倍率/min^{-1}	0.55	0.83	1.10	1.38	1.65	2.20	2.75	3.30
循环时间/s	182	121	91	73	61	45	36	30

2. 氧的传递

此反应器用不锈钢环形气体分布器（孔径为 0.5mm），气体分布器尽量置于反应器底部。同时，由于随搅拌器的转动，气泡有向中央运动的趋势，分布器直径应该比较大。这种离心式搅拌生物反应器和传统的搅拌生物反应器有所不同，其搅拌主要是为了使流体循环流动从而达到良好混合，而无法将气泡打碎。但搅拌能改变气泡在液体中的运动轨迹，使之分散，且气泡总体上与导流筒外的液体逆向而流，从而延长了气泡的停留时间，提高了氧传递速率。因此这类反应器的体积氧传递系数 $k_L a$ 不仅与通气速率有关，也与搅拌转速有关，可采用以下经验关联式来表示：

$$k_L a = \alpha U_G^a (m + N^b) \tag{5-30}$$

式中　U_G——反应器内的表观气速，m/s。

实验数据拟合得体积氧传递系数 $k_L a$ 与转速和通气速率的关联式：

$$k_L a = 1.614 \times 10^3 U_G^{0.91} (1.857 + N^{2.1D}) \tag{5-31}$$

装配有这种搅拌器的 CellCul-50 生物反应器在不同通气量和搅拌转速下的体积氧传递系数见图 5-6；CellCul-50 和 CellCul-20 生物反应器冷模下氧传递系数与混合时间的比较见图 5-7。

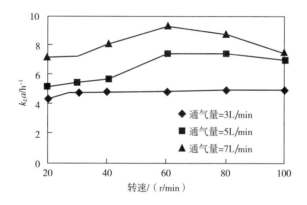

图 5-6　CellCul-50 生物反应器在不同通气量和搅拌转速下的体积氧传递系数

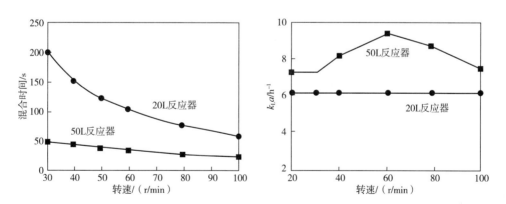

图 5-7　CellCul-50 和 CellCul-20 生物反应器冷模下氧传递系数与混合时间的比较

在此离心式生物反应器中，成功培养了 Vero 细胞，细胞密度达到 1.1×10^7 个/mL，在如此高的细胞密度下，各项参数控制正常，温度、pH、转速、溶解氧指标稳定，接种狂犬病毒后，病毒滴度也达到了较高水平。

第二节 气升式生物反应器

一、 气升式生物反应器结构与原理

空气提升式（通常简称为气升式）生物反应器是 Le Franios 于 1956 年首先开发的。最初被用于生产单细胞蛋白，后来用于培养动植物细胞，特别应用于生产次级代谢产物的分泌型细胞。这种构型的生物反应器和鼓泡塔和搅拌式生物反应器相比，产生的湍动温和而均匀，剪切力相当小，反应器内没有机械运动部件，因而活细胞损伤率比较低；直接喷射空气供氧，氧传递速率高，供氧充分；液体循环量大，使细胞和营养成分能均匀分布于培养基中。由于气升式生物反应器具有上述优点，因此，已为大规模细胞培养所广泛采用。

气升式生物反应器主要有三种构型：内循环式，中间分隔式和外循环式。动物细胞培养一般采用内循环式，但也有用外循环式的（图 5-8、表 5-3）。

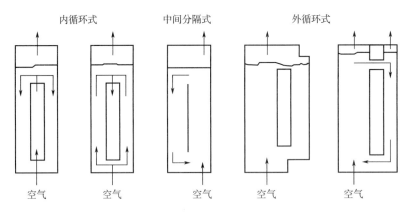

图 5-8　气升式生物反应器的结构示意图

表 5-3　　　　　　　　　　　内外循环气升式生物反应器比较

生物反应器类型	传质系数（$k_L a$）	总持气量	升液管持气量	降液管持气量	循环时间	液体湍动	传热系数
外循环	较低	较低	较低	较低	较低	较低	较低
内循环	较高	较高	较高	较高	较高	较高	较高

内循环气升式生物反应器内部有以下四个组成部分。

（1）升液区在反应器中央，曳力管（导流管）内部。若空气是在曳力管底部喷射，由于管内外流体静压差，使含有大量气泡的液体沿管内上升，在反应器上部分离部分气体后，又沿降液管下降，构成一循环流动。若空气在外环管底部喷射，则流体循环方向恰好相反。

（2）降液区曳力管与反应器壁之间的环隙，当喷射空气的位置在导流筒底部时，流体沿降液区下降。

（3）底部升液区与降液区下部相连区，一般来说，对反应器特性影响不大，但设计不好，对液体流速也有一定影响，特别是细胞容易沉积于底部，造成培养失败。

（4）顶部是升液区与降液区上部相连区。可在顶端安装气液分离器，除去排出气体中夹带的液体。

此外，气升式反应器内还装有环形管气体喷射器，孔的设计要保证在控制的气素范围内产生的气泡直径为 1~20mm，空气流速一般控制在 0.01~0.06L/min，反应器高径比一般为（3∶1）~（12∶1）。

赛齐（Celltech）公司首先采用气升式生物反应器培养杂交瘤细胞生产单克隆抗体。1980 年为 10L 规模，1984 年放大到 100L 和 200L 规模，以后又放大到 1m³ 和 2m³，到 1990 年放大到 10m³。逐级放大的基本概念没有改变，主要问题是控制通气速率和混合性能，以达到细胞、氧合营养物质均匀分布。培养工艺是用阶段式系统，先在 10L 反应器中培养细胞 2~3d，再逐级转移到 100L 和 1m³ 规模。阶段式培养系统的优点是能使细胞优化生长。从 10L 到 1m³ 培养，共需 17d 时间，生产单克隆抗体 100g。

杂交瘤细胞能在气升式反应器中进行培养，也能在搅拌式反应器中培养。反应器类型对细胞生长动力学和抗体比生长速率并无影响。但是，在生产中，采用气升式生物反应器有其优点。首先，它结构简单，不像搅拌式反应器需要搅拌桨和马达，避免了使用轴承而造成微生物污染；另外，气升式反应器传质性能良好，尤其是氧传递速率。在气升式生物反应器中培养动物细胞的流程图见图 5-9。

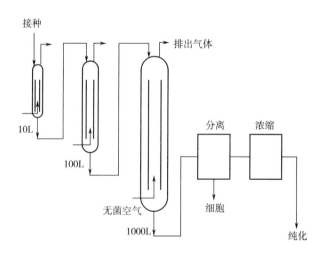

图 5-9　在气升式生物反应器中培养动物细胞的流程图

细胞的生长和产物的形成依赖于它所处的生理化学环境，诸如 pH、溶解氧、温度和合适的营养物浓度。在均相系统中，很容易实现过程检测控制，但这要求具有良好的混合以获得良好的传热和传质特性。均相系统为过程优化提供了巨大潜力，对培养环境能进行及时控制，同时放大特性易于预测，而不像固定化系统和包埋系统，过程的监控、放大均不能直接进行。

在气升式反应器中，溶解氧的控制可通过自动调节进入空气、纯氧或氮气的流量来实现。pH 可通过在进气中加入二氧化碳或采用氢氧化钠来控制。温度采用夹套循环水，根据需要进行加热或冷却。在满足细胞所需溶解氧供应的通气量下一般不会产生泡沫，如果必要，可采用特定的消泡剂进行控制。通过无菌取样，细胞计数，可以对细胞生长进行直接测定，也可通过测定氧消耗等方法对细胞生长进行间接测定。

为了使培养环境稳定，须使过程控制自动化，诸如阀门、泵可采用计算机来操作。

二、 混合和传质

生物反应器应提供充分的混合以保证良好的传质和传热，甚至是良好的营养浓度分布和细胞分散，尤其重要的是需要提供足够的溶解氧供细胞生长。不少培养系统不能提供足够的溶解氧供高密度细胞生长。当氧传递仅仅是通过表面扩散提供时，这种情况尤其发生。在固定化细胞培养系统中，由于细胞密度高，往往也发生这种情况。在含有 10^4 个细胞的固定化颗粒中的扩散限制，会导致 40% 的细胞缺氧，氧扩散的限制途径长度为 $170\mu m$，显然，必需营养物的进入和有毒或抑制性代谢物的排除同样存在着扩散限制。再搅拌培养系统中，溶解氧不足的问题可通过通入大量空气或纯氧来解决，也可采用气体透过型膜来供氧。悬浮培养时，向细胞的传递限制消除了，气体传递大致遵从惠特曼的"双膜"理论，扩散限制仅存在于气-液界面。在氧的需要量相当低的动物细胞培养中，不会成为限制因素。在气升式反应器系统中，通入的空气既用来混合，又作为有效的供氧系统。测定不同体积的气升式反应器中氧传递速率，结果与数学模型预测值相符。

表 5-4 是溶解氧对分泌 IgM（免疫球蛋白 M）单克隆抗体的杂交瘤细胞 NB1 的生长和代谢的影响。可以看出，细胞生长绝对需氧，但在 10%～100% 空气饱和度范围内，溶解氧对细胞生长速率和最大细胞密度并没有大的影响。同时，不管溶解氧高低，培养液中会积累大量乳酸。

表 5-4　　溶解氧对杂交瘤细胞 NB1 最大细胞密度、比生长速率、糖耗、乳酸积累以及比呼吸速率的影响

W（溶解氧）/%	最大细胞密度/（10^6/mL）	比生长速率/（1/h）	糖耗/（g/L）	乳酸积累/（g/L）	比呼吸速率/[$10\sim6\mu g$/（个·h）]
0	0	—	—	—	—
8	1.99	0.055	3.99	3.26	6.70
30	1.54	0.047	3.54	3.35	6.65
60	1.31	0.048	3.37	3.24	6.81
100	1.53	0.052	3.45	3.28	7.97

无论搅拌式还是气升式生物反应器，提供良好的混合时，都必须注意到这样一个现实，那就是动物细胞和微生物相比更加脆弱，易受机械损伤。遗憾的是，对于不同的剪切力对动物细胞的影响，人们知之甚少，例如气升式生物反应器中喷气系统对细胞的影响有多大并不知道，因此气升式生物反应器放大后，不能确定不受剪切力影响的操作范围。

对于喷气系统，剪切力和气泡的气-液界面的蛋白质失活均对细胞造成损伤。Siegel 和 Merchuk 报道在气-液界面由于表面氧化和表面张力会造成蛋白质失活。Kieran 等也指出单是剪切力对蛋白质影响较小，而在有气泡存在的情况下，剪切会造成蛋白质失活。同时培养液中的蛋白质生长因子的失活也会导致细胞死亡。Yoon 和 Konstantin 研究了鼓泡塔生物反应器中气-液界面对杂交瘤细胞存活率的影响，结果表明，喷气系统中细胞的存活率与细胞类型、气体线速度和培养液中大分子成分的添加有关。

在气升式生物反应器中，气体喷射对细胞损伤和细胞存活率没有明显影响，如同非搅拌培养（如滚瓶）一样，也没有发现培养液中的蛋白质失活。更有趣的是，气升式生物反应器放大后，相同氧传递速率下的剪切力会变小。

气升式生物反应器放大后都要增加高度，这样也增加了生物反应器底部的静压。当细胞从顶部循环。压力对杂交瘤细胞 NB1 活性的影响实验报道，人为地改变生物反应器顶部压力使细胞经历一个压力循环的试验表明，压力高达 120kPa 都不会对细胞产生损害，这相当于 11m 高的液压（10m^3 生物反应器）。此外，在 100L 和 1m^3 生物反应器中，顶部压力高达 7×10^{4}Pa 也没有发现对细胞生长和产物形成有不良影响。

三、 气升式生物反应器的应用

有研究报道，1m^3 气升式生物反应器中杂交瘤细胞生长情况：接种密度 15 万个/mL，分批培养表示在 1m^3 气升式生物反应器中培养分泌 IgG（免疫球蛋白 G）抗体的杂交瘤细胞生长的细胞倍增时间为 21h，最大细胞密度达 310 万个/mL。

抗体的合成大多是在平稳期和衰退期完成的，在持续 300h 培养中生产了 200g 抗体。根据细胞系的不同，生产周期为 140～400h，倍增时间和最大细胞密度分别为 11～36h 和（1.0～4.6）×10^{6}个/mL，抗体含量在 40～500mg/L。不同的数值反映了不同细胞的特性。在简单培养系统中，如培养瓶和滚瓶中抗体含量在 10～100mg/L，在培养反应器中抗体浓度的提高是过程优化的结果，尤其是对培养基的设计和主要环境参数的控制。表 5-5 列出了 8 种细胞的有关培养数据，可以看出，同传统的方法（培养瓶、滚瓶）相比，气升式生物反应器的抗体产量平均提高 4.6 倍。在一些灌注式细胞培养系统中，细胞被截留在生物反应器中，能达到比悬浮培养更高的浓度。但是，决定一个培养过程的总体效益要考虑所有使用过的培养基，而不仅仅是含有高浓度抗体的那一部分。因此，固定化系统、包埋系统以及悬浮培养系统的选择是一个效益和过程的综合评估与选择。

表 5-5　　　　　　　　气升式生物反应器和传统培养方法的抗体产率比较

细胞系	抗体类型	抗体产量/（g/L）			气升式/传统培养方法
		培养瓶	滚瓶	气升式生物反应器	
1	IgG	14	20	86	5.1
2	IgM	70	127	295	3.0
3	IgG	9	10	73	7.7
4	IgG	28	30	100	3.4
5	IgG	60	76	260	3.8
6	IgM	20	25	112	5.0
7	IgG	30	38	200	5.9
8	IgG	120	100	350	3.2
					平均 4.6

注：细胞系 1～4 位 1m^3 规模，细胞系 5～8 位 100L 规模。

分批培养时典型的细胞生长曲线包括滞后期、对数生长期、平稳期和衰退期。在分批培养中，培养环境随时在发生变化。这种系统中很难研究单一参数对细胞代谢和产物合成的影响，不利于寻求提高产量的方法。采用连续培养可以进行严密的分析检验，它不同于分批培养，新鲜培养液可以不断地进入，而含有细胞和产物的培养液又以同样的速率被排出。气升式生物反应器也被用作恒化器来研究杂交瘤细胞 NB1 的生长和产物合成。这种恒定的环境使得很容易通过改变单一环境参数便能分析其对产物生长速率、代谢熵等的影响。在恒化器培养中，抗体的合成速率是恒定的，并处于不同营养物限制之下。人们一直期望使用这种培养系统对产生抗体的细胞施加一种选择性压力。

这种恒化器除了上述优点外还可以用于生产和分批操作相比，它可以充分利用生物反应器的优势，缩短工期，延长维持高细胞密度和高产量的时间。一种提高连续培器的优势，缩短工期，延长维持高细胞密度和高产量的时间。一种提高连续培养过程生产能力的方法是采用回流。一个 5L 的气升式生物反应器经过改进后，采用提高连续培养 NB1 细胞，稀释速率为 0.042/h 时，IgM 产量达 76mg/（L·d），而传统的恒化器中，稀释速率为 0.02/h 时产量为 14mg/（L·d）（表 5-6）。前者与没有回流的恒化器培养相比，产量提高了 4.4 倍。现在具有回流的连续气升式生物反应器已被放大至 30L 的中试规模。气升式生物反应器和传统培养方法的抗体产率比较见图 5-5，回流对生物反应器生产能力的影响见表 5-6。

表 5-6　　　　　　　　　　回流对生物反应器生产能力的影响

培养方式	稀释速率 D/h^{-1}	比生长速率 u/h^{-1}	活细胞密度/（10^6个/mL）		生产能力/ [mg/（L·d）]
			培养	留出	
无回流连续培养	0.02	0.03	1.2	1.2	14
有回流连续培养	0.042	0.14	5.8	0.06	76
分批培养	—	—	—	—	13

气升式生物反应器为内循环式，由不锈钢制作而成。气体由置于提升筒下部的气体分布器鼓泡进入生物反应器，根据流体流动局部流场的测定结果，气体分布器选用十字型结构，以便使气体和流场分布均匀，气体分布器的出口孔径为 1mm，孔数 16，由此产生的气泡直径为 5mm。选用这种气泡直径，首先是使细胞损伤造成的细胞死亡速率最小，其次是为了加快泡沫的破碎速率，防止过多泡沫在液面上聚集。另外，为了有利于气液分离和降低泡沫层高度，生物反应器上部的气液分离段直径放大 50%，这样，随流体进入环隙降液区的气泡可以忽略不计。生物反应器的工作体积为 9L，在杂交瘤细胞培养中，生物反应器的操作条件为：pH 7.0，溶解氧 50% 空气饱和度，温度 36.8℃，气体鼓泡速率 0.3~0.4L/min。

细胞培养采用分批模式，以 CelliGen 生物反应器作为对照。在 CelliGen 生物反应器中细胞的接种密度为 1.6×10^5 个/mL，气升式生物反应器中细胞的接种密度为 1.1×10^5 个/mL，细胞的存活率都为 88%。随着细胞生长，细胞存活率上升，在对数生长期细胞存活率大于 90%，而且气升式生物反应器中的细胞存活率还略高于 CelliGen 生物反应器。就细胞生长而言，两台生物反应器的实验结果没有明显差别，只是因为气升式生物反应器的细胞接种密度相对较低。

细胞生长较 CelliGen 生物反应器滞后了一段时间（约 12h）。在对数生长期，杂交瘤细胞在 CelliGen 生物反应器和气升式生物反应器中生长速率都为 0.029/h，最大活细胞密度都为 1.3×10^6 个/mL。对数生长期后，细胞密度和存活率急剧下降，经过 24h 大部分细胞已经死亡，两台生物反应器的实验结果一致。

由于细胞接种密度的差别，杂交瘤细胞在气升式生物反应器中的单克隆抗体生成曲线要比 CelliGen 生物反应器滞后约 12h，但其变化趋势以及最终达到的单克隆抗体浓度却完全一致。与许多杂交瘤细胞的单克隆抗体生产特性相似，WuT3 杂交瘤细胞的单克隆抗体分泌与其生长的关系不大，单克隆抗体含量在对数生长期和细胞衰亡期持续上升。在培养结束时，培养上清液中的单克隆抗体含量达到 45mg/L。

第三节 流化床和固定床生物反应器

一、 流化床生物反应器

流化床生物反应器的基本原理就是使支持细胞生长的微粒呈流态化。这种微粒直径约 $500\mu m$，具有像海绵一样的多孔性，可由胶原制备。再用非毒性物质增加其相对密度使之达到 1.6 或更高，以便它在高速向上流动的培养液中呈流态化。细胞就接种于这种微粒中，通过反应器垂直向上循环流动的培养液使之成为流化床，并不断地被加入，而培养产物或代谢产物又不断地被排除。这种生物反应器传质性能很好，并在循环系统中采用膜气体交换器，能快速提供给高密度细胞所需的氧，同时排除代谢产物如二氧化碳。生物反应器中的液体流速能足以使细胞微粒悬浮，却不会损坏脆弱的细胞。

流化床生物反应器（图 5-10）能满足如下要求：①培养的细胞密度高；②使高产细胞长时间停留在生物反应器中；③优化细胞生长与产物合成的环境，利用流化床生物反应器既可培养贴壁依赖性细胞，也可培养非贴壁依赖性细胞，达到的细胞密度见表 5-7。流化床生物反应器放大也比较容易，放大效应小，已成功地从 0.5L 放大至 10L，用于培养杂交瘤细胞生产单克隆抗体，体积生产率基本一致。生产上采用的流化床生物反应器理想的床层深度为 2m 左右，生物反应器放大可采用增大截面积的方法，最大规模可达 $1m^3$。

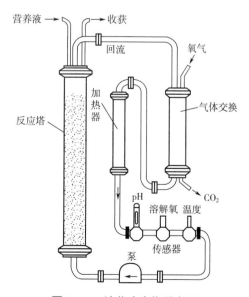

图 5-10 流化床生物反应器

表 5-7   流化床生物反应器培养与其他方法的比较

培养类型	细胞类型	细胞密度/（10^6个/mL）
流化床	杂交瘤细胞	30
	贴壁依赖性细胞	130
恒化器	杂交瘤细胞	2
微载体搅拌釜	贴壁依赖性细胞	2-20

二、 陶质矩形通道蜂窝状生物反应器

康宁公司开发的陶质矩形通道蜂窝状生物反应器，是一种有很大潜力的用于大规模动物细胞培养的新型生物反应器，构型是圆筒内装置一只有许多陶质矩形通道的蜂窝状圆柱体。通道截面积若是长方形，约为（3×1.5）mm^2；若是正方形，约为 1mm^2，壁厚 0.12mm。每平方厘米截面积有 68 个通道，每立方厘米体积能提供细胞生长表面积 320m^2。对大型装置而言，长度为 75cm，直径为 30cm，能容纳 5×10^{10} 个细胞。这种结构的生物反应器，既可用于培养悬浮生长的细胞，又可用于培养贴壁依赖性细胞，放大即增加套数。Charles River Bio-technical Service 公司用于培养杂交瘤细胞生产单克隆抗体，年产量达到 12kg。

三、 固定床生物反应器

固定床生物反应器可用于贴壁依赖性细胞的微载体和大孔载体的培养，剪切力，可以无泡操作。同时，也已证实这种生物反应器适合于增殖悬浮细胞，如杂交瘤细胞。固定床生物反应器的特征是高的床层细胞密度，这可减少无血清培养时的蛋白质用量。实验说明，用无蛋白质培养基在固定床生物反应器中连续培养杂交瘤细胞可达几周，而同一细胞系在低剪切转瓶或 15L 搅拌反应器中，不添加转铁蛋白和胰岛素则不能维持。固定床生物反应器中填充材料是惰性的玻璃、陶瓷或卷积乙酸乙酯等，通常是直径 2~5mm 实体或多孔球。培养基循环通过固定床，充氧器连接在循环回路中。刚接种的细胞长在填充物的表面，随着细胞增殖，细胞开始充满颗粒间的孔隙。在长达几个月的培养过程中，生物反应器中易因此而形成沟流和梯度，这给生物反应器放大带来困难。在生物反应器放大中，需要保持填充物的均匀性，在无细胞和在实际培养条件下研究生物反应器的特性，根据线速度进行结构放大。

固定床生物反应器有细胞培养所需的许多特征，如高细胞截留和灌注能力，无泡操作，放大简单，高细胞密度引起的培养基的简化等。但是，细胞密度和存活率的测定方法是一大难题。目前在研究和生产中被广泛采用的固定床生物反应器是美国 NBS 公司开发的 CelliGen Plus-Disc 固定床生物反应器，有 2.2L、5L、7.5L、14L 和 40L 规格。

图 5-11 所示 CelliGen Plus 固定床生物反应器是在该公司笼式反应器是基础上改进的。液体循环是靠导流筒随搅拌同步转动时，由于离心力的作用，使搅拌器中心管内产生负压，迫使搅拌器外培养基流入中心管，沿管螺旋上升，再从导流筒口排出，绕搅拌器外缘螺旋下降，培养基或悬浮的细胞反复循环。再循环过程中，流经床层时，细胞被截留在 Disc 载体中。

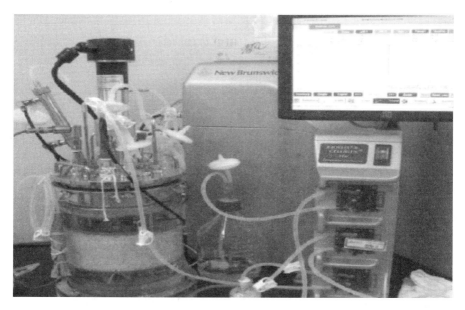

图 5-11　CelliGen Plus 固定床生物反应器

　　这种载体是具有一定空间的片状载体，可作为贴壁细胞赖以生存所必需的贴壁介质，同时提供了相对温和的培养环境，适合于贴壁细胞和非贴壁细胞的培养。目前在动物细胞培养中，使用最多的是经基因工程改造的 CHO 细胞，生产各种蛋白质药物、抗体等。在细胞生长阶段，多采用有血清培养，而在产物生成和收获阶段采用无血清培养。CHO 细胞在无血清培养基中，有向非贴壁生长转化的趋势，若在一般的微载体搅拌式生物反应器中，细胞游离存活率降低，培养过程受到严重影响。采用这种固定床反应器，即使细胞不贴壁，也被截留在 Disc 载体中，不影响细胞生长和产物生成及收货，大大提高了生产率。

　　如前所述，固定床生物反应器的最大缺陷是无法直接测定细胞的生长密度和存活率，现在已在研究间接测定方法。目前生产过程中，主要通过测量细胞的代谢参数来估计活细胞密度，如氧的消耗速率、葡萄糖的消耗速率、乳酸的生成速率等，来指导生产操作。

第四节　膜式生物反应器

　　膜式生物反应器，例如高分子海绵体、复式管、堆叠层系统、螺旋塑胶模及中空纤维等，可以较高密度培养动物细胞，其中中空纤维生物反应器系统的比表面积大，用途最广，它既可培养悬浮生长的细胞，又可培养贴壁依赖性细胞，细胞密度可高达 10^9 个/mL（数量级），如能控制系统不受污染，则能长期运转。中空纤维能隔离细胞与介质或产物，可降低生产中产物分离的成本。

一、中空纤维生物反应器

　　中空纤维生物反应器（hollow fiber bioreactor）使用中空纤维膜隔离细胞与介质，在中空纤维的内壁或外壁培养细胞。中空纤维生物反应器主要是模拟生物体循环系统中毛细血管的结构及功能而设计的。它的主体是由许多具有半透析性的多孔膜状高分子，拉成两端有开口的纤维。将此种中空纤维装入柱状的塑料容器中，其成品的结构就像光纤排列在电缆中一样。

物质通过膜的交换过程是由气-液两相之间的浓度或分压差所引起的，在细胞密度很高时，产生氧和二氧化碳的相对流动。氧由膜的内壁向液相扩散，二氧化碳则由液相向膜的内壁扩散。膜的周围液相可以认为是均相混合，气相的浓度则由沿气体流动方向上的位置而定。对于液体，界面层的更新受膜与液体的相对运动速度影响；对于气体，流动速度决定了孔内的交换过程和沿着多孔管的内部浓度分布。这些因素影响物质的传递能力。传递物质的总量还取决于单位液体体积所用的膜表面积，即取决于单位培养基体积所有的膜长度。

中空纤维生物反应器在操作模式上可分为三种（图5-12）：①轴向进料，由壳侧及管侧出料，又可称为超滤式操作或开壳轴向流；②轴向进料，由管侧出料，也称为回流式操作或闭壳轴向流；③由壳侧进料，管侧出料，也可称为逆洗（backflush）式操作或通过管束外空间的错流。三种操作系统之压力分布有很大差异。在超滤操作中，管侧压力一直比壳侧高，而壳侧压力为一定值。所以受此两端压力差的影响，膜通透量养着轴向渐减。在回流操作中，压力分布在壳侧为一定值，而在管侧入口处压力高于壳侧，而出口处压力低于壳侧，导致透膜压力由原来的正值，沿着轴向渐减为负值。在逆洗式操作模式中，壳侧及管侧压力均为定值，且保持壳侧大于管侧，故沿管向有一均匀的透膜通量。

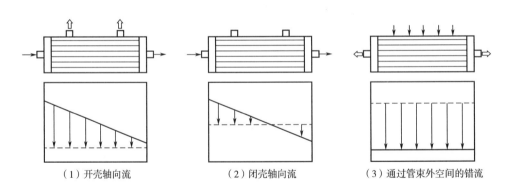

图5-12　中空纤维生物反应器的操作和沿轴向的对应压力变化液流

注：入口以实心箭头表示，出口以空心箭头表示。在压力图中，管束外空间压力以虚线表示，管腔压力以实线表示，穿膜流动方向以箭头表示。

在中空纤维生物反应器中，细胞通常附着在纤维的外部表面，并朝着中空纤维外部空间（ECS）生长。含有氧气的培养液经由泵输入装置中。首先以回流操作方式，让部分液体透过纤维进入ECS中，在此培养液与细胞充分接触后，经由压力差再度回到纤维内腔。由于滤膜的限制，可选择性地将大分子留在ECS中，而将代谢后所产生的小分子废物带走。在产物回收是，采用超滤式操作，即将壳侧出口打开，将ECS中的浓缩产物，由壳侧流出而收集。

最初开发的中空纤维管系统，是将纤维管束纵向布置，培养基、种子细胞由底部注入，从顶端排出，纤维管间通气体。这种布置方法有很大缺点，培养基成分和代谢产物沿培养基流动方向产生浓度梯度，使细胞经历的环境随培养基的流过距离而变，致使细胞在中空纤维管中生长不均匀，培养贴壁细胞时不能扩展成单层。针对这一缺点，新开发出把纤维管束横放成平板式浅床，床层深度 3~6 层纤维管，将若干层浅层床组合在一起。为了使培养基分布均匀，在床层底部引进培养基时，先通过一个 $2\mu m$ 微孔不锈钢烧结板分布器，再灌注到床层中。在床层顶部也装置一个 $2\mu m$ 微孔不锈钢烧结板分布器，目的是防止排出的培养基返混。另一种保持培养基均匀分布的方法是在床两端交替灌注新培养基。近年来，对中空纤维生物反应器也做了新的改进，在反应器筒体外添置一膨胀室，用管路与筒体相连，形成一连通管，培养基有筒体内右边经膨胀室流到筒体内左边。经改进后，明显地改善了水力学条件，使培养基浓度梯度和细胞处的微环境差别减至最小，或者完全排除。中空纤维生物反应器总的发展趋势是让细胞在管束外空间中生长，用这种方式，能获得更高的细胞密度。

二、 中空纤维生物反应器的局限性及其优缺点

目前中空纤维生物反应器在培养动物细胞时，所遇到的问题及限制如下。

（1）培养液流过中空纤维管时，营养物质会因附着在 ECS 端的细胞大量利用而减少，导致营养物质在轴向流动方向上浓度降低，而位于纤维末端处的细胞，则因营养不足而生长较差，甚至死亡。在纤维后段 ECS 处回流至纤维腔的流体流向，也会使得该处细胞无法获得足够营养物质。若能提高基质流速以降低轴向浓度梯度，有助于减缓此问题。

（2）纤维后半段易因培养基流向，促使细胞及其残骸将纤维 ECS 的孔隙填满而造成堵塞。解决此问题的主要方法是周期性地改变培养基在生物反应器中流动方向。

（3）当细胞量高至 10^9 个/mL 时，细胞将会充满整个纤维空隙，造成细胞缺乏营养而死亡。

（4）若培养非贴壁依赖性细胞时，易造成细胞堆积在纤维末端出口处。

中空纤维生物反应器的优缺点都很明显。它的优点是：①可广泛适用于各种细胞的培养；②细胞可以生长到高密度，节省空间；③培养时间可持续很久，细胞增殖率高；④细胞和培养基可以分离，避免血清对产品的污染；⑤产物浓度非常高，产品纯化所需的成本相对较低。它的缺点是：①价格昂贵（800~1200 美元/只）；②消耗量大，不易重复使用；③灭菌困难；④不易清洗和维护；⑤不易放大（视产品而定）。

人或哺乳动物细胞的培养通常是长时间的培养过程，因此对通气管的寿命有很高的要求。膜材料不能有任何细胞毒害性，能够耐某些营养成分（如血清和氨基酸）的侵蚀。在膜的表面不能覆有细胞或其他沉积物，以免影响气体传递。中空纤维生物反应器的关键组件和材料包括中空纤维管、膜包、收集器、充氧器、培养基储罐等。制造低成本高效能的中空纤维生物反应器与关键组件息息相关。

根据 Business Communications 公司的调查报告，1997 年生物反应器在美国市场为 2.752 亿美元，中空纤维生物反应器的市场为 0.1 亿美元，市场占有率约为 3.63%；2002 年生物反应器在美国市场增长为 3.805 亿美元，中空纤维生物反应器的市场为 0.156 亿美元，市场占有率约为 2.44%。虽然相对于其他类型的生物反应器增长率较低，但中空纤维生物反应器具有其他反应器无可替代的优点。

中空纤维生物反应器的主要制造商有 Biovest International、Cellex Bio-science 和 Unisyn Technologies。Unisyn Technologies 于 2000 年 5 月被 Cellex Bio-science 所并购，而 Cellex Bio-science 又于 2001 年 5 月被 Biovest International 所并购。并购的结构将有助于中空纤维生物反应器技术和市场的整合，可加速中空纤维生物反应器产业的发展。小型中空纤维生物反应器

见图 5-13。

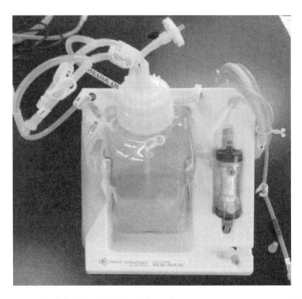

图 5-13　小型中空纤维生物反应器（Unisyn Technologies 公司）

三、 中空纤维生物反应器在动物细胞及组织培养的应用

动物细胞可以在纤维床里达到较高的细胞密度来连续生产单克隆抗体及其他重组蛋白，除了高细胞密度和高生产效率外，中空纤维生物反应器还可提供三维空间的生长环境。比起传统的二维空间细胞培养系统（如方瓶和微载体），中空纤维生物反应器有许多优点。它对细胞的空间分布、细胞形态、细胞间的接触及通讯等都有很密切的影响。这又会影响到细胞的生长、分布及功能。例如，卵巢细胞（ovary luteal cell）在中空纤维生物反应器中培养可以维持分泌黄体酮或孕酮的能力超过 17d，而培养于普通二维空间的细胞在此时多已丧失这种功能。这种差别主要是因为三维的生长环境保存了细胞的原始形态及结构完整性。中空纤维管生物反应器已进入工业生产，文献报道的工作主要用于培养杂交瘤细胞生产单克隆抗体。Bioresponse 和 Invitron 公司均采用这种生物反应器生产单克隆抗体。

在中空纤维生物反应器中生长的细胞类型有宫颈癌细胞（Hela）、小仓鼠细胞、杂交瘤细胞、肺细胞、中国仓鼠肺细胞、幼仓鼠肾细胞（BHK）、中国仓鼠卵巢细胞（CHO）、淋巴细胞、肝癌细胞、前皮细胞、绒毛膜瘤细胞、乳腺瘤细胞、结肠癌细胞、小鸡胚胎细胞、猴细胞、鸭胚胎细胞、罗猴肺二倍体细胞、小鼠细胞、非洲绿猴肾细胞（Vero）、罗猴肾细胞（MK-2）、乳腺组织细胞、鼠垂体肿瘤细胞等。

利用中空纤维管生物反应器生产的分泌产物有单克隆抗体（IgG、IgM、IgA 等）、人生长激素、白细胞介素（1，2，3）、激素、干扰素、尿激酶、病毒蛋白、乙型肝炎表面抗原（HBsAg）、T 抑制因子、促红细胞生长素、蛋白质 C 等。

中空纤维生物反应器在组织工程中也有应用，主要有如下几种。

（1）人工心肺机　人工心肺机主要是在做心脏手术时，用来取代心脏输送血液的功能，以及肺交换氧气与二氧化碳的功能。人工心肺机的充氧方式主要分为三类：气泡型充氧、透膜型充氧与中空纤维型充氧。中空纤维型充氧的方式，是让血液从一种中空纤维内流过，而纤维外则充以氧气，以这种方式来充氧能增加透样面积，使得充氧的效果增加。中空纤维型充氧方式主要的优点是溶血现象减少了许多，但是它们的价格比较昂贵。

（2）人工肾脏　人工肾脏也就是俗称的洗肾机，主要是将患有慢性肾脏病人血液中的尿素、尿酸等新陈代谢所产生的有毒物质去除。这些有毒物质若长期积存在人体内，将会引发致命是尿毒症。目前临床上所使用的人工肾脏大都用血液透析式，而中空纤维型透析器是其中最主要的方式。

（3）人工肝脏　肝脏的功能很复杂，包括制造脂肪消化液的胆汁、处理并储存养分、制造防止血液凝固的肝素、帮助利用代谢反应热来维持体温、把新陈代谢所产生的有毒物质解毒等。当然要能代替这些复杂机能的人工肝脏还不存在，目前人工肝脏研发的方向之一，是培养健康的肝细胞，将其固定在中空纤维生物反应器内，使病人的血液与其交流，也可达到生物性人工肝脏的目的。

第五节　其他类型生物反应器

动物细胞培养能否大规模工业化、商业化，关键因素包括细胞类型、培养方式和培养工艺，在于能否设计出合适的生物反应器。由于动物细胞培养与微生物培养有很大差异，传统的微生物反应器显然不适用于动物细胞的大规模培养。首先必须满足在低剪切力及良好的混合状态下，能够提供充足的氧以供细胞生长及细胞进行产物的合成。尽管近年来涌现出以降低剪切、增强传质混合为目的的新型反应器，如 GE 公司 WAVE® 反应器（图 5-14）、PBS Biotech 公司 Air-Wheel® 反应器（图 5-15）等，但是抗体药物生产仍主要采用通气搅拌式生物反应器。根据生物反应器材质可将其分为不锈钢反应器、玻璃罐体反应器和一次性反应器。

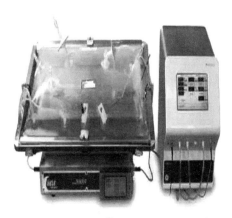

图 5-14　WAVE® 反应器（GE 公司）　　　图 5-15　Air-Wheel® 反应器（PBS Biotech 公司）

迄今为止，美国食品与药物管理局（FDA）批准的抗体药物基本都是在不锈钢反应器内完成生产的。由于早期抗体产量较低，因此生产规模大都在 10000L 左右。不锈钢反应器通常涉及在线清洗（CIP）模块、在线灭菌（SIP）模块、存储模块等，因此管路连接十分复杂，对操作人员要求较高。一旦出现污染，便需要对整个系统进行排查和灭菌。同时，不锈钢反应器还面临着高昂的前期设备投入以及运行成本。著名的生物反应器制造商主要包括 Sartorius 公司、Applikon 公司、Eppendorf 公司（NBS、DASGIP）、Bioengineering 公司等。

目前国内外用于工艺开发研究的生物反应器大部分以玻璃罐体为主，玻璃罐生物反应器具有配置灵活、功能强大、操作简单、容易升级拓展等特点，是开展动物细胞培养和微生物发酵研发项目的最佳选择，可用于动物细胞、大肠杆菌、酵母、真菌、昆虫细胞和植物细胞培养等。目前代表性的产品有 Sartorius 公司、Applikon 公司、Eppendorf 公司（NBS、DASGIP）。可以提供 1L、2L、3L、5L、7L、15L、20L 等单臂罐体。

第六节　生物反应器使用操作

本节以 5L CelliGen 310 型生物反应器为例，介绍生物反应器的使用操作方法。

一、　生物反应器

1. 系统

细胞培养中，CelliGen 310 是在 BioFlow 310 内部运行的软件。多功能生物反应器全部装备都紧密包装。它可用于批式、分批式或连续式微载体培养，可控制 pH、溶解氧、搅拌、温度、泵补料、消泡、液位以及额外的入口和出口（图 5-16）。

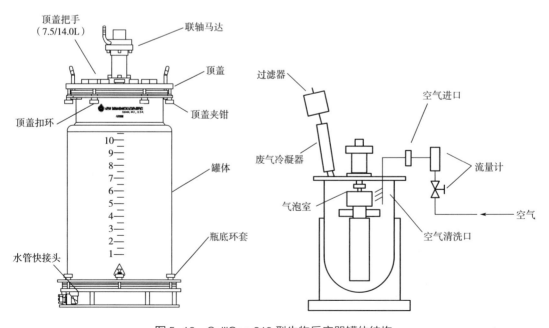

图 5-16　CelliGen 310 型生物反应器罐体结构

2. 容器

普通的生物反应器系统都设计为贴壁或悬浮细胞培养带有多种类型的搅拌叶轮。也有叶轮的反应器罐，容量有 2.5L、5.0L、7.5L、14.0L。

每个反应器罐都有不锈钢顶盖和夹层。顶盖的端口有以下功能：接种、加碱、温度电极、气泡探测器、分布器、收集管、取样管、冷凝器、溶解氧及 pH 电极。磁力驱动器也在顶盖上。

3. 搅拌系统

轴承箱在顶盖上部，与带有磁力耦合器的搅拌杆相连。高压灭菌时它容易拆卸和安装。发动机能提供 25~500r/min 的转速，但 14L 的反应罐最大转速在 150r/min。过程控制软件可将转速控制在（±1~±5）r/min。

几种可选择的叶轮：倾斜叶片、桨式叶轮、带桨式叶轮的旋转滤器、细胞起重及笼式叶轮。

4. 温度控制

培养温度控制点可选择在 5~80℃（±0.1℃），通过软件控制。培养基温度由液面以下温度电极内的电阻式温度检测器感应。循环热水和冷水进入夹套内保持温度。

5. 通气

空气、氮气、二氧化碳和氧气四种气体可通过空气分散器进入培养基中。由控制器自动控制一种、两种、三种或四种气体的进量。流量控制器由触摸屏上的设置点控制。如果使用转子流量计，可以不用流量控制器。空气混合的百分比根据氧气可手动或自动控制。

6. pH 控制

pH 可控制在 2.00~12.00（±0.01），pH 用凝胶 pH 电极感应。pH 控制是通过比例积分控制器（PI 控制器）控制，它控制两台蠕动泵，分配一个或更多进口根据需要加碱、酸或通气控制。使用者也可以选择固定值控制 pH，在设定范围内，当 pH 处于可忽略的范围内，不补加酸碱。

7. 溶解氧控制

溶解氧控制在 0~200%（±1%）。由溶解氧电极感应，通过 PI 控制器控制空气的混合来控制溶解氧。

溶解氧电极是极谱电极。

8. 泡沫控制

泡沫可通过位于顶盘的液位电极控制。控制器在需要时操控消泡剂泵加消泡剂。

如果用细胞起重叶轮，空气清洗系统可控制泡沫。它用气体图谱特性提供自动和手动控制方式来控制罐顶气体，清除培养基与罐顶之间的气泡（图 5-17）。

9. 排气系统

废气通过冷凝器冷凝后返回罐中。让空气通过 0.2μm 的滤器。

当流率过高时，气体室内会充满气泡，它们会在膜上淹没，同时，在内管和外笼之间的液位会很低，这会破坏空气与培养基的交换。空气清洗管可以在气室气泡以下，只减少气室压力，使液面在膜内上升。

10. 取样系统

系统包括附加在取样管上的取样器，它伸入罐的最底部。取样器上有橡胶吸管，使得取样简单且不污染。一个 25~40mL 的带有螺帽的管作为样品的收集器。

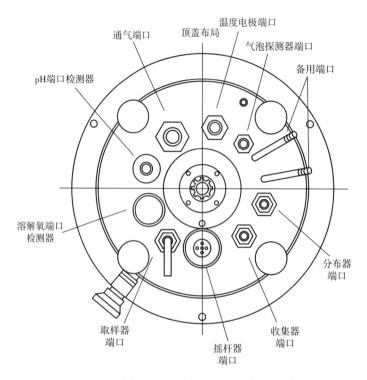

通气端口　顶盖布局　温度电极端口

气泡探测器端口

备用端口

pH端口检测器

溶解氧端口
检测器

分布器
端口

取样器
端口

摇杆器
端口

收集器
端口

图 5-17　CelliGen 310 型生物反应器罐体顶盖结构

11. 搅拌桨类型及选择

根据细胞类型，获得细胞产品时，搅拌叶轮有很多选择类型。对于生长在微载体上的贴壁细胞，可选择桨式和倾斜式的叶轮。

对于分泌型产物，聚酯的纤维床可能用做细胞高密度生长的固定基质。这是获得分泌蛋白质理想的方法，也不用考虑细胞类型。不论是昆虫细胞、杂交瘤细胞还是重组贴壁细胞，纤维床系统都能获得最大产量的产品。

双层滤网的细胞提升式叶轮，三个排水叶轮的旋转会在叶轮管内部产生低压。低压会使得包含细胞（或微载体）的培养液从罐底经过叶轮中空管流动。流动使得管的三个叶轮排水口在培养基液面以下。下降到罐底内部的细胞被一次次泵起。这样，悬浮及微载体细胞得以循环。

在细胞起重叶轮网上，也称气体处理叶轮，位于膜内外之间有旋转分布器。空气混合器通过旋转叶轮装入罐中，产生的气泡在膜内外向上传递，并有叶轮顶部的两个排气口排出。气泡都被顶部的消泡器打碎。细胞起重叶轮的屏障滤网有渗透压，培养基中的微载体足以排斥。细胞生长在微载体上不会进入通气笼中。气体交换在培养基表面。

三个回扫叶轮卸料口的低剪切旋转会在叶轮管内产生低压差。这使微载体或悬浮细胞被提升，并连续循环地由卸料口放出。这样细胞均匀地分散于培养液中，细胞大量生长生产大量产品。

用于纤维床的篮式叶轮，也称固定床或填充层，与上面的双层滤网细胞起重叶轮相比很简单，因为它没有气体交换笼。叶轮旋转，培养液从罐底经中空叶轮内螺旋流动，通过三个泄水口流出，由纤维床留下，然后再一次通过叶轮内管流向上流回。细胞固定到纤维床上。同时，空气通过分散器提供氧气。

旋转过滤器（图5-18），是CelliGen 310型培养哺乳类细胞时的细胞截留装置。也可用于悬浮细胞和微载体。它是完整的叶轮装置。在收集废液和产物时，它能将细胞留在罐内。因此这是流加的另一种方式。

它有一个主轴，与装叶轮的轴相似，有桨式叶轮或旋转叶轮，在叶轮上面是旋转滤器笼，笼安装到主轴上所以与叶轮转速相同。笼有一定的狭缝，培养基和产物可以通过，但细胞保留在外面。笼的旋转可以在一定程度上防止堵塞。

根据生长细胞的类型，有两个孔径的裂缝。对于悬浮细胞（大约5μm），10μm的笼可用。悬浮笼的孔径是5~6μm。对于微载体，75μm的开口用于150μm的微载体。

当笼顶开着时，笼底是关闭的。笼的上边缘在培养液以上。下沉式的收集管用于收获。收获管设计成有3/8的倾斜。收获管在笼内液面以下，收集无培养基的细胞。

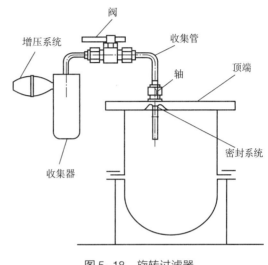

图5-18 旋转过滤器

每个旋转滤网完整设备：轴、叶轮、旋转滤网和收获管。滤网由不锈钢制成。编号代表笼的大小和类型。

二、 生物反应器使用规程

1. 罐体的清洗

玻璃罐体及补料瓶等玻璃器皿初次清洗时先用洗洁精浸泡清洗，然后用自来水将洗洁精彻底冲洗干净后，再用浓硫酸/重铬酸钾洗液浸泡过夜，取出后用自来水冲洗10遍以上，纯化水冲洗6遍以上。使用过程短期内罐体需要清洗时无须用浓硫酸/重铬酸钾洗液浸泡过夜，直接先用洗洁精浸泡清洗，然后用自来水将洗洁精彻底冲洗干净冲洗10遍以上后再用纯化水冲洗10遍以上。

不锈钢顶盖及不锈钢管路，玻璃快接头，硅胶管，瓶盖等材料先用洗洁精浸泡清洗，然后用自来水将洗洁精彻底冲洗干净后，再用1%氢氧化钠溶液浸泡过夜，取出后用自来水冲洗10遍以上，纯化水冲洗6遍以上。

清洗时使用软布或软刷，碱液或酸液浸泡时，要保证管路及内壁等充分浸泡到。

筛网清洗存放时要小心，不要被硬物划破，有条件的话，用氢氧化钠溶液煮沸清洗或放在氢氧化钠溶液中超声波清洗。

pH电极用纯化水清洗干净后，将电极头部浸泡在饱和KCl溶液中，放在电极包装盒内。溶氧电极用纯化水清洗干净后，沥干放在电极包装盒中。温度电极一般不需要清洗，保护好电极头，妥善放置即可。

清洗后的上述设备若要马上准备投入使用，则装配连接后灭菌待用。若暂时一段时间不用，既可以装配连接灭菌后放置也可以彻底烘干后放置。

2. 罐体装配及管路连接

罐体清洗后，给罐内装入约2L的不含钙镁离子的PBS溶液（D-PBSA），要确保液位没过溶解氧电极（DO）及pH电极。

将罐盖与罐体底座的螺丝孔对好，旋入配套的螺丝，先用手适度拧紧后再用内六角工具对角均匀拧紧。

罐盖固定好后，将排气瓶、补料瓶、碱瓶、取样瓶等用硅胶管或快接头与罐盖上的相应接口连接起来。

根据细胞培养的需要，反应器需要以下接口。

①至反应器底部的出液口：管道需接触罐体底部，并与硅胶管连接，硅胶管末端连接快接头使之能够与废液收集桶连接。

②进液口：管道不需深入液面以下，并与硅胶管连接，硅胶管末端与快接头连接使之能够与补液瓶连接。

③取样口：在整个培养过程中进行取样，管道需深入液面以下，并且为搅拌最均匀的区域，并与硅胶管连接，硅胶管末端与快接头连接使之能够与抽样瓶连接。

④补碱口：细胞在培养过程中随着细胞密度的增长，代谢物的积累，培养液pH会剧烈下降，因此在培养过程中需要通过添加碱液来调节反应器内培养基的pH。在调节pH的过程中，补碱的量是微量的，因此反应器补碱口配置的很小需要与很细的硅胶管连接。通常碱液的质量分数为4%。

⑤换液口：根据试验设计和换液装置的类型确定安装的高度进行安装，并与硅胶管连接，硅胶管末端与快接头连接使之能够与收集桶连接。

为了便于反应器后期培养和操作，一般情况下与反应器相连接的快接头都是母头，其他补液瓶、碱瓶均连接公头的快接头。快接头连接时需要涂抹适量硅油，防止粘连在一起。

pH及DO电极清洗校正后，也慢慢小心插入到相应的接口中，用手拧紧即可。切勿使用扳手等工具，防止用力过度损坏电极。

3. 电极校正

将pH和DO电极与控制柜上的电极线连接起来，用管理员权限登录控制系统，切换到电极校正界面。

①pH电极校正。pH电极用纯化水清洗干净，轻轻用滤纸吸干水分（切勿摩擦pH敏感膜）。

ZERO校正：用6.86缓冲液，校正值设为6.86。将pH电极放入到准确可靠的6.86缓冲液中，待PV值稳定后，按下ZERO键，等待PV值变为6.86后，再进行SPAN校正。

SPAN校正：用9.18缓冲液，校正值设为9.18。将pH电极清洗拭干后放入到准确可靠的9.18缓冲液中，待PV值稳定后，按下SPAN键，等待PV值变为9.18。

检测校正结果：重新将pH电极清洗拭干后放入到准确可靠的6.86缓冲液中，如果PV值与6.86偏差≤±0.06，校正可靠。如果PV值与6.86偏差较大，重复上述校正步骤，在6.86与9.18之间来回校正几次，待PV值符合要求即可。

②DO电极校正。

ZERO 校正：设定值改为 0.0。有两种方法可以将 DO 校正零点。a. 将溶氧电极放入过饱和亚硫酸钠溶液中，PV 值稳定后校正为零点；b. 将溶氧电极放入液体中，通入 N_2，待 PV 值稳定后校正为零点。

SPAN 校正：设定值设为 100.0。推荐在灭菌后接种细胞前校正。此时罐内装入培养基，并按正常细胞培养条件下的培养工艺设定温度，转速及 pH，调节合适的流量，给反应器持续通入空气，待 PV 值稳定后校正为 100 点。

4. 罐体及管路的保压与气密性测试

保压及气密性测试有多种方式，日常操作中可使用下面这种简便的方法。

罐体气密性测试：将罐盖上除去排气管外的所有硅胶管用止血钳夹住。空气压力调为 0.05 ~ 0.06MPa，Flow 设定为 100，通过排气瓶过滤器往罐内通气，等待一段时间后，Flow 的 PV 值降到 2 以下时，可判断为罐体气密性良好。如果 Flow 的 PV 值无法降低或听到明显的漏气的声音时，可用洗洁精溶液检查漏气的部位，根据情况处理后重新测试。气密性测试结束后，放气时，应使用止血钳夹住排气瓶过滤器两边硅胶管，然后轻轻松开止血钳，使气体缓慢释放，防止压力骤变对设备造成冲击。

硅胶管、补料瓶、快接头的气密性测试：此测试也可以在管路连接装配到罐体上之前操作。将硅胶管，快接头，补料瓶连接起来，硅胶管的末端用止血钳夹住，除去补料瓶上的空气过滤器进气口外全部浸入到水中。将空气压力调为 0.05 ~ 0.06MPa，Flow 设定为 100，通过补料瓶上的空气过滤器通气，等待一段时间后，Flow 的 PV 值降到 2 以下，且看不到有持续性的气泡从特定部位冒出，可判断此段硅胶管，补料瓶，快接头气密性良好。如果 Flow 的 PV 值无法降低或看到特定部位有气泡连续冒出，则要将漏气部位处理后重新测试。

用来夹硅胶管的止血钳钳嘴部位用一段短硅胶管套上后再用力度最小的那一挡去夹硅胶管，以免将硅胶管夹破。

空气过滤器测试：使用 50mL 注射器吸入适量纯化水，轻轻往空气过滤器的一端注入纯化水，待水填充到过滤器空腔一定比例后，遇到阻力，轻微用力下注射器无法再继续推进，且空气过滤器的另外一端也无纯化水持续流出。从该过滤器的另外一端重复此操作，若同样遭遇阻力且无纯化水持续流出即可判断此过滤器合格。如果测试中注射器可一直推进且过滤器的另外一端纯化水持续流出，则此过滤器破损，需更换新的过滤器。

测试中请勿过度用力推进，以免超出过滤器承受的压力，使其破损。

空气过滤器的清洗也使用相同的办法，反复多次用纯化水将过滤器两端清洗。

过滤器清洗测试后必须烘干，以免残余水分堵塞过滤器。

5. 灭菌

灭菌前再次检查罐体及管路和补料瓶等是否连接装配好。管道内及瓶子内须残留有少量水分，不能干着灭菌。夹套内是否注纯化水至总体积的 2/3 处，罐体是否加注 D-PBSA 至总体积的 2/3 处。

所有深入到液面以下的管道须用止血钳夹住，罐体的排气管及排气瓶不能夹，须保持管路畅通不能弯折。

所有快接头需用橡皮筋固定好后用锡箔纸包好。

pH 电极，溶解氧电极，搅拌轴盖上保护套，温度电极套管也用纸盖住，多数反应器的温度电极不需要灭菌，贝朗生物反应器的温度电极需要和罐体连接装配好后进行灭菌。

检查完毕后，将罐体及补料瓶等放入灭菌设备中，放置的时候小心管道不要弯折。

根据不同的灭菌设备的使用说明，设定121℃灭菌60min以上。灭菌设备不同，操作方式可能不同，但一定要彻底排除冷空气，保证灭菌时罐内达到121℃，可以采用灭菌指示带或生物指示剂对灭菌效果进行验证。灭菌过程中温度也不宜太高，请勿超过125℃。

灭菌完毕后需等到压力温度降下来之后才能取出罐体，取出罐体后仔细检查管路，罐体，补料瓶连接情况，紧固螺丝。也可再做一次保压实验或气密性测试。若发现有可能导致后续操作污染的情况需处理后重新灭菌才能使用。

6. 溶解氧电极极化

将灭菌后的罐体放置到操作台与反应器主机连接，通空气6h以上进行溶解氧电极的极化。

7. 无菌检查

将灭菌后的罐体移放到操作台，快接头连接抽PBS的管路，按无菌操作要求将罐内的D-PBSA排出，再通过快接头连接加入不含血清的无菌培养基，液位没过溶解氧电极及pH电极。按正常培养工艺设置好温度、pH、溶解氧、转速等参数，反应器设置为自动控制模式。此时可按前述方法对溶解氧电极进行SPAN校正。

无菌检查根据情况一般需要做48~72h以上，可从以下几方面判断是否污染：

①从反应器的监控屏幕上看溶解氧、pH的变化；

②罐内培养基的澄清度；

③取样做无菌检查。

无菌实验结束后，更换新鲜培养基，接种细胞，按工艺进行细胞培养。

在培养过程中进行取样、换液、补液等操作。

取样时，除去排气管及取样出液管外，别的补料出料口以及进气口都用止血钳夹住。

培养过程中换液，取样，换快接头时一般宜将管道中的液体排空后再操作，操作时要用止血钳夹住硅胶管。

取样及换液完毕后，一般宜将管道内的液体排空，并且用止血钳夹住与罐体相连的硅胶管。

补液时需先校正好泵速及估算好剩余待补液体体积，以免液体补完后，泵入大量气泡。

同时应注意泵的转动方向，以免硅胶管接错方向，将罐内细胞及培养液泵出。

8. 泵的校正

将与反应器连接的型号相同的硅胶管安装到泵上，一边连上一大烧杯水，一边连上一个准确的量筒，让泵按不同比例转动，用秒表计时，由量筒量得的体积除以秒表计得的时间即为泵速。

为了获得准确的泵速，需要对每个泵以及可能用到的不同比例的泵速都进行校正，当更换不同型号的硅胶管及管路时也需要对泵重新校正。

9. 气体调节

在无菌实验及细胞培养过程中，反应器一般采用空气-氮气-氧气-二氧化碳四通路气体调节模式进行调节，并且将氮气关闭，以节约气体。

在通气状态下通过控制柜上各种气体的减压阀将每种气体的压力调整为0.02MPa左右。

10. 培养结束

培养结束后，收集细胞及培养液，根据后续工艺要求进行处理。

检查搅拌、温度、溶解氧、pH 和气体的控制程序全部关闭之后，关闭控制柜主机电源。将罐体等按前述清洗标准处理，烘干或灭菌后保存。

11. 其他

当搅拌开启运行过程中，请注意不要晃动罐体及搅拌轴，也不要进行插拔电极等操作，以免对设备造成损坏，必要时先将搅拌停下再进行一些操作。

搅拌的启动和关闭操作之间应间隔足够的时间，待 PV 值稳定下来之后再进行后续操作。

搅拌电机的连接线的连接与拔出须在关机状态下操作。

关机前注意检查搅拌、温度、溶解氧、pH 的控制程序全部关闭之后，再关闭电源。

开机和关机之间也应该间隔足够的时间。

培养过程中的重要工艺参数可以存储在 U 盘内，存储的数据有专用的软件读取分析。插入和拔出 U 盘时监控屏幕上都有相应的提示，注意观察以免 U 盘插错或被误拔出。

第七节　生物反应器的质量要求

生物反应器作为生物制品生产用设备，须满足一定的质量要求。欧洲在 2001 年颁布了反应器标准 EN13311-4-2001 Biotechnology-Performance criteria for vessels-Part 4：Bioreactors（《生物技术-容器的性能准则-第四部分：生物反应器》）。该标准适用于生物制药行业，主要是针对在生物技术产业中，鉴于微生物对工作人员和环境产生的潜在的危险而特别制定，其目的在于，依据该标准，设备制造商能够根据生物技术过程中的安全性能对生物反应器加以区分。该标准规定了生物反应器分类的技术指标和检验方法，包括密封性、清洁性、可消毒性等，该标准注重对操作人员的安全性及对环境的保护性，但对体现生物反应器产品质量的指标和检验方法，包括反应器性能如支持细胞生长的效果方面没有详细要求。国内外生物反应器控制参数见表5-8。

表5-8　　　　　　　　　　　　国内外生物反应器控制参数

参数	美国 NBS	德国贝朗	瑞士比欧	百灵生物
罐体材质	玻璃/不锈钢	玻璃/不锈钢	玻璃/不锈钢	不锈钢
搅拌器类型	顶部（底部）机械搅拌	顶部（底部）机械搅拌	底部搅拌	顶部磁力搅拌
转速控制方式	变频、无级变速	变频、无级变速	变频、无级变速	伺服驱动器控制
转速范围	15~500r/min	20~800r/min	未知	0~400r/min
转速控制精度	±5r/min	±1r/min	未知	±1r/min
温度控制精度	±0.1℃	±0.1℃	未知	±0.5℃
温度控制方式	未知	未知	未知	PT10 温度传送器
pH 控制精度	未知	未知	未知	±0.05

续表

参数	美国 NBS	德国贝朗	瑞士比欧	百灵生物
pH 控制方式	未知	未知	未知	4~20mA 信号采集 2~12pH 控制器
溶解氧控制精度	±1%	±1%	±1%	±1%

生物反应器作为动物细胞培养用设备，其产品质量及各性能稳定性直接影响培养的效果。生物反应器质量控制方面主要包括罐体材质、搅拌器类型、转速控制方式、转速范围以及转速、温度、pH、溶解氧的控制，这些参数的控制精度直接影响生物反应器在运行中的稳定性。

针对生物反应器的使用对象及需要达到的目的，生物反应器的质量须满足两个基本条件：

（1）清洁性、无菌性及密封性是生物反应器用于生物制品生产必须要满足的前提功能，生物反应器罐体易清洁，无清洁死角，避免污染及批间差的产生；无菌性及密封性能保证外界环境不对培养物造成污染同时阻止培养物如病毒及代谢废气等对环境的污染。

（2）生物反应器各种传感器件及控制系统稳定，确保工艺的稳定性，以保证细胞和病毒生长环境稳定，即设备本身满足生产工艺所需的应用功能。

在上述质量条件要求下，由于目前国内对机械搅拌式动物细胞培养用生物反应器的研究开发正处于起步阶段，相应的法律法规还不健全，但美国食品与药物管理局已经把动物细胞培养生物反应器纳入相应的制药机械范围，因此，为规范我国生物反应器产品的生产和制造，统一产品的出厂检验和用户验收标准，需制定相应的管理政策。目前国内可参考的只有国家制药机械行业标准 JB/T 20137—2011《机械搅拌式动物细胞培养罐》。为确保生物反应器的应用范围及使用效果，该标准对生物反应器的材料、受压零部件设计与制造、外观、性能、电气安全等方面做出明确的规定，确保生物反应器罐体符合国家 TSG 21—2016《固定式压力容器安全技术监察规程》及 TSG D0001—2009《压力管道安全技术监察规程——工业管道》的要求，性能方面特别提出利用生物反应器进行动物细胞悬浮培养的要求，以验证生物反应器系统在满足动物细胞培养方面所具备的条件。

使用者在进行生物反应器的检验和验收将按照国家制药机械行业标准 JB/T 20137—2011《机械搅拌式动物细胞培养罐》进行，具体要求如下。

一、 材质要求

与培养物、清洁消毒剂或有要求的工艺介质直接接触的材料均应无毒、无味、耐高温、耐腐蚀、不脱落、不发生化学反应或吸附，并应有材料的质量证明书。除菌过滤器、呼吸过滤器应为疏水性材料。

二、 受压零部件设计与制造要求

培养罐受压元器件的设计、制造、检验和验收应符合 GB 150—2011《压力容器》、TSG 21—2016《固定式压力容器安全技术监察规程》的有关规定，玻璃培养罐受压零部件的设计、制造、检验和验收应符合 GB/T 19738—2005《玻璃设备、管道和配件　玻璃设备组件》的有关规定。压力管道设计、制造、检验和验收应符合 TSG D0001—2009《压力管道安全技术监察规程——工业管道》的有关规定。设计和制造企业应具有相应的资格证书。

三、　外观要求

培养罐罐体外表面应光洁、平整，无清洁盲区；控制柜的控制元器件应布局合理，接线横平竖直，不交叉；控制柜面板上仪表应有清晰的标识，外表面易于清洁。管道及阀件排列应整齐，管道的内容物及流向应有标识。

四、　性能要求

（1）与培养液直接接触的零部件表面应光洁、平整，所有转角应圆滑过渡；其表面粗糙度应不大于 0.4μm；管路应不积液、无盲管。

（2）除菌过滤器和呼吸过滤器的过滤精度均应不大于 0.2μm，并有能密封的验证接口和试剂注入口。

（3）罐体与搅拌装置、连接管道及阀门的密封应不渗漏。

（4）培养罐在位清洗、灭菌系统应能有效的对罐体内表面、搅拌部件、管道阀门及其他零部件清洗和灭菌，经验证无菌。

（5）培养罐温度控制系统可在 25~40℃调控，其控制误差应为±0.2℃。

（6）培养罐 pH 控制系统可在 6~9 范围内调控，其控制误差应为±0.02。

（7）培养罐溶解氧（DO）控制系统可在 0~100% 空气饱和度范围内调控，其控制误差应为±10%。

（8）搅拌转速可在 10~250r/min 范围内设定，其控制精度应为设定值的±2%。

（9）动物细胞培养后应能使细胞密度不低于 $1.0×10^6$ 个/mL，细胞活率不低于 90%，细胞形态呈球形。

该标准相对较为简单，为使用者提供一个基本的质量评判标准，随着国内动物细胞培养生物反应器的技术发展及悬浮培养技术的发展，动物细胞培养生物反应器的质量控制要求也应逐渐完善。

第六章

生物反应器高密度培养技术

CHAPTER

细胞高密度培养（high cell density culture，HCDC）是指在人工条件下模拟体内生长环境，使细胞在生物反应器中高密度生长，使液体培养中的细胞密度超过常规培养 10 倍以上，最终达到提高特定代谢产物的比生产率（单位体积单位时间内产物的产量）的目的，用于高效生产细胞培养相关生物制品的技术。在过去几十年里，细胞高密度培养技术不断更新发展，从使用转瓶、CellCube 等贴壁细胞培养，发展为利用生物反应器结合微载体、悬浮高密度细胞培养技术。

应用生物反应器进行细胞高密度培养生产生物制品，生产效率高，所需空间小，大大降低了劳动强度，节约大量的人力、物力，改善员工的工作环境。最重要的是使细胞密度大大提高，高的细胞产率意味着高的目的产品产量和质量。

本章从生物反应器的准备、生物反应器动物细胞培养模式、培养过程中细胞生长检测与控制、动物细胞生物反应器规模化培养和生物反应器微载体培养工艺优化等方面详细介绍细胞生物反应器高密度培养技术，从而为该技术在生物制品制备和基因工程等领域更广泛的应用打下坚实基础。

第一节　生物反应器的准备

一、　生物反应器细胞培养配件

1. 配件

装配生物反应器所需要的配件包括：pH 电极、溶解氧电极、硅胶管、玻璃转接头（公头通、公头堵、母头通、母头堵）、空气滤器、蠕动泵、冷却水循环机、补料瓶、活细胞浓度在线计数仪、细胞截留装置（美国 REFINE ATF）等（图 6-1）。

2. 配套气体

一般情况下生物反应器装配有 4 路气体，分别为：空气（Air）、氧气（O_2）、二氧化碳（CO_2）和氮气（N_2）。通常小型生物反应器供应的气体市售的气体就可以使用，市售的气体有专门的气体钢瓶。若工业大规模生产则需要安装专门的设备自行生产气体供应生物反应器细胞培养。出气口需要安装压力调节阀门及过滤除菌膜，气体在进入生物反应器之前同样需要安装减压阀，气体通过滤膜进入生物反应器。

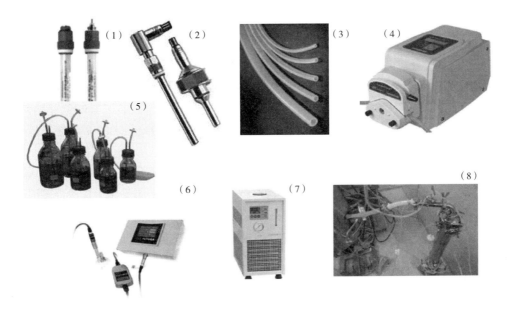

图6-1　生物反应器培养的配套设备

（1）pH电极　（2）溶解氧电极　（3）不同规格硅胶管　（4）蠕动泵　（5）补料瓶

（6）活细胞浓度在线计数仪　（7）冷却水循环机　（8）细胞截留装置

二、生物反应器的性能要求

生物反应器的性能直接影响动物细胞大规模培养的效果，因此选择合适的生物反应器是大规模培养技术的重要内容。作为一个理想的动物细胞培养生物反应器，应该能够很好地满足动物细胞高密度增殖的需要，同时也要保证该细胞高效表达目标产品。动物细胞的高密度增殖取决于诸多因素，包括适宜的pH、温度、溶解氧、营养物质消耗（包括葡萄糖、氨基酸、必需脂肪酸等的消耗）、代谢废物积累（包括乳酸、氨等的产生和积累）、搅拌速率（或氧气、营养物质和代谢废物传递效率）、细胞生长空间以及抗凋亡因素、反应器各参数控制的稳定性等。因而，在进行生物反应器选择时，需要综合考虑这些参数，并兼顾到培养规模放大时简单易行。

为达到上述目的，工业化中进行生物反应器的选择时需考虑以下几个原则。

第一，根据培养方式选择合适的生物反应器类型。生物反应器按细胞培养方式不同可分为三类：悬浮培养用生物反应器、贴壁培养用生物反应器、包埋培养用生物反应器。悬浮培养用生物反应器不需要使用微载体，细胞在生物反应器中不贴壁，悬浮于细胞培养液中生长，如搅拌式生物反应器、气升式生物反应器等。贴壁培养用生物反应器需要使用微载体，微载体悬浮于反应器的细胞培养液中，细胞贴附在微载体上生长，如搅拌式生物反应器（微载体培养方式）、中空纤维生物反应器等。包埋培养用生物反应器是使用多孔载体或微囊，细胞被截留在载体中或包埋于微囊中，既可用于悬浮细胞培养，也可用于贴壁细胞的培养，如流化床生物反应器、固定床生物反应器。用于 DISK 微载体培养的 NBS 生物反应器就是一种包埋培养用生物反应器，其优点在于能最大程度降低搅拌剪切力对细胞的伤害，细胞容易培养生长，但由于生物反应器增大体积后溶氧的供给受到限制，培养细胞的效果并不理想。

此外，除生物反应器本身的性能外，细胞特性和生产工艺不同，其适合的生产工艺也可能不同。Kratje 等曾对此进行过相关研究，采用流化床生物反应器生产白细胞介素-2，选用的细胞为杂交瘤悬浮细胞和贴壁 BHK21 细胞，结果表明 BHK21 细胞在流化床中培养时细胞密度增加了 18 倍，但是与在搅拌式生物反应器中生产相比产品产量降低了 1.9 倍；然而杂交瘤细胞在流化床中的产量却明显高于搅拌式。因此，应针对不同的细胞和培养工艺选择合适的生物反应器。

第二，需关注生物反应器的功能。国际上广泛使用的细胞培养生物反应器是搅拌式生物反应器，对于搅拌式生物反应器，应尽可能地降低搅拌的剪切力，提高细胞保护性，同时具有良好的搅拌功能设计，使培养环境均质。

第三，因生物反应器用于生物制品的生产，其材质及生产过程也应符合 GMP 要求，具有可追溯性。

1. 生物反应器应具备的基本功能

（1）结构严密，能耐受蒸汽灭菌，实现长期的无菌性要求　大规模培养动物细胞是一项复杂而且经验性很强的工作，保证培养环境的无毒、无菌，防止污染是进行大规模培养的前提。

（2）良好的流体混合功能　即良好的气-液接触和液-固混合性能和热量交换性能。由于动物细胞对反应器搅拌产生的剪切力敏感，因此搅拌转速在满足均匀混合的前提下，应越低越好。

（3）有可靠的参数检测和控制系统，并且系统稳定性高　稳定的控制系统是确保细胞在长时间的培养过程中，不因元器件的故障导致无法正常进行，而给使用者造成损失。这就要求反应器元器件的选型要经过严格筛选，其材质、使用寿命、耐疲劳度等达到一定的水平。

（4）满足动物细胞培养工艺的具体需求　根据细胞株性能、产物表达量和稳定性、细胞培养基或添加物的选择、目标产物的分离纯化难度等，需要对生物反应器具体零部件（如细胞截留系统）的配置进行要求，以简化生产工艺，提高生产效率。

上述功能的实现依靠硬件配置与软件设计的结合。生物反应器功能的完整能够在实际生产过程中保证使用者生产工艺的顺利进行，减少操作动作，缩减人员配置，提高生产效率。

2. 材质要求

生物反应器用于生物制品生产，其元器件的材质及生产的过程要符合 GMP 要求，通常具体包括以下几个方面。

（1）与料液接触的元器件要有材质报告或具有相应的材质证明。如与料液接触的不锈钢材质推荐采用 316L 不锈钢、玻璃材质采用硅硼酸盐等。与料液接触的硅胶管、滤芯及机封等需要经过认证等。

（2）与料液接触、与工艺及安全性相关的关键元器件需要具有可追溯性的编码。如取样阀、磁力搅拌器、压力传感器、温度传感器、安全阀等。

（3）生物反应器生产过程中，符合 GMP 要求，具有明确的可追溯的生产过程记录。

3. 服务及支持

生物反应器中的反应是在基因、细胞和生物反应器工程水平上多尺度发生的，因而真正利用生物反应器实现过程优化具有一定的难度，从理论到实践的提高，并进一步在生物技术产品生产中发挥作用，需要有一个过程，但是市场竞争激烈，需要缩短产品实现的时间，因此生物反应器供应商应具有售后培训工作，使使用者能够快速掌握反应器操作技术，把研发的时间主要集中在生产工艺等产品实现的关键工作上；此外生物反应器厂家要做好售后服务工作，以保证用户能够最大程度的利用生物反应器进行产品生产。

通常的售后技术支持内容应包括：产品装置及调试、基本操作培训、产品操作性能相关的技术支持、产品保修期内的维修、零部件的维修及更换时的期限。例如使用进口生物反应器时，要考虑到可能出现维修及零部件更换时间较长等。

现在一些生物反应器厂家为检测及验证自己的产品通常具有自己的研发实验室，甚至为优化产品性能，开发出多种生物制品的生产工艺，一定程度上提高了售后的技术服务和支持，便于生物制品公司有效利用生物反应器，缩短产品工业化实现的时间。

4. 供应商的选择

评价生物反应器的供应商时，其生产能力是一个考核的重点。生物反应器作为商品化装置的市场化，是否按照国家规定进行生产，生产时是否实施 ISO9001、GMP 等相关的管理等。用户在选择、考核供应商时可据此从以下几个方面考虑。

（1）产品的生产是否符合国家有关标准，如生物反应器罐体是否符合 TSG 21—2016《固定式压力容器安全技术监察规程》等；

（2）与料液接触的元器件是否具有材质报告、经过认证的证明；

（3）产品装置成套加工的工艺技术路线的确定与质量控制研究；

（4）在生物反应器制造过程中，如材料、焊接、表面处理、零部件机加工、外购件、易耗品等直到安装流程工艺、器材仓库管理等都要严格实施质量检验；

（5）原材料、半成品、成品标准等的确立与实施。如有关传感器及一些空气过滤器、阀件、质量流量计等关键部件的测试标准的建立与研究，符合产品质量过程控制程序的确立与实施等；

（6）整机性能测试标准的建立与研究等；

（7）供应商的设计及生产是否符合 GMP 的标准，厂家是否能够被审计，如产品所附资料是否齐全详实、材料清单上是否有元器件的具体规格、产地（编码）及是否具有备追溯的完整的生产记录等。

供应商是否具有规范化支持文件、使用手册、产品信息、问题解决方法和质量保证等。供应商是否具备完善的质量管理体系，是选择供应商的重要标尺，也是使用者能够获得优质装备、优质服务的基础保证。也不要忽略检查厂商的财政稳定性，这将有利于保证为整个生产过程提供稳固的供应。

第二节 生物反应器动物细胞培养模式

动物细胞培养工艺选择首先考虑的重要一点是该产品所涉及的生物反应器系统。选择反应器系统也就是选择产品的操作模式，操作模式选择将决定该产品工艺的产物浓度、杂质的量和形式、底物转换度、添加形式、产量和成本、工艺可靠性等。与许多传统的化学工艺不同，动物细胞生物反应器设备占整个工艺资金总投入的主要部分（>50%），也就是说动物细胞培养工艺的选择主要部分是生物反应器系统的选择。

选择生物反应器系统及动物细胞培养工艺时，必须对工艺的整体性进行全面考虑，主要包括以下几个方面：细胞株及生长形式及生长特性、产物表达量和稳定性，培养基质及代谢物，产物分离和纯化难度等。

无论对贴壁细胞还是悬浮细胞，生物反应器动物细胞大规模深层培养的操作模式，按培养操作方法而言可分为：分批式培养、半连续式培养、连续式培养、灌注式培养和流加式培养五种操作模式。

1. 分批式培养（batch cultivation）

分批式培养是动物细胞规模化培养发展进程中较早期采用的方式，也是其他操作方式的基础。该方式采用机械搅拌式生物反应器，将动物细胞扩大培养后，通过无菌操作将贴壁细胞、载体或悬浮培养型细胞和培养基一次性转入生物反应器内进行持续培养，在培养过程中其培养体积不变，不添加其他成分，待细胞增长和产物形成积累到适当的时间，一次性收获细胞、产物、培养基的操作方式。

2. 半连续式培养（semi-continuous cultivation）

半连续式培养又称为重复分批式培养或换液培养，半连续培养是在分批培养的基础上，采用机械搅拌式生物反应器系统，悬浮培养形式。在细胞增长和产物形成过程中，每间隔一段时间，从中取出部分培养物，再用新的培养液补足到原有体积，使反应器内的总体积不变，再按分批操作的方式进行的操作模式。

3. 连续式培养（continuous cultivation）

连续式培养是指将种子细胞和培养液一起加入反应器内进行培养，一方面新鲜培养液不断加入反应器内，另一方面又将反应液连续不断地取出，使反应条件处于一种恒定状态。

4. 灌注式培养（perfusion cultivation）

灌注式培养是一种特殊的连续培养。把细胞、微载体或悬浮细胞和培养一起无菌接入至生物反应器的工作体积进行连续培养。培养期间通过一定的截流系统，如微载体沉降系统、膜分离系统、离心系统等，细胞不被取出，或极少部分被取出，而连续更换培养液的操作模式。

5. 流加式培养（fed-batch cultivation）

搅拌式生物反应器系统，悬浮培养型细胞或以悬浮微载体培养的贴壁细胞，细胞初始接种的培养基体积一般为反应器罐体工作体积（终体积）的 1/2~1/3，在培养过程中根据细胞对营养物质的不断消耗和需求，流加浓缩的营养物或培养基，从而使细胞持续生长至较高的密度，目标产品达到较高的水平，整个培养过程中细胞和产物没有流出或回收，通常在细胞进入衰亡期或衰亡期后进行终止回收整个反应体系，分离细胞和细胞碎片，浓缩、纯化目标蛋白或病毒的细胞培养操作方式。

一、　分批式和半连续式培养模式

（一）分批式培养模式

对于分批式培养模式，细胞所处的环境时刻都在发生变化，不能使细胞自始至终处于最优条件，在这个意义上它并不是一种好的操作方式。但由于操作简便，容易掌握，培养周期短，染菌和细胞突变的风险小直观反映细胞生长代谢的过程，因而又是最常用的操作方式。分批培养的周期多在 3~5d，细胞生长动力学表现为细胞先经历对数生长期（48~72h）细胞密度达到最高值后，由于营养物质耗竭或代谢毒副产物的累积细胞生长进入衰退期进而死亡，表现出典型的生长周期。收获产物通常是在细胞快要死亡前或已经死亡后进行。

分批培养模式的特点：

（1）操作简单，培养周期短，染菌和细胞突变的风险小　反应器系统属于封闭式，培养过程中与外部环境没有物料交换，除了控制温度、pH 和通气外，不进行其他任何控制，因此操作简单，容易掌握。

（2）直观地反映细胞生长代谢的过程　由于培养期间细胞的生长代谢是在一个相对固定的营养环境，不添加任何营养成分，因此可直观地反映细胞生长代谢的过程，是动物细胞工艺基础条件或"小试"研究常用的手段。

（3）可直接放大　由于培养过程工艺简单，对设备和控制的要求较低，设备的通用性强，反应器参数的放大原理和过程控制，比其他培养系统更易理解和掌握，在工业化生产中分批式操作是传统的、常用的方法，其工业反应器规模可达 12000L。

1. 分批培养中细胞的基本生长特性

分批培养过程中，细胞的生长可分为延滞期（lag phase）、对数生长期（logarithmic growth phase）、平稳期（plateau phase）、衰退期（decline phase）四个阶段（图6-2）。

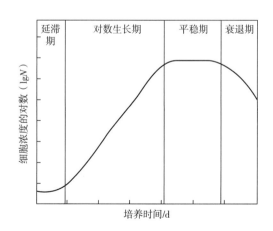

图6-2　分批式培养动物细胞生长曲线

延滞期是指细胞接种到细胞分裂繁殖这段时间。延滞期的长短依环境条件的不同而异，受种子细胞本身条件影响。细胞的延滞期是其分裂繁殖前的准备时间。一方面细胞逐渐适应新的环境条件，另一方面，又不断积累细胞分裂繁殖所必需的某些活性物质，使之达到一定的浓度。选用生长比较旺盛的对数生长期细胞作为种子细胞，适当提高接种密度，都可缩短延滞期。

当细胞内的准备一结束，细胞便开始迅速繁殖，进入对数生长期。该时期细胞随时间成指数函数形式增长，细胞比生长速率为一定值，根据定义：

$$u' = \frac{1}{t}\ln\frac{c_x}{c_{x_0}} \tag{6-1}$$

$$D' = \frac{V'}{V} = 1 - e^{-u't} \tag{6-2}$$

式中　t——时间；

　　c_x——细胞浓度；

　　c_{x_0}——细胞初始密度；

　　u'——比生长速率（给定条件时）；

　　D'——替换率；

　　V——培养液体积；

　　V'——换液量。

当环境条件发生变化时，u'值也发生变化。

细胞通过对数生长期迅速生长繁殖之后，由于环境条件的不断变化，如营养物质不足，抑制物的积累，细胞生长空间的减少等原因，细胞逐渐进入平稳期。这段时间内，细胞生长和代谢减慢，细胞数基本维持不变。

经过平稳期之后，由于环境条件恶化，有时也可能由于细胞本身遗传特性的改变，细胞逐渐进入衰退期而不断死亡，或由于细胞内某种酶的作用而使细胞发生自溶。

2. 状态方程

动物细胞反应是指营养物质在细胞内作用转变为产物（或细胞）的过程。它包括细胞生物代谢过程和影响细胞生物代谢活动的环境过程两部分。前者在细胞内进行，后者则发生在胞外。

在生物反应过程中，与细胞代谢相关的主要参数有限制性营养物质浓度及其比消耗速率、细胞密度及其比生长速率、产物浓度及其比生成速率、抑制物的浓度及其比生成速率等。此外，还有操作条件等。

根据比速率的定义，分批培养的状态过程方程可表示为：

细胞生成速率　　　　　　　$$\frac{dc_x}{dt} = uc_x \tag{6-3}$$

底物消耗速率　　　　　　　$$\frac{dc_s}{dt} = -q_s c_x \tag{6-4}$$

$$\frac{dc_p}{dt} = q_p c_x \tag{6-5}$$

式中　u——比生长速率；

　　c_s——营养物浓度；

　　q_s——营养物比消耗速率；

c_p——产物浓度；

q_p——产物比生成速率。

分批培养中的氨、乳酸、葡萄糖、pH、溶解氧（DO）、活细胞数、死细胞数和产物各变量参数的值，可从分批反应的时间变化曲线中求得，典型的分批反应随时间变化。在分批反应过程的分析中，一般要考察细胞密度、底物浓度、产物浓度随时间的变化过程。由于不可能研究所有营养成分随时间的变化规律，因此，通常选择对细胞生长和产物形成影响最大的营养物质作为考察对象。

由于分批培养过程环境条件随时间变化很大，而且在后期往往出现营养成分缺乏或抑制代谢物积累而使细胞难以生存，因此在动物细胞培养过程中采用此法，效果不佳。

（二）半连续式培养模式

半连续式操作又称为重复分批式培养或换液培养。采用机械搅拌式生物反应器系统，悬浮培养形式。在细胞增长和产物形成过程中，每间隔一段时间，从中取出部分培养物，再用新的培养液补足到原有体积，使反应器内的总体积不变。

对于分批培养方式，在培养的中后期出现了营养物质的限制，或代谢副产物的抑制，使细胞的活性降低，甚至死亡，培养周期较短。在对数生长期的中后期，在出现营养物质限制和（或）代谢副产物抑制之前，取出部分培养液（取决于培养系统，该培养液中含有细胞或部分含有细胞），再补充新鲜的培养液。这样，细胞又可以在较为适宜的环境下生长，从而得到较高的细胞密度或产物浓度，较长的培养周期。这种反复将分批培养的培养液部分取出，重新又加入等量的新鲜培养基，使反应器内培养液的总体积保持不变的培养方式。

这种类型的操作是将细胞接种一定体积的培养基，让其生长至一定的密度，在细胞生长至最大密度之前，用新鲜的培养基稀释培养物，每次稀释反应器培养体积的 1/2～3/4，以维持细胞的指数生长状态，随着稀释率的增加培养体积逐步增加。或者在细胞增长和产物形成过程中，每隔一定时间，定期取出部分培养物，或是条件培养基，或是连同细胞、载体一起取出，然后补加细胞、载体或是新鲜的培养基继续进行培养的一种操作模式。剩余的培养物可作为种子，继续培养，从而可维持反复培养，而无须进行生物反应器的清洗、消毒等一系列复杂的操作。在半连续式操作中由于细胞适应了生物反应器的培养环境和相当高的接种量，经过几次的稀释、换液培养过程，细胞密度常常会提高。

若反应器内培养液体积为 V，换液量为 V'，则比值为 V'/V 称为替换率 D'。D' 与连续培养中的稀释率 D 不同，对于悬浮培养，它与比生长率 u' 有如下关系：

$$u' = \frac{1}{t}\ln\frac{c_x}{c_{x_0}} \tag{6-6}$$

$$D' = \frac{V'}{V} = 1 - e^{-u't} \tag{6-7}$$

式中　c_x 和 c_{x_0}——时间为 t 和 t_0 时的细胞密度。

从换液培养鸡胚细胞的生长曲线和细胞代谢情况看，鸡胚细胞是贴壁依赖型细胞，它生长在微载体上，在换液过程中，只取出部分培养液，而微载体和细胞则留在反应系统中。通过几次换液，细胞生长环境得到改善，最终细胞密度有了很大提高。当然对于贴壁依赖性细胞还将受生长表面限制。

半连续培养悬浮细胞情况下，细胞接种后，营养物质不断消耗，葡萄糖含量逐渐降低，细胞密度逐渐提高，到第 6d，细胞密度达到 $1×10^6$ 个/mL，葡萄糖含量降到 0.5g/L 以下，换掉部分培养液，补加新鲜培养基。此时细胞密度有所降低，营养物质浓度提高了，培养 2d后，细胞密度达到 $2×10^6$ 个/mL，葡萄糖含量再次降到 0.5g/L 以下，再进行换液，以后每隔2d 换掉部分培养液，维持细胞的生长，细胞培养周期得到大大延伸，提高了生长率。

由于半连续培养方式可以反复收获培养液，因此，对于动物细胞分泌有用产物或病毒培养过程，比较适用，尤其是微载体系统更是如此。例如，采用为载体系统培养基因工程干 CHO细胞，待细胞长满微载体后，可反复收获细胞分泌的乙肝表面抗原（HBsAg），制备乙肝疫苗。

半连续式培养的特点：

①培养物的体积逐步增加；

②可进行多次收获；

③细胞可持续指数生长，并可保持产物和细胞在一较高的浓度水平，培养过程可延续到很长时间。

半连续培养方式的优点是操作简便，生产效率高，可长时期进行生产，反复收获产品，可使细胞密度和产品产量一直保持在较高的水平，在动物细胞培养和药品生产中被广泛应用。

二、 连续式培养模式

连续式培养为常见的悬浮培养模式。采用机械搅拌式生物反应器系统。该模式是将细胞接种于一定体积的培养基后，为了防止衰退期的出现，在细胞达最大密度之前，以一定速度向生物反应器连续添加新鲜培养基；与此同时，含有细胞的培养物以相同的速度连续从反应器流出，以保持体积的恒定。理论上讲，该过程可无限延续下去。

连续式培养的最大优点是反应器的培养状态可以达到恒定，细胞在稳定状态下生长。稳定状态可有效延长分批培养中的对数生长期。在稳定状态下细胞所处的环境条件如营养物质浓度、产物浓度、pH 可保持恒定，细胞浓度以及细胞比生长速率可维持不变。细胞很少受到培养环境变化带来的生理影响，特别是生物反应器的主要营养物质葡萄糖和谷氨酰胺，维持在一个较低的水平，从而使它们的利用效率提高，有害产物积累有所减少。在高的稀释率下，虽然死细胞和细胞碎片及时清除，细胞活性高，最终细胞密度得到提高，可是产物却不断在稀释，因而产物浓度并未提高；尤其是细胞和产物不断稀释，营养物质利用率、细胞增长速率和产物生产速率低下。此外，连续式操作还有一些不足。例如：①由于是开放式操作，加上培养周期较长，容易造成污染；②在长周期的连续培养中，细胞的生长特性以及分泌产物容易变异；③对设备、仪器的控制技术要求较高。

连续式培养具有反应速率容易控制、产品质量稳定、生产率高、劳动强度低等优点。目前已广泛应用于污水处理、酒精发酵、药用酵母、饲料酵母和面包酵母等生产中。在实验工作中连续操作的应用也在增加，主要是因为它具有特别的优越性，在操作周期足够长的连续培养中，可以对微生物施加一个特定的强制力。例如，可选择一个比生长速率，使只有最大比生长速率大于稀释速率的微生物才能生长。通过缓慢增加稀释速率和温度、改变 pH 或培养基组成来提供特殊的生长条件，进行微生物培养，从而筛选出特定条件下能生长的微生物。活性污泥的培养就是这样进行的。此外，因连续培养中各过程变量可以独立改变，故特别适用于研究微生物的生理。通过改变限制性营养物，使细胞的某些生化活性组分增加或减少。例如，当生物合成和能量代谢相互独立时，可限制氮源来抑制蛋白质的合成，或限制碳源以减少能量。

连续式培养在动物细胞培养中也开始被采用。连续培养使用的反应器可以是搅拌罐式反应器，也可以是其他形式的各种反应器。在进行连续培养之前，通常先要进行一段时间的分批培养，当反应器中的细胞密度达到一定程度后，以恒定的流量向反应器中流加培养基，同时以相同流量取出培养液，使反应器内培养液的体积保持恒定不变，如果在反应器中进行充分搅拌，则培养液中各处的组成相同，并且也与流出液的组成相同，成为一个连续流动搅拌罐反应器（continuous stirred tank reactor，CSTR）。对于各种物质，可按下式进行物料平衡：

流入速率=流出速度+反应消耗速率+累积速率

连续式培养的特点：

①细胞持续指数增长；

②产物体积不断增长；

③可控制衰退期与下降期。

连续式培养的优点：

①培养状态恒定，细胞在稳定状态下生长；

②稳定状态可有效的延长分批培养中的对数生长期；

③在稳定状态下细胞所处的环境条件可维持不变（如营养物质浓度、产物浓度、pH、细胞浓度以及细胞比生长速率）；

④细胞很少受到培养环境变化带来的生理影响，特别是生物反应器的主要营养物质葡萄糖和谷氨酰胺，维持在一个较低的水平，从而使它们的利用效率提高，有害产物积累有所减少。

连续式培养的缺点：

①由于是开放式操作，加上培养周期较长，容易造成污染；

②在长周期的连续培养中，细胞的生长特性以及分泌产物容易变异；

③对设备、仪器的控制技术要求较高。

连续流动搅拌式生物反应器见图6-3。

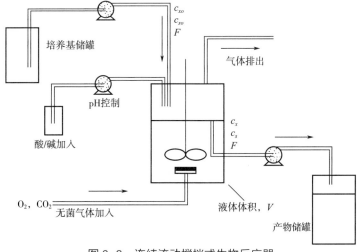

图6-3　连续流动搅拌式生物反应器

三、 灌注式培养模式

动物细胞的连续培养方式一般是采用灌注培养法，就是把细胞和培养基一起接入生物反应器中，在细胞增长和产物形成过程中不断地将部分条件培养基取出，同时又连续不断地灌注新的培养基。它与半连续式操作的不同之处在于取出部分条件培养基时，绝大部分细胞均保留在反应器内，而半连续培养在取培养物时同时也取出了部分细胞。但一般不排出细胞，或排出部分细胞。若排出的细胞密度与反应器中的细胞密度相同，这就类似于微生物的连续发酵。灌注式培养模式图见图6-4。

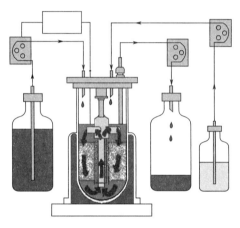

图6-4 灌注式培养模式图

灌注式培养用生物反应器主要有两种形式：一种是用搅拌式生物反应器悬浮培养细胞，这种反应器必须具有细胞截流装置，细胞截留系统开始多采用微孔膜过滤或旋转膜系统，最近开发的有各种形式的沉降系统或透析系统。例如，中空纤维生物反应器的中空纤维半透膜可透过小分子质量的产物和底物，截流细胞和分子质量较大的产物，在连续灌流过程中将绝大部分细胞截留在反应器内；近年中空纤维生物反应器被广泛用于产物分泌性动物细胞的生产，主要用于培养杂交瘤细胞生产单克隆抗体。另一种形式是固定床或流化床生物反应器固定床是在反应器中装配固定的篮筐，中间装填聚酯纤维载体，细胞可附着在载体上生长，也可固定在载体纤维之间，通过搅拌中产生的负压，迫使培养基不断流经填料，有利于营养成分和氧的传递，这种形式的灌流速度较大，细胞在载体中高密度生长。流化床生物反应器是通过流体的上升运动使固体颗粒维持在悬浮状态进行反应，适合于固定化细胞的培养。

当高密度培养动物细胞时，必须确保补充给细胞以足够的营养以及去除有毒的代谢废物。在半连续培养中，可以采用取出部分用过的培养基和加入新鲜的培养基的办法来实现。这种分批部分换液办法的缺点在于当细胞密度达到一定量时，代谢废物的浓度可能在换液前就达到产生抑制的程度。降低代谢废物的有效方法就是用新鲜的培养基进行灌注，通过调节灌注速率可以把培养过程保持在稳定、代谢废物低于抑制水平的状态下。一般在分批培养中细胞密度为 $(2\sim4)\times10^6$ 个/mL。灌注技术已经应用于许多不同的培养系统中，规模分别为几十升至几百升。

1. 灌注培养过程的特性

对于有细胞排出的灌注培养系统，排出液的细胞密度一般小于反应器，与连续培养相似，进行物料衡算可得：

$$V\frac{\mathrm{d}c_x}{\mathrm{d}t} = uVc_x - Fc_x \tag{6-8}$$

$$V\frac{\mathrm{d}c_x}{\mathrm{d}t} = F(c_{s,in} - c_s) - q_sc_xV \tag{6-9}$$

$$V \frac{dc_p}{dt} = q_p V c_x - F c_p \tag{6-10}$$

式中　V——反应器工作体积；

　　　F——培养液流入或排出的速度；

　　　$c_{s.in}$——流入液中限制性营养物质的浓度；

　　　c_s——反应器内该物质的浓度。

若令稀释率 $D = F/V$，则可得出状态方程：

$$\frac{dc_x}{dt} = u c_x - D c_{x.ant} \tag{6-11}$$

$$\frac{dc_x}{dt} = D(c_{s.in} - c_s) - q_s c_x \tag{6-12}$$

$$\frac{dc_p}{dt} = q_p c_x - D c_p \tag{6-13}$$

如果排出液中的细胞密度与反应器中的细胞密度相同，灌注式培养变成连续式培养。

灌注系统可以是开放的，即注入反应器的新鲜培养液与收获的培养基相平衡，但是培养基未被充分利用。灌注系统也可以是封闭的再循环系统。灌注培养动力学可以分为两个阶段，即生长阶段和定态阶段。在定态阶段，细胞密度保持相对稳定，生长和死亡相平衡，产物表达和营养水平保持恒定，这些参数的恒定值是由灌注速率和培养基组成来决定的。加入灌注系统是开放的，培养基就不会得到充分利用，在再循环系统中，把收获的培养基的 pH 和溶解氧重新校正后再利用，这种营养成分就能被充分利用。

在开放的灌注培养中，细胞的比生长率 u 和比死亡率 k_d 用下式计算：

$$u = \frac{c_{xt}}{c_{xv}} D = \frac{c_{xv} + c_x d}{c_{xv}} D \tag{6-14}$$

$$u_{app} = D \tag{6-15}$$

$$k_d = \frac{c_x d}{c_{xv}} D = u - u_{app} \tag{6-16}$$

式中　u_{app} 和 u——表观和本征比生长率，d^{-1}；

　　　k_d——比死亡速率，d^{-1}；

　　　c_{xv} 和 c_{xt}——活细胞密度和总细胞密度，个/mL。

细胞对各种底物的比消耗速率，以活细胞密度为基准，则：

$$q_s = \frac{D(c_{s.in} - c_s)}{c_{xv}} \tag{6-17}$$

产物的比生成速率是指单位细胞在单位时间内产物浓度的变化。

$$q_p = D\left(\frac{c_p}{c_{xv}}\right) \tag{6-18}$$

式中　c_s——反应器中底物浓度，mol/L；

　　　$c_{s.in}$——补加的新鲜培养基中的底物浓度，mol/L；

　　　c_p——产物浓度，mg/L；

　　　D——灌注速率，d^{-1}。

在定态下，$u = D$，即细胞比生长率和稀释速率相等。换言之，对于悬浮细胞的培养，当有细胞排出时，稀释率不得大于细胞最大比生长率，否则细胞会全部洗出。对于贴壁依赖性细胞，细胞密度的增长受生长表面的限制，对于细胞不被排出的情况下，细胞密度受到密度效应的限制，上式都不适用。但是，稀释率过高，产物浓度势必下降，培养液消耗也上升。因此需要进行优化，从而有效地提高生长率。

在杂交瘤细胞的灌注培养中，最大活细胞密度与灌注速率密切相关。提高灌注速率后，细胞密度逐渐增加，经过一段时间后达到定态。在灌注速率分别为 $0.5d^{-1}$、$1.0d^{-1}$ 和 $1.5d^{-1}$ 时，达到定态时，最高活细胞密度分别为 4.0×10^6、6.0×10^6 和 8.0×10^6 个/mL，最高总细胞密度分别为 4.9×10^6、7.5×10^6 和 1.2×10^7 个/mL，单克隆抗体的含量分别稳定在 140、110 和 105mL/L。但是灌注速率太高时，如灌注速率为 $2.0d^{-1}$ 时，使细胞截留速率下降，细胞被逐渐洗出，导致细胞密度逐渐下降。

2. 灌注培养系统的控制策略

由于对动物细胞代谢和调节产物生成及分泌的细胞因子了解不多，所以对动物细胞检测和控制的研究也很少，参数的优化（如补加营养物的时间和灌注速率）都是经验性的。尽管近几年改进了很多细胞培养的在线检测手段，可用于工业化大规模生产的在线生物传感器在常规化和可靠性方面还有很多工作要做。pH、溶解氧和溶解二氧化碳的在线传感器可用于间接估计培养细胞的生长和代谢参数，以及建立优化补料过程的控制。从排放的气体中连续检测氧的摄取率是困难的，因为动物细胞反应器的气体流动速率很低。同样，通过尾气分析二氧化碳速率也是很困难的，尤其是以二氧化碳为缓冲液的培养基。养的摄取率可以根据动力学模型和传质系数来确定。通过光密度测量细胞数量的电极受低灵敏度、非线性响应和高度易受干扰的影响。激光涡流电极提供了更好的灵敏度和接近现行的响应，但对细胞存活率不敏感，并受通气的影响。检测 DNA(pH) 的荧光电极可以检测细胞的代谢和能量状态。这些测量仪都有在高细胞密度下灵敏度低的问题以及受培养基成分（如氨基酸、蛋白质）的干扰和在不同通气及搅拌状态下多边形的问题。用声音反射密度仪、色谱仪及近红外光谱仪（NIR）和核磁共振波谱仪（NMR）作为在线检测电极的研究正处于发展阶段。

在线流动注射仪（FIA）已用于在线即时检测细胞培养基的营养成分和副产物。葡萄糖氧化酶、谷氨酰胺酶或谷氨酰胺氧化酶和乳酸氧化酶的固定化，建立起的葡萄糖、谷氨酰胺和乳酸生物传感器分别用于 FIA 系统。FIA 系统还可通过人胎盘泌乳素（HPL）用于在线分析氨基酸或单克隆抗体。但这些方法被广泛运用前必须确定固定化酶的稳定性，其他培养基成分可能的干扰和可靠的无菌取样。尽管最近几年在动物细胞培养控制和优化方面取得了进步，建立起了各种方法和体系，但与微生物发酵控制和优化相比还处于初级阶段。运用优化控制理论和反馈控制有赖于建立准确的数学模型和可靠的在线生物传感器，逐步成熟的数学控制和专家系统在优化过程中起到很重要的作用。

生物反应器中不同灌注速率条件下杂交瘤细胞的生长情况见图6-5。

目前，大多数灌注培养均通过离线的细胞浓度和营养物浓度来分阶段调整灌注速率。在连续杂交瘤培养过程中 Miller 等和 Hu 等离线测量了葡萄糖的浓度，并调整灌注速率以使反应器中的葡萄糖浓度高于某一临界点，使细胞保持最高生长速率。Maiorella 等利用温度作为灌注培养控制参数，认为降低温度可以降低细胞代谢速度，有助于提高产品的质量和产率。但是，对于决定灌注速率的策略及完善流加物质的方法却很少提及。因此，开发一个根据在线检测手段而自动调节自动流率的系统是十分迫切的。

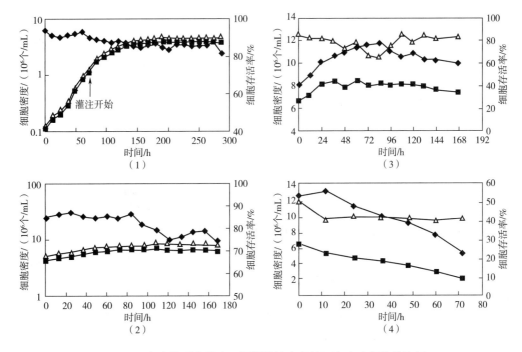

图 6-5　在生物反应器中不同灌注速率条件下杂交瘤细胞的生长

灌注速率：（1）0.5 次/d　（2）1.0 次/d　（3）1.5 次/d　（4）2.0 次/d

■—活细胞密度　△—总细胞密度　◆—细胞活性

灌注培养的优点：

细胞截流系统可使细胞或酶保留在反应器内，维持较高的细胞密度，一般可达 $10^7 \sim$ 10^9 个/mL，从而较大的提高了产品的产量；连续灌流系统，使细胞稳定处在较好的营养环境中，有害代谢废物浓度积累较低；反应速率容易控制，培养周期较长，可提高生产率，目标产品回收率高；产品在罐内停留时间短，可及时回收到低温下保存，有利于保持产品的活性。连续灌注培养法是近年来用于哺乳动物细胞培养生产分泌型重组治疗性药物和嵌合抗体，以及人源化抗体等基因工程抗体较为推崇的一种操作方式。应用连续灌流工艺的公司有美国健赞公司（Genzyme），Genetic Institute 公司，拜耳公司（Bayer）等。

灌流连续操作的最大的困难是污染概率较高，长期培养中细胞分泌产品的稳定性，以及规模放大过程中的工程问题。

与分批式培养和半连续式培养不同，连续式培养可以控制细胞所处的环境条件长时间的恒定，因此可以使细胞维持在优化状态下，促进细胞生长和产物形成。此外，对于细胞的生理或代谢规律的研究，连续式培养是一种重要的手段。

采用灌注技术的优越性不仅在于大大提高了细胞生长密度，而且有助于产物的表达和纯化。以基因工程 CHO 细胞生产人组织型血纤溶酶原激活剂（TPA）为例。TPA 是培养过程中细胞分泌的产物，采用长时间的培养周期是经济和合理的工艺手段。在分批培养中，培养基中的 TPA 长时间处于培养温度（37℃）下，可能产生包括降解、聚合等多种形式的变化，影响得率和生物活性。当采用连续灌注工艺时，作为产物的 TPA 在罐内的停留时间大大缩短，一般可有分批式培养时的数天缩短至数小时，并且可以在灌注系统中配有冷藏罐，把取出的上清液立即储存在4℃左右的低温储存罐中，使TPA的生物活性得到保护，产物的数量和质量都超过分批式培养工艺。

灌注式培养过程可以连续不断的获取产物，并能提高细胞密度，在生产中被广泛采用。英国Celltech公司灌注培养杂交瘤细胞，连续不断的生产单克隆抗体，获得巨大的经济效益。虽然灌注式培养具有不少优点，但也存在培养基消耗量比较大，操作过程复杂，培养过程中易受污染等缺点。

四、流加式培养模式

如前所述，流加式培养是在培养的过程中补加新鲜营养物质，整个过程结束前不取出反应产物的培养过程。细胞初始接种的培养基体积一般为终体积的1/3~1/2，在培养过程中根据细胞对营养物质的不断消耗和需求，流加浓缩的营养物或培养基，通常在细胞进入衰退期或衰退期后进行终止回收整个反应体系，分离细胞和细胞碎片，浓缩、纯化目标蛋白。

流加培养物的方式流加的时间通常在指数生长后期，细胞进入衰退期之前，添加高浓度的营养物质。可以添加一次，也可添加多次，凡是促细胞生长的物质均可以进行添加。

流加式培养的特点就是能够调节培养环境中营养物质的浓度，一方面可以避免在某种营养成分的初始浓度过高时影响细胞的生长代谢以及产物的形成，另一方面还能防止某些限制性营养成分在培养过程中被耗尽而影响细胞的生长和产物的形成，这是流加式培养与分批式培养的明显不同。此外，在流加式培养过程中，由于有新鲜培养液的加入，因此整个过程的反应体积是变化的，这也是它的一个重要特征。

由于流加式培养方式简单，可靠和灵活，对于大规模培养细胞生产单克隆抗体来说，它是最有吸引力的选择之一。通过基因工程和细胞工程技术建立高产细胞株的基础上，延长细胞培养寿命、维持高单克隆抗体产率及补加营养物、减少代谢废物和控制环境条件是流加培养所要解决的问题，最简单的补加现已发展到了复杂的无血清多营养成分的补加，使单克隆抗体产量达到1~2g/L的水平。

流加式培养是当前动物细胞培养工艺中占有主流优势的培养工艺，也是近年来动物细胞大规模培养研究的热点。流加式培养中的关键技术是基础培养基和流加浓缩的营养培养基。通常进行流加的时间多在指数生长后期，细胞在进入衰退期之前，添加高浓度的营养物质。可以添加一次，也可添加多次，为了追求更高的细胞密度往往需要添加一次以上，直至细胞密度不再提高；可进行脉冲式添加，也可以降低的速率缓慢进行添加，但为了尽可能地维持相对稳定的营养物质环境，后者采用较多；添加的成分比较多，凡是促细胞生长的物质均可以进行添加。流加的总体原则是维持细胞生长相对稳定的培养环境，营养成分既不过剩而产生大量的代谢副产物造成营养利用效率下降而成为无效利用，也不缺乏导致细胞生长抑制或死亡。

流加式培养操作分为两种类型，单一补料分批式操作和反复补料分批式操作。

①单一补料分批式操作：在培养开始时投入一定量的基础培养液，培养到一定时期，开始连续补加浓缩营养物质，直到培养液体积达到生物反应器的最大工作容积，停止补加，最后将细胞和培养液一次性全部收获。该操作方式受到反应器操作容积的限制，培养周期只能控制在较短的时间内。

②反复补料分批式操作：在单一补料分批式操作的基础上，每隔一定时间按一定比例放出一部分培养液，是培养液体积始终不超过反应器的最大操作容积，从而在理论上可以延长培养周期，直至培养效率下降，才将培养液全部放出。

1. 流加培养基

流加工艺中的营养成分主要分为三大类：

（1）葡萄糖　葡萄糖是细胞的供能物质和主要的碳源物质，然而当其浓度较高时会产生大量的代谢产物乳酸，因而需要进行浓度控制，以足够维持细胞生长而不至于产生大量的副产物的浓度为佳。

（2）谷氨酰胺　谷氨酰胺是细胞的供能物质和主要的氮源物质，然而当其浓度较高时会产生大量的代谢产物氨，因而也需要进行浓度控制，以足够维持细胞生长而不至于产生大量的副产物的浓度为佳。

（3）氨基酸、维生素及其他　主要包括营养必需氨基酸、营养非必需氨基酸、一些特殊的氨基酸如羟脯氨酸、羧基谷氨酸和磷酸丝氨酸；此外还包括其他营养成分如胆碱、生长刺激因子。添加的氨基酸形式多为左旋氨基酸，因而多以盐或前体的形式替代单分子氨基酸，或者添加四肽或短肽的形式。在进行添加时，不溶性氨基酸如胱氨酸、酪氨酸和色氨酸只在中性 pH 部分溶解，可采用泥浆的形式进行脉冲式添加；其他的可溶性氨基酸以溶液的形式用蠕动泵进行缓慢连续流加。

最简单的流加策略是在接近稳定时期补加葡萄糖、谷氨酰胺，现在则在细胞培养的不同阶段补加多种成分，通过补加葡萄糖、谷氨酰胺和氨基酸可使单克隆抗体产量达到 600mg/L，比分批式培养提高了 2~4 倍。在无血清培养基的流加式培养中，可使单克隆抗体产量达到 0.5~2g/L。虽然流加策略各有不同，但都可以达到最大细胞密度、延长培养时间和提高单克隆抗体产率的目标，综合考虑合理的细胞生理状态，选择流加过程。

流加过程设计的第一步是选择和建立优化的基础培养基。在培养过程中根据细胞生长的需求，通过补加营养物质使其维持在一相对恒定浓度。通过培养液的分析及时调整补料速率，克隆谷氨酰胺合成酶基因的 NOS 细胞在无血清培养基流加培养中，通过补加葡萄糖和氨基酸，单克隆抗体产量达 140mg/L，比在分批培养提高了 75%。Xie 等根据细胞组成（蛋白质、DNA、RNA、脂肪、碳水化合物）和产物组成、维生素和 ATP 需求来设计营养物浓度和流加速率，当葡萄糖和谷氨酰胺在低浓度时，根据细胞密度和生长速率决定流加速率。用这种方法使细胞密度和单克隆抗体产量分别提高了 2 倍和 10 倍，方瓶中单克隆抗体产量达到 0.5g/L，反应器中达到 0.9g/L。

在流加培养中，对影响生产率的营养物质的确定是非常重要的，通过统计实验数据和分析主要代谢途径可以确定协同营养物质。环境条件如 pH、溶解氧（DO）、渗透压等对细胞生长和单克隆抗体分泌也都有影响。基于这些原理。Maiorella 等设计了最复杂的控制策略，通过补加葡萄糖、氨基酸、磷脂前体（胆碱和乙醇胺）维生素和微量元素等，在无血清培养基中培养培养人鼠杂交瘤细胞，最大细胞密度达 $1.5×10^6$ 个/mL，维持 300h，单克隆抗体产量达 0.75~1g/L。

与这一策略不同的另一流加策略使用浓缩的完全培养基，省时省力，在流加培养初期可以迅速提高单克隆抗体水平。除了盐和葡萄糖外，其他成分以 10 倍的浓度流加，与分批式培养相比细胞培养周期延长了 3.5 倍，单克隆抗体分泌速率提高 3 倍，最终单克隆抗体水平提高 7 倍。这种方法也可以提高其他细胞如 CHO、HEK293 细胞的培养时间和产物产量。Jo 等通过半连续流加 50 倍 RPMI 的培养基和葡萄糖、谷氨酰胺及 10% 新生牛血清，连续培养 100d，单克隆抗体产量达 1g/L。虽然浓缩培养基的使用有其优点，特别是可以补加那些不易知道的限制性营养成分，但也有不足之处，如成本高、渗透压大、某些高浓度的营养物质及高浓度代谢产物对细胞成长和单克隆抗体分泌有抑制作用。

除营养物质的流加外，其他一些因素也可延长细胞培养时间，如低 DO 和较低培养温度（低于 37℃），在流加培养中这些因素都要综合考虑。

总的来说，浓缩的完全培养基的补加可以在没有详细营养物质分析的情况下，迅速提高单克隆抗体产量，在葡萄糖或谷氨酰胺限制的情况下，个别营养物质的补加也可提高单克隆抗体产量，然而通过分析营养物质的消耗和流加多种营养物质是提高单克隆抗体产量的根本途径。

2. 副产品的积累

在细胞培养中，培养液中除了营养物质的限制，代谢副产物特别是乳酸和氨的积累也抑制细胞生产和单克隆抗体生成。培养液中积累多量的乳酸可导致渗透压的增加，在没有 pH 控制的情况下，导致 pH 下降，氨可以穿透细胞膜进入细胞体内而改变局部 pH。不同细胞株抑制细胞生成的乳酸和氨浓度不同。

在流加式培养中可以采用许多策略来减少副产物的积累，通过控制葡萄糖和谷氨酰胺的存在浓度来减少乳酸和氨的生产是培养过程中的重要手段。在谷氨酰胺限制的流加培养中，不仅降低了氨的积累液降低了其他氨基酸的过量代谢，从而导致了细胞对葡萄糖和谷氨酰胺的得率系数的提高。用木糖、果糖和半乳糖代替葡萄糖，用谷氨酸或缓慢水解的二肽代替谷氨酰胺也降低了乳酸和氨的积累。但其他六碳糖代替葡萄糖改变了抗体的糖基化。克隆了谷氨酰胺合成酶基因的 NS0 细胞的长期流加培养中，氨的浓度在 4mmol/L 以下，远远低于抑制浓度。除了乳酸和氨，培养基中其他副产物如丙氨酸的积累也抑制细胞生长。另外，在培养过程中，杂交瘤细胞还分泌一些尚不为人知小分子和大分子物质也抑制生长。通过离子交换技术。电渗透、氨离子去毒剂（如钾离子）的使用，细胞对高乳酸和氨浓度的适应及谷氨酰胺合成酶基因的克隆都可减轻因副产物的积累而造成的对细胞生长的抑制。

在流加式培养中为了达到高细胞密度，最大程度减少抑制副产物的积累是十分必要的。虽然不少策略可以减少乳酸和氨的积累，但只有很少的措施（如降低流加量）可以可靠地在大规模培养中实现。谷氨酰胺合成酶系统的表达降低了氨的积累，越来越受到欢迎。营养物组成、细胞适应，代谢途径改变等技术在个别细胞株中得到应用。在将来，除乳酸和氨以外的抑制性代谢副产物的确认以及降低这些物质的方法的发展，都将提高流加式培养的效率。

3. 培养过程的检测和控制

由于动物细胞代谢的复杂性以及对调解产物合成的机制和分泌因子的作用了解不够深入，在动物细胞流加培养中关于检测和控制的研究较少，关于营养物的流加速度及流加时间等参数的优化都是凭经验完成，如在 NS0 细胞培养中提高间歇流加频率使培养液中营养物含量提高，最终单克隆抗体产量提高，连续流加则不能进一步提高单克隆抗体产量。Noe 等发现在流加式培养中从每天补加改为连续流加，提高了单克隆抗体的最终产量。

动物细胞培养中，流加培养的控制与微生物系统一样可分为两类，即开环和闭环方法。在开环系统中，培养是根据最佳流加路线来补加，如最优控制理论的数学模型。因此关于细胞生产和产物生成动力学模型的建立是十分重要的。这些模型课分为结构模型和非结构模型。关于杂交瘤细胞生长和单克隆抗体生成的非结构模型有许多报道。Glacken 等用此类模型来决定流加速率，使细胞密度和单克隆抗体产量比分批培养提高了 10 倍。Neilson 等采用类似模型优化培养物的流加，也获得了成功。在流加培养中，结构模型也被采用。虽然这些模型还不能完全描述细胞代谢和产物生成，但最近关于单克隆抗体分泌与细胞周期关系的模型已使人们对细胞因子有了更好的理解和认识，这将对流加策略的优化和反应器设计有重要影响。

闭环系统控制及反馈控制是过程控制的必要手段。事实上流加培养是在在线控制的基础上实现的。Glacken 通过测量氧消耗速率（OUR）和乳酸生产速率，间接得知 ATP 生成速率，从而估计细胞密度。在杂交瘤细胞流加培养中，通过控制低浓度的葡萄糖和谷氨酰胺来最大程度地减少乳酸和氨的生成。反馈控制由于没有可靠的和可消毒的在线检测装置而受到限制。pH、DO、CO_2 等的在线检测装置已在流加培养中得到应用，通过这些检测可间接估计细胞生长状况和代谢情况，从而建立高水平的流加控制策略。动物细胞培养反应器中可以连续测量氧消耗速率，但连续测量二氧化碳的释放速率则很困难。

流加培养控制是流加培养成功的关键，是根据对细胞株的了解和实验条件而建立的。Zhou 等通过在线控制氧消耗速率而得知氧的消耗，通过估算葡萄糖和氧耗之间的化学计量关系（a）可以算出葡萄糖的消耗，然后向培养液补充葡萄糖和其他营养成分，使葡萄糖等维持在设定点。在 $t_i \rightarrow t_{i+1}$ 这段时间内流加速率 F_{t_i} 为：

$$F_{t_i} = \frac{\int_{t_i}^{t_{i+1}} [OUR] \cdot V_{BR} dt}{a_i c_{Glu}^f (t_{i+1} - t_i)} \tag{6-19}$$

$$a_i = \frac{\int_{t_{i-1}}^{t_i} [OUR] \cdot V_{BR} dt}{c_{t_i}^G V_{t_i} - c_{t_{i-1}}^G V_{t_{i-1}}} \tag{6-20}$$

葡萄糖消耗累积值通过离线测量葡萄糖浓度由物料平衡算出：

$$c_{t_i}^G V_{t_i} = c_{t_{i-1}}^G V_{t_{i-1}} + C_{Glu}^f \int_{t_{i-1}}^{t_i} F dt - (c_{t_i} V_t - c_{t_{i-1}} V_{t_{i-1}}) \tag{6-21}$$

式中　　V_{BR}——反应器中培养基的体积；

c_{Glu}^f——流加培养基中葡萄糖的浓度；

a——氧与葡萄糖的比例（mmol/g），$a = 12.5 mmol/g$；

c^G——葡萄糖消耗的积累值。

因此通过在线控制氧消耗速率和离线测量葡萄糖就可控制流加式培养。

Xie 等通过计量学关系来设计流加式培养：

$$\theta_{Glu} c_{Glu} + \sum_{i=1}^{20} \theta_{AA,i} c_{AA,i} + \sum \theta_{v,j} c_{v,j} = c_x + \theta_p c_p + \theta_{aATP} c_{ATP} \tag{6-22}$$

式中　　θ——各物质的计量系数［产物质量（g）/细胞数，或消耗或生产的物质的量（mol）/细胞数］；

AA——表示氨基酸；

v——表示维生素。

假设当细胞组成、比生长速率、营养物比消耗速率、产物比生成速率一定时，θ 恒定。通过分析各物质代谢情况，可得知 θ：

$$\theta_K = \frac{消耗的营养物的物质的量}{生成的细胞数} = \frac{\Delta(c_k V)}{\Delta N_t} = c_{X_k} \frac{\Delta(c_t V)}{\Delta N_t} \tag{6-23}$$

式中　N_t——细胞总数;

　　c_t——培养基中所用葡萄糖、氨基酸、维生素浓度的和;

　　c_{X_k}——第 K 种营养物质占所用营养物质的摩尔分数,因此 $\sum_{k=1}^{n} c_{X_i} = 1$

　　所以:

$$\frac{\Delta(c_t V)}{\Delta N_t} = \sum_{k=1}^{n} \theta_k = \beta, \ c_{X_k} = \frac{\theta}{\beta}, \ c_k = c_{X_k} c_t \tag{6-24}$$

在流加培养中,不加的体积为:

$$\Delta V = \frac{\beta \Delta N_t}{c_t} \tag{6-25}$$

据此在大量分析的基础上,确定流加培养基。在流加培养中,只要通过测量细胞密度的变化就可以控制流加速率。

基于对杂交瘤细胞的了解和现有条件。采用根据细胞密度和细胞代谢的方法来控制流加速率,在时刻 n,考虑到时刻 $(n+1)$ 需要流加的第 i 种营养物质的量:

$$V_i = \frac{q_i [(c_{xv})_{n+1} + (c_{xv})_n](L_{n+1} - L_n) V_{BR}}{2c_i} \tag{6-26}$$

式中　V_i——在时刻 n 到时刻 $(n+1)$ 之间第 i 种物质的流加体积,L; $V_i = F_{ci} \Delta t$;

　　F——流加培养基的流加速率,L/h;

　　c_i——流加培养液中第 i 种物质的浓度,在此,第 i 种物质指葡萄糖,mmol/L;

　　q_i——第 i 种营养物的比消耗速率,mmol/(个·h);

　　V_{BR}——培养体积,L;

　　V_n——n 时刻的培养体积;

　　V_{n+1}——$(n+1)$ 时刻的培养体积,由于流加体积,取样体积和培养体积相比很小,且基本可抵消,所以在时刻 n 到 $n+1$ 之间假设培养体积不变;

　$(c_{xv})_n$——n 时刻活细胞数;

$(c_{xv})_{n+1}$——$(n+1)$ 时刻活细胞数。

忽略体积变化的影响,由比生产率计算得出细胞比生长速率 (u, h^{-1}):

$$u = \frac{1}{c_x} \times \frac{dc_x}{dt}, \ c_x = c_{x_0} e^{ut}, \ (c_{xv})_{n+1} = (c_{xv})_n e^{u(t_{n+1} - t_n)} \tag{6-27}$$

根据 n 时刻的细胞数和代谢速率,估算出 $(n+1)$ 时刻的细胞数和在此期间所需的营养物质的量进行补加,到 $(n+1)$ 时刻取样计数细胞进行更正并为下一周期运算。

虽然最近关于细胞培养的在线检测仪有了发展,但由于常规工业生产和大规模生产的很少。由于灵敏低,非线性和噪声大,使细胞在线检测量受到抑制,激光浊度仪有较高灵敏度,近视线性,但不能区分死活细胞,同时也受气泡影响。能测量的传感器可检测杂交瘤细胞的代谢和能量状态,但在高细胞密度时 $(>10^6$ 个/mL),灵敏度较低,受培养基成分(如氨基酸,蛋白质)的干扰。另外一些新的检测分析方法仍处于起步和发展阶段,在线流动注射分析方法作为一种新型的实时检测方法而被采用,葡萄糖氧化酶、谷氨酰胺酶、谷氨酸氧化酶和乳酸氧化酶的固定可分别作为葡萄糖、谷氨酰胺、乳酸的生物传感器,通过高效液相色谱仪（HPLC），FIA 还可用于氨基酸和单克隆抗体的测量，但其可行性和可靠性还有待于进一步考证。

虽然关于动物细胞流加式培养的控制和优化的研究取得了一些进展，但与微生物发酵相比，还处于萌芽状态。优化控制策略和反馈控制依赖于准确的数学模型和单克隆抗体分泌机制的了解，可靠的在线检测仪器的发展，日益复杂的控制模式和专家系统在流加式培养中将发挥重要作用。

4. 流加式培养过程中的动力学

由于流加式培养的反应体积不断变化，因此其状态方程也应与体积相关，通过物料衡算，可得如下计算式。

体积
$$\frac{\mathrm{d}V_{BR}}{\mathrm{d}t} = F(t) \tag{6-28}$$

细胞
$$\frac{\mathrm{d}(c_{xv}V_{BR})}{\mathrm{d}t} = V_{BR}\frac{\mathrm{d}c_{xv}}{\mathrm{d}t} + c_{xv}\frac{\mathrm{d}V_{BR}}{\mathrm{d}t} = V_{BR}\frac{\mathrm{d}c_{xv}}{\mathrm{d}t} + c_{xv}F(t) = V_{BR}c_{xv} + c_{xv}F(t) \tag{6-29}$$

葡萄糖
$$\frac{\mathrm{d}(c_{Glu}V_{BR})}{\mathrm{d}t} = Fc_{Glu}^{f} - q_{Glu}c_{xv}V_{BR} \tag{6-30}$$

谷氨酰胺
$$\frac{\mathrm{d}(c_{Gln}V_{BR})}{\mathrm{d}t} = Fc_{Gln}^{f} - kc_{Gln}V_{BR} - q_{Gln}c_{xv}V_{BR} \tag{6-31}$$

乳酸
$$\frac{\mathrm{d}(c_{Lac}V_{BR})}{\mathrm{d}t} = q_{Lac}c_{xv}V_{BR} \tag{6-32}$$

氨
$$\frac{\mathrm{d}(c_{NH_4} + V_{BR})}{\mathrm{d}t} = kc_{NH_4} + V_{BR} + q_{NH_4} + c_{xv}V_{BR} \tag{6-33}$$

$$\frac{\mathrm{d}(c_pV_{BR})}{\mathrm{d}t} = q_{MAb}c_{xv}V_{BR} \tag{6-34}$$

式中　c_{xv}——活细胞密度，10^6 个/mL；

V_{BR}——生物反应器的工作体积，L；

c_{Glu} 和 c_{Glu}^{f}——生物反应器和流加培养基中葡萄糖浓度，mmol/L；

c_{Gln} 和 c_{Gln}^{f}——生物反应器和流加培养基中谷氨酰胺浓度，mmol/L；

c_{Lac} 和 c_{NH_4}——生物反应器中乳酸和氨含量，mmol/L；

c_p——生物反应器中单克隆抗体的产量，mg/L；

F——流加培养基的流加速率，L/h；

q_{Glu} 和 q_{Gln}——葡萄糖和谷氨酰胺的比消耗速率，mmol/（个·h）；

q_{Lac} 和 q_{NH_4}——乳酸和氨的比生成速率，mmol/（个·h）；

q_{MAb}——单克隆抗体的比生成速率，mg/（个·h）；

k——谷氨酰胺降解的一级动力学常数，h^{-1}。

培养液中单克隆抗体的量为：
$$c_pV_{BR} = \int_0^t q_p c_{xv}V_{BR}\mathrm{d}t \tag{6-35}$$

当 q_p 恒定时：
$$c_pV_{BR} = q_p\int_0^t q_p c_{xv}V_{BR}\mathrm{d}t \tag{6-36}$$

显而易见，要提高 $c_p V_{BR}$，就必须提高产物比生成速率 q_p，活细胞密度 c_{xv} 和细胞培养周期 t，也就是细胞培养中活细胞密度与时间坐标区域的面积 $\int_0^t c_{xv} V_{BR} \mathrm{d}t$。

5. 流加培养的实例

WuT3 杂交瘤细胞分泌免疫球蛋白 G_{2a}（IgG_{2a}）抗体，该抗体主要用于肾移植时的抗排斥作用。随着体内用药的严格管理，通过收获腹水的体内抗体生产方法逐渐被淘汰，取而代之的是使用无血清甚至无蛋白质培养基体外培养杂交瘤细胞生产单克隆抗体的方法。体外法生产抗体的一个重要问题就是抗体产量较低，一般在 50mg/L 以下。如何提高培养液中的抗体产量是一个亟待解决的难题。

前已述及，优化的流加式培养可以延长培养周期，使产物浓度大大提高，但是流加式培养的成功实现，是在对细胞生长代谢了解，优化流加控制的基础上实现的。以 WuT3 杂交瘤细胞流加培养为例说明流加式培养的优化策略。

（1）WuT3 杂交瘤细胞的生长代谢特性 细胞的生长是动态过程，要实现合理流加，即所补加营养物为细胞所需，且补加量适当，就必须对细胞生长和产物生成的动力学有充分的认识。

细胞利用底物主要有三个作用：①合成新细胞物质；②合成细胞外产物（如胞外酶、多糖和特殊代谢物）；③提供必需的能量进行合成反应，维持细胞内物质的浓度与环境的差别和进行细胞内的转化反应。

因此，细胞生长，底物利用和产物形成相互关联，各种速率表达式也是相关的。

进行细胞过程所需能量是 ATP 或类似物质的化学能。它由两种过程产生，一是底物氧化或二氧化碳和水（氧化磷酸化），二是底物降解为乳酸等简单产物（底物水平磷酸化），二氧化碳和水等。有时含碳底物过量，含氢、镁等底物限制下，产生蓄能化合物。如储存于细胞内的糖原、脂肪等和分泌于细胞外的多糖。维持细胞内外浓度差和进行细胞内的转化反应所需的总能量为维持能，只维持细胞处于活性状态，不生成细胞物质和产物。

总之，细胞利用底物除了生长和维持外，主要有三种产物：第一类产物指通过底物磷酸化产生的产物；第二类产物指细胞外产物；第三类产物指在含碳底物过量，含氢镁底物限制下产生的蓄能化合物。

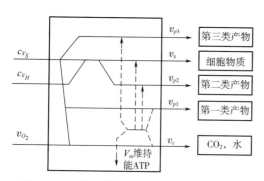

图 6-6 细胞、底物、能量和产物的关系图

图 6-6 是细胞、底物、能量和产物的关系图。实线代表物质液，虚线代表以 ATP 形式的能量流。含碳底物（以碳水化合物表示）形成第三类产物，与含氮底物一起形成细胞物质和第二类产物。所有这些过程都需要能量，含碳底物又被用来产生能量用以合成和维持。产能途径有两条：一是无氧代谢产生第一类化合物；二是有氧代谢产生二氧化碳和水。

通过物料衡算可列出如下平衡式：

$$v_s = v_{sx} + v_{sp_1} + v_{sp_2} + v_{sp_3} + v_{so} \tag{6-37}$$

$$v_s = \frac{v_x}{Y_{X/S}} + \frac{v_{p_1}}{Y_{p1/S}} + \frac{v_{p_2}}{Y_{p2/S}} + \frac{v_{p_3}}{Y_{p3/S}} + \frac{v_o}{Y_{o/s}} \tag{6-38}$$

$$v_N = \frac{v_x}{Y_{X/N}} + \frac{v_{p_2}}{Y_{P2/N}} \tag{6-39}$$

$$a_x v_x + a_{p_2} v_{p_2} + a_{p_3} v_{p_3} + v_{m,\ ATP} = a_{p_1} v_{p_1} + a_o v_o \tag{6-40}$$

式中　v——速率；

　　　　Y——产率系数；

　　　　a——生产单位物质所生成或需要的 ATP 量。

若氧化磷酸化的氧消耗速率未知，生产合成所需的能量的那部分底物包括在按化学方程式合成所需的底物中，这时的产率系数称为产率因子以示区别，用 $Y_{p/s}$ 表示。对于提供维持所需的底物常用一级关系：

$$v_{sm} = m c_x \tag{6-41}$$

这样底物利用的更普遍的表示式为：

$$v_s = v_{sx} + v_{sp_1} + v_{sp_2} + v_{sp_3} + v_{sm} \tag{6-42}$$

$$v_s = \frac{v_x}{Y'_{X/S}} + \frac{v_{p_1}}{Y'_{p_1/S}} + \frac{v_{p_2}}{Y'_{p_2/S}} + \frac{v_{p_3}}{Y'_{p_3/S}} + m c_x \tag{6-43}$$

对 WuT3 杂交瘤细胞流加培养系统，底物主要指葡萄糖和氨基酸等，产物有单克隆抗体（第二类产物）和乳酸、氨、丙氨酸等（第一类产物），在此系统中不存在或忽略第三类产物。碳源主要是葡萄糖和谷氨酰胺，氢源主要是各种氨基酸。

葡萄糖主要用于细胞生长（c_x），第一类产物（乳酸）生成和能量维持，即 $v_{p_2} = v_{p_3} = 0$，可简化为：

$$v_{Glu} = \frac{v_x}{Y'_{x/Glu}} + \frac{v_{Lac}}{Y'_{Lac/Glu}} + m c_x \tag{6-44}$$

比速率：

$$q_{Glu} = a_1 u + \beta_1 q_{Lac} + m_1 \tag{6-45}$$

在此，$a_1 = 1/Y'_{x/Glu}$。

通过以上分析计算，细胞利用底物模型为：

$$q_s = a(u_{app} + k_d) + \beta q_{MAb} + m \tag{6-46}$$

（2）单克隆抗体生成　单克隆抗体的合成和分泌速率决定于多肽链合成速率、链组装速率、糖基化速率、细胞器间传递速率、胞内降解速率和通过细胞膜的释放速率。虽然个别细胞系可以通过基本操作来改变细胞内的某个过程。但细胞生理状态和反应器环境条件对个别步骤及整个单克隆抗体的生成速率都有很大影响，如细胞生长速率、细胞分裂周期、细胞活性。营养物质、操作方式、反应器类型流体剪切力等。对单克隆抗体生成研究多集中在生长速率。死亡速率和活性上。一般认为单抗主要是由活细胞生成的，其合成和分泌主要在细胞周期的 G1 期（DNA 合成前期）及早期 S 期（DNA 合成期），这已被细胞同步化研究成果所证实，因此单克隆抗体分泌速率随细胞比生长速率的增加而降低。据此，若使细胞生长变慢，处于 G1 期的细胞比例将增加，从而提高单克隆抗体比生成速率，为了降低细胞生长速率，通常采用的方法包括提高培养基渗透压，添加 DNA 合成抑制剂和添加非抗体蛋白合成抑制剂，如丁酸钠、乙酸钾等。乙酸钾的添加有三种作用：一是抑制了细胞生长的必需蛋白的合成，这就使更多的能量和营养物质用于抗体蛋白的合成；二是减缓了细胞生长，延长细胞周期，尤其是延长了 G1/S 期，提高了单体生成速率；三是由于钾离子的添加，改变 Na^+ –

K^+ 平衡，使细胞代谢发生变化降低了氨离子吸收。高渗透压培养基抑制了细胞生长，可以通过渗透压保护剂来改变，如甘氨酸三甲内盐、脯氨酸、甘氨酸等。但也有报道单克隆抗体比生长速率随细胞的比死亡速率的增加而增加，这是由于在细胞死亡期，单克隆抗体从细胞中释放的速率提高而致。

一般关于单克隆抗体生成模式有三种，即生长偶联型，非生长偶联型和混合动力学模型：

生长偶联型 $$v_p = av_x \tag{6-47}$$

非生长偶联型 $$v_p = \beta c_x \tag{6-48}$$

混合动力学模型 $$v_p = av_x + \beta c_x \tag{6-49}$$

Frank 提出关于单克隆抗体比生成速率与细胞比生长速率的非结构模型：

$$q_{MAb} = a - \beta u \tag{6-50}$$

上式在多数情况下不能很好地描述单克隆抗体比生长速率与细胞比生长速率之间的关系。

Linardos 等提出了以细胞比死亡速率代替细胞比生长速率的方程，并在不少细胞株中得到了验证：

$$q_{MAb} = \alpha + \beta k_d \tag{6-51}$$

对 WuT3 杂交瘤细胞来说，单克隆抗体的比生成速率随着细胞比生长速率的增加而减少，随着细胞比死亡速率的增加而增加。用实验数据拟合方程可以看出，用这几个方程来描述 WuT3 杂交瘤细胞的单克隆抗体分泌，趋势一致，但拟合系数不高。用 MathCAD 数学软件处理数据 q_{MAb}、u_{app}、k_d，得：

$$q_{MAb} = 0.305 - 3.85u_{app} + 1.85k_d \tag{6-52}$$

即： $$q_{MAb} = 0.305 - 3.85(u_{app} + k_d) + 5.69k_d \tag{6-53}$$

$$q_{MAb} = 0.305 - 3.85u + 5.69k_d \tag{6-54}$$

上式很好地拟合了 WuT3 杂交瘤细胞单克隆抗体比生成速率与细胞比生长速率的关系，$R = 0.924$。

（3）模型的建立和应用　在流加培养中，以细胞生长和代谢模型为理论依据指导流加控制。

对于葡萄糖的流加控制，在一段时间内，理论上流加葡萄糖的量应该等于细胞消耗的量，即：

$$\Delta V_{Glu} c_{Glu}^f = q_{Glu} c'_{xv} \Delta t V_{BR} \tag{6-55}$$

$$\Delta V_{Glu} c_{Glu}^f = [6.76(u_{app} + k_d) + 0.0194] c'_{xv} \Delta t V_{BR} \tag{6-56}$$

$$u_{app} = \frac{1}{c'_{xv}} + \frac{\Delta c_{xv}}{\Delta t} \tag{6-57}$$

$$k_d = \frac{1}{c'_{xv}} + \frac{\Delta c_{xd}}{\Delta t} \tag{6-58}$$

整理得：

$$\Delta c_{xv} = (c_{xv})_{n+1} - (c_{xv})_n \tag{6-59}$$

$$\Delta c_{xd} = (c_{xd})_{n+1} - (c_{xd})_n \tag{6-60}$$

$$\Delta V_{Glu} = \frac{V_{BR}}{c_{Glu}^f} \{6.76[(c_{xt})_{n+1} - (c_{xt})_n] + 0 \cdot 0097[(c_{xv})_{n+1} + (c_{xv})_n] \Delta t\} \tag{6-61}$$

$$\Delta c_{xt} = \Delta c_{xv} + \Delta cx_d \tag{6-62}$$

$$c'_{xv} = \frac{(c_{xv})_{n+1} + (c_{xv})_n}{2} \tag{6-63}$$

对谷氨酰胺来说，在一段时间内，理论上流加谷氨酰胺的量。即：

$$\Delta V_{Gln} c_{Gln}^f = q_{Gln} c'_{xv} \Delta t V_{BR} \tag{6-64}$$

$$\Delta V_{Gln} = \frac{V_{BR}}{c_{Gln}^f} \{ 1.13[(c_{xv})_{n+1} - (c_{xv})_n] + 1.15[(c_{xd})_{n+1} - (c_{xd})_n] + 0.00149[(c_{xv})_{n+1} + (c_{xv})_n] \Delta t \}$$

$$\tag{6-65}$$

对其他氨基酸来说，将 $q_{AA} = a(u_{app} + k_d) + \beta q_{MAb}$，代入整理得

$$q_{AA} = (a - 3.85\beta)u_{app} + (a + 1.85\beta)k_d + 0.305\beta \tag{6-66}$$

流加培养时：

$$\Delta V_{AA} C_{AA}^f = q_{AA} c'_{xv} \Delta t V_{BR} \tag{6-67}$$

$$\Delta V_{AA} = \frac{V_{BR}}{C_{AA}^f} \{ a[(c_{xv})_{n+1} - (c_{xv})_n] + \beta[(c_{xd})_{n+1} - (c_{xd})_n] + \gamma[(c_{xv})_{n+1} + (c_{xv})_n] \Delta t \} \tag{6-68}$$

$[(c_{vx})_{n+1} - (c_{vx})_n]$ 的系数与 $[(c_{xd})_{n+1}(c_{xd})_n]$ 相差不大，所以这些公式可以简化为：

$$\Delta V_{AA} = \frac{V_{BR}}{C_{AA}^f} \{ a'[(c_{xt})_{n+1} - (c_{xt})_n] + \beta'[(c_{xv})_{n+1} + (c_{xv})_n] \Delta t \} \tag{6-69}$$

各种氨基酸的 a' 和 β' 的值在不同时间段，各种营养物质补加体积不同，由于 a' 和 β' 值不成比例，所以不可能将营养物质浓缩液并到一起进行流加。但在实际操作中，将营养物质单独分开流加很难实现，因此通过调整浓缩液中个别营养物质浓度，做到尽量减少流加营养成分的偏差。这样，在具体操作中，只要计算其中一种关键营养物质的流加即可。

（4）控制策略的实施　通过上面的讨论，可知在一点时间段内补加的流加培养基（ΔV）与总细胞密度只差和平均细胞密度有关，即 $\Delta V = \int(\Delta c_{xt}, c'_{xv})$。在 n 时刻取样测定细胞密度，从而可获得 u_{app} 和 k_d 数据，通过 $(n-2)$ $(n-1)$ 和 n 三个点的 u_{app} 和 k_d 估计 $(n+1)$ 点 u_{app} 和 k_d 值，从而可预计 $(n+1)$ 点的细胞密度，也就可知在 n 点到 $(n+1)$ 点之间流加培养基的体积。

（5）生物反应器中的流加培养　通过在 5L 反应器中运用数学模型控制对 WuT3 杂交瘤细胞进行流加培养，培养 15d，在整个培养过程中，葡萄糖含量基本维持在 0.2~0.5g/L，最大活细胞密度达 6.1×10^6 个/mL，最大总细胞密度达 9.4×10^6/mL，最大单克隆抗体产量达 350mg/L，活细胞密度是分批培养的 6 倍，单克隆抗体产量是分批培养的 7 倍。与模型控制前的流加相比，培养周期由 156h 延长到 348h，活细胞密度由 2.1×10^6 个/mL 上升到 6.1×10^6 个/mL，单克隆抗体产量由 119mg/L 提高到 350mg/L。从主要营养物质的残留浓度可以看出，该实验采用的流加培养基和流加策略比较成功，培养过程中营养物质浓度相对恒定。但是代谢副产物乳酸和氨的浓度仍较高，最高分别达 63mmol/L 和 5mmol/L，达到了抑制细胞生长的浓度，可能是细胞在培养期间停止生长而死亡的主要原因之一。

（6）与其他操作模式的比较　在相对简单和可靠的搅拌反应器中，与分批培养相比，流加培养可大大提高最终单克隆抗体产量和单位体积比生产率。在营养富集的分批培养中，最高单克隆抗体产量也要比流加培养低 2~4 倍，而流加培养中高单克隆抗体产量是要以过量劳动和设备为代价，并要冒因补料而污染的风险。

在反应器中还有其他操作模式，如循环的分批式培养、半连续式培养、连续式培养（包括恒化培养和灌注式培养），这些培养规模已较大，有 $15m^3$ 的分批式培养或流加式培养，$2m^3$ 恒化培养，400L 的灌注式培养的报道。

灌注式培养已被广泛研究，对杂交瘤细胞来说有多种灌注系统，如带旋转过滤器的悬浮培养反应器、带离心沉降器的悬浮培养反应器、膜反应器、中空纤维反应器以及固定化、微囊化、包埋式系统等。通过操作模式的比较可以发现：①分批式培养、流加式培养和连续式培养的选择对设备投资没有重要影响；②连续式培养的收获体积比较大，分离成本增加；③分批式培养和流加式培养操作灵活，更易在现有的设备中实现；④连续式培养时间长。

在灌注式培养中细胞密度通常比流加式培养高 1~2 个数量级，单位体积生产能力比流加式培养高 10 倍。灌注系统延长了培养时间降低了产物在培养系统中停留的时间和暴露在不利的培养条件下的时间，减少了蛋白酶和糖基化酶的作用。通过细胞生长抑制物的排出使细胞生长在新鲜培养基中，尽管在中空纤维系统中单克隆抗体产量达 1g/L，在微囊化系统中达 5g/L，但一般单克隆抗体产量低于流加式培养。另外，一个成功的灌注式培养培养需要严格的过程优化控制。由于循环时间的提高，易发生设备污染如截留系统的污染等。最后，由于培养时间较长，发生细胞遗传变异和微生物污染的风险增加。虽然灌注式培养还有不少问题需要解决，但美国食品与药物管理局已通过了一个由灌注式培养生产的产品（第八因子）。随着培养技术的发展，生产者将在简单的高单克隆抗体产量的流加式培养和复杂的高生产能力的灌注式培养中做出选择。

由于流加式培养方式简单、可靠和灵活，是一种最有吸引力的大规模培养细胞生产单克隆抗体的方法。通过营养物的补加来减少副产物的形成，通过环境条件的控制来延长细胞培养寿命，提高单克隆抗体的分泌速率，是高效流加式培养过程设计的重要出发点。随着基因工程技术的进步，可以得到高产细胞株。据文献报道，在无血清培养基中采用流加式培养的方式可使单克隆抗体产量在 2~3 周内达到 1~2g/L 的水平。但是，关于产品的质量和均一性的控制仍有不少问题需要解决。

以上概述了一般流加式培养过程的发展和优化，未来高产细胞株的筛选和无血清培养基的建立是关键。分批式培养的分析可以发现限制性营养物和潜在的抑制副产物。流加营养物的设计要以细胞生理状态、计量学和代谢路线分析费指导，要依赖于对细胞代谢行为的认识来减少副产物形成。流加式培养需要通过营养反复分析的和反馈试验来调整。关于这方面的早期研究都在多孔板、方瓶和转瓶中进行，但是环境参数、流加速率好控制策略的优化则需要在有较好控制系统的生物反应器中完成。

这一领域的发展已取得了很大进步，单克隆抗体生产成本大幅降低。杂交瘤细胞培养的未来发展将集中在提高单位体积生产能力、产品质量、检测和控制方面。

第三节　培养过程中细胞生长检测与控制

在细胞培养过程中，随着细胞的增殖、培养基中营养物质的消耗及产物的生成，整个培养系统的状态一直在产生变化。而各种状态变量都有其限制范围，当超出其界限值时，就会对培养过程产生不利的影响及降低培养效率。因此在动物细胞培养工艺中，利用过程监测和控制技术，使培养系统保持在最佳状态是整个工艺中最重要的环节。

过程监测是指应用各种检测设备、仪器和技术，对培养过程中状态变量的变化进行追踪的行为。当这些变量与测量值或预期变化趋势相偏离时，通过过程监测的手段，可及早发现并利用已设定的模式计算如何改变培养状态以及补偿这种偏离。而过程控制则利用过程监测所提供的信息，按照既定的方案进行调整以使培养过程向更好的方向发展，并且能够保持这种变化趋势。由于细胞培养过程中许多关键变量的变化不能够直接在线测得，因此过程监测的基本任务之一，就是利用直接测得的变量值取估算间接变量的值，从而反映出细胞的生长状态和产物的生产效果。

一、 在线测量

在大规模动物细胞培养中，由于大量细胞的代谢，细胞培养环境迅速改变，故在线过程监测作用是十分重要的。离线取样测定特别是产物浓度测定，往往需要 1d 的时间。

（一）活细胞浓度在线测量

活细胞浓度测量在生物反应器细胞培养过程中具有非常重要的作用。通过它可以了解生物反应器中细胞生长状况，也可以了解一些描述细胞生长或生产能力的间接参数，如比生产速率，比基质消耗速率，细胞代谢流衡算等。然而，传统的测量方法还是通过手工取样测量。操作复杂，滞后时间长。尤其是在解决区分培养基颗粒，微载体细胞浓度检测等问题上都有局限性。英国 ABER 原位活细胞浓度在线分析仪是目前较新型的原位活细胞计数仪，下面介绍一下它的基本原理、功能、应用及系统的操作方法。

1. ABER 原位活细胞在线检测仪的基本功能与应用

ABER 原位活细胞在线检测仪的基本功能是实时在线检测反应器内活细胞的浓度、密度、干重、生物量体积、电容大小、导电率大小，而不受细胞碎片、细胞团块、死细胞、微载体颗粒等影响。适用范围：动植物细胞、酵母、细菌藻类等种类的研究和生产质量控制。该设备广泛适用于发酵生产工艺中的质量控制。符合国际标准化组织（ISO），美国食品与药物管理局（FDA），动态药品生产管理规范（cGMP）等认证。

2. 原理——双电极电容法

1987 年 Kell 首先描述了测量细胞量的双电极性质。生物量测量是采用图中所示的 4 个铂金电极，外面两个外电极产生一个交变的电场，两个内电极测量电压。在缓冲液环境中，两个外电极间使溶液内的离子向相反方向移动形成溶液的电导率。

活细胞细胞膜完整，在电场中被极化而形成电容。而这个电容值会被 ABER 准确检测出来，用已标志生物量（biomass）不同的细胞种类会有不同的电容值。其大小和细胞的体积也呈一定比例。而死细胞（膜破裂），气泡或是细胞碎片因不能形成一个电容，所以 ABER 将不会将其检测到。

ABER 的探头由食品与药物管理局所认证的材料 316L 钢所构成，保证其精度和耐用度。可经受原位蒸汽灭菌。

3. ABER 的应用实例

（1）微载体培养监测 传统方法对通过微载体来培养的动物细胞计数相当困难。需要离线取样再计数细胞核，但是却没有办法对其中活细胞的数目做出准确判断；由于载体材料是均一的，不能形成电容。ABER 能够检测出微载体中活细胞的数目，而且不受微载体颗粒的影响。

（2）单细胞全悬浮监测 丝状菌发酵（如抗生素生产）中容易产生丝状菌结团、结球，没有明显的细胞界限。传统的方法（如浊度法，染色法）会产生很大的误差。在评估菌生长情况或放大罐移种菌量时只能通过"经验"来判断；ABER 能够准确测量出丝状菌包括团块中的生物量，避免由于经验不足造成产量下降。

4. 活细胞计数仪的操作步骤及校准方法

（1）操作步骤

① 双击 Futura Lite OPC. exe 图标。弹出下面对话框（图 6-7）。

图 6-7 ABER 系统运行设置界面

② 选择 Serial Port，点击右侧的黑色小三角（图 6-8）。

图 6-8 ABER 系统端口选择

③ 选择端口（图6-9）。

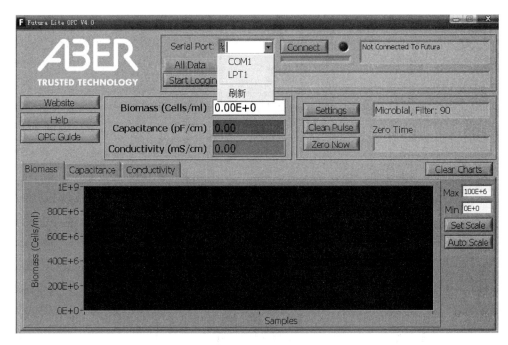

图6-9 ABER系统细胞培养端口选择

④端口查询（此时没有连接，没有显示端口）（图6-10）。

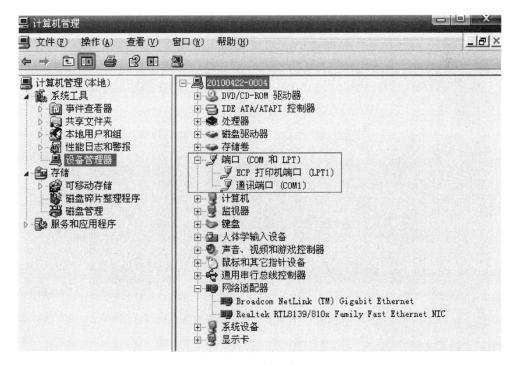

图6-10 端口查询

⑤选择正确的端口后，选择 Settings，选择 Microbial，Filter：90（图 6-11）。

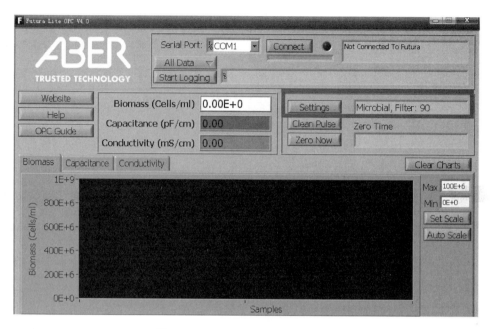

图 6-11　ABER 系统培养模式选择

⑥设置完成后，点击 Connect（图 6-12）。

图 6-12　ABER 系统设置完成

⑦ 连接完成后，Serial Port 变为灰色，再选择保存数据，点击 All Data，选择存储数据的时间间隔为 5min（时间间隔为 1min 的话，存储数据太多）（图 6-13，图 6-14）。

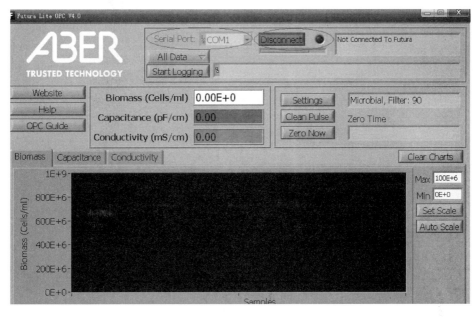

图 6-13 ABER 系统数据保存

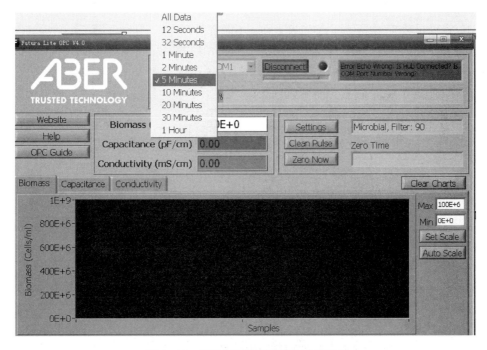

图 6-14 ABER 系统数据保存模式选择

⑧选择完毕后，点击 Start Logging 保存数据，点击后会弹出对话框。

⑨选择保存数据的存储位置和文件命名。保存完毕后，在线测的数据会自动保存。查询保存数据文件时，以只读形式打开，关闭后无须保存和修改，系统默认继续往这个文件进行数据添加（图 6-15）。

图 6-15　ABER 系统数据保存路径选择

⑩进罐校准。消毒完成后，温度降到发酵罐控制温度，安装活细胞计数仪，安装时注意红点对红点进行对接，拔插时也注意有卡锁，不能蛮力拔插。

连接完毕后，一般来说，用发酵的起始流量和转速，在接种前来校 0 点，点击主界面上 Zero Now 这个按钮来进行校正，点击后变为 Clear Zero，再点击 Clear Zero 即完成一次校正。一般来说校正 2~3 次，和 pH 和溶解氧（DO）电极一样，多校正几次，保证测得的数值相对比较稳定（图 6-16、图 6-17）。

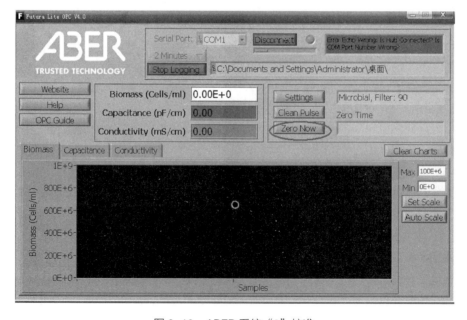

图 6-16　ABER 系统 "0" 校准

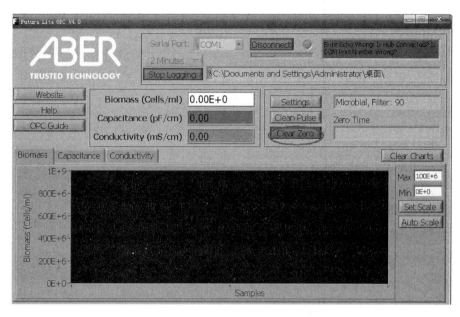

图 6-17　ABER 系统二次校准

（2）注意事项

①使用前预热 20min，电极线与转换盒连接表示通电，预热 20min，不需要连接电极。预热后，连接电极的这个装置会发热，属于正常现象。

②电极连接还有一根导线要接地，排除干扰，否则测定的数据波导较大。接地线最好系紧，不要随意挂或钩在一个地方。

③全程不要关闭程序的主界面，关闭就等于断开连接，需要重新打开，重复上述步骤，无须再校正。

④放罐后，先点击 Disconnect，再关闭主界面，然后拔插电极。

⑤清洗电极用水清洗即可，切勿用手去碰电极前的四个电极圈，防止联电导致仪器损坏。如果电极头明显比较脏，或者怕各品种之间互相污染（一般没有太大影响），可以用软件自带的清洗功能进行清洗，软件的主界面上有 Clean Pulse 这个按钮，把电极连接好放在饱和氯化钾溶液中，点击 Clean Pulse 按钮进行清洗即可。

⑥可能遇到的问题：如图 6-18 所示，连接处显示红色，表示连接断开，检查 USB 接口是否连接好，重新拔插后，重新启动程序。

⑦如果电极出现问题，可以通过模拟信号进行模拟，来判定电极还是电极线出现问题，这个过程可参考活细胞计数仪的说明书。

（二）温度、pH 及溶解氧浓度的测量

通常在生物反应器内部的单一位置，采用热敏电阻检测器（如 Pt100 热电阻）进行温度测量。pH 则多用复合式玻璃电极测量。Clark 覆膜氧电极则是溶解氧浓度最常用的检测元件。所有此类检测元件都已成为生物反应器的标准配置。

（三）搅拌转速的检测

搅拌转速的检测一般是通过磁感应式、光感应式检测器或测速发电机来实现的。磁感应

图6-18　ABER系统异常提醒

式和光感应式检测器是通过计测脉冲数来测量转速的。安装在搅拌轴或电极轴上的切片切割磁场或光束而产生脉冲信号，则脉冲频率就反映了搅拌转速的大小。而测速发电机是安装在搅拌轴或电机轴上的小型发电机，它的输出电压和转速间有良好的线性关系。

（四）补料速率

补料速率直接影响到培养液中营养物质的浓度值，多由输送液体所用的泵的单位流量与输送时间计算，而泵的单位流量需在培养开始前用补料管进行实际校准。如果不断对补料瓶内的剩余体积进行监测，则可以得到足够精确的补料数据来计算其他参数。

（五）通气流量测定

根据作用原理，流量计可分为体积流量型和质量流量计两种。体积流量计是根据流体动能的转换，以及流体流动类型的改变而设计的测量装置。它会引起流体能量不同程度的损失，而且测量值会受到温度和压力变化的影响。其主要形式有同心孔板压差流量计和转子流量计。质量流量计是根据流体的固有性质，如传导性、导电性、电磁感应性、离子化、热传导性能等进行设计的流量计。利用热传代性对空气进行测量时没有能量损失，也不受温度和压力的影响。在对尾气中的O_2与CO_2浓度测量上可以利用质谱进行，但实际生产与试验中常用O_2的红外线吸收特性进行测定。灌注培养示意图见图6-19。

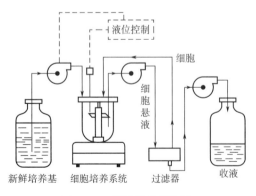

图6-19　灌注培养示意图

二、 细胞截留方式及装置

在动物细胞高密度培养中，必须确保补充给细胞以足够的营养，同时去除有毒的代谢废物。在分批培养中，可以采用取出部分用过的培养基和加入新鲜培养基的方法来实现。这种分批部分换液办法的缺点在于当细胞密度达到一定量时，代谢废物的浓度可能在换液前就达到了产生抑制作用的程度。一种有效的方法就是用新鲜的培养基进行灌注。在灌注系统中通过细胞截留，更多的死细胞、下拨碎片和自溶物排出反应器，大多数活细胞被截留在反应器中。通过调节灌注速率，可以使细胞培养过程保持在稳定的代谢废物低于抑制水平的状态下。灌注培养方式是提高细胞密度，实现目的产物收率高的有效方法。一般在分批培养中，细胞密度为（2~4）×10^{7}个/mL。灌注技术已经用于许多不同的培养系统中，规模分别为几十升至几百升。

灌注培养方式优越性的关键在于能够将细胞截留和培养液体积不变的前提下不断补入新鲜培养基。因此，灌注系统的细胞截留装置至关重要。截留装置的优劣在很大程度上决定了灌注系统通常由生物反应器、细胞截留器、新鲜培养基储罐、培养液上清储罐、控制器和蠕动泵组成。

细胞截留的主要方式分为外部截留和内部截留。内部截留最常用的主要有中空纤维、陶瓷构件、多孔载体以及旋转过滤（spin filter）。外部截留方式有外部过滤、离心和沉降等。

在微载体培养系统中，细胞截留器常为一个特别的澄清器，微载体在澄清器中由重力差而沉降分离，返回反应器，上清液由蠕动泵输入上清液储罐。在杂交瘤细胞等悬浮培养系统中，细胞截留器常为一个中空纤维分离器。由中空纤维滤出的培养上清液由蠕动泵输入储罐内，经浓缩后的细胞悬液由另一台蠕动泵送回至反应器内。下面就几种常用的截留系统分别说明。

（一）ATF 细胞截留系统

1. ATF 系统简介

ATF 系统（交替式切向流细胞截留系统）主要因为能支持极高细胞密度而闻名，可用于研发至大规模商业化生产，ATF 系统同样也为生物产品工艺的每一个阶段提供优化和支持。

在工艺研发和生产中引进新的技术和方法时，设备必须能促使工艺优化和提高综合效率。不同公司，不同阶段，设备目标可能有所不同，但是，对于所有公司而言，不管公司规模大小、产品还是财政状况不同，有些目标肯定是相似的，这些相似的目标包括增加蛋白质表达量、降低成本、提高灵活性。

ATF 系统不管是通过极高细胞密度培养提高蛋白质产量，还是通过快速低剪切力细胞收获以及随之简化下游操作等，都为实现这些目标提供了很多机会。利用 ATF 系统优势将多种优化改进结合起来，会得到简单并且激动人心的新的生物制造"未来工厂"典范，这样的"未来工厂"具有小规模、多产品、灵活度高、高产量特点，从而使得成本减少。它可以不需要大规模（甚至中等规模）的不锈钢生物反应器就能生产满足市场需要的抗体，也可以使得疫苗生产多样化，能够使得产量迅速增加，从而可以快速响应各地需求。

在评估 ATF 系统的影响时，最直接的改变通常是获得 10 倍的生物反应器产量，在大规模生产环境中需要很好的理解这一改变，以保证将这一改变真正在大规模商业化生产时实现。比如，一个成功的上游工艺可能导致下游工艺瓶颈，所以 Refine 也将 ATF 系统的应用进行了延伸以满足整体的工艺强化要求。

提供不同的方法解决同样的问题并且在实现过程中允许高的灵活性非常重要。不管是为获得高密度种子的扩增还是用于最终生产发酵，大规模灌培养流渐渐成为主流。现在使用浓缩灌流培养方法（concentrated perfusion）可获 $1g/(L \cdot d)$ 的蛋白质产量，这意味着一次性的 1000L 生物反应器能够每天生产 1kg 蛋白质——显然超过了很多人的期望。但是，除非公司理解如何最好地利用这样的高产量，否则连续收获产品并不是一件被所有人喜欢的事。超滤（UF）步骤能获得超过 10^8 个/mL 的极高细胞密度，根据细胞特定产率，能够获得 20g/L 甚至更高的蛋白质产量。

ATF 系统最初设计是用于哺乳动物细胞灌流培养工艺，其使用中空纤维滤器达到有效的细胞分离，同时具有低剪切力和能开发出可靠的大规模生产工艺特点。这种过滤系统很快被采用为理想的细胞截留设备，并应用于许多大规模商业化灌流生产中。

传统的用于研发的玻璃生物反应器和用于生产的不锈钢生物反应器很容易与 ATF 系统进行连接，ATF 系统通过各种不同的标准接头和端口连接至不同品牌或型号的发酵设备，比如 Sartorius/Braun BBI，Applikon，New Brunswick，Bioengineering，Biolafitte/Pierre Guerin 等。

一次性系统越来越多地被采用，从最初的摇动装置和 Wave 类型系统，到搅拌类型的一次性袋式生物反应器，都需要新的一次性接头，以方便 Refine 的细胞截留和灌流设备的连接。连接头比如 Pall Kleenpack，GE DAC 以及 Sartorius Stedim Opta 等都能很好地应用于 ATF 和一次性生物反应器的连接。现在，ATF 系统基本可以连接所有类型不同规模的（1～1000L）一次性生物反应器：Sartorius Cultibag 和 STR，XCellerex，Hyclone，GE Wave，ATMI，NBS Celligen Blu 以及 Millipore CellReady 等。

在过去 10 年，Refine 一直在为 ATF 系统提供不同类型的滤器，最近 70μm 的筛选组件（screen module）也被证明特别受到市场欢迎：70μm 的筛选组件适合于贴壁细胞的微载体培养工艺。有一些基于 MDCK 和 Vero 细胞的疫苗工艺，已被证明非常适用于使用 ATF 系统。在过去的几年，大规模干细胞培养工艺面临新的挑战，干细胞通常生长在微载体上，在培养时通常需要多次的清洗以及细胞微载体分离步骤，因此也能运用 ATF 系统得到轻松实现各种烦琐步骤，ATF 系统也能用于低剪切力环境下快速浓缩干细胞（图 6-20）。

2. ATF 系统应用

中空纤维系统的应用已有很长历史并有各种不同的结果，这类系统和其他细胞截留系统反复出现的问题是无菌的保持和工艺放大困难。许多细胞截留系统的放大是基于表面积或者不同分离腔，这样转移至生产环境时，对于运行稳定性和效率而言是个非常大的挑战。比如，许多使用内置旋转过滤器或者离心机的公司，一般会投入大量的时间以进行设备使用的优化。一般的细胞截留设备都会有细胞损伤和生物反应器外的滞留时间问题。ATF 系统可以很好地解决这些问题。ATF 系统工艺基本上是线性放大，并且安装迅速，操作、认证和维护简单。使用 ATF 系统进行的工艺开发会变得非常容易，基本上不需要去考虑设备优化方面的问题，所以可以将所有的时间用于培养基和反应器条件的优化。ATF 系统能显著快速提高细胞密度。关键优势包括：

①低剪切力；

（1）步骤 1

（2）步骤 2

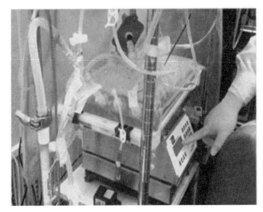
（3）步骤 3

（4）步骤 4

图 6-20 ATF 系统及应用

②生物反应器内细胞生长环境均一；

③促使细胞生长更加快速；

④结合高的活力和高的生长速度这些优势，使得几乎所有的细胞系都能获得高的细胞密度。

（1）灌流 当蛋白质稳定性低或者细胞株表达量低时，灌流培养工艺是个非常经济的选择。灌流培养工艺过去因为复杂、不可靠且操作困难的设备而较少应用。现在，ATF 系统使得灌流培养工艺变得非常简单——甚至会比补料批次培养工艺更简单。传统的灌流培养仍然是市场上非常成功的工艺典范。不少已上市药物和将要上市药物采用灌流培养工艺生产。如今，在 ATF 系统的引导下，灌流培养工艺越来越盛行。关键优势包括：

①极高细胞密度，范围（7~20）×10^7 个/mL；

②细胞活力大于 90%；

③1~3RV/d 的培养基（不需要更多）；

④与传统灌流培养工艺过程控制一样简单，但是更高的产量；

⑤能应用于仅仅为了提高细胞密度（不含蛋白质或病毒）——比如 ATF 系统的高细胞密度库建立应用。

（2）浓缩补料批次　浓缩补料批次（concentrated fed-batch，CFB）是一种优秀的细胞培养平台技术。对比补料批次培养工艺，它能得到更高的细胞数和产物浓度。补料批次培养工艺在世界范围内的生物制药行业得到广泛应用，这是一种稳定的平台技术并具有良好的重复性。但是，来自工业上的挑战（同一适用症药物竞争、降低生产成本等）使得需要更多新的选择。CFB 工艺为制药工业提供了一个极好的选择。

已有报道称，将 CFB 工艺用于 CHO 细胞培养，可以使得产物表达量达到 17g/L，而且在其他细胞系中表达量甚至会更高。关键优势包括：

①结合浓缩灌流和补料批次培养工艺的优势；

②更快的生长速度，2 周内达到极高细胞密度，范围（7~23）×10^7 个/mL；

③细胞活力大于 90%；

④直接的补料控制策略；

⑤一次收获，CHO 可以达到 17g/L 甚至更高；

⑥贴壁细胞；

⑦微载体。

清洗，浓缩，灌流，快速培养基交换，胰酶消化，清洗，细胞-微载体分离，病毒灌流，病毒收获。微载体培养工艺因为自身特点，较一般浓缩补料批次或者补料批次工艺要复杂。工艺一般需要生物反应器的准备，以及大量清洗步骤，这意味着需要大量的人工操作，并有很多关键点存在潜在污染风险。

ATF 系统简化了微载体培养工艺时的每一个步骤，并将每一步骤变得非常可靠。从灭菌前的微载体清洗，到灌流，到细胞-微载体的分离一直到最终的收获，ATF 系统都能提供明显的优势。这些优势得益于内置于 ATF 系统的一次性使用 70u 筛选组件滤器，这样可以如大孔滤器一样有效进行操作。所有微载体工艺的步骤都采用同一根滤器完成，同样 ATF 系统能完全自动化完成微载体培养每一步骤。ATF 系统可以适用于 1~5000L 的微载体培养工艺，并与目前市面上所有类型一次性生物反应器兼容。

细胞库建立和种子扩增使用 ATF 系统建立细胞库，使用 ATF 系统进行种子扩增细胞库建立通常需要经过烦琐的手工操作，以及会涉及离心、一系列浓缩、分离和重悬等操作，这样会带来很多变数。细胞库通常使用 1mL 或者 10mL 冻存管冻存相似浓度和活力的悬浮细胞。根据冻存细胞数不同，传统的细胞库建立操作一般需要长达数小时甚至一天，这样最初的冻存管细胞和最终的冻存管细胞不可能一致。

不管是小规模研发还是即使最终 20000L 规模生产，由于是工艺的第一步，冻存管中的细胞尤为关键。对于生产，一般来说，每次都要平行复苏一批细胞，然后选择表现最好的复苏细胞接种至一级种子罐，该步骤由于细胞建库时太多效率不高的人工操作以及冻存批间差而无法省略。这是有风险的，每一个步骤都存在不确定性和可变性，并且还会浪费很多时间。利用 ATF 系统进行细胞库建立可以完美解决这些已知的问题。ATF 系统建立细胞库时是在无菌反应器内进行，能保证所有细胞一直在健康的环境里，而从不会面临缺氧、离心或者营养缺失等问题。培养基交换和冻存液加入都在生物反应器内快速进行，细胞转移至一次性冻存袋，整个过程既没有开放性操作，也没有太多人工操作，可以完全自动化进行，并能在一个小时内完成。最初的细胞冻存袋和最终的细胞冻存袋是完全一致的，并可以进行相关验证。

利用 ATF 系统进行种子扩增，首先排除了来自细胞库的第一代细胞至生物反应器时的各种变量。ATF 细胞库可以直接接种至小型生物反应器，不需要离心以预先移除 DMSO，整个过程没有开放性操作。一级种子罐可以是 5~50L 或者更大，主要由设备（一次性或传统型）决定，采用浓缩灌流培养工艺达到极高细胞密度，比如（7~15）×10^7 个/mL。这样可以进行 20~50 倍放大转种至下一级大罐，省略了很多原有的放大步骤，所以降低了每一批次的生产风险，并节省了大量的时间以及资金。最终的生产罐可以采用传统的批次或者补料批次模型，也可以与浓缩灌流培养工艺互补以得到更多的产量。

细胞浓缩/快速培养基交换在实际应用中，细胞活力是非常关键的指标，特别是有可能影响到表达产物质量时。ATF 系统由于其低剪切力以及更快的过滤能力，对比其他设备比如TFF（切向流超滤），深层过滤或者离心机优势明显，传统的浓缩操作时，操作者也许会非常开心能在 3~4h 内将 50L 的 2×10^7 个/mL 细胞浓缩至 2×10^8 个/mL。ATF 系统由于其线性化可靠性放大简化了生产工艺的开发，并且对比传统浓缩快 3~4 倍，并减少了非常多的人工操作，所以最大限度降低了风险。通常来讲，资金成本和总持有成本会降低。比如，200L 一次性生物反应器培养细胞，细胞密度（2~5）×10^7 个/mL 时，使用 ATF 系统能在 1h 内浓缩至20L，并保证细胞活力不会降低。

ATF 系统基于交替式切向流（alternating tangential flow）技术开发，交替式切向流由上下来回的隔膜运动产生。ATF4 系统通常用于 10L 生物反应器。一开始，控制器控制气流直接进入 ATF 泵底部，引起泵膜向上运动，当泵膜向上运动至最高点时，泵膜的扩张被检测到，这时，控制器转换为真空源，带动泵膜向下运动。泵膜每隔 5~10s 就向一个方向运动一次，这样整个循环时间在 10~20s。

大的隔膜表面积将其剪切力降低至最小 ATF4 泵头在每一次运动时会交换出 400mL 液体，这意味着 ATF4 系统温和的运动，能产生 3~4L/min 的快速液体流动。ATF 系统的高流速低剪切力的特点会为细胞培养时带来非常多的好处，包括聚团细胞的分离、清洁滤器表面和支持不同细胞类型（如 CHO、PER. C6® 等）达到（1~2）×10^8 个/mL 的极高细胞密度等。

ATF 系统与传统的不锈钢反应器进行无菌连接，而与一次性生物反应器的连接会更加容易，仅使用一次性连接头比如 Pall's Kleenpack 或者 GE's ReadyMate 即可。

ATF 系统一个循环工作流程如下：

①压缩空气流向 ATF 泵底部；

②空气压力和流向驱使泵膜温和向上运动，在 ATF 系统和生物反应器之间产生快速的液

体流动；

③液体快速流动通过中空纤维柱，过滤端在右边（用于收获、澄清、浓缩等）；

④液体经过 ATF 系统进入生物反应器；

⑤在泵底，空气被抽走，ATF 系统开始反向运动；

⑥隔膜向下运动产生高流速，液体从生物反应器流向 ATF 系统，为下个循环做好了准备。

这个循环大约每 5s 重复一次。

目前，在生物工业，细胞系的使用因为安全性、专利、产率等原因有一定的限制。生物制造工业的主要细胞系是 CHO 细胞，用于生产抗体和蛋白质类产品。同样，也有其他类似用途但具有明显差异的哺乳动物细胞，比如能悬浮培养的 PER. C6 和 NS0，也有一些临床产品使用的是昆虫细胞，比如 SF9。同样贴壁细胞也在行业内广泛应用，比如 MDCK、Vero 以及干细胞，这些通常在微载体上培养，通常用于疫苗或者个性化医疗行业。

为了保证最终生物产品有利润，所有的细胞系和生产方法都面临类似的规模放大和增加产量（或者降低成本）等工业问题。不管细胞就是产品本身，还是细胞是用于生产产品的"工厂"，ATF 系统都能在生产工艺中展现足够的优势。

（3）ATF 系统的安装和灭菌

①将 O 形圈放置于两端，慢慢将中空纤维柱放入护套，检查 O 形圈是否正确；

②小心向下推 O 形圈，在另一端做相同的操作；

③将密封垫片放置于顶部，并且尽量密封中空纤维柱；

④移去密封垫片，观察 O 形圈是否在正确的位置，确认 O 形圈仍正确无误后重新安装密封垫片；

⑤安装护套部分；

⑥将隔膜置于 ATF4 底泵的顶部隔膜上有突出部分的一面朝下放置，装配好 ATF4 后，通过 ATF4 自带的压力表确认密封性后，连同生物反应器罐体一同高温灭菌（图 6-21）。

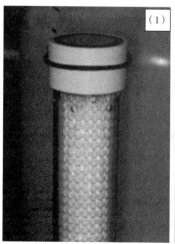

图 6-21 ATF 系统的灭菌过程

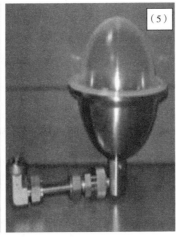

图6-21 ATF系统的灭菌过程（续）

[（1）～（6）为一个灭菌过程]

（4）ATF与生物反应器的高度 为了得到最好的结果，尽可能地使内浸管顶端与ATF减径口处于同一高度，见图6-22的箭头标示。

（5）控制方式概览 ATF系统运行的目标是：每次运行时都能完全交换泵膜体积。ATF4每次运动的交换量是：380mL，400～420g。如果有称重秤，可以放置于ATF4底部，观察读值最小与最大之间的差值是否在交换量建议值范围内，从而确定每次运行都进行了完全的泵膜交换。

（6）设备检查表

①尽量使ATF中空纤维柱等于或略低内浸管顶端高度；

②尽可能缩短ATF与生物反应器距离，连接ATF和生物反应器的硅胶管不要出现缠绕弯曲现象；

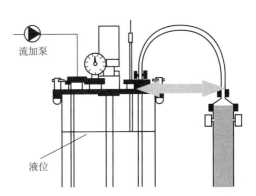

图6-22 ATF系统后连接管保持畅通

③接主电源（110V或者220V）；

④连接真空源（最小10psi，最大14psi）至ATF控制器（1psi=6894.76Pa）；

⑤连接主气源（最小30psi，最大100psi）至ATF控制器；

⑥通过调节控制器上压力表，以稳定进气源压力在30～35psi；

⑦再检查一遍所有管路连接紧密无泄漏。

（7）快速运行指南

①启动控制器电源，并进入操作界面（Log In）；

②点击MENU按钮，进入SET UP；

③ATF4控制器为C24控制器，有三种模式，ATF2/ATF2R/ATF4，确认切换开关选择

为 ATF4；

  ④设置实验要求的 P-Flow 和 E-Flow 值；

  ⑤如有需要，输入批号（Batch No）；

  ⑥如有需要，重置 ATF 循环数（Cycle count）；

  ⑦进入 Advaced 菜单，设置泵参数（Pump Parameters）；

  ⑧所有泵参数都是正确；

  ⑨点击 MENU，进入 MAIN 界面；

  ⑩点击 MAIN 界面右上角红色按钮启动运行 ATF 系统。

（8）操作案例

需要使用 ATF4 系统；

运行时 P-Flow/E-Flow 2L/min；

生物反应器运行时无维持压力；

ATF 中空纤维柱等于或略低内浸管顶端高度；

压缩空气源压力为 60psi，通过 ATF 控制器调节至运行需要的 35psi；

所要求真空源已连接。

  ①启动 C24 控制器电源，登录（Log In），选择用户 ID，系统默认为 Admin，输入密码 1111，显示 Log In Successful。

  ATF 按用户不同权限，可设置共七个，三种不同操作等级（Admin，Engineer，Operator）的用户，初始密码见图 6-23。

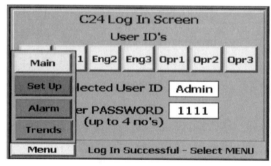
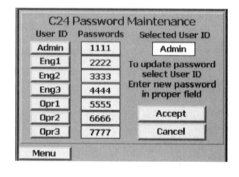

（1）

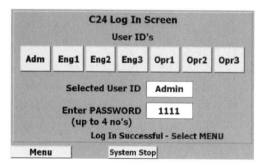
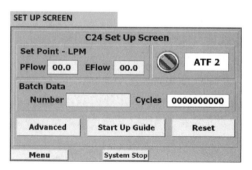

（2）

图 6-23 ATF 系统登录界面

②点击 Menu 按钮，选择 Set Up 菜单，进入操作界面后，输入要求的 P-Flow/E-Flow 2L/min。ATF 系统参数见表 6-1。

表 6-1　　　　　　　　　　　　　　　　ATF 系统参数表

项目	参数
ATF 切换开关选择	ATF4
Set Point-LPM. P-Flow	2
Set Point-LPM. E-Flow	2
Batch Data-Number	输入批号
Reset	0

③进行 Advanced 设置，进入操作界面（图 6-24），点击 Set Point & Process Ranges 进入界面，进行相关参数设置。ATF4 运行典型参数见表 6-2：

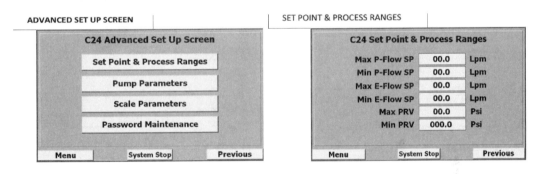

图 6-24　ATF 系统高级设置界面

表 6-2　　　　　　　　　　　　　　　　ATF 系统高级设备参数表

项目	参数
User Set Point Range	ATF4
Max PFLOW SP（LPM）	9
Min PFLOW SP（LPM）	2
Max EFLOW SP（LPM）	9
Min EFLOW SP（LPM）	2
Max PRV（psi）	30
Min PRV（psi）	-14.7

④点击 Previous，选择 Pump Parameters 菜单，并输入以下值（图 6-25、表 6-3）：

```
┌─ PUMP PARAMETERS ──────────┐
│                                        │
│  ┌──────────────────────────────┐ │
│  │      C24 Pump Parameters       │ │
│  │  Driving Force   Flow   Exhaust  │ │
│  │  Slope (deg)    0.0     0.0    │ │
│  │  Switch Offset (psi)  0.0   0.0  │ │
│  │  Delay (%)      0.0     0.0    │ │
│  │  Switch Limit (%)  0      0     │ │
│  │  P2 Trim Adjust (psi)  0.0      │ │
│  │  Init. Pressure (psi)  0.0      │ │
│  │  Menu    System Stop   Previous  │ │
│  └──────────────────────────────┘ │
└────────────────────────────────┘
```

图 6-25　ATF 系统泵设置界面

表 6-3　　　　　　　　　　　ATF 系统泵设备参数表

项目	流入参数	流出参数
Slope（deg.）	1	−1
Switch Offset/psi	0.5	−0.5
Delay/%	80	80
Switch Limit/%	90	90
P2 Trim Adjust/psi	系统默认值	
Initialization Pressure/psi	−5～−3	

注：1psi＝6894.76Pa。

⑤检查所有设置值后，返回主菜单（图 6-26）。

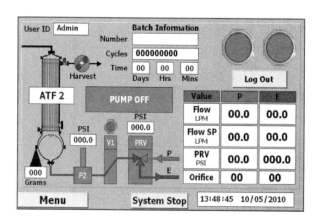

图 6-26　ATF 系统运行主界面

⑥PRV 值和 Orifice 值由控制器自动算法决定。

⑦连接气体装置至 C24 控制器（气源和真空源），控制器见图 6-27。运行时，确保控制

器压力计读值在 30~35psi（1psi=6894.76Pa）。

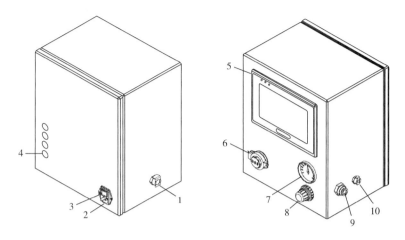

图 6-27 C24 控制器

1—用于与 ATF 泵连接 120/220V 电源输入 2—120/220V 电源线接口 3—电源开关 4—扩展预留口
5—控制器主要操作界面 6—通讯端口 7—气压计 8—手动二级气压调节 9—与真空源连接 10—与空气源连接

⑧点击 START，启动 ATF 系统（图 6-28）。

关（OFF）	红色（Red）	●
开（ON）	绿色（Green）	●
暂停（Pause）	黄色（Yellow）	○

图 6-28 ATF 系统运行状态标识

⑨过程指南

a. 选择 ATF 流速（ATF flow rate，P-Flow/E-Flow），一般根据出液速度进行选择。

b. 一般而言，ATF 流速（L/min）≈ 250×出液速度（filtration rate，L/min），安全范围为 ATF 流速（L/min）：出液速度（L/min）≥100。

当 P-Flow/E-Flow 设置为 2L/min 时，出液速度最大为 2L/min÷100=20mL/min。

c. 进行快速换液操作时，安全范围为：出液速度≥10L/min。

当 P-Flow/E-Flow 设置为 2L/min 时，换液时出液速度最大为 2L/min÷10=200mL/min。

d. 需要更快的出液速度时，相应调整 ATF 流速（ATF flow rate，P-Flow/E-Flow）。

灌流速度需要 30mL/min 时，将 P-Flow/E-Flow 设置为至少 3L/min。

e. 在细胞培养过程中，ATF 一旦开始运行，最好不要让其停止，这样柱子可以一直得到非常好的反冲洗，从而保证柱子运行过程中的清洁。

（二）微载体沉降系统

用于微载体培养系统的澄清器根据额定的灌注速率、微载体的重度以及培养基的物性可以计算出其最小的直径。设计原理是使在澄清器内流体向上流动的速度小于微载体下沉的速度，因此，进入到里面的微载体可以返回到反应器内。下式可以算出沉降状态的澄清器最小直径 d（cm）为：

$$d \geqslant \left(\frac{0.884nV}{v}\right)^{1/2} \tag{6-70}$$

式中　V——反应器的工作体积，L；

　　　　v——微载体的沉降速率，cm/min；

　　　　n——灌注系统每天的体积倍数，d^{-1}。

华东理工大学在 20 世纪 80 年代研制的双笼式生物反应器中，以及 90 年代研制的离心搅拌式生物反应器中，都采取了该类型的微载体沉降系统，每天的灌注量可高达 40L，满足高密度细胞培养的需求，成功地培养了多种细胞，如 Vero 细胞、CHO 细胞、草鱼吻端细胞等。

（三）倾斜式沉降系统

倾斜式沉降系统多用于悬浮细胞的沉降和灌注培养（图 6-29）。细胞截留系统有一个缺点，即死细胞在反应器中连续积累，迫使反应器不得不定期除去一部分包含活细胞的培养液，限制了单克隆抗体的产率。由于快速生长的活的动物细胞平均体积、相对密度比死的细胞大，故死细胞和活细胞沉降速率不同，利用倾斜式沉降法可把非活性细胞从活性细胞中连续分离出来，通过一个倾斜的沉降管使悬浮细胞一边随培养基流动，一边使不同细胞相对分离，使更高比例的活细胞返回反应器中，这样可以连续去除死细胞，并且有选择地保留大部分活细胞。它优于其他许多细胞截留，主要在于非活性细胞可被连续移出，同时只有少量的活细胞损失，使细胞免受剪切力的影响，比垂直沉降要快，减少了非活性细胞的积累。

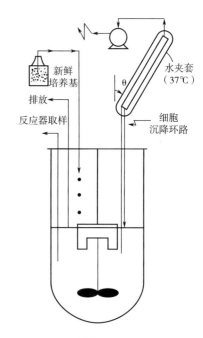

图 6-29　带有倾斜式沉降系统的
灌注培养系统

早在半个多世纪以前人们已经建立了倾斜式沉降法的运动学理论。该理论认为，根据粒子沉降原理，利用倾斜式沉降，其可处理的上清液的体积流率等于粒子的垂直沉降速度乘以倾斜式管道粒子可附着的沉降表面在水平方向的投影面积：

$$cs(v) = vD(L\sin\theta + D\cos\theta) \tag{6-71}$$

式中　$cs(v)$——可处理的上清液的体积流率；

　　　　v——细胞的沉降速度；

　　　　D——沉降管的直径；

　　　　L——沉降管的长度。

对于一个有固定尺寸和固定倾斜角度的管子，细胞是否被洗出或沉降流回反应器是由通过管子的体积流率所决定的，同时它也决定了悬浮细胞的停留时间。具有相同密度的细胞的斯托克斯沉降主要是由细胞的直径决定的。根据斯托克斯定律，细胞的沉降速度 v 为：

$$v = \frac{d^2(\rho_c - \rho)g}{18u} \tag{6-72}$$

式中　d——细胞直径；

ρ_c——细胞密度；

ρ——流体密度；

u——流体黏度；

g——重力加速度。

由于死细胞和活细胞大小不同，故其沉降速度也不同。通过调整体积流率，可使细胞的停留时间恰好处于使死细胞流出而活细胞被截留的状态，即所谓的选择性细胞截留。

相对于垂直沉降，细胞在倾斜式沉降中，只用沉降管道在垂直方向的距离，而非整个管子的长度。

利用倾斜式沉降法截留可使细胞免受剪切力的影响，并且沉降速度较快，减少了非活性细胞的积累。通过有选择地连续去除非活性细胞，使灌注培养可在一相对定态环境下操作。

（四）旋转过滤式细胞截留系统

Himmelfarb 等提出用旋转过滤器（spin filter）作为细胞截留装置，用于悬浮动物细胞的高密度灌注培养，成为研究最多的细胞截留方式之一，主要对孔径、转速和材料进行了详细的研究，有许多成功的例子。旋转过滤器是一圆筒，壁上有很多孔，安装在搅拌反应器内部，或者固定在叶轮轴上，或者单独驱动。培养上清从旋转过滤器中抽出，新鲜培养基以同样速率加入到反应器中（图 6-30）。

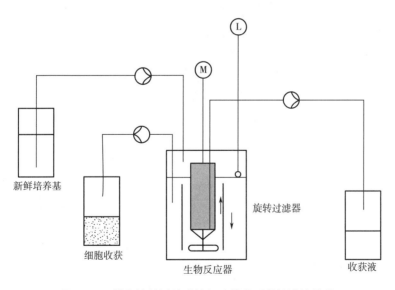

图 6-30　带有旋转过滤式的细胞截留系统的灌注培养

从流体力学角度分析，旋转过滤器的转动产生流体的升力，就像在层流场中靠近壁处的颗粒所受到的力一样。流体升力作用于层流中的小颗粒，引起离壁迁移。在安装旋转过滤器的反应器中，流体升力抵消了由灌注引起的趋向过滤表面的作用力。另外，旋转过滤器的转动引起的离心力也是不可忽略的。三种力的平衡决定了细胞是否会撞向过滤器表面。

虽然通常过滤丝网的孔径大于细胞颗粒，但是旋转过滤器的堵塞是一个严重的问题。堵塞由细胞贴附所造成，依次分三个步骤：①细胞与丝网碰撞，碰撞的频率主要由流体力学条件和细胞密度决定；②细胞贴附，贴附强度主要与细胞系和丝网材料有关，受表面光洁度和培养基的影响较小；③细胞剥离，由丝网表面的流体力学条件所造成。Deo 等认为，细胞贴附后，才能发生堵塞，堵塞是由细胞在死亡细胞表面生长并形成高细胞量所造成。这样，旋转过滤器的转速对过滤器堵塞影响很大，因为转速同时影响离心力和升力，决定细胞和丝网碰撞频率，产生丝网表面的剪切力，最终决定了细胞从丝网上的剥离。灌注培养希望稳定操作的时间越长越好，因此过滤器丝网的堵塞问题引起很大的关注。培养中不可能更换内部构件，避免堵塞只能靠旋转过滤器的设计和操作优化。

丝网材料对旋转过滤器的堵塞有影响。Esclade 等在相同的培养条件、类似的丝网孔径和表面、相同的开孔率下比较了不锈钢和聚氨酯丝网的效果。不加新鲜培养基循环培养 1 周，测定了活细胞数和死细胞数，分析了丝网上沉积物的蛋白质和核酸含量，证明聚氨酯丝网的丝网蛋白、核酸和细胞沉积量低，性能优于不锈钢丝网。电子显微镜观察，不锈钢丝网几乎所有的孔都充满细胞和膜状附着，而聚氨酯丝网的孔没有细胞和膜状附着。他们把这种现象与两种材料的表面电荷密度联系起来，金属有较高的正电荷，聚氨酯更加中性，而细胞是带负电荷的。Yabannavar 等也认为金属表面的高电荷密度是各种沉积物附着的主要原因。在另一个实验中使用 $44\sim105\mu m$ 孔径的不锈钢丝网，操作 $11\sim21d$ 后，旋转过滤器发生堵塞，丝网两侧贴附和生长着细胞。相反，使用 $120\mu m$ 孔径的聚乙烯-四氟乙烯（ETFE）丝网在长达 54d 的 5 次灌注培养中，没有堵塞发生。ETFE 的疏水性明显减小了细胞对丝网的贴附，大大延长了旋转过滤器的运行周期。

除了丝网材料和孔径之外，操作条件对于过滤器堵塞也很重要。Deo 等发现高的转速可使旋转过滤器免于堵塞，无堵塞下的最大灌注速率与丝网表面的切向速度的平方相关。高灌注速率增加丝网堵塞的可能，因为朝向丝网表面的流动增加。在这种情况下，形成的与孔径般大小的细胞碎片结团，限制了最大灌注速率，也就限制了最大细胞密度。由增加灌注速率引起的堵塞可以由增加旋转过滤器的转速来缓解。可是，转速太高，对细胞有损伤，这就有一个最佳的转速，保证细胞有效截流，过滤器正常运行。

（五）中空纤维细胞截留系统

中空纤维细胞截留系统的优点是刺激细胞使成为组织化和网络化，通常细胞密度为 10^{10} 个/mL，这已经与正常组织的细胞密度相差无几。灌注到毛细管的血液为密集的组织体提供了营养、气体、代谢物的充分交换。壳管式中空纤维聚合膜系统是最早用于细胞培养的系统，该系统为细胞在壳内生长而养分通过纤维的空腔从外部的储罐输入，形成再循环。该膜的截断分子质量为 $20\sim100kDa$，以致小分子质量的营养物和溶解的气体通过膜进入细胞培养体系中。同样，代谢废物相应地回到培养基中。大分子的产物留在培养体系中，可定时在相对较高的浓度下冲刷到外部。但随时间的推移，培养混合物中的死细胞和培养基便会堆积堵塞在膜上，尽管加入搅动装置可以缓解此问题，但作为一个不可避免的现象，膜的堵塞已成为此种方式向大规模商业化生产转变的重要障碍。

（六）超声波细胞截留系统

Doblhff-Dier 和 Trampler 等利用声学粒子分离技术来截留细胞。平面驻波产生声学力，流体和细胞相互作用。声学力的大小由细胞和培养基的密度和可压缩性决定。超声首先驱使细胞向共振场的压力波节运动。由于声学场的各向不均一性，波节中的细胞侧向迁移，聚集形成相当大的细胞团。超声装置的截留效率取决于装置内声学力的大小，声学力又是液体中声能密度分布的函数。这个分布函数与尺寸、强制边界条件以及反射器和传导器的物理性质有关。

超声波分离器较早应用于微生物和动物细胞的分离，作为灌注培养的细胞截留装置也获得了成功。利用超声波场使粒子结团，结团的细胞沉降速率较快，结团细胞返回到反应器中，培养液则被抽出，从而将细胞和培养液快速分离。结团的细胞回到反应器中，由于搅拌而使细胞团再次分散，细胞进行正常的生长和代谢。分离细胞需要高的音波振幅，产生局部过热，不管对于动物细胞还是热敏产物，这都是严重的问题。培养基温度会升高 $1.3℃/min$ 之多。采用双室共振器可以克服这个问题。这个共振器由分离室和冷却室构成。为了保持恒定的细胞分离效率，流速增加时，输入功率也要相应增加。

Pui 等在 75mL 共振器中发现，220W/L 的超声功率对细胞存活和产物生成没有影响，这个结果得到公认。可是在 260W/L 下，细胞存活率却降低。细胞分离效果随着超声处理时间和细胞密度增加，在（$10^6 \sim 10^7$）个/mL 的细胞密度下，分离效率达到 97% 以上。与细胞密度有关，超过某个灌注速率，分离效率突然急剧下降。性能的急剧下降是由分离室中细胞的积累造成的。通过控制操作参数（如流速功率输入），可以选择性地除去非活性细胞和细胞碎片，把 99% 活细胞保留在反应器中。如果分离室和冷却室分别为 50mL 和 30mL，实际的平均流速以 0.75mm/s 为宜。

（七）离心式细胞截留系统

离心式细胞截留是利用离心装置将从反应器中抽离出的培养物离心，分成上清液和沉降细胞两层，下层的细胞返回反应器，上清液排出，同时补充新鲜培养基。这种分离方式具有较高的分离效率。Westttfalia SeParator AG（德国）采用离心手段培养杂交瘤细胞和 Hela 细胞。Alfa-Laval Centritech AB（瑞典）开发了利用离心分离细胞和上清液的 50L 反应器，在灌注培养 CHO 细胞中，活细胞密度达到了 $1.4×10^7$ 个/mL（图 6-31）。

图 6-31　离心式细胞截留系统

在离心分离过程中，细胞不可避免地会受到高的剪切力的影响。Hamamoto 等发现，把杂交瘤细胞每天用 100g 的离心加速度处理 2 次，每次 30min，没有影响细胞生长速率。可是使用 500×g 的离心加速度，抑制了细胞生长。Tokashiki 等用杂交瘤细胞做实验，加速度从 100×g 增加到 500×g，每天离心 2 次，每次 10min，细胞生长和单克隆抗体比生长速率没有变化。可是在使用另外一个杂交瘤细胞系进行实验时，发现 200×g 下无影响，500×g 下抗体减少了 50%。由此可见，离心力对于细胞增殖和产物生成的影响是因细胞系而异的。

灌注培养的细胞截留可以使用连续离心，其结果与间歇离心和重力沉降相当。还有的研究设计了带有多个沉降区的专用离心机从培养基中分离细胞，这种灌注系统可以以间歇方式运行 40d。它的缺点是要引入一种新的液态载体（如过氟化碳），把沉降下来的细胞从离心机洗涤到反应器中。这样，这种液态载体在整个培养过程中留在了反应器中。

在工业的通用离心机中，只有叠片式离心机用到了灌注反应器的细胞截留上。使用叠片式连续离心机在 6L 反应器中培养杂交瘤细胞，进料流速 0.5L/min，使用 95.4% 的高流速比来避免细胞沉积在管路中。这样，细胞平均每 12min 通过一次离心机，灌注维持了 6d。在这样苛刻的条件下，细胞存活率没有变化，对细胞生长有一些影响，倍增时间从分批培养的 23.3h 延长到灌注培养的 27.7h。在 21.5L 反应器中培养 Hela 细胞，进料流速 0.72L/min，流速比为 93.7% 时，细胞存活率在大部分时间里保持在 95% 以上，倍增时间从分批培养的 28.7h 缩短到 26.3h。用这种系统在 400~2000r/min（22~560×g）转速和 0.4~4.2L/min 进料流速下培养了 CHO 细胞。尽管角速度和流速都很高，对细胞存活率和生长率都没有不利影响。在 100L 反应器中模拟 1000L 反应器操作，进料流速 1.17L/min，流速比 40%，离心机在 1700r/min 下运转，最初的细胞截留率为 100%，但是只能维持 1 周。在第 15d，分离效率下降到 95%。从分离器内部观察到，细胞在离心通道和叠片之间堆积。这可能与 CHO 细胞的黏性有关。叠片式离心机的性能与使用条件有关，不是一种通用的细胞截留装置。

离心分离存在高剪切力。Centritech 离心机的设计减小了剪切应力，工业机型处理量可达 2800L/d。它使用了柔性的无菌塑料袋，装在转子上，转动部件和非转动部件之间不需密封。从塑料袋的一端进料，另一端出料。浓缩的细胞悬液间歇地从塑料袋底部排出。在 50L 灌注反应器中培养 CHO 细胞，活细胞密度达到 $1.4×10^7$ 个/mL。还有一份报告称，在杂交瘤细胞培养中，连续离心的细胞生长速率与过滤型灌注系统差不多，但是单克隆抗体浓度降低了 35%。在间歇操作中，下拨悬液每天离心循环 2 次，每次 30min，新鲜培养基连续加入反应器，达到的单克隆抗体浓度与过滤型灌注系统相当，但是活细胞的单克隆抗体比生产速率下降了 20%~25%。应当注意到的是，在这个实验中，离心分离的操作条件和灌注速率没有经过优化。Centritech 的缺点是每 $2×10^7$ r 必须无菌更换转子中的塑料袋，也就是说，在 450r/min 转速下，必须连续操作 31d。

近年来，细胞截留装置的设计、操作和放大方面取得了许多进展，拓展了细胞截留装置的应用范围，促进了动物细胞分离的发展。借助这些装置，细胞灌注培养系统更加改进，既维持了高的细胞密度，也提高了培养基的利用率，产物生产能力比分批式培养大大提高。细胞截留装置的不断改进，正在改变动物细胞大规模培养工艺的发展走向，从目前主导的分批和流加过程向灌注过程转移。

第四节　生物反应器规模化培养

动物细胞大规模培养技术（animal cell large-scale cultivation technology）指在动物细胞培养生物反应器中以微载体、片状载体等为细胞贴附生长的载体进行悬浮培养或单细胞全悬浮培养，在人工条件下采用特定的培养模式，通过设定 pH、温度、溶解氧等培养参数，使生物反应器中培养的细胞处于最佳生长环境，最终获得高密度大量的动物细胞或表达产物用于生产生物制品的技术。通过大规模体外培养技术培养哺乳类动物细胞是生产生物制品的有效方法。目前可大规模培养的动物细胞有鸡胚、猪肾、猴肾、仓鼠肾等多种原代细胞及人二倍体细胞、CHO 细胞、BHK21 细胞、Vero 细胞等，并已成功生产了包括狂犬病疫苗、口蹄疫疫苗、甲型肝炎疫苗、乙型肝炎疫苗、红细胞生成素、单克隆抗体等产品。动物细胞大规模培养技术包括高效表达的细胞系/病毒株、个性化细胞培养基、生物反应器培养系统、细胞培养工艺技术四大核心要素。动物细胞大规模培养技术以生物反应器细胞培养为基础，实现动物细胞工业化和规模化生产，是生物制药的主流方向，目前已经广泛将其应用于生物制药行业中。

一、 动物细胞大规模培养的意义

2006 年，美国在食品与药物管理局（FDA）已批准上市的生物技术药物中，通过大规模动物细胞培养技术进行生产的产品占 70% 以上；2006 年全球生物技术药物约 70% 的销售额（超过 450 亿美元）也是由大规模动物细胞培养技术工艺进行生产的产品带来的。据统计2004 年销售额超过和接近 10 亿美元的生物技术药物共计 379.08 亿美元，其中利用细胞培养技术生产的药物销售额 260.51 亿美元，占总销售额的 68.72%。可见，哺乳动物细胞表达的产品已占据主要地位。而在我国的生物制药产业中，已批准上市的动物细胞表达的产品只有促红细胞生成素（EPO）、乙肝疫苗（CHO）和 P53 腺病毒等，它们在中国生物制药产业所占份额小于 10%。动物细胞大规模培养技术已成为中国生物技术药物生产最关键和最具挑战性的技术。

国外很早就开始了大规模培养技术的研究。1962 年自 Capstick 等实现了 BHK21 细胞的悬浮培养后，动物细胞大规模技术获得快速发展，培养规模也快速放大。英国动物病毒研究所（AVRI）在 20 世纪 60 年代初使用 BHK21 细胞增殖口蹄疫病毒，从最初的 200mL 和 800mL 玻璃容器开始，很快就放大到 3L 和 10L 不锈钢罐的培养规模。1976 年后，Wellcome（现为 Cooper 动物保健）集团分布于欧洲、非洲和南美洲 8 个国家的生产厂商，应用此项技术工业规模化生产口蹄疫疫苗和兽用狂犬疫苗，现已经掌握了 500L 的细胞生物反应器大规模培养技术。英特威（Intervet）使用生物反应器悬浮培养 BHK21 细胞生产口蹄疫疫苗，其规模不断扩大。对于微载体贴壁细胞培养的规模放大也有较快的发展。从 1976 年出现到 20 世纪 80 年代，巴斯德研究所已开始利用 100L 的生物反应器微载体培养 Vero 细胞生产人用狂犬病疫苗和脊髓灰质炎疫苗。发展到现在，Baxter 利用微载体培养 Vero 细胞在搅拌式生物反应器中生产流感疫苗，8 周内就可从 1mL 放大到 600L 的规模。在 2007 年获得生产文号利用大规模微载体培养化 Vero 细胞生产流感疫苗。

反应器规格放大的同时，由于市场的需求，生物制品厂家的总体反应器培养容量也在快速扩大。资料显示，2002—2003 年，只有 3 家公司具有大于 5000L 的动物细胞培养容量，而到 2006 年，多数公司具有大于 7500L 的动物细胞培养容量，2006 年全球生产型动物细胞培养反应器的总规模为 197 万 L。如前述，生物制药行业的反应器使用率将从 2005 年的 60% 增长到 2011 年的 85%。现在国际著名的生物公司通过收购或是在境外建厂快速扩大自己的生产规模，提高市场竞争力。Lonza 公司在英国用于研发和小规模生产的一次性反应器规模可达 400L，气升式反应器规模在 2000L，搅拌式为 50L，其在 2004 年在美国新罕布什尔州完成了大规模动物细胞培养生产用的 2000L 大型搅拌罐式生物反应器的建立，2005 年就拥有 3 台 20000L 的搅拌式生物反应器进行抗体和重组蛋白的生产，2006 年增加到 4 台，其单克隆抗体滴度可达 5.5g/L。并且 2006 宣布开始在新加坡建立龙沙（Lonza）的第二个大规模动物细胞培养工厂，该厂拥有 4 台大型生物反应器的生产线。英特威（Intervet）于 2006 年收购了拜耳公司位于德国的口蹄疫生产工厂以展示口蹄疫疫苗生产能力，并于 2007 年开始投入生产，建立继巴西和印度之后的第三家口蹄疫生产工厂。葛兰素史克（GSK）于 2006 年在新加坡开始其第一个生产病毒疫苗的动物细胞反应器生产线的工厂。

与国际动物细胞大规模技术应用现状相比，我国动物细胞大规模培养技术尚有差距，仍以小型化、实验室规模为主。大部分疫苗企业生产仍然采用批量小、效率低、劳动强度大、占用场地多的转瓶培养工艺。所使用细胞培养基多为20世纪50年代开发的MEM、DMEM、M199、RPMI1640等基础培养基，血清添加比例10%左右，细胞生产效率低。治疗性抗体尚有较大发展空间，所用的无血清培养基和生物反应器仍以进口为主。

广州某公司自主研发出了使用固定床篮式搅拌系统生物反应器生产人用狂犬病疫苗的技术。所使用生物反应器为CelliGen固定床篮式搅拌系统生物反应器，微载体为Fibra-Cel载体，细胞培养基为个性化细胞培养基MD505。采用微载体固定化大规模高密度培养Vero细胞，应用灌流培养生产工艺，繁殖狂犬病毒，生产产品为"冻干人用狂犬病疫苗（Vero细胞微载体）"。南京某公司使用生物反应器为300~100L，利用微载体悬浮培养采用批培养生产工艺培养Vero细胞生产法氏囊疫苗，细胞密度可达10^6个/mL，其所使用的生物反应器与生产工艺均引自国外。长春某企业则为第二家掌握了生物反应器微载体技术悬浮培养Vero细胞生产人用狂犬疫苗技术的企业，并于2006年11月22日获得了国家食品药品监督管理局颁发的人用狂犬病疫苗（Vero细胞）的新药证书。

目前动物细胞大规模培养技术是我国生物制药的薄弱环节之一，我国生物医药等领域的产业化与发达国家存在差距。重要原因之一就是缺乏相配套工艺的工业化放大技术研究和相应的装备技术支撑。

首先，我国生物制药行业中动物细胞大规模培养技术应用起步较晚，国外自20世纪70年代即开始了动物细胞大规模培养技术在生物制药中的应用，而我国直到2000年才实现。

其次，我国现有动物细胞大规模培养的规模较小。我国多数生物制药企业的动物细胞培养规模仍停留在5~30L的实验室规模，目前国内的生物制药企业开始采用上百、千升的动物细胞生物反应器，但这些大型动物细胞培养装置都依赖进口，如瑞士的75L~750L~3000L动物细胞生产线，这些动物细胞反应器不仅产品和配件价格昂贵、维修不便，而且超过50L的生物反应器进口还受到限制，如进口超过20L以上的Wave反应器就要受美国商务部的严格审查。

再次，动物细胞大规模培养技术相关装备研制的落后。就动物细胞培养生物反应器市场而言，贝朗（B. Braun）、NBS、Bio Engineering、日本丸菱等国外公司占据动物细胞生物反应器市场70%以上。近年来，国内生物反应器的产业有所发展，有关产品生产的企业已达十多家，这些公司着重于以降低生产成本为目标的零部件替换研究，可满足一般用户的基本需求。

抗体药物、重组蛋白药物和疫苗日益增长的市场需求推动着生物制药产业的发展，也促进着细胞大规模培养技术的发展。细胞大规模培养技术是生物制药上游关键技术之一。生物制药研发生产中，一方面，对产品质量、产量要求的提高，决定了细胞培养生产工艺优化的重要性，另一方面，研发生产的时间成本和市场成本，又要求以最快速度确定细胞培养生产工艺。我国的生物制药工业正在迅速发展，并逐渐向世界接轨。

生物反应器大规模培养的优点：

①生物反应器培养过程采用自动化控制，可对培养过程进行监控及定量控制，生产工艺条件稳定可控；

②生物反应器细胞培养的环境均一，提高了产品的生产质量，减少了产品的批间差异，产品效力及安全性优于转瓶培养；

③可实现细胞的悬浮培养，提高了单位容器中的细胞培养密度和空间利用率，提高单位体积细胞的数量，从而提高病毒的产毒量；

④可提高劳动生产效率，易于扩大生产规模，降低劳动成本与生产成本。

二、　动物细胞大规模培养技术应用

通过大规模体外培养技术培养哺乳类动物细胞是生产生物制品的有效方法。20 世纪 60—70 年代，就已创立了可用于大规模培养动物细胞的微载体培养系统和中空纤维细胞培养技术。近十数年来，由于人类对生长激素、干扰素、单克隆抗体、疫苗及白细胞介素等生物制品的需求猛增，以传统的生物化学技术从动物组织获取生物制品已远远不能满足这一需求。随着细胞培养的原理与方法日臻完善，动物细胞大规模培养技术趋于成熟。

在过去几十年来，该技术经有了很大发展，从使用转瓶（roller bottle）、CellCube 等贴壁细胞培养，发展为生物反应器（bioreactor）进行大规模细胞培养。第一代细胞培养技术核心问题是难以产业化或者说是规模化生产：一是在工艺生产时不能大规模制备产品；二是非批量生产容易导致产品质量的不均一性；三是难以对同批生产进行生产和质量控制。

随着生物技术的发展，迫切需要大规模的细胞培养，特别是培养表达特异性蛋白的哺乳动物细胞，以便获得大量有用的细胞表达产物。采用玻璃瓶静置或旋转瓶的培养方法，已不能满足所需细胞数量及其分泌产物。因而必须为工业化生产开创一种新的技术方法。自 20 世纪 70 年代以来，细胞培养用生物反应器有很大的发展，种类越来越多，规模越来越大，较常见的细胞培养生物反应器有气升式生物反应器，中空纤维生物反应器，无泡搅拌式生物反应器及篮式生物反应器等。20 世纪 80 年代以来，人们逐渐开始以生物反应器培养代替鼠腹水的方法获得单克隆抗体。

动物细胞是一种无细胞壁的真核细胞，生长缓慢，对培养环境十分敏感。采用传统的生物化工技术进行动物细胞大量培养，除了要满足培养过程必需的营养要求外，有必要建立合理的控制模型，进行 pH 和溶解氧（DO）的最佳控制。细胞生物反应器可通过计算机有序地定量地控制加入动物细胞培养罐内的空气、氧气、氮气和二氧化碳四种气体的流量，使其保持最佳的比例来控制细胞培养液中的 pH 和溶解氧水平，使系统始终处于最佳状态，以满足动物细胞的生长对 pH 和溶解氧的需要。如为提高或达到一定的溶解氧水平可改变通入培养罐内气体中氧气和氮气的比例来实现控制溶解氧值的目的。采用二氧化碳/碳酸氢钠（CO_2/$NaHCO_3$）缓冲液系统来控制培养液的 pH 是一种较好的方法。

现在，由于动物细胞培养技术在规模和可靠性方面都不断发展，且从中得到的蛋白质也被证明是安全有效的，因此人们对动物细胞培养的态度已经发生了改变。许多人用和兽用的重要蛋白质药物和疫苗，尤其是那些相对较大、较复杂或糖基化（glycosylated）的蛋白质来说，动物细胞培养是首选的生产方式。20 世纪 60 年代初，英国动物病毒研究所在贴壁细胞系 BHK21 中将口蹄疫病毒培养成功后，从最初的 200mL 和 800mL 玻璃容器开始，很快就放大到 30L 和 100L 不锈钢罐的培养规模。使用的是基于 Eagle's 配方的培养基，补充 5% 成年牛血清和蛋白胨。1967 年以后，Wellcome（现为 Cooper 动物保健）公司分布于欧洲、非洲和南美洲 8 个国家的生产厂商，应用此项技术工业规模化生产口蹄疫疫苗和兽用狂犬疫苗，已掌握了 5000L 的细胞罐大规模培养技术。

目前已实现商业化的产品：口蹄疫疫苗、狂犬病疫苗、牛白血病病毒疫苗、脊髓灰质炎病毒疫苗、乙型肝炎疫苗、疱疹病毒疫苗、巨细胞病毒疫苗、α 干扰素及 β 干扰素、血纤维蛋白溶酶原激活剂、凝血因子Ⅷ和Ⅸ、促红细胞素、松弛素、生长激素、蛋白 C、免疫球蛋白、尿激酶、激肽释放酶及 200 种单克隆抗体等。其中，口蹄疫疫苗是动物细胞大规模培养方法生产的主要产品之一。1983 年，英国 Wellcome 公司就已能够利用动物细胞进行大规模培养生产口蹄疫疫苗。美国基因泰克公司应用 SV40 为载体，将乙型肝炎病毒表面抗原基因插入哺乳动物细胞内进行高效表达，已生产出乙型肝炎疫苗。英国 Wellcome 公司采用 8000L Namalwa 细胞生产 α 干扰素。英国 Celltech 公司用气升式生物反应器生产 α、β 和 γ 干扰素；用无血清培养液在 10000L 气升式生物反应器中培养杂交瘤细胞生产单克隆抗体。美国 Endotronic 公司用中空纤维生物反应器大规模培养动物细胞生产出免疫球蛋白 G、免疫球蛋白 A、免疫球蛋白 M 和尿激酶、人生长激素等。

三、 微载体大规模培养

动物细胞培养开始于 20 世纪初，1962 年后开始扩大，发展至今，已成为生物、医学研究和应用中广泛采用的技术方法，利用动物细胞培养生产具有医用价值的酶、生长因子、疫苗和单抗等，已成为生物医药高技术产业的重要组成部分。由于动物细胞体外培养的生物学特性、相关产品结构的复杂性及质量的要求，动物细胞常规培养技术仍难以满足具有重要医用价值的生物制品规模化生产的需求，迫切需要进一步研究和发展动物细胞大规模培养工艺（图 6-32）。目前，众多研究领域集中在扩大培养规模、优化细胞培养环境、提高产品的产率并保质量和一致性上。

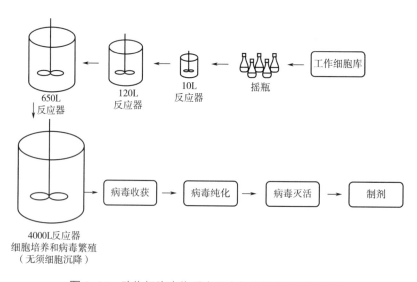

图 6-32 动物细胞生物反应器大规模培养工艺流程图

细胞培养中最常用的转瓶细胞培养工艺，其单位培养体积内可提供的培养面积小，难以扩大规模，劳动强度大，操作过程易污染。为获得大量的细胞培养产物，一种新的细胞培养技术——生物反应器微载体大规模培养技术正越来越多地获得科学研究人员，特别是产品研发技术人员的青睐。微载体（microcarrier）培养是融合悬浮培养优点的一种特化的细胞贴壁培养模式。其基本特征是细胞贴附于微载体表面并随其共同悬浮于培养基中生长。微载体的应用不仅大大增加了单位培养体积中细胞赖以生长的表面积，同时也加大了细胞培养过程监测和控制及细胞培养规模放大的可实施程度。生物反应器微载体系统大规模培养动物细胞，是目前具有国际先进水平的工业化细胞培养技术。生物反应器大规模培养动物细胞进行生物制品生产，是国内外研究的热点，也是生物技术的一个重要的发展方向。

通过大规模体外培养技术培养哺乳类动物细胞是生产生物制品的有效方法。20世纪60—70年代，就已创立了可用于大规模培养动物细胞的微载体培养系统及中空纤维细胞培养技术。近十数年来，由于人类对生长激素、干扰素、单克隆抗体、疫苗及白细胞介素等生物制品的需求猛增，以传统的生物化学技术从动物组织获取生物制品已远远不能满足这一需求。随着细胞培养的原理与方法日臻完善，动物细胞大规模培养技术趋于成熟。生产过程开发研究的两个主要目的是提高产率、保证产物质量和过程工艺设计的一致性，前者直接关系到商业化生产的可行性，后者则关系到药物的性能。具体到动物细胞培养来讲就是要提高细胞密度和产物浓度，降低培养基成本与过程运行成本，同时满足产品质量要求和安全性要求。当前动物细胞大规模培养研究主要集中在技术优化方面，包括发展高通量细胞克隆技术筛选高表达细胞株，进行细胞驯化改变细胞的生长方式及生长环境，针对特定细胞的营养需求进行培养基优化，针对特定细胞与产品的过程优化等，这些都是提高细胞密度与产物浓度的有力途径。

（一）微载体

1. 微载体培养动物细胞的特点

微载体是指直径为 $60\sim250\mu m$，在动物细胞培养中所使用的一类无毒性、非刚性、密度均一、通常透明的微球，能使贴壁依赖性的细胞在悬浮培养状态下贴附在微球表面单层生长，极大地增加了生长面积，有利于细胞的大规模培养和收集。微载体一般是由葡聚糖、纤维素或胶原等物质制成的微小颗粒，具有较大的表面积，能提供极大的细胞生长表面积；还易于检测和控制培养系统环境因素和微珠上细胞的生长情况；培养基利用率高；可实现无细胞过滤，优化下游工程；培养放大容易，劳动强度小，可系统化、自动化，减少污染；提供更近于体内环境的三维立体环境，细胞在微载体上可克服接触抑制，形成多层生长。

细胞培养用的微载体有种类型，大体上可将微载体分为两大类：实心微载体和多孔微载体。实心微载体为球形，具有和水相似的密度，在轻微搅拌下可均匀悬浮于培养液中，细胞贴于载体表面生长，其代表为 GE Healthcare 的 Cytodex 系列微载体。实心微载体相对于利用微珠内部来培养细胞的大孔微载体，比表面积和可获得的细胞浓度较小，细胞易受搅拌、珠间碰撞、流动剪切力等动力学因素破坏。大孔微载体可广泛用于填充床、流化床、搅拌釜生化反应器，且在灌流反应器中可保持数月的良好生产力，能在降低培养基血清含量的同时保证细胞和目的产物的产量。但它在空间上阻碍了氧等营养成分的传递和病毒的感染细胞，积累代谢废物。

微载体培养体系根据使用性质可分为悬浮微载体培养和固定化微载体培养，与固定化微载体相比，虽然悬浮微载体培养条件的控制要求较高，但其培养规模大，线性放大容易，是工业生产的主要方式。每克 Cytodex-1 微载体表面积为 $4400cm^2$，相当于 0.7 个 10 层细胞工厂、1~1.5个15L转瓶的表面积，每克片状载体表面积为1200cm²，相当于0.3个15L转瓶的表面积。对于使用Cytodex-1微载进行细胞培养的反应器，如使用15L生物反应器微载体使用量为10g/L，则细胞培养的数量相当于150~200个转瓶细胞量，与使用500g片状载体培养的14L反应器细胞数量相当。片状载体作为贴壁载体，直径为6mm无纺聚酯纤维圆片，具有很大的表面积与质量比（1200cm²/g），可多次使用，严格意义上讲片状载体不属于微载体的范畴。但是自20世纪90年代中期，美国NBS公司在中国市场推出固定篮式搅拌系统和片状载体（Fibra Cel）以来，相关的产品设备已经广泛地应用于细胞分泌物、基因药物治疗、病毒性疫苗等生物产业的实际生产中，并取得了良好的经济效益。

2. 细胞培养微载体的性质

国际市场上出售的微载体商品的类型已经达十几种，包括液体微载体、大孔明胶微载体、聚苯乙烯微载体、PHEMA微载体、甲壳质微载体、聚氨酯泡沫微载体、藻酸盐凝胶微载体及磁性微载体等。在生物制药产业中常用的商品化微载体有：Cytodex-1、Cytodex-2、Cytodex-3、Cytoproe和Cytoline。

最常用的微载体是以葡聚糖为基质，这有利于较大范围的不同细胞系贴附和增殖，包括那些软骨细胞和骨细胞。根据葡聚糖上交联的基团不同，可分为载体带有正电荷、载体表面带有正电荷和载体表面由胶原覆盖。其中，微载体的表面胶原可促进细胞的贴附，由于无血清培养基中血清的缺失减少了细胞的贴附作用，故常用于无血清培养基的反应器悬浮培养，适用于293细胞、MDCK细胞、Vero细胞和BHK21细胞等常规的传代细胞系的放大培养。微载体为单层贴壁细胞的生长繁殖提供了一个大的表面区域，为细胞生长提供了一个匀质的悬浮培养系统。

反应器微载体培养系统具有很大的优势：比表面积大，较大的比表面积可有效地节省空间和培养基以及昂贵的添加剂如血清、生长因子等的成本，提高了培养基的利用率和单位体积细胞的产率；有利于反应器中高效的气液传递，有效地维持细胞生长的关键物理、化学和生物环境；该系统可用于调整和检测细胞培养所需的剪切力水平、搅拌和营养成分，因此可实现更严格的调整细胞增殖、分化等不同的生物过程，批次间具有较高的重现性；微载体密度和体积远大于细胞，产物与细胞可方便地分离，换液简单，适用于反应器的流加培养或者灌注培养；易于放大，劳动强度低。微载体生物反应器培养系统为细胞扩增和增强表达提供了一个具有吸引力的方法，除了作为锚地依赖型细胞增殖的基质外，微载体也用来提供分化和未分化细胞的放大培养。贴壁细胞的微载体培养系统被认为是今后对抗传染性疾病大流行（如流感）的一种关键技术（图6-33）。

微载体的性能要求：组织工程种子细胞主要为贴壁依赖性细胞，其只有黏附在固体基质表面才能增殖，故细胞在微载体表面的贴附是进一步铺展和生长的关键。影响细胞贴附和铺展的主要因素是二价阳离子和吸附糖蛋白。除上述两因素外，对粒径、表面光滑程度、与细胞分离难易、

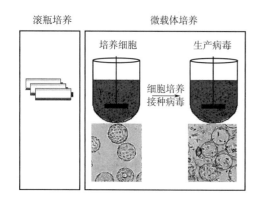

图6-33 微载体生物反应器动物细胞培养模式

重复使用性等方面均有要求。微载体的制备材料：早期微载体多采用合成聚合物，如聚甲基丙烯酸-2-羟乙酯（PHEMA）、葡聚糖等。合成聚合物制备的微载体重复性和力学性能可以达到较高水平，但缺乏细胞识别位点，影响细胞在其表面黏附、生长。天然聚合物及其衍生物因其取材方便、生物相容性好且价格低廉日渐成为微载体制备材料的首选。常用的有明胶、胶原、纤维素、甲壳质及其衍生物以及海藻酸盐等。明胶是胶原蛋白经温和、不可逆降解的产物，生物相容性好。胶原是一类可引导组织再生的生物材料，无抗原性、可参与组织愈合过程。

3. 细胞培养微载体的类型

根据物理学特性主要分为固体微载体和液体微载体，以前者为常见，固体微载体又分为实心微载体和大孔/多孔微载体。

（1）实心微载体　实心微载体易于细胞在微球表面贴壁、铺展和病毒生产时的细胞感染，Cytodex 系列是当前应用较为广泛的一种。实心微载体的制备多采用悬浮聚合的方法。实心微载体比表面积和可获得的细胞浓度均较小，细胞易受搅拌、球间碰撞、流动剪切力等动力学因素破坏。大孔微载体可广泛应用于搅拌式生化反应器，且在灌流反应器中可保持数月的良好生产力，能在降低培养基血清含量的同时保证细胞和目的产物的产量。

（2）大孔/多孔微载体　该微载体的制备关键在于制孔，常见的制孔方法有成孔剂析出法和气体发泡法。成孔剂有盐、糖类、冰晶等。后者常用的气体为 CO_2。

（3）液体微载体　有研究开发了氟碳化合物液膜微载体。其微球形成、细胞贴壁、培养均在搅拌下进行，当达到培养目的时停止搅拌即可。通过混合物的离心分相使细胞游离地悬浮于有机相和培养基相之间，用移液管即可方便移出，克服了固体微载体吸附血清、易于变性等缺点。

（4）超微载体　体积微小、粒径由几十纳米到几百微米，用于装载、保存和运输特定化学物质、进入特定的反应区域或者透过皮肤进入人体组织的一类载体的总称。该载体主要应用于化妆品领域和药物载体方面，有时可做为反应载体。目前研制的主要的超微载体有微乳液、微胶囊、球形液晶、脂质体和纳能托。微乳液的直径为 $10 \sim 100nm$，一般由水、油脂、表面活性剂和助乳化剂制成，是一种热力学稳定的分散体系。微胶囊是用成膜材料把固体、液体或气体包覆形成的微小粒子，粒径为 $5 \sim 200\mu m$。该成膜材料通常是由蜡、树胶、天然高分子与合成高分子物质构成，常用的有明胶、羧甲基纤维素等。该种球形液晶属于溶质液晶，是一种多层结构的表面活性剂的聚集体。其以水为溶剂，表面活性剂烷基苯磺酸钠和月桂醇聚氧乙烯醚为溶质，在临界以上温度制成饱和溶液，加入一些盐形成的悬浮聚集体且运载能力远高于微乳液。脂质体是由类脂组成的双层分子的空心球。根据形态，脂质体可分为3种：多层脂质体、大的单层体和小的单层体。其主要制备原料有磷脂、胆固醇、聚苯乙烯烷基酯和聚苯乙烯烷基酯蔗糖二酯等。脂质体具有亲油、亲水性，是目前医药学及化妆品领域中非常有用的一种载体。纳能托是一种由卵磷脂和辅助表面活性剂以一定比例组成的单层膜状结构的纳米胶体，平均粒径 25nm。其在化妆品的配方、贮存、运输以及消费者使用过程中保持较高的稳定性。

（5）微载体的改性　微载体须具有细胞易于黏附的表面，因而在制作微载体时必须考虑其表面亲水性及电荷特性。常用的改性方法有化学改性法、等离子体法和表面修饰法等。化学改性法是指通过共聚、接枝等方法来改变材料的组成，同时获得具有良好细胞亲和性表面的方法。等离子体法是指在微载体表面引入特定的官能团或其他高分子链。表面修饰法是指在微载体表面固定一些贴壁因子，如多聚赖氨酸、胶原蛋白等，以提高细胞的黏附性。

不同类型微载体的结构见图6-34和图6-35。

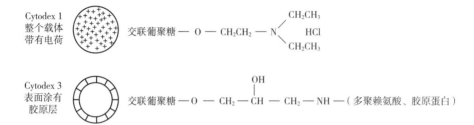

图6-34　两种类型 Cytodex 微载体的结构图解

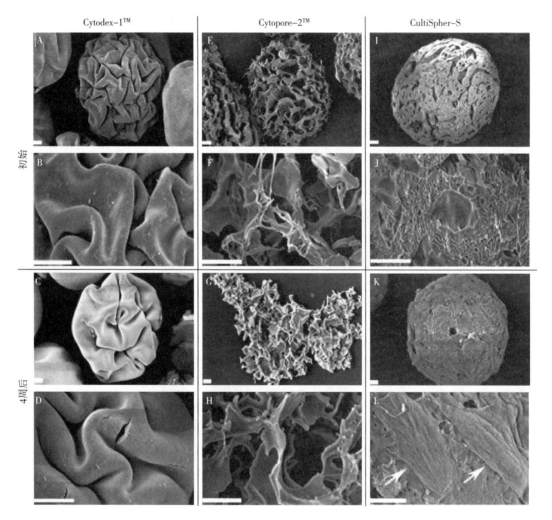

图6-35　三种类型微载体的显微结构

注：同一列为同一微载体在不同放大倍数下的图像。

（二）微载体培养技术

微载体培养技术（mcrocarrier culture technology）由荷兰学者 A. L. Van Wezel 用 DEAE-SephdexA50 于 1976 年研制成功并用于动物细胞大规模培养。经过 30 余年的发展，该技术目前日趋完善和成熟，在动物细胞生物反应器微载体培养系统中，培养基及工艺优化是实现细胞相关生物产品大规模生产的前提，并广泛应用于生产疫苗、基因工程产品等。微载体培养是目前公认的最有发展前途的一种动物细胞大规模培养技术，其兼具悬浮培养和贴壁培养的优点，放大容易。目前微载体培养广泛用于培养各种类型细胞，生产疫苗、蛋白质产品，如293 细胞、MDCK 细胞、Vero 细胞、CHO 细胞。

1. 微载体培养技术的工艺

对于生物反应器，目前通常选用经典的搅拌式生物反应器，通过多级放大的方式大规模培养细胞及病毒。建立的工艺，能够在 20d 内，完成细胞从种子开启，经 7L—75L—550L 逐级放大培养和病毒培养，大大提高工作效率。对于细胞培养工艺技术的应用，我们研究了批培养、换液培养和灌流培养对于 Vero 细胞的生理代谢影响，结合各级细胞培养的特点和要求，在 7L 使用灌流培养法，使细胞处于最优生长环境中，细胞代谢快，生长旺盛，获得高密度的细胞种子进行下一级传代。在 75L 选用再循环培养法，可使细胞获得较好的生长环境，获得较高密度的细胞进行下一级传代，节省灌流液的使用，简化工艺。在 550L 使用批培养方法，此规模的细胞用于病毒培养，不需要太高的密度，因此批培养就可保证需求，也简化了大体积培养操作的复杂性。同时，通过多批试验，探索出了细胞培养最适培养控制参数，包括溶解氧、pH、湿度和搅拌速度等。在 550L 病毒培养阶段，在小体积培养罐上进行病毒培养温度、pH 等关键工艺参数研究，获得了最佳病毒培养条件，并最终放大到 550L 规模。经多批研究验证其工艺稳定，产度量高，与国外工艺相比，达到了先进水平。

上游大规模技术制备的病毒液，需要下游相适应的后处理技术，完成疫苗的后处理。根据上游工艺技术特点，可不使用经典的盐析、透析、离心、密度梯度离心等技术，而采用国际上较先进的多级过滤澄清、超滤浓缩、柱层析纯化和甲醇灭活后处理工艺，其工艺特点是批处理量大，易于扩大规模，上下工艺步骤联系紧密，可同时进行操作，大大节省空间和人力物力，提高效率。多批疫苗培养和后处理工艺验证证明，整个疫苗大规模培养和后处理工艺衔接紧密，工艺稳定，生产的疫苗各项指标符合质量要求，该工艺符合现代化大规模疫苗生产的需求。

随着生物反应器微载体大规模培养动物细胞的发展，多种细胞可作为疫苗的生产的基质，目前动物细胞用于疫苗培养的工艺（控制参数，生产操作）已经相对成熟，细胞的大规模生物反应器培养以及以细胞为基质采用大规模生物反应器生产各种人用疫苗受到制药企业和研究院校的青睐。生物反应器微载体动物细胞培养模式包括分批式培养、流加式培养、换液、灌注式培养等方式，同时在生物反应器细胞培养中过程中关键因素包括微载体类型、微载体密度、培养基中葡萄糖含量、谷氨酰胺含量以及在培养过程中等代谢物浓度如谷氨酸、乳酸、氨的浓度都会对细胞的生长产生影响。

2. 微载体培养原理

微载体培养原理是将对细胞无害的微载体颗粒加入到培养容器中，作为载体使细胞在其表面附着生长，同时通过持续搅拌使微载体始终处于悬浮于培养基中的状态。贴壁依赖性细胞在微载体表面上的增殖，要经历贴附、伸展、生长和扩增四个阶段。细胞只有贴附在固体表面才能实现自身的增殖，故细胞在微载体表面的贴附是细胞进一步铺展和生长的关键。贴附主要靠静电吸引力和范德华力。细胞能否在载体表面贴附，主要取决于细胞类型、细胞生长特性、细胞和载体的接触概率和相容性。动物细胞无细胞壁，对剪切力敏感，无法靠提高搅拌转速来提高细胞和载体的接触概率。通常采用的操作方式是在培养初期细胞贴附期采用低搅拌转速，间歇式搅拌，使培养体系搅拌若干分钟后停止搅拌并持续一段时间，如此循环若干时间后开始最低转速的持续搅拌培养至完成整个培养。再者就是在培养初期在间歇式搅拌的基础上采用 1/3~1/2 培养体积，这样大大增加了细胞和载体的接触概率，从而促进细胞在微载体表面贴附进而完成细胞培养，经过一定时间的初培养后补充培养基至目标体积，以最低转速进行持续搅拌继续进行培养。

由于动物细胞的来源组织广泛，不同组织来源的细胞生长特性和培养周期都不尽相同。要掌握不同细胞在微载体上的贴壁时间首先需要知道不同的来源的动物细胞在静置培养中的贴壁时间。不同的来源的动物细胞在静置培养中的贴壁时间是不同的，例如 MDCK 细胞贴壁时间很短，约 10min 就可以完成贴附，Vero 细胞则需要 20min，ST 细胞则需约 30min。通常采用的间歇式搅拌为 "3min on 30min off"（即搅拌 3min 后停止 30min），但是一定要根据动物细胞自身的生长特性和贴壁时间合理设置搅拌周期。微载体培养的搅拌速度比较低，一般情况下为 30~60r/min，最大速度 75r/min。

微载体培养初期，必须保证培养基与微载体处于稳定的 pH 与温度下，接种对数生长期的细胞至终体积的 1/3~1/2 的培养液中，以增加细胞与微载体接触的机会。不同的微载体所使用的含量与细胞的密度是不同的，微载体常用的含量为 2~3g/L，也有用到 5~10g/L，甚至 10g/L 以上，玻璃株微载体的含量可以达到 30g/L。贴壁阶段一般需要 3~8h，然后慢慢加入已平衡至室温的含血清的培养基至工作体积，并且调整搅拌转速至能够将该载体浓度的载体全部搅起的速度，保证搅拌均匀，同时进行细胞计数、葡萄糖浓度、谷氨酰胺、谷氨酸、乳酸和氨浓度的测定以及细胞生长状态和细胞形态的镜检。随着细胞的增殖，微载体会变重，需要增加搅拌速度。在培养过程中，培养液常会因为代谢废物的产生而开始呈现酸性，需要更换培养液。换液时，先停止搅拌，让微载体沉降 5min，弃掉一定体积的培养液，缓慢加入预热到 37℃ 的新鲜培养液，重新开始搅拌。收获细胞时，首先排干培养液，至少用缓冲液漂洗一次，然后加入消化酶，75~125r/min 快速搅拌 20~30min，收集细胞及产品，通过增加培养体积可以进行微载体培养放大，目前，使用异倍体或原代细胞微载体培养生产疫苗、干扰素、已被放大到 4000L 以上。

3. 微载体培养的优缺点

生物反应器动物细胞微载体培养有很多好处：

（1）可在反应器内提供大的比表面积，比表面积大，1g Cytodex-1 能提供 4400cm² 表面积，理论上可以收获 $(7.5~10) \times 10^8$ 个细胞，因此单位体积培养液的细胞产率高，培养基利用率高；

（2）把悬浮培养和贴壁培养融合在一起，兼具两者优点；

（3）采用均匀悬浮培养，简化了各环境因素的检测和控制，提高了培养系统的重复性；

（4）可用普通生物倒置显微镜观察细胞在微载体表面的生长情况；

（5）对多数贴壁细胞而言，放大还是较为容易的，但是对于某些贴壁非常牢固的细胞来说，放大过程不易控制；

（6）适合于多种贴壁依赖性细胞；

（7）在配有专门的消化装置和设备的前提下，细胞收获过程不复杂，较容易收获细胞；

（8）劳动强度小，培养系统占地面积和空间面积小，易于操作。

生物反应器微载体动物细胞培养是一种重要的细胞培养模式，已用于疫苗的生产过程。微载体培养系统存在的缺陷如下：

（1）微载体价格昂贵，并且一般不建议重复使用；

（2）微载体培养系统为悬浮培养，需要进行搅拌，细胞生长在微载体表面，易受到剪切力的损伤，不合适与贴壁不牢的细胞生长，并且那些对生长条件要求较高，对培养环境较为敏感的细胞也不适合于微载体培养；

（3）要较高的细胞接种量，以保证每个载体上都有足够量的贴壁细胞数。

近年来，已开发了许多新的微载体和培养系统来弥补微载体系统的不足。甘肃省动物细胞工程技术研究中心，以明胶为原料准备了实心明胶微载体，可以用于多种细胞的培养，在生物反应器中培养 Vero 细胞、ST 细胞、MDCK 细胞均获得了较好的效果。按 3g/L 载体含量，20 个细胞/载体的条件，MDCK 细胞最大增殖密度可以达到 $260×10^4$ 个/mL。

4. 微载体大规模动物细胞培养的生物反应器和培养模式

利用生物反应器系统进行微载体大规模动物细胞培养，细胞扩增效率受到诸多因素的影响和限制，其中主要的限制因素包括细胞对剪切力的敏感性、培养过程中 pH 的变化和控制、氧气和其他营养物质的传递和消耗、代谢产物的积累以及传代和扩大培养等。研制的各种类型的生物反应器系统则可针对上述限制因素，为微载体动物细胞培养与扩增提供低剪切力、高氧气传递效率、易于细胞传代等适宜外部环境。应用生物反应器系统进行动物细胞大规模扩增培养具有明显优势，目前国内外相继研发了数种适合进行微载体大规模动物细胞培养的生物反应器和培养模式，如搅拌式生物反应器系统、提升式搅拌桨系统、旋转式生物反应器、波浪式生物反应器系统以及灌注式生物反应器培养模式等。

细胞在微载体与片状载体上生长的图片见图 6-36、图 6-37、图 6-38。

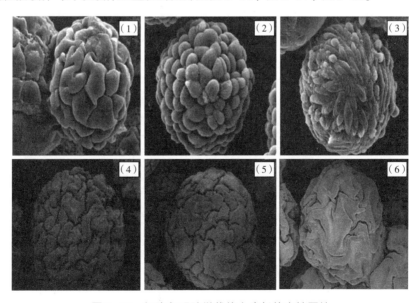

图 6-36　细胞在明胶微载体上生长的电镜图片

（1）Vero 细胞　（2）Marc-145 细胞　（3）CHO 细胞　（4）BHK21 细胞　（5）HEK293 细胞　（6）MDCK 细胞

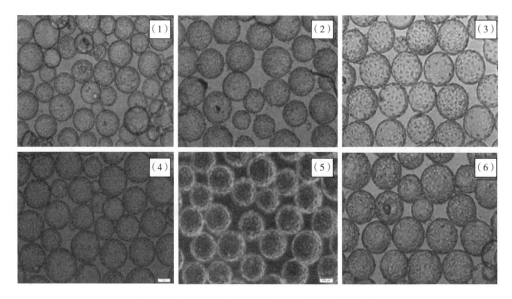

图 6-37　细胞在明胶微载体上生长的显微镜图片

（1）BHK21 细胞　（2）CHO 细胞　（3）Marc-145 细胞　（4）Vero 细胞　（5）HEK293 细胞　（6）MDCK 细胞

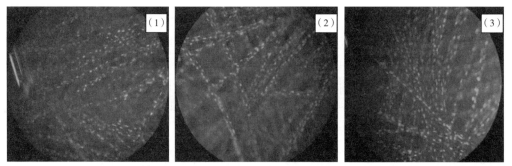

图 6-38　细胞在片状载体上生长的荧光图片

（1）CHO 细胞　（2）Marc-145 细胞　（3）Vero 细胞

注：本结果是使用 Hst33258 染色液进行核染色获得，细胞生长在片状载体的纤维上，
每一个亮点是一个细胞核，通过计算每一片载体上细胞达到致密可收约 $8×10^4$ 个细胞。

彩图

（1）搅拌式生物反应器系统　搅拌式生物反应器系统在使用微载体大规模培养细胞的研究中已有较长的历史。但因该细胞培养系统容易产生过大的剪切力，从而限制了其应用范围。尽管如此，由于该系统具有简单、实用及价格相对低等特点，国内外仍有不少应用该系统成功进行细胞大规模培养扩增的研究报道。例如，Werner 等成功利用该系统进行了肝细胞大规模扩增的研究。

（2）提升式搅拌桨系统　这类反应器是在原有小型通气搅拌生物反应器基础上发展起来的培养装置，针对动物细胞易受机械损伤的特点，采用剪切应力小、混合性能好的搅拌器，其中以 NBS 公司笼式搅拌器效果最好，主要组件为中空轴带动旋转的笼式搅拌器构成的通气腔和消泡腔，分别通过 200 目不锈钢丝网进行气液交换和消除泡沫，搅拌器以 30~60r/min 的低速旋转，其产品型号有 1.5L 至 5L 的 CelliGen 以及 15L 至 1000L 的 Microlift 两大系列，占有世界动物细胞培养生物反应器的大部分市场。国内在前者的基础上研制成功 20L 规模的 CellGul-20，设有双层笼式搅拌器，扩大丝网更换面积，提高氧传送系数。其他类似的结构有 MBK-Sulzer 公司的产品，以多孔硅胶管通气，并以旋转的不锈钢丝网进行混合；其他尚有 Bioengineering 公司的产品也是后起之秀，所有这些都能满足微载体系统培养动物细胞的需要。

（3）旋转式生物反应器　传统静态细胞培养是在培养瓶或平皿中进行的。无论是细胞或组织均生长在二维平面空间并接触玻璃或塑料表面。这样的方式会影响细胞中基因的表达且无法持续生长及分化。同时，平面培养的细胞还会发生"去分化"（dedifferentiation）现象，使培养的细胞逐渐失去其来源组织的许多生理特征。而大部分动态培养系统中，细胞或组织是有物理的外力而悬浮的，有许多包括液态剪切力在内的因素会导致细胞及组织损伤。

近年来，旋转式生物反应器系统（RCCS）已成为应用微载体技术进行细胞大规模扩增的较常用的细胞培养系统。该系统是基于美国航空航天局为模拟空间微重力效应而设计的一种生物反应器。适用于基础医学、药物研发生产和其他临床的研究上（图 6-39）。

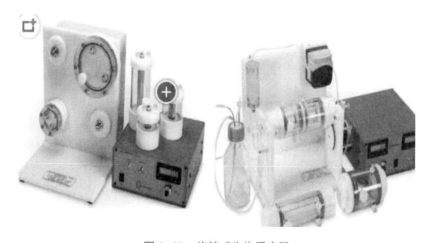

图 6-39　旋转式生物反应器

RCCS 是一种颠覆传统的三度空间微重力培养系统。其利用培养盘或培养管柱进行培养，将培养液、细胞或组织一起加入培养盘或培养管柱中，并去除所有气泡。培养盘或培养管柱安装于具旋转马达的基座上，内部组织、细胞或细胞团块因旋转切线力量及重力双重影响下而保持悬浮状态。随着细胞或组织成长，旋转速度可做调整，细胞形成团块之后，必须提高转速使其不会沉降而碰触底部。旋转的目的是要让所有细胞均匀交换养分和气体，并且细胞和细胞之间可有足够的接触，有利于细胞聚集。另外，不论是培养盘或培养管柱背侧均具备硅胶制成的换气膜以利进行气体交换，使细胞/组织得到充分氧气及排除代谢后的废气。生长其中的细胞或组织是以自由落体的状态悬浮，没有搅拌器、气泡等破坏性压力，故组织在培养液中得以自由降落、翻转并与培养液充分混合，其容器内各方向的力量达到平衡，所以细胞/组织不会受到单一方向的力量影响，可朝任意方向均匀生长，是市面上唯一可使细胞自由生长分化，增加细胞增殖速率，减少细胞死亡和有效增加细胞产物分泌的系统。而且，相比其他的三维细胞培养系统，RCCS 系统可以克服长期困扰三维细胞培养的内生（ingrowth）

不足的限制，从而可以真正用来培养工程组织（engineered tissue），使之用于药物、医学研究及再生医学、细胞疗法。

RCCS将细胞研究带入更多元化、更进一步的领域，应用范围十分广泛，无论学术研究或临床研究上都有相当的应用价值。无论是培养人体组织以进行治疗药物的研究，或是培养替代的组织，进行再生医学及细胞治疗，例如肝脏、皮肤、骨髓、软骨、心肌、肺或其他组织等，均提供了最佳的研究系统，以达到最接近体内环境的条件。科学家更可利用此系统进行肿瘤细胞、病毒或其他可生产蛋白质、酶、激素、抗原或抗体等重要物质的细胞的培养。RCCS这样的系统还提供了体外培养环境，研究者可利用RCCS以探讨微环境因子，对细胞分化和功能的影响。三维细胞组织培养系统在国外被世界顶尖生物制药公司、大学、研究机构广泛采用。在国内，应用于包括中国科学院、中国军事医学科学院、301医院、南方医科大学、中国航天医学工程研究所、北京大学、武汉大学、浙江大学、华中科技大学等在内的一系列医学及科研单位。

（4）波浪式生物反应器　波浪式波浪生物反应器克服了传统搅拌式反应器搅拌桨叶端剪切力高的弊端，大的气液交换表面可在500L规模仍然保持高溶氧水平而无须鼓泡，操作简单且易于线性放大，避免使用消泡剂。目前培养规模已经达到580L，用于CHO细胞高密度培养生产单克隆抗体药物等应用。

波浪式生物反应器经过特殊设计，适合悬浮和微载体培养，成功用于哺乳动物细胞、昆虫细胞、细胞治疗、植物细胞以及细菌酵母发酵等多种培养体系。波浪式生物反应器兼容分批式（batch），分批式流加（fed batch）或连续灌注（perfusion）等培养方式，适合实验室规模细胞培养，以及工艺开发放大和cGMP商业化规模生产。全球各大科研院所和知名制药公司均使用波浪式生物反应器进行细胞培养工艺开发和放大生产。2009年，美国诺瓦瓦克斯（Novavax）公司将以新型波浪式生物反应器为核心的实时传输协议（RTP）平台与病毒样颗粒（VLP）技术相结合，从甲流病毒到最终生产出VLP甲流疫苗仅用21d。

（5）灌注式生物反应器培养模式　灌注培养是目前研究热点之一，它的特点是在细胞培养反应器系统中安装细胞/微载体截留装置，培养过程中不断地加入新鲜培养基，并不断地抽走培养基中细胞的代谢废物，使细胞得以在一个相对稳定的生长环境内增殖，既省时又省力，又减少了细胞发生污染的机会，可以原来基础上提高细胞密度10倍以上。

动物细胞生物反应器微载体培养时，待细胞达到致密时要在微载体上进行细胞消化进行传代培养和扩增，消化传代的过程操作很复杂。现在已有不经消化直接进行微载体间细胞转移的成功报道，通常称为"球转球"（beads to beads）。张立等用球转球方法，以5L CelliGen细胞培养用生物反应器作种子罐，在国产50L CellCul-50A细胞培养反应器中培养Vero细胞，通过换液和灌注的方法，培养8d，细胞密度达1.2×10^7个/mL，然后接种狂犬病毒，连续培养10d，病毒滴度超过国家标准。另外，用这种球转球方法，放大培养鸡胚细胞生产法氏囊病毒也获得了成功。

在工业化动物细胞培养过程中，为达到最终的生产规模，需要采用一系列逐级扩大的反应器来培养种子细胞。反应器间的接种是贴壁细胞扩大培养过程中的关键。甘肃省动物细胞工程中心实验室发明了一种独特的贴壁细胞消化反应器，消化反应器灭菌后与两个生物反应器连接，利用上述的消化反应器，成功实现了动物细胞在反应器间的放大接种。当上级反应器中（1.5L反应器）的种子细胞（微载体培养的鲑鱼胚胎细胞，CHSE）培养至对数生长期时，用空气压力将种子细胞压入消化反应器，排尽培养基，并用预热至20℃的胰蛋白酶消化细胞，其间轻轻搅拌数次，15min后弃消化液，加入一定体积的培养基，脉冲快速搅拌3~5min后，将细胞悬浮液接种到下级反应器中（5L Disc固定床反应器）。为了减少细胞损失，重复此过程3次，使得微载体上的大部分细胞都能够成功地接种到5L Disc固定床反应器中，细胞回收率高达80%。

四、　单细胞全悬浮培养

单细胞全悬浮培养（suspension culture）是指在培养容器内单个细胞或小细胞团不依赖于支持物表面，受到不断搅动或摇动始终处于分散悬浮，自由地悬浮于培养液内生长增殖的一种培养方法，是非贴壁依赖性细胞的一种培养方式。某些贴壁依赖性细胞经过驯化适应和选择性的转染而成为悬浮培养型细胞。增加悬浮培养规模相对比较简单，只要增加体积就可以了。深度超过5mm，需要搅动培养基，超过10cm，还需要深层通入CO_2和空气，以保证足够的气体交换。适用于悬浮培养的生产细胞有杂交瘤和小鼠骨髓瘤细胞（SP2/0，NS0），对适于贴壁生长的细胞可进行细胞生长形式的驯化，使其适应悬浮培养。

目前CHO、BHK21、MDCK细胞等已经通过驯化成为悬浮细胞，并已经建立悬浮细胞系，进行疫苗的大规模生产。单细胞悬浮培养的容器和配套的设备有三角瓶-摇床、Spiner磁力搅拌器、搅拌式生物反应器。摇床的作用是使细胞在培养基中处于悬浮状态，促进培养基和空气的混合提高培养基中氧气的含量，使细胞不会沉积在培养容器底部造成缺氧。

悬浮培养系统主要用于非贴壁依赖性细胞培养，如来自血液和淋巴系统的细胞和杂交瘤细胞等。动物细胞的悬浮培养与微生物发酵过程比较接近，但由于动物细胞对搅拌和通气造成的流体剪切很敏感，在反应器的结构和操作上又有特殊的要求，需要进行专门设计。保护细胞免受剪切的严重伤害是放大培养中一个十分重要的问题。通过加入特殊的保护剂（如血清和一些高分子化合物），能使细胞在温和的搅拌和直接通气条件下正常培养杂交瘤细胞的悬浮培养是研究得最广泛和透彻的动物细胞培养过程，培养规模最大，操作最成熟。无血清悬浮培养是用已知人源或动物来源的蛋白质或激素代替动物血清的一种细胞培养方式，能减少后期纯化工作的难度，提高产品质量。近年来，随着无血清培养技术的发展，越来越多的贴壁依赖性细胞被驯化适合于无血清悬浮培养，例如重组CHO细胞和BHK细胞的大规模悬浮培养都获得了成功，无血清悬浮培养正逐渐成为动物细胞大规模培养的研究新方向。

悬浮培养在大规模培养中常采用机械搅拌式生物反应器，其主要优点有在细胞传代时无须胰蛋白酶消化分散，免遭酶类、乙二胺四乙酸（EDTA）及机械损害，种子细胞制备和传代放大较易操作和控制；细胞收率高，并可即时在线直接检测细胞生长情况，工艺可控性强；对于规模生产而言，其操作简便，传质和传氧较好，可连续收集部分细胞进行传代放大，培养条件均一，容易放大培养规模（3~15000L）。主要缺点是由于细胞悬浮游离生长，生产中细胞培养体积较大，设备资金投入大，相对细胞密度较低。悬浮培养不适于包括二倍体细胞在内的正常组织细胞培养。

悬浮培养过程依据使用培养模式的不同分为批式再灌注培养、流加补料培养和灌流培养三种。1996—2000年美国食品与药物管理局批准的70%的重组治疗药物，如重组蛋白或抗体等，均是用搅拌罐反应器悬浮培养生产的。

相对贴壁培养，动物细胞悬浮培养有很多优点：

①无须昂贵的微载体，可以省去消化收获细胞的操作，从而有效降低生产成本，缩短生产时间，提高生产效率；

②由于无须贴附基质，故对培养器皿的表面性状要求不高，还可以节约设备空间，提高设备的利用率，便于扩大生产规模；

③生产过程中无须微载体和消化液，从而可大大减少杂质引入，简化产品的后期分离纯化过程，降低成本。

细胞悬浮培养系统主要用于非贴壁依赖性细胞的培养，细胞能在反应器中自由生长和增殖，如 CHO 细胞、杂交瘤细胞（SP2/0）、BHK21 细胞等。相对于贴壁依赖性细胞，悬浮细胞不需要贴附表面，能最大化体积利用率，不需要消化，易于放大培养。但动物细胞对剪切力更敏感，通过加入保护剂（如血清或高分子化合物），使动物细胞在温和的搅拌下能正常生长。除了反应器悬浮培养的优点，在反应器中悬浮培养生产疫苗的最大挑战是疫苗产品的多样化，一套反应器可能要进行多种病毒的生产。成功进行反应器悬浮培养包括以下几点：

①在疫苗生产过程中要建立能够适应悬浮培养的细胞株，而且对细胞特性要有足够的了解；

②反应器的供应商要能在全球范围内提供相应的反应器配套系统，反应器的设计必须能够尽量减少从小规模转移到大规模过程中的风险；

③熟悉反应器培养的过程控制和数据分析。

近年来，随着悬浮培养技术的发展，越来越多的贴壁依赖性细胞被驯化为适合于悬浮培养的悬浮细胞，悬浮培养正逐渐成为动物细胞大规模培养的新方向。新开发出的 PER. C6、EB66、SF9、High-Five 细胞能完全适应无血清全悬浮培养，成为以细胞疫苗生产技术的新突破。流感疫苗从依靠鸡胚生产转向基于细胞培养的生产模式证明反应器悬浮培养生产疫苗的可行性。一次性反应器系统的建立将更有利于大规模悬浮培养生产疫苗，但一次性反应器支持细胞生长和病毒生产方面的性能还有待考察。

1. 悬浮培养的驯化

悬浮培养的细胞对培养环境的要求较高，培养液组成部分和培养条件对高细胞密度培养具有重要作用。细胞对无血清培养条件的适应能力和生长形式的驯化，对于建立优化的无血清高密度培养工艺非常重要。

用重组技术活细胞融合技术建立的工程细胞系，在进行无血清悬浮培养或高密度培养时，都需经过一定时间的细胞适应能力驯化。高细胞密度无血清悬浮培养的转化，可以导致细胞生长形式的转变和分泌蛋白特异结构上的转变。随着血清浓度的下降或细胞生长添加剂的去除，细胞生长速率逐渐下降。有许多报道已证实，培养条件的转变将造成细胞周期中各期行进的紊乱和进入 S 期时间的延长，细胞凋亡旁路的活性增加，最终细胞群体逐渐进入"生长危险期"（细胞生长速率和细胞活性明显降低）。另外，工程细胞分泌蛋白的糖结构形式，也常同时出现明显的改变，造成表达蛋白质的特异性转变。

通过驯化期可以逐渐修复那些不适宜的细胞群体，在驯化过程中监控并筛选那些具有优化性能特性（如细胞生长率、产生率、细胞死亡率、基因稳定性等）的细胞克隆或细胞群。悬浮培养的驯化主要包括无血清培养条件的驯化、高细胞密度培养的驯化和贴壁生长转化为悬浮生长的驯化三个方面。对贴壁生长细胞转化为悬浮生长细胞，其驯化的时间和难易程度各异。以 CHO 细胞为例，由单层培养到悬浮培养驯化方法和过程主要分以下几步。

（1）用含有血清的标准培养液单层培养贴壁生长细胞，弃去培养液，用胰蛋白酶消化单层培养贴壁细胞，然后用灭菌的无钙、镁离子的磷酸盐缓冲液洗两次。

（2）弃去磷酸盐缓冲液，加 3mL（如 T-75 培养瓶加 5mL）的胰蛋白酶-EDTA 消化液（0.05%胰蛋白酶，0.53mmol/L EDTA-2Na），在显微镜下观察，细胞开始变圆，轻拍培养瓶，使细胞脱落。

（3）加 6~10mL 悬浮细胞培养液，$100 \times g$ 离心 4min，吸弃上清，用无血清培养液重悬细胞，活细胞计数。

（4）用灭菌的搅拌瓶，加适当的培养液悬浮培养细胞，起始密度保持 5×10^5 个活细胞/mL，搅拌瓶或培养瓶需有良好的气体供应系统。无血清培养液对搅拌剪切力的保护较差，需加入普朗尼克 F68，终浓度 0.1%（体积分数）。

（5）培养条件 37℃，5% CO_2，搅拌速度 75~95r/min，如果细胞活性低于 85%，降低转速为 10r/min，即时监测活细胞密度，建立悬浮培养的细胞生长曲线。

（6）如果发现培养瓶中存在明显的贴壁细胞或聚集成团，可以加入少量的胰蛋白酶（0.01%）和 EDTA-2Na（0.01%）混合物，37℃下搅拌 30min，离心收集细胞；如果仍存在细胞聚集、贴壁现象，可在细胞生长液中加入少量（20~50μg/mL）胰蛋白酶或分散酶。

（7）一旦细胞密度达到 1×10^6 个/mL，活性大于 90%，持续传代三代以上，可进一步放大悬浮培养，种子细胞密度至少 2×10^5~3×10^5 个/mL。

2. 无血清培养的驯化

无血清培养的驯化，就是一个使细胞从有血清培养条件，逐渐适应过渡到无血清培养的过程。当细胞在某一血清浓度下生长良好时，可以继续降低血清浓度。一般在 5%~10%（体积分数）的血清浓度范围培养条件下，细胞的适应性、细胞生长率、细胞产量、细胞密度和基因表达稳定性等都不会有显著的变化。从 5%降到 1%时，细胞适应需要一个过程，每次降低血清浓度的速度应减慢，一般为每次降低 50%~100%；血清浓度等于或低于 1%时，需要添加血清替代物和细胞生长因子，并随时监测细胞的各种生物学特性指标。假如某一血清浓度的培养出现细胞生长危机时，细胞生长率明显减慢、产物表达不稳定、细胞或产物表达量明显减低等，则应放慢适应过程或放弃这一浓度，转到前一步使血清浓度的降幅减小，并调整无血清培养液中添加剂的成分（如胰岛素、转铁蛋白、清蛋白、乙醇胺和 2-甲氧基雌二醇等）和含量，进一步对无血清培养液进行优化；连续几个月的无血清培养后，细胞生长率、细胞产量、细胞密度和产物表达稳定性和特异性结构方面都与有血清培养条件下无明显差异，则可以得到无血清培养细胞系。无血清悬浮培养驯化应考虑的问题有以下几个方面：

①细胞在驯化过程中对外界环境如 pH、温度和渗透压等都较敏感；

②每次培养前需要进行一段时间的连续性适应；

③每次转换培养条件，细胞须处在对数生长期，活性应大于 90%；

④避免培养液过多过长时间的暴露在光和热环境中；

⑤培养液中减少（至少 10 倍）或限制加抗生素；

⑥培养环境应保持最小机械搅拌力或酶解作用；

⑦必要时添加蛋白酶抑制剂；

⑧控制和考虑低温和回收技术。

3. 单细胞悬浮培养技术

分批式、流加式和连续灌流式培养是当今动物细胞规模化培养工艺中最常用的操作方式。分批式培养或流加式培养的基础是使用机械搅拌式生物反应器，具有操作简单、产率高、容易放大（可放大至 10000L 以上）等优点，是多数工业化蛋白质药物生产的首选。该操作工艺中的关键是基础培养基的配比和浓缩营养物的流加，主要考虑减少代谢废物的积累和营养的均衡，维持一个高细胞密度和高产物浓度。

当前哺乳动物细胞培养工艺的主流方式是悬浮搅拌式培养工艺，特别是在重组治疗性蛋白和抗体药物的规模化生产。在工业化生产中，悬浮培养工艺参数的放大原理和过程控制，比其他培养系统较易理解和掌握，因此在规模化动物细胞生产中多选择悬浮细胞培养工艺。Moran 和 Schenerman 悬浮流加培养 CHO 和 NS0 细胞，在 Ⅰ～Ⅲ 期临床研究单抗的生产放大用 20—45—100L 生物反应器，工业化生产放大到 500—2000—10000L，放大过程的工艺性能和产品特点都非常相似。Sauer 等用搅拌式生物反应器，无血清流加培养 SP2/0、NS0 生产人源化 IgG 抗体，工艺优化过程从 3—15—750L 直接放大，其细胞密度、特异性抗体产率和产品质量都保持一致。一个好的动物细胞培养过程平台系统可适用于许多不同重组蛋白和抗体的生产，选择一个适合的细胞培养平台系统可以有意义的减少工艺的开发时间。因此，目前用动物细胞大规模培养生产蛋白质和病毒疫苗的工业化过程可以看作是采用搅拌式生物反应器悬浮培养作为通用技术平台。

悬浮细胞培养工艺可采用分批式培养、流加式培养、半连续式或连续式培养和连续灌流式培养等多种操作模式。流加在动物细胞大规模培养中的应用，是动物细胞制药工艺的一个划时代的进步。流加补料模式本身也由少次多量、少量多次，逐步改为流加，后来又实现了流加补料的计算机控制。规模化的蛋白质生产中用的最广的培养方式就是流加培养工艺。

流加工艺操作简单、产率高、容易放大（10000L）等优点。目前，在大规模动物细胞培养的 GMP 生产中，采用流加工艺的蛋白质产量的国际先进水平是 0.5～1.0g/L；小规模实验室研究的蛋白质产量则高达 2～3g/L。

五、 生物反应器大规模细胞培养的限制因素

1. 培养环境

（1）氨离子　细胞培养环境中抑制因素的积聚是提高细胞密度的主要限制因素。

（2）乳酸　高乳酸浓度必将抑制细胞生长。

（3）二氧化碳　二氧化碳积聚，对细胞产生毒性作用或者改变细胞代谢水平。

（4）甲基乙二醛　对细胞有潜在的损伤作用。

（5）渗透压　恒定、适宜。

（6）载体　可考虑采用多孔径载体替代容易使细胞受机械搅拌与喷气损伤的常规载体。

2. 细胞死亡与凋亡

大规模细胞培养的后期，维持细胞高的活力是个富有挑战性的课题。最初的研究似乎表明细胞死亡大多由于坏死，而人们逐渐认识到至少是一些细胞系在生物反应器中死亡主要原因是细胞凋亡。用基因工程方法将 bcl-2 基因这种细胞凋亡抑制基因导入细胞，bcl-2 基因的过量表达能抑制细胞凋亡，提高细胞密度和目的蛋白产量。大规模动物细胞培养条件下，可通过"细胞静止"过程来降低营养成分消耗和代谢废物产生。

3. 培养基与细胞系

动物细胞培养基是细胞赖以生长、增殖的重要因素。天然培养基、合成培养基后，无血清培养基开发成为当今细胞领域的一大课题。无血清培养基的优势在于避免血清的批次、质量、成分等对细胞造成的污染、毒性和不利于产品纯化等不良影响。在生产疫苗、单克隆抗体和各种生物活性蛋白等生物制品的应用领域中，优化无血清培养基的成分可使不同的细胞在最有利于细胞生长和表达目的产物的环境中维持高密度培养。

4. 过程监控

（1）测量在线氧吸收速率确定从细胞生长期生产病毒到病毒感染期和细胞死亡后终止感染的转换时间。

（2）用在线葡萄糖分析仪的测定调整灌流速度。

（3）测定氧消耗估计营养供应率的代谢负荷。

（4）测定氧吸收速率估测 ATP 的形成。

（5）测量在线氧化还原能力作为活细胞浓度的指标等均得以应用。测定在线氧吸收速率并用质谱仪分析废气中二氧化碳呼出率计算呼吸商。一般来说，呼吸商应接近 1.0，这就要求细胞培养中尽量降低氧消耗和二氧化碳排出。用亲和层析与在线取样系统偶联进行在线蛋白质含量测定。另外，用在线蛋白质分解与反相色谱监测重组蛋白质的糖基化，以了解产品的一致性。

第五节　生物反应器微载体培养工艺优化

动物细胞培养工艺的选择首先要考虑的重点是该产品工艺所涉及的反应器系统。选择反应器系统和培养模式将决定该产品工艺的产物浓度、质量和形式、底物转换度、添加形式、产量和成本，以及工艺的可靠性等。工艺的选择完全取决于每个产品潜在的细胞生长活力与相关产物的稳定性，以及产品的最高产量需求和质量需求。

与许多传统的化学工艺不同，动物细胞反应器设备占整个资金投入的主要部分，占 50% 以上，也就是说动物细胞培养工艺选择的主要部分是生物反应器系统的选择。在选择反应器系统及培养工艺时，必须对工艺的整体性全面考虑，如细胞系、培养基、培养模式、产物分离和纯化难度。

利用基本的生产工艺制备出一定量的产品就可以满足临床前的需求，当产品顺利进入临床后，生产工艺的开发研究开始进入一个新的阶段，所需要投入的人力和财力都是十分惊人的。在发达国家，一个新生物产品的工艺开发费用会高达数千万美元，甚至上亿美元。此时，工艺开发的目的有以下几个主要方面：要确定所有的工艺参数对产品质量和产量的影响；要通过大量的实验数据确定一个最佳的工艺条件，在保证产品质量的前提下，使产品的产量达到最高，从而最大限度地降低成本和生产规模，降低生产车间的建造成本，实现生产工艺的稳定性和可重复性。通常这一阶段的工艺开发从产品进入临床 I 期开始到临床 II 期结束，可能历时 2~3 年。动物细胞培养主要用于蛋白质和病毒两大类生物制品生产。

下面简单介绍工艺优化策略。以微载体培养系统进行贴壁细胞的反应器悬浮培养，是传统滚瓶培养的一个进步，微载体悬浮培养系统易于工业放大，目前已有的规模可达 25000L。反应器微载体培养系统通常需要在以下几个方面进行优化。

一、 动物细胞系的选择和驯化

人用生物制品生产用动物细胞基质及检定用动物细胞，包括具有细胞库体系的细胞及原代细胞。细胞基质系指可用于生物制品生产的所有动物或人源的连续传代细胞系、二倍体细胞及原代细胞。传代细胞系一般是由人或动物肿瘤组织或正常组织传代或转化而来，可悬浮培养或采用微载体培养，能大规模生产。这些细胞可无限传代，但到一定代次后，成瘤性会增强。

1. 原代细胞

原代细胞是指直接来源于动物组织的细胞，动物组织经胰酶消化培养成单层细胞（通常贴壁生长），用于病毒的培养。如仓鼠肾细胞、猴肾细胞、兔肾细胞、鸡胚细胞等。原代细胞在疫苗的生产中已使用了 40 多年，证明是安全有效的。我国已上市的疫苗中，乙型脑炎疫苗、肾综合征出血热疫苗、狂犬病疫苗使用仓鼠肾细胞，麻疹、腮腺炎疫苗使用鸡胚细胞，风疹疫苗使用兔肾细胞，脊髓灰质炎疫苗使用猴肾细胞。原代细胞具备的优点有：

①使用的细胞培养液相对简单，很多病毒都可以在原代细胞上生长繁殖，具有广泛的敏感性；

②原代细胞的来源比较容易，尤其是仓鼠，是哺乳动物中繁殖最快的动物之一；

③由于原代细胞属正常细胞，没有 DNA 突变，无致肿瘤性。

原代细胞的缺点包括：

①存在潜在的病毒等外源因子污染问题；

②来自不同个体动物的细胞质量和敏感性有差异。

鉴于原代细胞的上述缺点，生产减毒活疫苗的动物应尽可能达到无特定病原体（SPF）级，至少不应低于清洁级；生产灭活疫苗的动物应尽可能达到清洁级以上，至少应采用健康动物；采用等级动物的原代细胞或传代细胞以及二倍体细胞是将来生产灭活疫苗的发展方向。

2. 传代细胞系

传代细胞系是可在体外连续传代的细胞系，理论上具有无限传代的寿命。传代细胞系可以通过以下方法衍生而来：

①人或动物肿瘤细胞的原代细胞的系列培养，例如 Hela 细胞、Namalva 细胞等；

②携带致癌基因的病毒，将致癌基因转化给正常细胞，成为肿瘤细胞，例如 EB 病毒转化的 B 淋巴细胞；

③骨髓瘤细胞与 B 淋巴细胞融合，例如生产单克隆抗体的杂交瘤细胞株；

④正常细胞群的连续传代，繁衍成一个新的具有无限寿命的细胞群，例如非洲绿猴肾细胞的传代细胞系 Vero 细胞、幼仔仓鼠肾的传代细胞系 BHK21 细胞、中华仓鼠卵巢细胞的传代细胞系（CHO 细胞）等。

目前尚无用于疫苗生产的来源于人类组织的传代细胞系。

由于肿瘤细胞或携带肿瘤基因的细胞具有致肿瘤的危险，所以该类细胞不能作为细胞基质用于疫苗生产；因此用于病毒组织培养的细胞系采用非肿瘤细胞系，即正常细胞群的连续传代后繁衍的细胞系，在一定传代限度内使用，使用最多的是 Vero 细胞。例如，人用狂犬病纯化疫苗、脊髓灰质炎灭活（纯化）、肾综合征出血热纯化疫苗、乙型脑炎纯化疫苗均已使用 Vero 细胞生产。

传代细胞具备的优点：

①能够充分鉴定和标准化；

②使用细胞种子库系统生产，有利于质量控制；可用于微载体生物反应器，可大规模生产；

③对培养基及牛血清的营养成分要求不高。

传代细胞的缺点：理论上有致肿瘤性的危险，但世界卫生组织（WHO）认为 Vero 细胞在 150 代以内使用是安全的，无致肿瘤性。

3. 人二倍体细胞

人二倍体细胞是采用人源细胞（通常为胚胎组织）建立的细胞株，可进行体外传代培养，但具有一定的传代寿命，超过一定代次，细胞衰老，如 2BS 细胞、KMB-17、MRC-5 细胞等。上述细胞系在疫苗的生产中使用了 30 多年，证明是安全有效的，无致肿瘤性。我国已上市的疫苗中，甲型肝炎疫苗、脊髓灰质炎疫苗、风疹减毒活疫苗、水痘减毒活疫苗分别使用了 2BS、KMB-17、MRC-5 细胞。二倍体细胞与原代细胞相比，具有能够充分鉴定和标准化的优点，可实现细胞种子库系统，建立的细胞库可多年用于生产，有利于质量控制。二倍体细胞与传代细胞系相比，理论上不存在致肿瘤的潜在危险性。二倍体细胞存在的缺点是，与传代细胞系相比，难以大规模生产；对培养液及牛血清的营养成分要求较高。

二倍体细胞是指来自动物组织的细胞群体，在体外能进行有限连续传代培养的细胞。人二倍体细胞株的传代寿命通常为 40~60 代，达到一定传代水平时，细胞必然发生衰老、退化以及死亡。在进入衰老死亡之前，任一传代水平细胞的染色体组型保持正常二倍体染色体数目，具二倍体的细胞数，应占所检查分裂中期细胞总数的 75% 以上，而且染色体的结构异常也必须在正常范围内活动。

二倍体细胞可来自动物和人的多种组织，用胚胎组织或成龄组织均可建株，但应用最多的是用人胚肺所建的二倍细胞株，如 2BS、WI-38，MRC-5，MRC-9，IMR-90，WI-26，RPL-l 和 KMB-17 等株。二倍体细胞株虽具一定的生命期限，但其细胞株在衰老前任一传代水平都可将多余的细胞冻存起来，在需要时复苏重新培养使用，因此一个细胞株所能供应的使用费也是非常巨大的。由于二倍体细胞是有限传代培养，或者它与个体的寿命相关，与其来自肿瘤的无限传代细胞系相对照，所以是肿瘤研究与老龄化研究的重要研究对象之一。又因它无致癌性，所以在病毒学、细胞学、生物遗传学等研究方向有广阔的使用前景，尤其在生产病毒等疫苗方面，提供了安全，适用的良好细胞。

二倍体细胞的寿命以细胞群体倍增时间（population doubling，PD）作为计算单位。如传代接种的细胞数，经分裂增殖使其细胞数增长一倍，称为一个 PD。换言之，一瓶长满单层的二倍体细胞以 1∶2 分种传代即接种至 2 个与前 1 代培养面积相同的细胞培养瓶中，待 2 个瓶中的细胞长满时，约等于 1PD；如按 1∶4 分种至 4 个与前 1 代培养面积相同的细胞培养瓶中，待 4 个瓶中的细胞长满时为 2PD。但二倍体细胞一般只用 1∶2 分种，人胚肺来源的二倍体成纤维细胞，通常可培养 50~70PD。二倍体细胞传代培养至一定 PD 水平，细胞开始逐渐老化、衰老并且死亡，为确保使用活力旺盛的细胞，一般应用二倍体细胞寿命的 2/3PD 水平为宜。

4. 细胞基质存在的潜在危险性

动物细胞用于疫苗生产，应考虑其带来的潜在危险。重点考虑病毒与其他可传播因子、细胞 DNA 和促生长蛋白等。

（1）携带潜在病毒和其他可传播因子　细胞系/株本身有可能携带内源性病毒和外界污染的病毒。如果细胞基质被病毒污染，则生产出来的疫苗也会含有污染的病毒，直接影响疫苗的安全性；尤其是减毒活疫苗，由于没有灭活工艺，内源性或外源性病毒的污染可能会导致严重的后果。

人类或灵长目动物细胞系可能携带潜在的病毒，例如乙型肝炎病毒、逆转录病毒等；还有可能含有整合在细胞 DNA 上的病毒基因。虽然人二倍体细胞用于疫苗生产 30 多年，未见有病毒性污染的报道，但仍不能完全排除人类病毒潜在污染的风险。

禽类组织细胞隐藏着外源和内源性逆转录病毒，但目前没有证据表明这些细胞基质生产的疫苗可向人类传播疾病。例如多年前使用含有禽白血病病毒的鸡胚生产的黄热病疫苗、麻疹疫苗、流感疫苗。尽管如此，仍应防范禽类外源和内源性逆转录病毒给人类可能带来的危害。

啮齿类动物细胞隐藏着外源和内源性逆转录病毒及其他病毒，可能携带淋巴细胞脉络丛脑膜炎病毒、出血热病毒等，其可以直接感染人类而致病。

（2）细胞 DNA　多年来，原代细胞和二倍体细胞已成功、安全地用于多种疫苗生产，已认为这类细胞的残余 DNA 无危险性。由于传代细胞调控生长的基因失调，使得传代细胞系具有无限的寿命。因此，理论上认为传代细胞系的 DNA 具有使其他细胞生长失控和产生致肿瘤活性的潜在能力人类对传代细胞 DNA 的危险性有一个逐步认识的过程。1986 年世界卫生组织根据动物致癌基因模型提出危险性评估，在体内暴露 1ng 的细胞 DNA（该基因组中含有 1 个活化致癌基因的 100 个拷贝），可引起 $1/10^9$ 个受体发生转化。并认为疫苗中含有 ≤100pg/剂量的细胞 DNA 的危险性可忽略不计。在确定此界限时，考虑的不是 DNA 本身，而是编码活化致癌基因的特殊 DNA 序列减少到最少。

细胞 DNA 可导致瘤变的嵌入突变的危险性极小。有报告结果显示，通过嵌入诱变证明，$10\mu g$ DNA 可导致 $1/10^7$ 个受体的一个细胞的 2 个独立的肿瘤抑制基因失活。

1998 年发表的文章表明，含有活化基因的毫克级 DNA 注射灵长类动物，10 年内未引起肿瘤。

目前认为，传代细胞系的 DNA 是一种细胞污染，而不是一种需要降低到极低水平的严重危险因素，但鉴于疫苗的使用者为健康人群，并且采用传代细胞生产的灭活疫苗逐渐增多，因此应尽量降低疫苗中残余 DNA 含量，最大限度地降低潜在的危险。生产工艺中必须有去除 DNA 的工艺，并进行工艺验证。此外，β-丙内酯既可以灭活病毒，也可以降解核酸。口服制剂的残余 DNA 含量的危险性可忽略不计。

（3）促生长蛋白及细胞残留蛋白　传代细胞可分泌生长因子（称促生长蛋白），该生长因子可以促进细胞生长，但作用通常是短暂的、可逆的，危险性有限。它们不能复制，而且大部分在体内迅速失活。在异常情况下有致肿瘤作用，但需要持续作用。一般认为，疫苗中含有微量的已知的促生长蛋白不构成严重危险，但仍需关注其带来的潜在危险。同时，疫苗当中的细胞残留蛋白属异源蛋白，有可能引起机体的过敏反应。因此，使用传代细胞生产的疫苗，应进行纯化，尽可能去除细胞蛋白，并且要进行纯化工艺的验证。鉴于目前尚无特异性传代细胞蛋白（包括促生长蛋白）的检测手段，现仍以疫苗蛋白质总量进行间接质控。目前，我国部分生产企业的工艺可将个别疫苗蛋白质总量降至 $10\mu g/$ 剂量以下，其细胞蛋白残留量相对较少。

生产非重组制品所用的细胞基质，系指来源于未经修饰的用于制备其主细胞库的细胞系/株和原代胞。生产重组制品的细胞基质，系指含所需序列的、从单个前体细胞克隆的转染细胞。生产杂交瘤制品的细胞基质，系指通过亲本骨髓瘤细胞系与另一亲本细胞融合的杂交瘤细胞系。

应结合生产工艺的特性，尽可能减少对细胞的操作。细胞收获及传代应采用可重复的方式，以保证收获时细胞的汇合率、孵育时间、温度、离心速度、离心时间以及传代后活细胞接种密度具有一致性。传代细胞的体外细胞龄可采用细胞群体倍增水平或传代水平计算。

为实现产物的高效表达，首先需选择合适的细胞基质，细胞系的特征直接关系到后期生产工艺和放大条件的选择。主要从以下几个方面进行：

①细胞增殖特性；

②对病毒的敏感性；

③产物的表达量；

④安全性。

无论生产兽用疫苗或者是人用疫苗，细胞基质是否存成瘤性和致致癌性是至关重要的。《中华人民共和国药典（2020 年版）》以及《美国药典（USP）》《欧洲药典》中明确指出用于人用疫苗生产的细胞基质应无成瘤性和致致癌性。

细胞基质确定之后需要根据细胞生长特性、生产工艺和经济效益等方面的考虑对细胞进行细胞驯化的实质是对细胞进行条件筛选的过程，其目的是通过改变细胞的生长方式和生活环境以适应特定的工业化需要。根据不同需要可以对工程细胞进行各种驯化：如贴壁的 CHO 细胞有悬浮生长的倾向，可以进行由贴壁生长到悬浮生长的驯化，血清培养的细胞经过驯化可以无血清无蛋白质培养，经过驯化工程细胞可以提高对 NH_4^+ 等有毒代谢物的耐受力，延长培养维持时间，提高产物浓度。细胞驯化的通用方法是逐步改变条件，待细胞适应后再继续改变条件，直至细胞能在特定的条件中稳定生长为止。进行最多的是贴壁—悬浮与血清—无血清无蛋白质培养的驯化。

由于特定细胞的营养需求不同，实现其驯化的难易程度也不同，在驯化时应尽量采用营养全面的培养基，并有针对性地补充某些营养成分（如生长因子、维生素、激素等）以满足细胞的特定需求。驯化好的细胞可以保持其悬浮和无血清生长的特性，使用预先驯化的空宿主细胞进行转染，可以在构建完成后迅速适应无血清悬浮培养的环境，降低驯化难度。

（4）细胞克隆 在细胞克隆过程中，应选择单个细胞用于扩增，详细记录克隆过程，并根据整合的重组 DNA 的稳定性、细胞基因组及表型的稳定性、生长速率、目的产物表达水平和完整性及稳定性，筛选具有分泌目的蛋白最佳特性的候选克隆，用于建立细胞种子库。

所以可以筛选单克隆细胞株来获得对流感病毒高产的细胞株，以实现流感病毒在哺乳动物细胞中能够高效复制扩增的目的。

筛选获得能够产生较高病毒滴度的细胞株和病毒株，进而优化细胞和病毒培养条件，并进行大规模生产制备流感疫苗。通过以下两方面进行筛选：

第一，通过有限稀释法制备单克隆细胞株，使用流感病毒进行感染，从而筛选出适应流感病毒的单克隆细胞株；

第二，筛选流感病毒株，用不同的流感病毒株感染单克隆细胞株，筛选出可以产生较高病毒滴度的流感病毒株。

通过以上两方面的筛选，获得能够产生较高病毒滴度的细胞株和病毒株，并进一步经培养条件优化，扩大培养，为使用哺乳动物细胞进行大规模生产制备流感疫苗奠定基础。

细胞克隆主要是通过有限稀释法制备单克隆细胞株，筛选出适应生产用病毒高滴度复制的单克隆细胞株；用不同的病毒株感染单克隆细胞株，筛选出能产生较高病毒滴度的病毒株；将筛选获得的单克隆细胞株和流感病毒株进行条件优化，扩大培养，从而制备病毒类疫苗。

二、 培养基的优化

贴壁型细胞生物反应器微载体培养多采用搅拌式生物反应器，剪切力是影响细胞贴壁生长及分裂增殖的重要因素，高搅拌转速延长了细胞的贴壁时间，甚至造成已贴附细胞的脱落。过高的剪切力可对细胞造成不可逆转的损伤，尤其是低血清培养基中，血清的大幅减少也降低了血清对细胞的保护作用。在低血清培养基中，细胞贴壁率低，且细胞代谢旺盛造成大量营养物质的消耗，易产生营养限制和积累较多的代谢副产物，这均会抑制细胞的生长。另外，低血清培养基中细胞对周围 pH、DO 等物理化学环境的改变极为敏感，因此对培养基的优化极为重要。

在低血清培养基中添加普朗尼克 F68、葡聚糖等大分子聚合物，可有效维持低细胞密度时的细胞活性并增加培养基的黏性，从而降低搅拌带来的剪切力。谷氨酰胺和维生素 A 可提高细胞的贴壁效率，从而在一定程度上缓解搅拌造成的剪切损伤。

低血清培养基中可适量增加生物素，胆碱和非必需氨基酸的含量以取代细胞对血清的需求。另外，低血清培养中细胞的快速代谢导致营养物质的快速消耗以及代谢副产物的积累，Yvonne 等用丙酮酸代替谷氨酰胺明显减少了氨的生成，向培养基中补加生物素可减少低血清培养基中乳酸的积累，培养基中葡萄糖和谷氨酰胺维持在营养限制水平（葡萄糖，1mmol/L；谷氨酰胺，2mmol/L），也可明显减少乳酸和氨的生成。

三、 生物反应器的选择

细胞培养的工艺开发通常是在小规模的生物反应器内进行的，一方面试验费用较小，周期短；另一方面也便于进行生物反应器平行对照试验。在小规模试验设计中，需要注意而且十分重要的问题是未来的工艺放大。如果从小规模反应器中多获得的实验数据和工艺条件不能够在规模化工业生产中得到实现，将会造成无法估量的损失。所以，工艺开发过程中需要仔细选择一个合适的缩小模型（scale-down model），当生物反应器的规模增大时，细胞培养的过程变得更为复杂，技术难度大，微生物污染的可能性几乎与生物反应器的规模成正比。因而，还必须采取极为严格的除菌消毒方法。除此之外，还需要考虑因生物反应器大小不同而引起的特性变化，如氧气的传输等。细胞培养工艺的放大是一个十分复杂的技术问题。下面仅对几个关键的工艺放大做简要介绍。

1. 生物反应器的尺寸放大

大规模工业生产中通常采用搅拌式生物反应器，主要是工艺容易放大。在设计和制造大规模的细胞培养生物反应器时需要综合考虑混合速率、剪切力对细胞的损伤、无菌操作等因素。一个关键的设计参数是生物反应器的高（H）和直径（D）之比，简称高径比（H/D）。径高比过大时，生物反应器则瘦长，此时对鼓泡的传质速率很有帮助，却不利于轴向混合。pH 的控制主要是通过向生物反应器中添加碱性溶液而实现。当向生物反应器中添加营养物质（如流加工艺）或碱性溶液时，会出现营养物质浓度差异和 pH 差异。有时，当混合时间太长，碱性溶液的流入位点的 pH 会远远高于生物反应器中的 pH 的平均值，从而导致细胞死亡或更严重的后果。高径比过小时也不利于细胞的大规模培养。此时，径向的混合效率变低，使混合时间变长。另一方面，鼓泡气体在液体中的停留时间缩短，氧气和二氧化碳的传递速率变低。因而需要增加气体的鼓泡速率和增加搅拌速度来提高传质系数，但这两项措施都会增加细胞所承受的剪切力，造成细胞损伤。可见，选择一个合理的高径比是十分重要的。细胞培养通常选用的高径比为 2 左右，几乎不会高于 3，也不会低于 1，尤其是当生物反应器达到一定规模时。

2. 氧的传输

氧气是动物细胞生长所必要的营养物质，缺氧会导致细胞死亡。但溶解氧浓度过高时也会导致细胞的氧中毒，可能是由于过氧化物的生成和游离氧原子的产生（均为强氧化剂）对细胞氧化还原反应平衡的影响和对细胞膜的氧化造成细胞的死亡。溶解氧浓度通常以 1 个大气压的标准空气在水中达到溶解平衡时的浓度为基准，定义为 100%，此时所对应的溶解氧浓度为 0.224mmol/L。由于氧气在水中的溶解度低，加之细胞的生长需要将溶解氧浓度控制在 100% 以下（通常为 30% ~ 70%），即低于 0.224mmol/L 的浓度，所以需要不断的将气相中的氧气溶解于培养液中，以补充细胞生长所消耗的氧。描述氧气传递速率（oxygen transfer rate，OTR）的方程式是 $OTR = K_L a\ (c^*_{O_2,L} - co_{2,L})$，其中 $K_L a$ 是氧气的传递系数（h^{-1}），$co^*_{2,L}$ 是与气相中的氧气平衡的溶解氧浓度（mmol/L），$co_{2,L}$ 是培养液中实际溶解氧浓度（mmol/L）。$K_L a$ 与气液界面的传质阻力成反比，与单位液体体积的气液传递界面成正比，当搅拌速率快时，气液界面的传质阻力变小，$K_L a$ 增大。$c^*_{O_2,L}$ 与气相中的氧气分压成正比，当反应器中的压力升高，或是气相中的氧气含量增高，$c^*_{O_2,L}$ 均会升高。

小规模的细胞培养中，氧气的传递主要是通过培养液表面的气液界面来进行的。此时由于单位体积的培养液所拥有的液面较大，氧气的传递通常不是问题。但随着生物反应器体积的增高，高径比维持不变时，单位体积的培养液所拥有的液面与液体的高度成反比。此时，仅靠液体表面的氧气传递已经远远不能满足细胞生长的需要，常用的办法是鼓泡。

（1）鼓泡 鼓泡可以极大地提高单位液体体积的气液传递界面，使氧气的传递速率提高。衡量鼓泡速率的大小常用的参数是 vvm（通气比），即单位液体中每分钟通过的气体体积。在大规模的细胞培养生物反应器中，鼓泡是供氧的必要方法，但这也带来相应的问题。一方面，细胞会在气泡上升过程中吸附于气泡上，当气泡浮出液面时，吸附于气泡上的细胞会因气泡破裂所产生的巨大剪切力而受到破碎，甚至死亡；另一方面，没有破碎的气泡会积聚在反应的液面之上，当积累到一定程度时，会堵塞排气管路上的过滤器，增加污染的概率。所以不能一味地靠增加鼓泡速率来提高供氧速率，以满足随时间而增加的对溶解氧的需求。在细胞培养中，常用的鼓泡速率为 0.001 ~ 0.1vvm，大规模的反应器中所用的鼓泡速率通常为 0.001 ~ 0.5vvm。

（2）提高氧气传递的其他方法 当鼓泡速率和搅拌速率都不能再提高时，进一步提高氧气的传递速率需要靠提高氧气传递的驱动力。通常，反应器中的同样浓度控制在与空气平衡的饱和浓度的30%左右，即0.024mmol/L的30%。如果采用1个大气压的空气鼓泡，则 $c^*_{O_2,L}$ 为0.024mmol/L，此时的氧气传递的驱动力为 $0.024-0.024\times30\% = 0.157$mmol/L。要想提高驱动力，需要提高 $c^*_{O_2,L}$，方法有两种：① 提高气体的压力（同时也提高了反应器中的压力）；② 提高气体中氧气的百分比。空气中的氧气比例仅为21%，可以通过向空气中加入氧气使氧气比例提高到50%以上，从而大大提高 $c^*_{O_2,L}$。采用此法的不利因素是细胞新陈代谢中所产生的 CO_2 会在反应器中积累，因为此时培养液中的 CO_2 向气泡中传递速率会低于氧气向培养液中的传递速率，而 CO_2 的产生速率通常比溶解氧的消耗速率高10%~20%，所以，当采用富氧空气进行鼓泡时，需要注意 CO_2 的积累和对细胞生长所产生的影响。

3. 混合

工艺放大过程中需要考虑的一个重要参数就是混合。在培养过程需要整个生物反应器处于全混状态，这样可以保证细胞处于一个均一的生长环境中。这是因为，在培养过程中经常会需要添加一些化学物质，如碱性溶液和营养物质。当向生物反应器中脉冲加入一个组分，该组分在生物反应器中浓度达到均匀的时间即为混合时间。如果混合时间太长，则会在加入位点出现局部浓度过高的现象，造成严重的后果。所以，在设计和操作大规模生物反应器时需要十分重视混合效率问题。

（1）搅拌速度和搅拌器的设计　搅拌是保证生物反应器中混合良好的重要方法。生物反应器中常用的搅拌器有Rushton、Murine和Pitched-Blade三种。其中Rushton搅拌器有利于径向混合，Murine和Pitched-Blade搅拌器则更有利于轴向混合，但缺点是容易产生旋涡。选用Murine和Pitched-Blade搅拌器时要注意搅拌器的安装方向和搅拌方向，应该使液体向下流动，这样有利于延长气泡在液体中的停留时间，增加氧气的传递速率。搅拌器的直径通常为生物反应器直径的1/3左右，这样最有利于使搅拌的能量均匀地分布，防止产生旋涡和避免剪切力过大。搅拌速率和搅拌器的直径与混合效率和气体传递速率直接相关，但也和生物反应器中的剪切力直接相关。为了避免高剪切力对细胞造成的潜在损伤，生物反应器中采用的搅拌速率比细菌发酵要低很多，而且生物反应器规模越大，搅拌速率也越低。确定大规模生物反应器搅拌速率的原则通常是维持其单位体积的搅拌能耗与小规模生物反应器一致，这样既可保证气体传递效率与小规模生物反应器一致，还可避免剪切力过高。

（2）剪切力和细胞损伤　动物细胞没有细胞壁，对剪切力的承受力不高，所以大规模生物反应器的设计和操作需要考虑的一个十分重要的因素就是剪切力。当搅拌器的设计和搅拌速率均适当时，大规模生物反应器中的细胞损伤主要来自气泡破碎时所产生的巨大剪切力。有时，即使在没有鼓泡的情况下，搅拌式生物反应器中也会因为旋涡的产生而使气体进入液体中，形成气泡。在鼓泡生物反应器中，气泡的气液界面会聚集有大量细胞。有研究表明，当使用没有添加剂的普通培养液时，气泡表面上的细胞浓度有时会达到生物反应器中的平均细胞浓度的10倍以上。解决这一问题的方法是在培养液中添加保护剂，其中最为常用的是普朗尼克F68（PF68）高分子化合物，其分子结构如下：

$$H(-OCH_2CH_2-)_x(-OCH_2CH_2-)_y(-OCH_2CH_2-)_zOH$$

该分子中间部分具有缩水性，而两端则是亲水性，其可聚集在气泡的气液界面，并能阻止细胞吸附到气泡上，从而有效地保护细胞不受气泡破裂时产生的剪切力的损伤。PF68浓度过高时可能对细胞生长产生抑制作用，这与PF68中含有的杂质，或其对细胞新陈代谢的影响，或对细胞膜的破坏等有关。细胞培养中常用的质量浓度范围是0.3~1g/L。

四、 微载体选择与浓度

1. 微载体的选型

微载体（microcarrier，MC）是直径为 $60\sim250\mu m$ 的微珠，常用微载体的材质有纤维素、塑料、明胶、玻璃和葡聚糖等，适合贴壁依赖型细胞的生长。理想的微载体应有利于细胞的快速附着和扩展，有利于细胞高密度生长，不干涉代谢产物的合成和分泌。

常见微载体有固体微载体和液体微载体其中固体微载体更为常用，包括实心球微载体和大孔微载体两种。微载体的类型包括液体微载体、大孔明胶微载体、聚苯乙烯微载体、PHEMA 微载体、甲壳质微载体、聚氨酯泡沫微载体、藻酸盐凝胶微载体及磁性微载体等。市场常用的商品化微载体有 Cytodex-1、Cytodex-2、Cytodex-3，Cytoproe 和 Cytoline。

实心微载体易于细胞在微球表面贴壁、铺展和病毒生产时的细胞感染，Cytodex 系列是当前应用较为广泛的一种。实心微载体比表面积和可获得的细胞浓度均较小时，细胞易受搅拌、球间碰撞、流动剪切力等动力学因素破坏，大孔微载体可广泛应用于搅拌釜生化反应器，且在灌流反应器中可保持数月的良好生产力，能在降低培养基血清含量的同时保证细胞和目的产物的数量。

多孔微载体以纤维素为基质内部有许多网状的相互连通的小孔在载体表面开口。细胞在接种后，因为细胞在微载体内部的网孔内生长分裂可以很大程度上免受因搅拌、气泡等引起的机械损伤，而且细胞可以拥有更充分的生长空间。这种微载体可广泛用于填充床、流化床、搅拌釜生化反应器，且在灌流反应器中可保持数月的良好生产力，能在降低培养基血清含量的同时保证细胞和目的产物的产量，缺点是这种培养方式某种程度上阻碍了氧等营养成分的传递和病毒对细胞的感染而且这种微载体也较容易受到代谢废物积累的影响。

多孔微载体的出现有效地解决了实心球微载体容易使细胞受机械搅拌与气泡影响等问题，但是有些细胞株贴附在微载体的孔内移动性较差，因此需要发明一种更好的培养方式，以提高微孔的开放性或者改善其表面特性，从而提高细胞贴壁率同时增加细胞移动性。

液体微载体有氟碳化合物液膜微载体，其微球形成、细胞贴壁和培养均在搅拌下进行，当达到培养目的时停止搅拌并离心的方式就可以使混合物分相，使细胞游离并悬浮于有机相和培养基相之间，用移液管即可方便移出，克服了固体微载体吸附血清、易于变性而仅可一次性使用、培养后的分离过程损失细胞等缺点。虽然液体微载体拥有上述优势，但是尚存在成本高、制作工艺复杂、部分微载体不能重复使用等缺点。

2. 微载体浓度

一定微载体接种一定细胞有其最优微载体浓度。微载体浓度过小，则不符合生产经济性，增加传代次数；浓度过大，则造成一定接种细胞数量下载体的浪费或培养后期细胞生长营养不足。在接种过程中，胞珠间的吸附与胞间的凝集是同时存在而又可比的，对于大孔微载体，胞间凝集比实心微载体更明显。为此，应针对不同微载体进行预温育等不同预处理，以使细胞贴壁率最大化，胞间相互吸附作用最小化。

反应器中微载体的浓度直接影响细胞的接种密度、搅拌转速及培养方式的确定。微载体浓度以质量浓度表示，传统的分批培养工艺中，微载体的浓度通常采用 $3\sim5g/L$。Marta Cristina O 等研究了 Vero 细胞在不同种类微载体 Cytodex-1、Cytodex-3 及大孔微载体 Cytoline、Cytopore 等，以及不同微载体密度下细胞的生长。Alan 等考察了 Cytodex-1 在 $2g/L$、$5g/L$、

10g/L下的最佳微载体浓度，在高的微载体浓度下，后期换液补料的频率加快，以避免营养物质的耗尽及代谢副产物的限制。微载体的浓度通常依据不同的培养系统和培养目的确定，最佳的浓度值不同。

一般随着微载体浓度的不断增加，细胞密度也随之增加，说明要获得高密度的细胞，可以适当增加微载体的浓度，但当微载体浓度超过5g/L时，要维持细胞的高密度生长，就必须采取灌流等培养方式以保证细胞的营养供给，否则由于载体浓度过大会导致培养液营养消耗过快，代谢产物累积过大，不利于生产。

五、 细胞的接种密度

细胞接种密度有两种表示方法：一种为体积接种密度，即为通常所说的接种密度，以单位培养体积的细胞数（个/mL）表示；另一种为表面接种密度，它是单位表面积的细胞接种数，以单位微载体质量的细胞接种数表示（个/mgMC）。两种接种密度对于细胞生长的影响各不相同，对于贴壁依赖性细胞，表面接种密度对细胞生长更为关键。

Vero细胞培养过程中的研究报道认为，当细胞的表面接种密度高于1.0×10^5个/mgMC时，由于细胞贴壁后不能充分扩展，因此不利于细胞生长，理想的接种密度建议控制在表面接种密度为$3 \times 10^4 \sim 6 \times 10^4$个/mgMC范围内。许多研究表明，细胞生长的最终密度分别与细胞的接种密度和微载体浓度有关。一般细胞接种密度越高，最高活细胞密度（viable cell density，VCD）也越高，但细胞的增殖速率也会降低，而较低的接种密度又会带来较长的延滞期；相应地，提高浓度，增加贴壁面积，也同样能提高VCD，但过量的微载体又会造成成本增加。因此，在细胞大规模培养过程中，微载体的使用浓度与细胞接种密度之间的关系显著影响了病毒培养效率。

微载体培养系统中，细胞的接种密度通常以表面接种密度（个/mgMC）表示。在已知的微载体浓度下，通常有一个最适的接种密度范围。接种密度过高，意味着种子库的制备周期和反应器的生产周期延长，这一方面增加了染菌的风险，同时由于细胞对营养物质的消耗过快，导致营养限制以及过多的代谢副产物积累，容易造成生长限制；接种密度过低，则细胞不生长或者生长过慢，不利于工业生产的进行。

参数如细胞生长得率，每个微载体上的接种细胞数，细胞分布，搅拌转速，转移时间和代谢特征等均会影响到细胞在新老微载体之间的转移，因此球转球放大培养的操作参数需要研究确定。通过球转球方式进行微载体细胞悬浮培养的放大工艺，具有操作简单，可连续操作，染菌概率低，易于放大等优点。但可用该技术实现放大的合适细胞系较少，目前报道的仅有Vero细胞。细胞的基础代谢分析和参数检测控制目前细胞的反应器培养系统除了对一些操作参数如溶解氧、温度等的基础控制外，还需要对细胞的代谢进行调控，以促进细胞的生长，并减少代谢产物的积累。

六、 搅拌转速

在搅拌式反应器中，搅拌转速越高，意味着培养基中传质和氧传递越好，微载体在培养基中的分布越均匀，但高搅拌转速也意味着微载体间、微载体与细胞、微载体与反应器侧壁之间的碰撞几率和强度增高，过高的剪切力会对细胞的生长和增殖造成损伤，引起细胞的脱落甚至凋亡。因此，搅拌转速的控制尤为重要。

不同的培养系统（细胞株、桨叶类型、反应器类型及培养体积等的差异），具有不同的最佳搅拌转速。据大量文献报道，在微载体培养系统中，搅拌转速一般控制在 30~70r/min 的范围内，同时根据细胞的不同生长期，采用不同的搅拌转速控制。接种后到细胞贴壁这段周期，通常采用较低的搅拌转速 25~35r/min，以促进细胞的贴壁。随着细胞生长和细胞密度增加，需提高转速以促进微载体的混匀和营养物质及氧的传递。

七、 培养方式

根据不同的培养系统，需选择不同的培养方式。分批式培养和流加式培养是动物细胞反应器培养系统中通常采用的两种培养方式。但当存在高的微载体密度或者细胞生长代谢旺盛时，需要进行灌注式或者流加式培养，以满足细胞对营养物质的需求。

八、 放大工艺优化

目前，动物细胞微载体培养已达到 1000L 的规模，种子细胞的收获被认为是放大的关键技术，因此反应器细胞培养放大工艺的研究尤为重要。从一级反应器到多级反应器的放大方式有胰蛋白酶消化转移和直接球转球两种基本方式。其他方法如低渗处理也有应用。低温和超声孵化也是比较重要的放大方式并有各种成功的应用。

1. 直接球转球放大优化

直接球转球放大是指将贴附有细胞的完整微载体球作为种子，按照一定的比例放大到含有新微载体的下一级反应器进行细胞培养，使细胞从原微载体迁移到新微载体上，实现放大的一种培养方式。细胞转移主要通过新老微载体之间的充分接触，另一个途径是通过老微载体上的脱落的重新贴附到新微载体上，这种途径所占比例很小。一些关键参数如细胞生长速率，每个微载体上的接种细胞数，细胞分布状况，搅拌转速，转移时间和代谢特征等均会影响到细胞在新老微载体之间的转移，因此球转球放大培养的操作参数需要研究。1999 年，Wang Y 等成功实现了 Vero 细胞在 Cytodex-3 上的转移。2002 年，Landauer K 等通过向贴附于 Cytoline 微载体上的 CHO 细胞培养基中加入胰酶，实现了新老微载体 10:1 比例的细胞转移，但这种操作胰酶加入量和加入时间等不好控制。2003 年，Dtlrrschmid M 等研究了接种浓度和新加入的微载体体积等参数，成功实现了 CHO 细胞在 Cytoline 载体上以 6:1 和 1:1 比例的放大培养。2007 年，罗凤山等对微载体上 Vero 细胞两阶段球转球转移法的生产和工艺参数进行了研究。

通过球转球方式进行微载体细胞悬浮培养的放大工艺，具有操作简单，可连续操作，染菌概率低，易于放大等优点。但可用该技术实现放大的合适细胞系较少，目前报道的仅有Vero、CHO 细胞成功实现了直接球转球。

2. 胰蛋白酶消化转移放大优化

传统采用胰酶、胶原酶等蛋白水解酶将微载体上细胞进行消化，并作为种子进一步转移放大到下一级反应器是微载体培养系统通常采用的放大方式。一些细胞如上皮细胞对金属螯合剂（如 EDTA）比较敏感，如经常在胰酶中加入 EDTA 用于细胞的消化。消化转移方法是工业生产中常用的放大方法，但消化转移操作十分复杂，且微载体上的细胞在胰酶中易受到不同程度上的损伤，导致随微载体传代次数的增加，细胞的生长速率出现不同程度的下降。胰蛋白酶消化也可能会对微载体的结构造成破坏，导致细胞贴附率下降。另外，在大规模反应器中培养时，烦琐的消化转移操作不仅增加了劳动强度，而且增加了污染的可能性。

九、　参数检测与控制

目前，生物反应器控制常规的操作参数有溶解氧（空气、O_2、N_2、CO_2 控制）、pH、温度、搅拌转速等在线参数，以及葡萄糖、乳酸、氨、渗透压等离线参数，目前葡萄糖等可通过在线生化分析仪检测，以调整灌注或者流加的速率。培养基中 pH、溶解氧、温度的控制至关重要，Yoon 等发现，32℃ 可长时间维持 CHO 细胞高活性并促进促红细胞生成素（EPO）的表达，但 32℃ 对细胞的生长有抑制作用。实验室研究发现在单纯疱疹病毒（HSV）的生产中，控制 pH 在 7.15，温度 32℃ 利于病毒的生产。因此，需要针对不同的培养体系对代谢参数分别进行优化控制。

近几年发展起来的控制参数越来越多，Aljoscha Wahl 和 Carroll 等测定及在线控制氧消耗速率，可确定细胞的代谢以及细胞感染病毒到收毒时期的判断。活细胞在线传感仪实时在线观察反应器内细胞的生长状况，可避免取样观察以及染菌的可能性。另外，由 NOVA 公司研发的一系列测定代谢物如葡萄糖等比消耗及生成速率的仪器已成功商业化应用。随着动物细胞培养技术与领域的不断发展，过程检测参数会越来越多，过程控制将越来越精确。

1. 葡萄糖

葡萄糖是细胞生长代谢的主要能源，提供物质合成前体。培养基中葡萄糖含量过多会造成代谢溢流，大量的葡萄糖经糖酵解途径（glycolysis）生成乳酸而不是经过磷酸戊糖途径（phosphate pentose pathway，PPP）合成物质前体或 TCA 途径提供能量，造成营养的浪费和代谢副产物乳酸的积累，这不利于细胞的生长。Mancuso 等早期研究就发现，在体外培养条件下，仅有 4%~5% 的葡萄糖通过三羧酸（TCA）循环生成能量。但当葡萄糖作为限制性基质时（约 1g/L），处于指数生长期的细胞可将约 90% 的葡萄糖用于生物物质的合成（PPP 途径），而不是生成乳酸。过高的葡萄糖浓度或者细胞处于延滞期等比生长速率较慢时期时，大部分的葡萄糖则生成乳酸（糖酵解途径）。Emma Petiot 等研究了无血清培养条件下 Vero 细胞的中心碳代谢，用丙酮酸等中间物质取代葡萄糖，更多的代谢流流向能量途径，成功的平衡了中心碳代谢。因此，在生物反应器 Vero 细胞培养中，应采用葡萄糖替代物或者严格控制培养基中葡萄糖的浓度，通过流加或者灌注将葡萄糖质量浓度维持在 1g/L 左右，以最大限度的利用葡萄糖，同时减少乳酸的生成。

2. 谷氨酰胺

在细胞培养过程中，谷氨酰胺作为必需的营养物质发挥着多重功能的作用，可作为生物过程合成多肽、核苷酸等物质的前体，也用于能量代谢。在动物细胞体外培养条件下，由于谷氨酰胺全部依靠外源的供给且消耗速率快，因此很容易出现营养水平的限制，影响细胞的生长。培养基中谷氨酰胺的浓度一般控制在 2~5mmol/L，过高时则利用率降低，大量的谷氨酰胺生成乳酸，造成乳酸的大量积累从而影响细胞的生长。因此，控制培养基中谷氨酰胺的浓度水平非常重要。

3. 乳酸及氨

乳酸和氨是葡萄糖和谷氨酰胺代谢产生的主要副产物。葡萄糖主要通过抑制乳酸脱氢酶（LDH）的活性抑制糖代谢，氨的积累则抑制了谷氨酰胺代谢，过多的乳酸和氨直接对细胞生长产生抑制作用，因此通过调整培养方式，补料策略等控制代谢副产物的生成极其重要。

十、　过程优化

常用的生物反应器培养工艺过程有：分批式培养（batch）、流加式培养（fed-batch），半连续式操作（semi-continuous culture），连续式操作（continuous culture），灌注式培养（perfusion），流加式灌注培养（controlled-fed perfusion）等。

动物细胞培养的流加工艺源自微生物的流加培养工艺，其目的是为了避免培养过程中的营养限制和有毒副产品积累，使细胞生长的营养和理化环境尽可能长地保持稳定，提高细胞密度和维持时间，从而提高产物浓度。

最初动物细胞流加培养的研究主要是集中在限制葡萄糖（Glu）、谷氨酰胺（Gln）浓度以控制乳酸和氨的生成，同时避免迅速消耗的营养成分（Glu、Gln）的耗尽，以及补料控制的适用模型（结构模型和非结构模型）等方面。实际上其他营养成分的限制也可能引起细胞凋亡。有些研究将浓缩的氨基酸和维生素甚至浓缩的完全培养基应用到补料培养基中，细胞密度和产物含量都有了提高（$1\sim5\times10^6$个/mL，单克隆抗体产量低于 1g/L）。

20 世纪 90 年代开始，对流加培养的研究日益深入，流加培养的工艺优化日趋成熟，其优化的重点主要有起始培养基，补料培养基和补料策略三个方面。起始培养基是降低了 Glu 和 Gln 浓度的 Batch 培养基，其作用是启动细胞生长代谢，同时减少乳酸和氨的产生（细胞可以在很低的葡萄糖和谷氨酸氨浓度下生长，例如杂交瘤细胞生长的 K_{mGln} 为 0.15mmol/L，K_{mGlu} 约为 0.75mmol/L）。不同种类的细胞需要的起始葡萄糖和谷氨酰胺浓度不同，需要通过实验确定，一般杂交瘤细胞为 Gln 0.3mmol/L，Glu 1.5mmol/L。

补料培养基的优化常与代谢物分析及相关成分的化学计量衡算相结合，其目的是提供一个平衡的补料培养基，使得细胞生长过程中各种营养物质保持相对稳定的浓度。有些出色的研究工作在考察了细胞组成（蛋白质、核酸、脂类、碳水化合物），产物组成（氨基酸），维生素利用率，以及 ATP 需求的基础上建立了化学计量模型，用于设计补料培养基；研究在分析细胞生长代谢中氨基酸需求的基础上定量计算出流加培养基的氨基酸配比，用于流加培养获得了 10^7个/mL 以上的细胞密度和 2g 以上的单克隆抗体产量。

补料策略优化的目的是通过对细胞生长的预测确定合适的补料方式和补料速度，使 Glu、Gln 保持合适的浓度，既满足细胞生长与产物合成的需要，又使乳酸、氨、丙氨酸等代谢副产物维持较低浓度，同时合理的补料策略还可以防止过度补料引起的渗透压升高，抑制细胞生长及产物合成。目前主要有离线补料（off-line）和在线补料（on-line）两种形式。离线补料将补料培养基消耗与细胞生长、Glu 或 Gln 消耗相偶联，通过离线检测细胞密度、Glu、Gln 浓度并预测补料培养基消耗来补料；其优点是测量及预计相对较准确，缺点是费时费力，容易因频频取样而污染。在线补料是将培养基消耗与可在线检测的指标如氧消耗速率、Glu 浓度、Gln 浓度联系起来，通过计算机设定的公式预测补料培养基消耗来补料；其优点是省时省力，缺点是在细胞进入平台期及衰亡期时，补料培养基预测值与实际消耗量存在较大的偏差。实际上不论在线补料和离线补料其策略的实质是相同的，都是通过对细胞生长的预期来补料，使 Glu 或 Gln 维持在预先设定的浓度（set point）附近。

包括抗体在内的糖蛋白药物的巨大市场需求，使得发展大规模动物细胞培养的平台技术成为日益迫切的需要。为了提高细胞密度和产物浓度，降低培养成本和过程运行成本，同时满足药物的质量要求和生物安全性要求，要对大规模动物细胞培养的工艺要素进行选择和优化。

当前动物细胞大规模培养生产蛋白质的工艺选择，主要使用 3 种工程细胞（SP2/0、NS0、CHO）表达蛋白质产品，以搅拌式生物反应器作为通用技术平台，采用无血清和无蛋白质培养基，以流加或灌注工艺进行悬浮培养。其工艺优化主要通过细胞驯化，无血清、无蛋白质培养基优化和培养过程优化等途径实现。

通过对大规模动物细胞培养的优化方法进行比较可知：细胞驯化是通过逐渐改变细胞生长环境筛选出符合特定需要的细胞。采用事先驯化好的空细胞进行表达可以大大减少驯化的难度和时间。采用统计学方法进行培养基的理性设计是无血清、无蛋白质培养基优化方法的新突破；将高通量细胞培养系统和统计学方法结合将是培养基优化的有力工具。过程优化主要是流加培养的优化，是通过对起始培养基、补料培养基和补料策略的优化来实现；根据细胞生长代谢的需要设计补料培养基与根据细胞密度及 Glu/Gln 浓度预测补料速度是流加培养工艺优化的成熟方法。提高细胞密度与产物浓度，延长培养时间，发展通用性更强的补料策略仍是流加式培养优化的努力方向。

第七章

动物细胞培养生产疫苗的基础

CHAPTER

7

第一节　人用疫苗总论

一、概述

疫苗是以病原微生物或其组成成分、代谢产物为起始材料，采用生物技术制备而成，用于预防、治疗人类相应疾病的生物制品。疫苗接种人体后可刺激免疫系统产生特异性体液免疫和（或）细胞免疫应答，使人体获得对相应病原微生物的免疫力。疫苗常见的分类如下所述。

（1）根据研制技术特点分为传统疫苗和新型疫苗或高技术疫苗　传统疫苗包括灭活疫苗、减毒疫苗和用天然微生物的某些成分制成的亚单位疫苗。新型疫苗或高技术疫苗是以基因工程疫苗为主体的，主要包括：基因工程疫苗（基因工程亚单位疫苗、基因工程载体疫苗、核酸疫苗、基因缺失活疫苗及蛋白质工程疫苗）、遗传重组疫苗、合成肽疫苗、抗独特型抗体疫苗以及微胶囊可控缓释疫苗等。

（2）根据疫苗的性质分为细菌性疫苗、病毒性疫苗以及类毒素三种类型。

（3）根据预防疾病的种类分为单一疫苗和联合疫苗。

（4）根据疫苗在组成与来源的不同，分为蛋白质疫苗、核酸疫苗和多糖疫苗等。

（5）疫苗还有依据其命名与生产来源进行分类的方法，如重组酵母乙肝疫苗、重组（CHO）乙型肝炎疫苗、重组（汉逊酵母）乙型肝炎疫苗等。

（6）根据疫苗的使用方法或接种途径来分类，如注射疫苗、口服疫苗、滴鼻疫苗、滴眼疫苗、鼻喷疫苗、皮贴疫苗、气雾疫苗、微胶囊疫苗、缓释疫苗等。

（7）根据疫苗的发展与用途，除可用于预防传染性疾病外，已扩展到预防非传染性疾病（如自身免疫性疾病和肿瘤等），出现了治疗性疫苗（如肿瘤、过敏和一些传染性疾病）及生理调控疫苗（如促进生长和控制生殖等）。如寄生虫疫苗、肿瘤疫苗、避孕疫苗等。

（8）此外，还有一些采用新技术或者新途径研究或制备的疫苗，并没有确立比较明确的分类方法，通常将它们统称为新疫苗，如植物疫苗、T细胞疫苗、树突状细胞疫苗等。

本总论所述疫苗系指用于传染病预防的人用疫苗，即传统疫苗和新型疫苗。

（一）传统疫苗主要类型及常见剂型

1. 灭活疫苗

灭活疫苗（inactivated vaccines）是指用免疫原性强的病原微生物或其代谢产物，经培养繁殖或接种于动物、鸡胚、组织、细胞生长繁殖后，采取物理的、化学的方法使病原微生物失去致病能力，但仍保留其免疫原性，或应用提纯抗原和人工合成有效抗原的方法而制成的疫苗。灭活疫苗不能在免疫人体内繁殖，比较安全，不发生全身性副作用，无毒力返祖现象；有利于制备多价或多联等混合疫苗；通常用于皮下接种，它进入人体后可直接引起免疫应答，但不能生长繁殖，相对比较安全、稳定，但常需多次注射，才能产生比较牢固的免疫力，如伤寒、霍乱、鼠疫、百日咳、流感、立克次氏体脊灰炎、狂犬病、乙脑、甲肝、森林脑炎和用病毒某些成分制成的单位疫苗等。

2. 减毒活疫苗

减毒活疫苗（attenuated live vaccine）是指采用病原微生物的自然弱毒株或经培养传代等方法减毒处理后获得致病力减弱、免疫原性良好的病原微生物减毒株制成的疫苗。它接种于人体后，在适当的组织系统中产生一定的或短暂的增殖，类似一次轻型的人工自然感染过程，从而引起与疾病相类似的免疫应答，但不会发病。这种疫苗产量高、生产成本低。该类疫苗残毒在人体内持续传递后有毒力增强和返祖危险；有不同抗原的干扰现象；要求在低温、冷暗条件下运输和储存。但是，它在体内作用的时间长，往往只需接种一次，即可产生较牢固的免疫，如天花、狂犬病、卡介苗、黄热病、脊髓灰质炎（口服）、麻疹、腮腺炎、风疹、腺病毒、伤寒、水痘、轮状病毒等。

3. 传统疫苗常见剂型

（1）单价疫苗（univalent vaccine）　利用同一种微生物菌（毒）株或一种微生物中的单一血清型菌（毒）株的增殖培养物所制备的疫苗称为单价疫苗。单价疫苗对相应之单一血清型微生物所致的疾病有良好的免疫保护效能。但单价疫苗仅能对多血清型微生物所致疾病中的对应血清型有保护作用，而不能使免疫人获得完全的免疫保护。

（2）多价疫苗（polyvalent vaccine）　指同一种微生物中若干血清型菌（毒）株的增殖培养物制备的疫苗。多价疫苗能使被免疫者获得完全的保护。

（3）混合疫苗（mixed vaccine）　即多联苗，指利用不同微生物增殖培养物，根据病原特点，按免疫学原理和方法组配而成。接种动物后，能产生对相应疾病的免疫保护，可以达到一针防多病的目的。

（4）同源疫苗（homologous vaccine）　指利用同种、同型或同源微生物制备，而又应用于同种类动物免疫预防的疫苗。

（5）异源疫苗（heterlogous vaccine）　指利用不同种微生物菌（毒）株制备的疫苗，接种后能使其获得对疫苗中不含有的病原体产生抵抗力（如兔纤维瘤病毒疫苗能使其抵抗兔黏液瘤病），接种动物后能使其获得对异型病原体的抵抗力（如牛、羊接种猪型布氏杆菌弱毒菌苗后，能使牛和羊获得牛型和羊型布氏杆菌病的免疫力）。

（6）组分疫苗（component vaccine）或亚单位疫苗　是指病原体经物理或化学方法处理，除去其无效的毒性物质，以生物化学和物理方法提取其有效抗原部分制备的一类疫苗。病原体的免疫原性结构成分包含多数细菌的荚膜和鞭毛、多数病毒的囊膜和衣壳蛋白，以及有些寄生虫虫体的分泌和代谢产物，经提取纯化，或根据这些有效免疫成分分子组成，通过化学合成，制成不同的亚单位疫苗。该类疫苗具有明确的生物化学特性、免疫活性和无遗传性的物质。人工合成物纯度高，使用安全。如肺炎球菌囊膜多价多糖疫苗、流感血凝素疫苗及牛和犬的巴贝斯虫病疫苗等。

（7）类毒素（toxoid） 细胞外毒素经甲醛（0.3%~0.4%）处理后失去毒性，但仍保留免疫原性，此类物质称为类毒素，加适量磷酸铝和氢氧化铝即成吸附精制类毒素。类毒素在体内吸收慢，能长时间刺激机体，产生更高滴度抗体，增强免疫效果。常用的类毒素有白喉类毒素、破伤风类毒素等。

志贺菌、葡萄球菌和大肠杆菌都能产生肠毒素，肠毒素经甲醛脱毒后，即可制成类毒素；经脱毒提纯等工艺可以制成精制类毒素。类毒素在实质成分与用途方面，与经常见到的抗毒素是完全不同的。抗毒素是作为被动免疫的生物制剂，不属于预防用品，当然也不属于疫苗范畴，是抗体成分。它是采用类毒素多次给马等动物注射；待产生大量抗毒素后通过采血、分离血清、浓缩纯化制成抗毒素，主要用于治疗细菌外毒素所致的疾病和紧急预防，常用的有破伤风抗毒素、白喉抗毒素、气性坏疽抗毒素等。应用抗毒素要早而足，由于抗毒素是抗体，也是异体蛋白，应用时可引起过敏反应，故在使用前应询问过敏史，做过敏试验。

（二）新型疫苗主要类型

1. 基因工程疫苗

基因工程疫苗（genetic engineering vaccine） 是用基因工程方法或分子克隆技术分离出病原的保护性抗原基因，将其转入原核或真核系统使表达出该病原的保护性抗原，利用表达的抗原产物或重组体本身制成的疫苗，或者将病原的毒力相关基因删除掉，使之成为不带毒力相关基因的基因缺失体。它主要有以下几种类型：

（1）基因工程亚单位疫苗（subunit vaccine） 运用基因重组技术将编码病原微生物保护性抗原的基因导入并在原核或真核受体细胞中高效表达，提取保护性抗原蛋白，加入合适佐剂即制成基因工程重组亚单位疫苗。用于该类疫苗生产的最常用的原核生物是大肠杆菌。基因工程亚单位疫苗安全性好、副作用小、稳定性强，疫苗诱导的免疫应答可与自然感染产生的免疫应答相区别，有利于疫病的控制和消灭计划。然而，该类疫苗产品研发费用高，价格昂贵，而且免疫原性通常比完整病原体差，需要多次免疫才能得到有效保护。目前，人类的乙型肝炎基因工程亚单位疫苗已被广泛应用，是目前最为成功的一种新型疫苗。

（2）基因工程载体疫苗（recombinant vectored vaccine） 利用分子生物学技术将保护性抗原的基因重组到无致病性的病毒或细菌载体基因组中，重组活载体接种机体后，可表达重组蛋白，利用这种能够表达保护性抗原基因的重组微生物制成的疫苗称为基因工程载体疫苗，这种疫苗多为活疫苗，所以又称为活载体疫苗。活载体疫苗是将编码病原微生物特异性抗原的基因片段插入减毒的活细菌或病毒载体基因组的某些部位，使之高效表达，从而诱生强有力的抗体和细胞介导的免疫应答，使机体获得对插入基因相关疾病的抵抗力，甚至黏膜免疫，克服了重组亚单位和多肽疫苗的缺点，免疫保护力比灭活疫苗更有效。常用的病毒载体有牛痘病毒、禽痘病毒、金丝雀痘病毒、腺病毒、火鸡疱疹病毒、伪狂犬病病毒、小 RNA病毒、黄病毒和脊髓灰质炎病毒等。主要的细菌活载体包括沙门氏菌、枯草杆菌、大肠杆菌、乳酸杆菌等。国外已研制出以腺病毒为载体的乙肝疫苗和以疱疹病毒为载体的新城疫疫苗等。

（3）核酸疫苗（nucleic acid vaccine） 核酸疫苗又称为基因疫苗或 DNA 疫苗，是把外源的抗原基因克隆到质粒或病毒载体上，然后将重组的质粒或病毒 DNA 直接注射到动物体内，使外源基因在活体内表达，产生以天然蛋白形式出现的抗原，激活机体的免疫系统，并能够持续地引发免疫反应。

基因疫苗可在体内存在较长时间，不断表达外源蛋白，能够刺激产生较强和较持久的免疫应答。因质粒载体没有免疫原性，故可反复使用。不过，基因疫苗的安全性及刺激产生的体液免疫应答水平均有待于提高。目前，国外已有至少 4 种核酸疫苗被批准进入 I 期临床试验，包括美国、瑞士和英国的艾滋病核酸疫苗、美国的成纤维细胞生长因子 DNA 疫苗。

（4）基因缺失活疫苗（gene deleted live vaccine） 基因缺失活疫苗是用基因工程技术将病原微生物中与致病性有关的毒力基因进行缺失，使之成为无毒株或弱毒株，但仍保持有良好的免疫原性，从而制成的安全有效疫苗。

该类疫苗产生的免疫应答很容易与自然感染的抗体反应区别开来，故又称为"标记"疫苗，它有利于疫病的控制和消灭计划。经典技术培育的弱毒株常常是由毒力基因点突变导致的毒力减弱，而基因缺失疫苗是部分或全部缺失毒力基因，故返突变机率非常小，疫苗安全性好，不易返祖；其免疫接种与强毒感染相似，机体可对病毒的多种抗原产生免疫应答；免疫力坚实，免疫期长，尤其是适于局部接种，诱导产生黏膜免疫力，因而是新疫苗发展的主要方向之一。目前已有多种基因缺失疫苗问世，例如美国的伪狂犬病毒基因缺失疫苗、霍乱弧基因缺失疫苗和大肠杆菌基因缺失疫苗。

（5）蛋白质工程疫苗（protein engineered vaccine） 蛋白质工程疫苗是指将抗原基因加以改造，使之发生点突变、插入、缺失、构型改变，甚至进行不同基因或部分结构域的人工组合，以期达到增强其产物的免疫原性，扩大反应谱，去除有害作用或副反应的一类疫苗。

2. 遗传重组疫苗

遗传重组疫苗（genetic recombinant vaccine） 是通过强弱毒株之间进行基因片段的交换而获得的减毒活疫苗。其原理是通过生理重组而不是体外 DNA 重组技术将野毒株的保护性表面抗原基因与无致病性的弱毒株的其他基因组合，使用特异方法筛选出对人体不致病但又含有野毒株强免疫原性基因片段的弱毒活疫苗株。这种方法适用于分节段基因组的病毒，如流感病毒、轮状病毒和肾综合征出血热病毒等。目前流感病毒的冷适应重组疫苗和鸭人毒株重组疫苗的临床试验已取得有希望的成果。

3. 多肽/表位疫苗

多肽疫苗（synthetic peptide vaccine） 是用化学合成法或基因工程手段合成病原微生物的保护性多肽或表位并将其连接到大分子载体上，再加入佐剂制成的疫苗。

利用抗原表位作图技术可将抗原表位精确定位于几个氨基酸残基，故通过分子生物学手段，将在完整蛋白质中呈弱免疫原性的某些线性的中和抗原表位，与无毒力的结核菌素、霍乱毒素等可增强免疫原性的基因进行体外融合表达或自身串联表达，通过抗原表位的充分暴露增强多肽/表位疫苗的免疫原性。相对于常规疫苗和基因重组疫苗，多肽/表位疫苗不含有对机体构成潜在威胁的病毒基因组信息，不存在发生病毒基因与宿主细胞基因的整合或重组，不会对动物或人类构成潜在的威胁，是一种安全的疫苗。另外，采用多表位组合可以同时防控几种流行病毒毒株或血清型。尽管该类疫苗的优点多，但制造成本高。目前研制成功的多肽疫苗包括口蹄疫、乙型肝炎和疟疾多肽/表位疫苗。

4. 抗独特型抗体疫苗

抗独特型抗体（AId）是针对抗体分子 V 区上的特异抗原表位群（称为独特型）的抗抗体。AId 与原来抗原的决定簇分子互为"内影像"关系，可模拟抗原结构和功能的作用，而可以作为一种新型疫苗。抗独特型疫苗是利用第一抗体分子中的独特抗原决定簇（抗原表位）所制备的具有抗原的"内影像"（internal image）结构的第二抗体。该抗体具有模拟抗原的特性，故称之为抗独特型抗体疫苗（anti-idiotype vaccine）。它可诱导机体产生体液免疫和细胞免疫，主要适用于目前尚不能培养或很难培养的病毒，以及直接用病原体制备疫苗有潜在危险的疾病。

抗独特型抗体疫苗可以模拟抗原而不产生像传统抗原疫苗一样的副作用。其本质为蛋白质，因此还具有易扩增，可以大量生产的优点。抗独特型抗体疫苗自 Reinartz 等用抗卵巢癌单抗 OC125 的抗独特型抗体 ACA125 对 45 例晚期或复发的卵巢癌患者进行主动免疫治疗以来，已经在人结肠癌、乳腺癌、膀胱癌、黑素瘤、鼻咽癌等多个领域进行了临床及临床前实验。

5. 微胶囊疫苗

微胶囊疫苗（micro-capsulized vaccine）也称可控缓释疫苗，是指使用微胶囊技术将特定抗原包裹后制成的疫苗，从而达到简化免疫程序和提高免疫效果的新型疫苗。微胶囊是丙交酯和乙交酯的共聚物制成，可干燥成粉末状颗粒。其优点：①不需稳定剂和冷链运输和保存。②用微胶囊包裹的疫苗，由于两种酯类的比例不同，颗粒大小和厚薄不同，注入机体后可在不同时间有节奏地释放抗原，释放的时间持续数月，高抗体水平可维持两年，因此微胶囊是一个疫苗释放系统，可起到初次接种和加强接种的作用。③微胶囊在注射部位可被巨噬细胞吞噬，并携带至淋巴结附近和免疫系统其他部位，具有更强的免疫效果。④利用其孔径大小可控缓释。⑤由于微胶囊的保护作用，母源抗体不能使抗原失活，可用于婴儿免疫接种。⑥微胶囊包裹糖蛋白或全病毒，也证明有提高免疫效果的作用。⑦微胶囊在肠道内不受酸或酶的影响，可用于口服。但注入胶囊颗粒后，即滞留在机体内，目前尚不能排除有不良反应的可能性。

6. 转基因植物疫苗

转基因植物疫苗（vaccine in transgenic plants）是用转基因方法，将编码有效免疫原的基因导入可食用植物细胞的基因组中，免疫原即可在植物的可食用部分稳定地表达和积累，人类和动物通过摄食而启动保护性免疫反应，达到免疫接种的目的。常用的植物有番茄、马铃薯、香蕉等。如用马铃薯表达乙型肝炎病毒表面抗原并在动物实验中获得成功。植物细胞作为天然的生物胶囊可将抗原有效传递到黏膜下淋巴系统，这是较有效的激发黏膜免疫系统方式，对黏膜感染性疾病的疫苗研制有潜在的发展前景。

一般而言，这类疫苗安全性好，具有口服、易被儿童接受、价廉等优点，但抗原的表达量和佐剂是关键的技术问题，目前尚在初期研制阶段。

7. 其他新型疫苗

树突状细胞是专职抗原递呈细胞，能有效地将抗原递呈给 T 淋巴细胞，从而诱导 CTL 活化，荷载抗原的树突状细胞具有疫苗的功能，故称树突状细胞疫苗。利用反向遗传技术，用流行株/不同血清型病毒株抗原编码区替换已知疫苗毒株的相应区域而获得的嵌合疫苗。T 淋巴细胞疫苗用 T 淋巴细胞进行疫苗接种，在动物实验中取得了较理想的免疫效应。

（三）疫苗的基本成分、性质和特征

1. 疫苗的基本成分

疫苗的基本成分包括抗原、佐剂、防腐剂、稳定剂、灭活剂及其他成分。

（1）抗原　抗原是疫苗最主要的有效活性成分，它决定了疫苗的特异免疫原性。构成抗原的三个基本条件是：①异物性，由于机体自身组织不能刺激机体的免疫反应，故抗原必须为外来物质；②一定的理化特性，包括分子质量、化学结构等；③特异性，使抗原进入机体后引起相应抗体或引起致敏淋巴细胞发生反应。

可用作抗原的生物活性物质有：灭活病毒或细菌、活病毒或细菌通过实验室多次传代得到的减毒株、病毒或菌体提纯物、有效蛋白成分、类毒素、细菌多糖、合成多肽以及近年来发展的 DNA 疫苗所用的核酸等。抗原应能有效地激发机体的免疫反应，包括体液免疫或/和细胞免疫，产生保护性抗体或致敏淋巴细胞，从而对同种细菌或病毒的感染产生有效的预防作用。

（2）佐剂　佐剂能增强抗原的特异性免疫应答，理想的佐剂除了应有确切的增强抗原免疫应答作用外，应该是无毒、安全的，且必须在非冷藏条件下保持稳定。目前疫苗中最常用的佐剂为铝佐剂和油制佐剂。

（3）防腐剂　防腐剂用于防止外来微生物的污染。一般液体疫苗为避免在保存期间微量污染的细菌繁殖，均加入适宜的防腐剂。大多数的灭活疫苗都使用防腐剂，如硫柳汞、2-苯氧乙醇、氯仿等。

（4）稳定剂　为保证作为抗原的病毒或其他微生物活性并保持免疫原性，疫苗中常加入适宜的稳定剂或保护剂，如冻干疫苗中常用的乳糖、明胶、山梨醇等。

（5）灭活剂　灭活病毒或细菌抗原的方法除了可用物理方法如加热、紫外线照射等之外，也常采用化学方法灭活，常用的化学灭活试剂有丙酮、酚、甲醛等，这些物质对人体有一定毒害作用，因此在灭活抗原后必须及时从疫苗中除去，并经严格检定以保证疫苗的安全性。

（6）其他成分　疫苗在制备时还需使用缓冲液、盐类等非活性成分。缓冲液的种类、盐类的含量都可影响疫苗的效力、纯度和安全性，因此都有严格的质量标准。

2. 疫苗的基本性质和特征

疫苗的基本性质包括免疫原性、安全性和稳定性。

（1）免疫原性　指疫苗接种进入机体后引起抗体产生免疫应答的强度和持续时间。影响免疫原性强弱的因素包括机体的因素和疫苗的因素，从疫苗的角度看是由疫苗的抗原决定的。抗原的影响因素主要包括：①抗原的强弱、大小和稳定性。抗原分子质量过小易被体内分解、过滤，均不易产生良好的免疫应答，这就是半抗原物质和游离 DNA 缺乏免疫原性的原因。②抗原的理化性质。颗粒型抗原、不可溶性抗原的免疫原性最强，各类蛋白质的免疫原性较强，多糖次之，类脂则较差。有些较弱的抗原可以通过与佐剂合用来增强免疫应答。

（2）安全性　大多数疫苗主要用于儿童和健康人群，因此其安全性要求极高。疫苗的安全性包括：接种后的全身和局部反应；接种引起免疫应答的安全程度；人群接种后引起的疫苗株散播情况等。

（3）稳定性　疫苗必须保持稳定，以保证经过一定时间的疫苗贮存和冷链运输过程后疫苗仍能保持其有效的生物活性。

（四）疫苗制备的基本过程、质量检定及生产的质量管理

1. 疫苗制备的基本过程

疫苗因种类不同，其制备方法也不相同，但总的来讲，经典疫苗制备的基本过程包括：选择适宜的培养基或细胞进行菌、毒株的大量繁殖，收集培养物，提纯，半成品检定，稀释，分装，成品检定。基因工程技术使疫苗研制方法发生了革命性的变化，加速了新疫苗的开发速度，制备疫苗的方法更加多样化。但疫苗制备必须保证疫苗的基本性质即免疫原性、安全性和稳定性的原则是不变的。

2. 疫苗的质量检定

疫苗的检定按以下几方面进行。

（1）理化检定 即通过物理或化学分析手段进行疫苗有效成分及杂质的检测。理化检测主要包括物理性状检查、蛋白质含量测定、防腐剂含量测定、纯度测定、吸附剂含量测定、可能有害物的检测等。理化检测的项目根据每一制品的不同要求而确定，必须达到灵敏、快速、准确的要求。随着纯化疫苗、亚单位疫苗、基因重组疫苗等的不断问世，理化检测的项目正逐步增加。目前我国疫苗理化检定项目以《中华人民共和国药典（2020年版）》为准，新增项目必须通过国家检定机关认证，并编入该制品的检定规程。

（2）安全检定 疫苗的安全检定是保证疫苗能够安全使用的重要措施。疫苗成品、半成品及制备疫苗所用的菌种、毒种等都需要进行安全检定。方法包括一般性安全检查（如无菌试验，热原试验），灭菌、灭活和减毒情况检查，外源因子检查，过敏性物质检查等。安全检定还包括用动物进行的急性和亚急性毒性试验等。

（3）效力检定 效力试验是检测疫苗有效性的重要环节，其目的在于了解制品是否能够达到预期效果。虽然动物试验结果并不完全能代表人体结果，但大多数效力试验结果是具有实际意义的。效力试验主要包括免疫原性检测，即活菌数测定、病毒滴度测定、抗毒素和类毒素单位测定、小鼠半数有效量（ED_{50}）测定以及动物保护力试验、血清学试验等。

（4）稳定性检定 稳定性是衡量疫苗质量的一个重要指标。稳定性试验包括长期稳定性试验和加速稳定性试验。长期稳定性试验在疫苗的实际保存温度下进行，存放一定时间之后考察其真实稳定性并确定保存期。加速稳定性试验则让疫苗在较高温度下（一般为37℃）存放一定时间。考察疫苗在较高温度时的稳定性，以对其稳定性做出评价。

随着新制品的不断增加和免疫学技术的进展，疫苗检定技术和方法也不断更新。需要说明的是，每一种新的检定方法都应进行可信限研究和进行标准化，并经国家检定机关认证后方可正式使用。

3. 疫苗生产的质量管理

目前世界各国的疫苗生产企业和研究单位都在实施药品良好生产规范（good manufacturing practices for drugs），以保证其产品质量。药品良好生产规范是在药品生产全过程中，用科学、合理、规范化的条件和方法保证生产出优良药品的一整套科学管理方法。

药品良好生产规范是药品生产和质量管理的基本准则，是药品生产企业必须强制达到的最低标准。药品良好生产规范包括人员、厂房设备和软件管理，涉及从原材料采购入库、检验、发料、加工到半成品检验、分包装、产品检定、成品销售、运输以及用户意见及使用反应处理等在内的全过程。药品良好生产规范的主要内容包括三个方面：①人员（实施药品良

好生产规范的保证）；②厂房设施、设备和原材料等（实施药品良好生产规范的基本条件）；③管理制度和要求、记录等。只有实施药品良好生产规范，对生产全过程的每一步骤做最大可能的控制，才能更有效地使产品符合所有质量要求和设计规范。

1969 年，世界卫生组织公布了药品管理的药品良好生产规范，随后各国都制定了本国的药品良好生产规范。1988 年，我国颁布了《药品生产质量管理规范》，并于 1992 年进行了重新修订。目前我国推行的是 1998 年国家药品监督管理局发布的修订版，从 1999 年 8 月 1 日起执行。

（五）疫苗生产过程中动物细胞培养技术的要点

1. 疫苗生产过程中影响动物细胞培养的主要因素

首先是培养系统设备的影响。其次是细胞株（系）的选择对细胞培养的影响。最后是培养液的选择对细胞培养的影响。

2. 在疫苗生产中动物细胞培养的主要培养方法

在疫苗生产中，细胞的培养方法大致有 3 种：细胞悬浮培养法、固定化培养法、微载体培养方法。

3. 在疫苗生产中动物细胞培养的主要培养系统和工艺类型

利用生物反应器生产疫苗等生物制品，是生物制药技术的发展方向。

4. 动物细胞培养技术在疫苗生产中的优点

目前细胞培养生产蛋白质的生物反应器、生产工艺（包括蛋白质提纯技术）都很成熟，可以用于大规模生产，省时省力省钱；而且绝大多数蛋白质对机体不存在感染和其他致病作用，安全性高。

5. 动物细胞培养技术在疫苗生产中存在的问题

微生物的污染是大规模细胞培养的主要威胁；细胞培养基中的动物组分如牛血清、水解乳蛋白等影响疫苗质量；处理效率低下、设备落后、细胞系容易发生变异等问题也影响着疫苗的大规模生产。随着现代生物制药技术的发展，采用动物细胞大规模培养来生产的疫苗等生物制品在日益增长，作为生产生物制品的核心技术之一的动物细胞培养技术也在快速发展。

二、 疫苗生产过程控制的基本要求

（一）全过程质量控制

疫苗是由具有免疫活性的成分组成，生产过程使用的各种材料来源及种类各异，生产工艺复杂且易受多种因素影响，应对生产过程中的每一个工艺环节以及使用的每一种材料进行质量控制，并制定其可用于生产的质量控制标准；应制定工艺过程各中间产物可进入后续工序加工处理的质量要求，应对生产过程制定偏差控制和处理程序。

（二）批间一致性的控制

应对关键工艺步骤的中间产物的关键参数进行测定并制定可接受的批间一致性范围。对半成品配制点的控制应选择与有效性相关的参数进行测定，半成品配制时应根据有效成分测定方法的误差、不同操作者之间及同一操作者不同次操作之间的误差综合确定配制点。对成品或疫苗原液，应选择多个关键指标进行批间一致性的控制。

用于批间一致性控制的测定方法应按照相关要求进行验证，使检测结果可准确有效地用于批间一致性的评价。

（三）目标成分及非目标成分的控制

疫苗的目标成分系指疫苗有效成分。应根据至少能达到临床有效保护的最低含量或活性确定疫苗中有效成分的含量及（或）活性；添加疫苗佐剂、类别及用量应经充分评估。

疫苗的非目标成分包括工艺相关杂质和制品相关物质/杂质。工艺相关杂质包括来源于细胞基质、培养基成分以及灭活和提取、纯化工艺使用的生物、化学材料残留物等；制品相关物质/杂质包括与生产用菌毒种相关的除疫苗有效抗原成分以外的其他成分以及抗原成分的降解产物等。

生产过程中应尽可能减少使用对人体有毒、有害的材料，必须使用时，应验证后续工艺的去除效果。除非验证结果提示工艺相关杂质的残留量远低于规定要求，且低于检测方法的检测限，通常应在成品检定或适宜的中间产物控制阶段设定该残留物的检定项。应通过工艺研究确定纯化疫苗的制品相关物质/杂质，并采用适宜的分析方法予以鉴定。应在成品检定或适宜的中间产物控制阶段进行制品相关物质/杂质的检测并设定可接受的限度要求。

（四）疫苗质量管理的基本要点

疫苗质量取决于生产人员、生产设施设备、物料、生产工艺过程以及生产环境等几个方面，疫苗生产企业应当从这几个方面入手对疫苗的生产过程进行质量风险分析，全面识别影响疫苗质量的各种潜在风险，并加以有效控制，达到保证疫苗质量的目标。

1. 生产人员方面

大部分疫苗属于无菌药品，对于无菌药品的生产过程，生产人员可能会是造成产品出现微生物污染的最大风险之一。微粒是洁净室内微生物附着和扩散的主要载体，正常情况下，人体本身会散发大量的微粒，而人体的运动会加速微粒的运动。所有进入无菌洁净区的物料、工器具以及设备等均必须通过不同形式的灭菌或消毒，进入无菌洁净区的生产人员则只能依靠洁净更衣（通过物理包裹的手段）来实现。因此，对于生产人员更衣以及日常行为的控制尤为重要。生产人员的防护措施包括洁净服的式样及穿着舒适性、生产人员的健康与卫生状况、人员的岗位操作技能与操作规范、人员所接受的培训以及工作态度等都是保证无菌生产的最基本前提。

另外，管理制度应当涵盖生产人员的专业知识、卫生、健康、岗位要求、生物安全以及无菌操作等各个方面。更为重要的是，疫苗生产企业应当建立健全培训管理制度与日常监督考核机制，使从事生产的人员具有良好的质量意识，能够规范生产操作，以最大限度地降低人员对疫苗生产环节可能造成污染的风险。

2. 生产设施设备方面

疫苗生产用设施设备通常包括配料罐、过滤系统、灭菌柜、灌装联动线、轧盖设备以及制药用水系统、空调净化系统等。设施与设备是疫苗生产的必需硬件，生产设备的合理设计、正确选型以及规范的使用都是疫苗质量得以实现的基本保障；设备的验证确认、预防性维护、维修以及标识管理等都是影响疫苗质量的主要风险点。

在生产过程中，凡是直接接触药品的容器具及设备表面都有可能带入微粒或微生物，因此设备的清洁与消毒对于防止污染和交叉污染至关重要。在疫苗生产用设备中，配液罐的材质、过滤系统的选择、滤器（滤膜和滤芯）的处理、滤芯与药品相容性及其完整性、灌装过程等都有可能导致产品受到微生物或其他物质的污染，也是影响产品质量的主要因素。

设施与设备是疫苗质量得以实现的基本保障，因此疫苗生产企业对于生产设施设备的管理水平直接决定了产品质量。设施设备的设计和安装应有利于避免污染和交叉污染，并且便于操作、清洁、维修和保养。设施设备的运行与性能确认应确保支持各项生产工艺规定参数范围的稳定运行。

3. 物料方面

疫苗生产的起始材料均为生物活性物质，如生产用菌种、毒种和细胞株。疫苗生产用菌毒种及细胞库的管理，对于保持其生物学特征、保证疫苗产品的质量及生物安全至关重要。在种子批和细胞库的制备、登记、检定、保存、领用及销毁等一系列过程中会存在诸多的风险。不同属、不同级别的种子应分开保存，保存设备及房间应有严格的管理，标识应清晰明确，否则容易引起种子的混淆与误领，引发严重的质量问题与生物安全问题。

除了生物活性原材料外，各类原料、辅料、包装材料以及佐剂、防腐剂甚至抗生素等对产品质量具有重要影响。对物料供应商进行管理十分重要，企业应当结合所生产产品的特点及生产工艺建立更有针对性的内控标准，并建立每一种物料及其供应商的质量档案，基于风险的原则开展供应商审计，加强对物料供应商的源头控制管理，定期对物料的质量情况进行回顾分析，以便于更为全面地保证产品的质量。

4. 生产工艺过程方面

由于疫苗的生产过程是生物学过程，产品一般不能采用过度杀灭的方法进行处理，需要全过程关注无菌保障水平的管理和控制。疫苗生产企业对有毒生产区及无毒生产区的隔离、人物流设计、更衣程序、物料以及物品传送、生产环境的控制和监测、灌装等重要工艺过程控制都是疫苗生产过程中的关键环节。

为有效控制疫苗生产中的污染、交叉污染、混淆及差错等风险，疫苗生产企业应当对疫苗生产的全过程进行充分设计与验证。疫苗的生产验证包括产品的生产工艺验证、培养基模拟灌装试验、除菌过滤性能验证、设备及器具的清洗与灭菌验证、关键生产设施设备的确认、生产环境的验证以及人员的更衣确认等涉及生产工艺过程的各个方面。

5. 生产环境方面

生产的洁净环境是环境控制的各项措施综合作用的结果。对于疫苗而言，产品污染的风险可能来源于生产环境中的微粒和微生物，以及进入生产环境中的物品、人员、设备等。控制生产洁净环境的目的就是为疫苗生产和质量控制提供适宜的环境，包括适当的压差、洁净空气、气流流向和温湿度等。

对于疫苗生产环境的控制依赖于空调净化系统以及对洁净环境的定期消毒与监测。空调净化系统的控制风险主要体现在洁净室的压差与压差梯度、气流组织、送风速度、自净时间、换气次数、温湿度等。空调净化系统的设计与循环方式、温度控制系统、压力控制系统以及空调净化系统的定期维护保养等都是影响生产环境洁净度的关键点。因此，必须对相应的关键参数进行日常监测并建立警戒限和纠偏限，并进行定期的趋势分析。此外，对于生产环境的清洁与消毒方式及频率决定了洁净环境的微生物（沉降菌与浮游菌）水平，也是影响生产环境的风险因素。

三、 疫苗生产用种子批系统

疫苗生产用种子批系统包括生产用菌毒种及基因工程疫苗生产用细胞株，应符合最新版

《中华人民共和国药典》的相关要求。

种子批系统通常包括原始种子/细胞种子、主种子批/主细胞库和工作种子批/工作细胞库，建立种子批系统的目的旨在保证疫苗生产的一致性和连续性。应建立主种子批/主细胞库和工作种子批/工作细胞库并规定使用的限定代次。

（一）三级种子系统

原始种子/细胞种子是指经培养、传代及遗传稳定性等研究并经鉴定可用于疫苗生产的菌毒种或者细胞株，可以是一个代次的，也可以是多代次菌毒种或者细胞株，是主种子批/主细胞库前各代次种子的总称；原始种子/细胞种子用于主种子批/主细胞库的制备。外购或经技术转让获得的生产用种子，应按规定建立主种子批/主细胞库，主种子批/主细胞库前的种子应按照原始种子/细胞种子管理。

主种子批/主细胞库是指由原始种子/细胞种子经传代，并经同次操作制备获得的组成均一的悬液。主种子批/主细胞库应为一个固定代次，用于工作种子批/工作细胞库的制备。

工作种子批/工作细胞库是指由主种子批/主细胞库经传代，并经同次操作制备获得的组成均一的悬液。工作种子批/工作细胞库应为一个固定代次，用于疫苗的生产。

种子批系统各种子批/细胞库应在符合中国现行《药品生产质量管理规范》的条件下建立和制备，并应有详细的记录。

主种子批/主细胞库确定无外源因子污染时，来自该主种子批/主细胞库的工作种子批/工作细胞库只需排除制备工作种子批/工作细胞库所需的材料和过程可能存在的外源因子污染的风险；如因主种子批/主细胞库数量限制而无法进行全面的外源因子检查时，应对工作种子批/工作细胞库进行全面检定。

（二）细菌性疫苗种子批系统

应详细记录细菌的来源、传代及其所使用的所有原材料的情况。对种子批的建立，应确定菌种制备、扩增方式以及次数。应根据菌种的储存特点及生产规模，尽可能制备批量足够大的工作种子批，以满足一定生产周期的使用。

种子批的保藏应依据不同细菌的特性可采用在培养基上保存培养物、冷冻干燥、液体超低温冷藏等方式保藏菌种以保证其稳定性。

生产用菌种种子批的检定应符合相关各论的要求。检定内容应包括菌种形态特性、培养特性、增殖能力、分子遗传标识、免疫学特征、毒力、毒性、毒性逆转、免疫原性、免疫力等试验；同时应采用相对敏感的方法检测种子的菌株纯度，以保证菌株没有外源因子和杂菌污染。

（三）病毒性疫苗种子批系统

应详细记录病毒的来源、传代历史以及传代过程中任何可能对病毒表型产生影响的操作（如冷适应、不同物种动物体内或细胞传代，或有目的的基因操作等）。

种子批的保藏应符合相关各论的要求。冻干保藏有利于种子批的稳定。种子批检定项目的确定应根据每个病毒株种子批建立的特定情况，以及对病毒种子相关特征的评估，包括在生产细胞基质、禽胚或动物体内的生长特征、组织嗜性、遗传标志、鉴别（对重组载体目的蛋白基因或目的蛋白的鉴别）、贮存期间的活力、生产过程中的遗传稳定性、减毒特性、纯度以及无外源因子污染。如果毒种的减毒或驯化是通过不同物种间传代获得的，则应对该病毒种子进行评估，以证实无相关物种的外源性因子污染。种子批遗传稳定性的评估，通常应自主种子批代次起至少超过疫苗中病毒代次5代以上。

生产用毒种的检定应符合相关各论的要求。种子批的检定项目至少应包括鉴别（血清学、全病毒或部分特征性序列测序）、外源因子、病毒表型、遗传稳定性等。

外源因子检测如需进行病毒中和，应避免抗血清中存在中和潜在外源因子的抗体，使用特异性单克隆抗体可最大限度避免这种偶然性；如使用动物免疫血清中和病毒，应使用非疫苗生产株病毒免疫无特定病原体（SPF）动物制备的血清。人类血清抗体谱较广，不宜用作外源因子检测时中和用抗体。为增加外源因子检测的敏感性，可增加聚合酶链式反应（PCR）、基因测序技术等敏感检测技术排除外源因子。

对已知具有神经嗜性的病毒，应选择适当的动物模型、方法及评分系统进行神经毒力评估。对于具有神经毒力的病毒或可能具有神经毒力回复的病毒（如脊髓灰质炎病毒），必要时应对超过主种子代次的毒种进行神经毒力评估。

在病毒分离和种子批系统的建立过程中，应避免使用人血白蛋白和抗生素等添加物。

（四）基因工程疫苗种子批系统

应按规定建立工程细胞库系统，通常可采用有限稀释法以达到生产用细胞库同质性目的。应通过传代稳定性分析确定工程细胞的传代限度，应采取适宜控制措施确保建立细胞库时细胞不被外源因子污染。

种子库保藏一般可采取液体超低温冷藏或液氮等方式保藏，以保证其稳定性。

种子库检定时应证明表达系统的遗传稳定性、目的基因表达稳定性和生产稳定性等。主细胞库需进行全面检定，工作细胞库重点检测外源因子污染。

必须对最终生产用细胞或投产的种子细胞的表现型、基因型、基因结构、对内切酶反应的特性、纯度以及有无污染其他细胞等环节进行检定。基因重组抗原的表达细胞由于含有非正常的基因，有可能导致细胞变异而重新产生致病性和毒性。故应按照上述要求，在生产过程的每一阶段做仔细的检查。

四、 病毒性疫苗生产用细胞基质

（一）疫苗生产用细胞基质的选择

选择疫苗生产用细胞基质应基于风险效益的综合评估，包括细胞的种属及组织来源、细胞对病毒的敏感性、扩增病毒的稳定性、细胞的特性及全面检定的可行性、细胞对制品的安全性、生产工艺的便利性以及下游纯化工艺能够去除风险因素的可能性和达到的安全水平等。通常情况下应选择风险较低的细胞用于生产，如人二倍体细胞等。

（二）细胞基质的类别

疫苗生产用细胞基质通常包括原代细胞、二倍体细胞和连续传代细胞。

原代细胞是指直接取自健康动物的组织或器官，通过采用具有高度可重复性的组织分离、细胞处理及原代细胞培养工艺制备成细胞悬液并立即培养的细胞。原代细胞保持了来源组织或器官原有细胞的基本性质。疫苗生产时应只限于使用原始培养的细胞或有限传代的细胞（原始细胞传代一般不超过5代）。

二倍体细胞是指在体外具有有限生命周期的细胞，通过原代细胞体外传代培养获得（如MRC-5、2BS、KMB17及WI-38细胞），其染色体具有二倍体性且具有与来源物种一致的染色体核型特征。细胞体外倍增一定水平后会进入衰老期，即细胞复制停止，但仍存活且有代谢活动。

连续传代细胞是指体外具有无限增殖能力的细胞，但不具有来源组织的细胞核型特征和细胞接触抑制特性。有些传代细胞系是通过原代细胞在体外传代过程中自发突变产生的，如Vero细胞。

（三）细胞使用代次的确定

疫苗生产用细胞应在与生产条件相同的培养条件下进行连续细胞传代，确定细胞可使用的传代水平。每次传代时应采用固定的培养时间、接种量或传代比率，通过细胞倍增时间的变化或传代水平，确定细胞在该条件下的最高传代水平；并结合细胞的生长特性、成瘤性/致瘤性及对病毒的敏感性、生产工艺及生产能力等参数，分别确定主细胞库、工作细胞库、生产代次及生产限定代次。

通常，二倍体细胞应至少传代至衰老期，并计算其最高群体倍增水平其最高使用代次应限定在该细胞在该培养条件下细胞群体倍增水平的前2/3内。传代细胞（如Vero细胞），用于疫苗生产的细胞代次应限定在细胞未出现致瘤性的安全代次内。

（四）细胞库的管理

细胞库按照三级管理，即细胞种子、主细胞库及工作细胞库。细胞种子可以是自建的或经过克隆化筛选或经改造的，并证明可用于疫苗生产的细胞，也可以是引进的或引进后少量冻存的证明可用于生产的细胞，细胞种子用于建立主细胞库，主细胞库用于建立工作细胞库。

五、　生产用培养基/培养液

培养基的成分应明确且能满足其使用目的，并符合最新版《中华人民共和国药典》的相关要求。禁止使用来自牛海绵状脑病疫区的牛源性原材料。

（一）细菌用培养基

培养基中供细菌生长所需的营养成分包括蛋白质、糖类、无机盐、微量元素、氨基酸以及维生素等物质。应尽可能避免使用可引起人体过敏反应或动物来源的原材料，任何动物源性的成分均应溯源并进行外源因子检测。

（二）细胞用培养液

病毒疫苗生产用细胞培养液应采用成分明确的材料制备，并验证生产用细胞的适应性。对使用无动物源性血清培养基的，应详细记载所有替代物及添加物质的来源、属性和数量比率等信息。疫苗生产用培养基中不得使用人血清。使用生物源性材料，应检测外源性因子污染，包括细菌和真菌、支原体、分枝杆菌以及病毒。对生产过程中添加的具有潜在毒性的外源物质，应对后续工艺去除效果进行验证，残留物检测及限度应符合相关规定。

（三）常用添加成分

1. 牛血清

牛血清应来源于无疯牛病地区的健康牛群，并应符合最新版《中华人民共和国药典》的要求。通过灭活程序的牛血清更具安全性，但使用经灭活的牛血清时，其检测应在灭活前进行，符合规定后方可使用。除另有规定外，病毒减毒活疫苗生产时制备病毒液的维持液不得添加牛血清或其他动物血清成分。

2. 人血白蛋白

病毒培养阶段或病毒收获液保存时所用人血白蛋白，应符合国家对血液制品相关管理规定。同一批次疫苗生产工艺中需多步使用人血白蛋白时，宜采用来自同一厂家的同一批次产品，且有效期应能满足疫苗有效期。

3. 抗生素

疫苗生产中不得添加青霉素和其他β-内酰胺类抗生素。必须使用抗生素时，应选用毒性低、过敏反应发生率低、临床使用频率低的抗生素，使用抗生素种类不得超过一种，除另有规定外，接种病毒后维持液不得再添加任何抗生素。

4. 其他生物材料

无血清培养基若添加转铁蛋白、胰岛素、生长因子等生物材料，应对其可能引入的潜在外源因子进行评估，包括采用适宜的方法进行检测等，并应详细记录其材料来源。人和动物来源的生物材料，应符合最新版《中华人民共和国药典》和国家相关规定的要求。

六、生产

（一）原液制备

1. 细菌培养物的制备

（1）细菌培养　将工作种子接种于规定的培养基进行培养扩增。自菌种开启到菌体收获应有明确的扩增次数规定。

细菌大规模培养可有固体培养法、瓶装静置培养法和大罐发酵培养法等。细菌培养过程中可进行细菌纯度、细菌总数、pH及耗氧量等监测。

（2）菌体的收获　根据不同的培养扩增方法采用适宜的方法收获菌体；对以细菌分泌性抗原为有效成分的疫苗，采用离心取上清液等方法。培养物收获后应进行细菌纯度、细菌总数、活菌含量或抗原含量等检测。

（3）细菌灭活和毒素抗原脱毒　细菌灭活或毒素抗原脱毒应选择适当的时间点、灭活剂（或脱毒剂）和剂量以及最佳灭活条件（温度、时间、细菌浓度、抗原浓度和纯度等），并应对灭活或脱毒效果、毒性逆转等进行验证。

2. 病毒培养物的制备

（1）细胞培养

①原代细胞培养：将产于同一种群的适宜日龄、体重的一批动物，获取目标组织或器官并在同一容器内消化制成均一悬液分装于多个细胞培养器皿培养获得的细胞为一个细胞消化批。源自同一批动物，于同一天制备的多个细胞消化批可为一个细胞批，可用于一批病毒原液的制备。

②鸡胚细胞培养：生产病毒性疫苗的鸡胚细胞应来自无特定病原体鸡群。来源于同一批鸡胚、于同一容器内消化制备的鸡胚细胞为一个细胞消化批；源自同一批鸡胚、于同一天制备的多个细胞消化批可为一个细胞批，可用于一批病毒原液的制备。

③传代细胞培养：将工作细胞库细胞按规定传代，同一种疫苗生产用的细胞扩增应按相同的消化程序、分种扩增比率、培养时间进行传代。采用生物反应器微载体培养的应按固定的放大模式扩增，并建立与生物反应器培养相适应的外源因子检查用的正常对照细胞培养物。

④鸡胚培养：应使用同一供应商、同一批的鸡蛋或鸡胚用于同一批疫苗原液的生产。

原代细胞、传代细胞以及鸡胚培养的正常对照细胞/鸡胚的外源因子检查应符合最新版《中华人民共和国药典》的要求。

（2）病毒增殖和收获　接种病毒时应明确病毒感染滴度与细胞的最适比例，同一工作种子批按同一病毒感染复数的量接种，以保证每批收获液病毒产量的一致性。除另有规定外，接种病毒后维持液不得再添加牛血清、抗生素等成分。

同一细胞批接种同一工作种子批病毒后培养，在不同时的多个单次病毒收获液经检验后可合并为一批病毒原液。

多次收获的病毒培养液，如出现单瓶细胞污染，则与该瓶有关的任何一次病毒收获液均不得用于生产。

（3）病毒灭活　应选择适宜的灭活剂和灭活程序，对影响灭活效果的相关因素进行验证，确定灭活工艺技术参数。应建立至少连续 5 批次样品的病毒灭活动力曲线进行灭活效果的验证，通常以能完全灭活病毒的 2 倍时间确定灭活工艺的灭活时间，应在灭活程序前去除可能影响灭活效果的病毒聚合物。

灭活程序一经结束应立即取样进行灭活验证试验，取样后不能立即进行病毒灭活验证试验时应将样品置-70℃及以下暂存并尽快进行灭活验证试验。应选择敏感的病毒检测方法，并对方法学的最低检测能力进行验证。对同一批病毒原液分装于多个容器的，应按容器分别取样进行验证，不得采用合并样品进行验证。

（二）抗原纯化

不同类型疫苗的纯化工艺技术及目的要求不尽相同，对于全菌体或全病毒疫苗主要是去除培养物中的培养基成分或细胞成分，对于亚单位疫苗、多糖疫苗、蛋白质疫苗等，除培养基或细胞成分外，还应去除细菌或病毒本身的其他非目标抗原成分，以及在工艺过程中加入的试剂等。应对纯化工艺过程进行验证，并设立抗原纯度、免疫活性、残留物限度等质量控制标准，具体要求一经确立不得随意改变。

1. 细菌性疫苗

（1）全菌体疫苗　通过适宜的方法去除培养基成分，收集菌体，制成活疫苗原液；菌体经灭活后制成灭活疫苗。

（2）亚单位疫苗　根据所需组分的性质确定纯化方式并进行纯化。对具有毒性的组分还需经适宜的方法脱毒后制成疫苗原液。对脱毒的方法、程序和时间等应进行验证。

2. 病毒性疫苗

（1）减毒活疫苗　需要浓缩纯化的减毒活疫苗，应采用相对简单、温和的方法（如超滤、蔗糖密度梯度离心）进行病毒的浓缩、纯化，但应对在细胞培养过程中添加的牛血清、抗生素的残留量进行检测，并规定限度。对在细胞裂解、病毒提取过程使用有机溶剂的，应对其残留量进行检测，并符合规定。

（2）灭活疫苗　通常应在病毒灭活后采用适宜的方法纯化。纯化方法应能有效去除非目标成分。

3. 基因工程疫苗

采用适宜的方法纯化。纯化方法应能有效去除非目标成分。

（三）中间产物

中间产物是从起始材料开始，通过一个或多个不同工艺如发酵、培养、分离以及纯化，添加必要的稳定剂等各工艺过程所获得的产物。

1. 检测

应对中间产物制备成半成品前进行关键项目的质控检测，如病毒滴度、活菌数、抗原活性、蛋白质含量以及比活性指标的检测，并需考虑对后续工艺阶段无法检测的项目，如纯度、残留物等进行检测。

2. 中间产物的存放

除另有规定外，中间产物应按照连续生产过程进入后续的加工处理步骤。中间产物因等待检测结果需要暂存时，应选择适宜的保存方式和条件，并对可能影响有效性和安全性的降解产物进行检测，制定可接受的标准。

（四）半成品

1. 配制

应按照批准的配方进行半成品配制，将所有组分按配制量均一混合制成半成品。这个过程可能包括一个或多个步骤，如添加稀释液、佐剂吸附、稳定剂、赋形剂以及防腐剂等。半成品配制完成后特别是铝佐剂吸附的疫苗应尽快分装。

半成品配制添加的辅料，其质量控制应符合最新版《中华人民共和国药典》相关要求，添加防腐剂应在有效抑菌范围内采用最小加量；添加佐剂应依据抗原含量及吸附效果确定其加量。

2. 检测

应取样检测，所取待检样品应能代表该批半成品的质量属性。应依据生产工艺和疫苗特性设定检测项目，如无菌检查、细菌内毒素检查、残留有机溶剂、防腐剂等项目，铝佐剂疫苗应进行吸附率和铝含量检测。

（五）成品

将半成品疫苗分装至最终容器后经贴签和包装后为成品。

1. 分装

分装是指通过分装设备将半成品疫苗均一地分配至规定的终容器的过程。分装应符合最新版《中华人民共和国药典》的要求。应根据验证结果，对分装过程中产品的温度、分装持续的时间、分装环境的温度和湿度等进行控制。分装设备应经验证，以确保承载分装容器的温度控制系统和内容物分装量均一性等装置的性能稳定、可靠。

2. 检测

疫苗成品检测项目一般包括鉴别、理化测定、纯度、效力、异常毒性检查、无菌检查、细菌内毒素检查、佐剂、防腐剂及工艺杂质残留物检测等，其中工艺杂质主要包括以传代细胞生产的病毒性疫苗中宿主细胞蛋白质和 DNA 残留，以及生产过程中用于培养、灭活、提取和纯化等工艺过程的化学、生物原材料残留物，如牛血清、甲醛和 β-丙内酯等灭活剂、抗生素残留等，由于制品特性无法在成品中检测的工艺杂质，应在适当的中间产物取样检测，其检测结果应能准确反映每一成品剂量中的残留水平。依据具体情况，成品的部分检定项目可在贴签或包装前进行。

应尽可能采用准确的理化分析方法或体外生物学方法取代动物试验进行生物制品质量检定，以减少动物的使用。检定用动物，除另有规定外，均应采用清洁级或清洁级以上的动物；小鼠至少应来自封闭群动物。

七、 稳定性评价

疫苗稳定性评价应包括对成品以及需要放置的中间产物在生产、运输以及贮存过程中有可能暴露的所有条件下的稳定性研究，以此为依据设定制品将要放置的条件（如温度、光照度、湿度等），以及在这种条件下将要放置的时间。对变更主要生产工艺的制品也应进行稳定性评价，并应与变更前的制品比较。

疫苗稳定性评价的主要类型包括：实时实际条件下的稳定性研究；加速稳定性研究；极端条件下稳定性研究；热稳定性研究。疫苗最根本的稳定性评价应采用实时实际条件下的研究方案对疫苗产品进行评价，还应根据不同的研究目的所采用的其他适宜的评价方法进一步了解疫苗的稳定性。确定中间产物和成品保存条件的主要评估标准通常是看其效力能否保持合格，也可结合理化分析和生物学方法进行稳定性检测。应根据疫苗运输过程可能脱冷链及震动等情况，选择适宜的评价方法。

（一）稳定性评价方案

稳定性评价应根据不同的产品、不同的目的制定适宜的稳定性评价方案，内容应包含检测项目、可接受的标准、检测间隔、数据及其分析的详细信息。通常包括保存条件、保存时间、取样点，以及对样品进行检测并分析等。同时，还应对不同条件下保存的样品按设定方案规定的取样间隔，尽可能取样检测至产品质量下降至不合格。

（二）稳定性检测指标和检测方法

评价疫苗稳定性的检测指标和方法因每种疫苗的特性而异，这些指标应在质量控制研究、非临床安全性评价和临床试验中被证明与疫苗质量密切相关。对大多数疫苗来说，效力试验是反映产品稳定性的主要参数，不同疫苗可采用不同形式进行该项检测（如减毒活疫苗采用感染性试验、多糖蛋白结合疫苗可检测结合的多糖含量等）。

其他与产品效力明确相关的检测项目可提供重要的补充数据，如抗原降解图谱、结合疫苗的载体蛋白解离，以及佐剂与抗原复合物的解离等。此外，一些常用检测也可作为稳定性研究的一部分，如一般安全性、聚合物程度、pH、水分、防腐剂、容器以及密封程度，内包材的因素等等。

（三）稳定性结果评价

稳定性研究结果用于确定疫苗的保存条件及有效期，并证明在有效期内疫苗的有效性和安全性等指标符合规定要求。

中间产物的稳定性研究结果用于生产过程中各中间产物保存条件的确定；应分析每一中间产物的保存时间及累积各中间产物规定的最长保存时间对成品稳定性评价结果的影响。成品稳定性研究结果用于确定保存条件及有效期，并证明在有效期内产品有效性和安全性等指标符合规定标准。

对联合疫苗的稳定性评价，应以成品中最不稳定疫苗组分的结果确定保存条件及有效期。对模拟运输条件的稳定性评价，应根据评价结果考虑脱冷链的次数、最高温度及持续时间对疫苗质量的影响。

八、　贮存和运输

（一）疫苗的贮存

贮存是指疫苗中间产物或成品，在规定条件下（包括容器、环境和时间等）的存放过程。

1. 中间产物的贮存

在疫苗生产全过程中的不同阶段产生的中间产物，因工艺或生产过程控制的需要（如等待检验结果、多价或联合疫苗的序贯生产等），不能连续投入下一道工艺步骤，应在适宜的条件下保存。

（1）贮存条件的确定原则　贮存条件的各参数确定应以疫苗生命周期的稳定有效为原则，即疫苗各中间产物经确定的保存时间、温度和内外环境等条件贮存至制备成品疫苗，该成品疫苗在规定效期内仍然能达到规定的质量标准。

应分别对不同阶段中间产物的贮存条件进行验证，证明该贮存条件不影响作为下一工艺用物料的质量指标；所需验证通常包括将各中间产物置于拟设定的最苛刻的贮存条件下（包括最苛刻温度、最长贮存时间、最可能出现的潜在污染风险等因素），至少应取 3 批由这些中间产物制成的成品疫苗进行加速稳定性和实时实际的稳定性验证。

（2）贮存条件的参数确定　应考虑贮存容器与中间产物或其他组成成分的相互作用可能产生的影响（如容器吸附、释放或与内容物的物理化学反应等），以及中间产物与贮存容器空间的气体交换导致内容物的酸碱度改变；此外，还应考虑光照、湿度、在冷库中的存放位置等因素；采用强毒株病毒/细菌种子生产的、未经灭活处理的原液需贮存时，还应考虑生物安全等因素。

除另有规定外，中间产物贮存温度通常为 2~8℃，减毒活疫苗原液保存于-60℃或以下更能保持病毒滴度活性。铝佐剂吸附的中间产物不得冻结。

疫苗以设定的工艺连续生产更利于批间一致性；生产各阶段的中间产物因质量控制的检验时限导致生产过程中断需要贮存的，贮存时间应不超过其最长检验项目的时间；因多价疫苗、联合疫苗序贯生产致中间产物需要存放时，其贮存周期的设定应以全部生产完成所需的时间为原则。

2. 成品的贮存

成品贮存包括疫苗完成包装工序进入成品库贮存至销售出库的过程（不包括疫苗运输、使用过程中的贮存成品疫苗的贮存应符合最新版《中华人民共和国药典》的规定），贮存过程应设定适宜的温度，通常为 2~8℃；此外还应考虑环境湿度影响，应避免冰点温度保存。除另有规定外，不得冻存，尤其是液体剂型的疫苗，特别是含铝佐剂的疫苗。

（二）疫苗的运输

除另有规定外，疫苗应采用冷链运输。应依据疫苗在运输过程中的环境温度制定外包装方式，并应验证该疫苗在这种包装下在运输全过程中均能符合温度要求。验证应设定最长运输距离和时间，以及在运输过程中可能承受的最高和/或最低温度等极端因素以及运输过程中震动对疫苗的影响。此外还应考虑在短暂脱冷链等其他条件下对疫苗稳定性的影响。

九、 标签和说明书

疫苗的标签和说明书应符合国家的相关规定。

（一）标签

疫苗的标签分为内标签和外标签，内标签指直接接触药品内包装的标签，外标签指内标签以外的其他包装标签。

1. 内标签

疫苗的内标签尺寸通常较小，无法标明详细内容，但至少应当标注疫通用名称、规格、产品批号、有效期等内容。疫苗的内标签可以粘贴或直接印制。内包装容器粘贴标签的，应当能肉眼观察到内容物以及容器的高度或容器的周长。直接在内包装上印制的标签，应字迹清晰、坚固和具备规定的最小信息量。

2. 外标签

疫苗的外标签应符合国家有关规定的要求。由于疫苗产品具有对温度特别敏感的特性，疫苗外标签应当载明本产品贮存和运输温度等符合冷链的醒目信息。

（二）说明书

疫苗的说明书应按照最新版《中华人民共和国药典》的相关要求载明相关信息。成分和性状项下简要描述采用的菌种、毒株和制备工艺、疫苗外观性状及组成成分，应列出有效成分和添加的全部辅料及已知残留物，供潜在过敏反应的疫苗受种者（选择）甄别。

应依据注册申报的临床试验结果和同品种上市后监测情况等资料确定并及时更新"不良反应""禁忌""注意事项"的相关内容，不良反应项应载明依据本疫苗临床研究和临床使用过程中出现或监测到的，且不能排除因果关系的任何不良反应，并按照不良反应类型、程度、发生频率等分别描述；禁忌应包括疫苗受种者对所接种疫苗的任何成分过敏者，或处于接种该疫苗可能造成潜在危害的生理或病理状态。

第二节　疫苗生产用细胞基质的技术审评一般原则

一、概述

疫苗生产用细胞基质是指培养病毒时所需要的细胞，是生产病毒疫苗必不可少的原材料。任何微生物的生长、繁殖都有各自的最基本的条件，病毒的生长和繁殖必须在细胞内进行。病毒疫苗是以培养、收获足够量的病毒为基础。目前培养病毒的方法主要有两种：一种是通过病毒的细胞培养得到病毒；另一种是采用病毒感染动物（包括鸡胚）获得病毒。

生物制品的质量控制不仅是对终产品的质量控制，而是对整个生产过程的质量控制，包括原材料、中间产品、终产品以及生产过程的质控等等。细胞基质作为主要原材料，其质量的优劣，直接影响疫苗的质量和产量，尤其是疫苗的安全性。一般认为，用细胞基质生产疫苗，主要关注的质量问题在于可能存在的外源因子污染和某些情况下细胞本身的特性。以及细胞培养中各个环节的操作，因此，只有妥善解决上述问题，才能达到对疫苗的质量控制。

疫苗生产用细胞基质的技术审评一般原则主要阐述细胞基质的分类、各类细胞基质的优缺点、力求从科学的角度分析和认识潜在的危险性，以及科学客观评价细胞基质安全性和有效性常用的方法等。本原则仅为一般性技术要求和原则，非强制性。希望能够有助于疫苗类制品的审评工作，同时促进药品审评机构与疫苗生产企业、疫苗研制者之间的交流。此外，希望本原则对疫苗研制开发工作有所启示。

二、细胞基质的分类

疫苗生产用细胞基质的技术审评一般原则将细胞基质分为三类，即原代细胞、传代细胞和人二倍体细胞。

（一）原代细胞

原代细胞是指直接来源于动物组织的细胞，动物组织经胰酶消化培养成单层细胞（通常贴壁生长），用于病毒的培养。如地鼠肾细胞、猴肾细胞、兔肾细胞、鸡胚细胞等。原代细胞在疫苗的生产中已使用了 40 多年，证明是安全有效的。我国已上市的疫苗中，乙型脑炎疫苗、肾综合征出血热疫苗、狂犬病疫苗使用地鼠肾细胞，麻疹、腮腺炎疫苗使用鸡胚细胞，风疹疫苗使用兔肾细胞，脊髓灰质炎疫苗使用猴肾细胞。原代细胞具备的优点有：使用的细胞培养液相对简单，很多病毒都可以在原代细胞上生长繁殖，具有广泛的敏感性；原代细胞的来源比较容易，尤其是地鼠，是哺乳动物中繁殖最快的动物之一；由于原代细胞属正常细胞，没有 DNA 突变，无致肿瘤性。原代细胞的缺点包括：存在潜在的病毒等外源因子污染问题；来自不同个体动物的细胞质量和敏感性有差异。鉴于原代细胞的上述缺点，生产减毒活疫苗的动物应尽可能达到无特定病原体级，至少不应低于清洁级；生产灭活疫苗的动物应尽可能达到清洁级上，至少应采用健康动物；采用等级动物的原代细胞或传代细胞以及人二倍体细胞是将来生产灭活疫苗的发展方向。

（二）传代细胞

传代细胞是可在体外连续传代的细胞系，理论上具有无限传代的寿命。传代细胞系可以通过以下方法衍生而来：

（1）人或动物肿瘤细胞的原代细胞的系列培养，例如 Hela 细胞（海拉细胞系）、Namalwa 细胞等；

（2）携带致癌基因的病毒，将致癌基因转化给正常细胞，成为肿瘤细胞，例如 EB 病毒转化的 B 淋巴细胞；

（3）骨髓瘤细胞与 B 淋巴细胞融合，例如生产单克隆抗体的杂交瘤细胞株；

（4）正常细胞群的连续传代，繁衍成一个新的具有无限寿命的细胞群，例如非洲绿猴肾细胞的传代细胞系 Vero 细胞、幼仔地鼠肾的传代细胞系 BHK21 细胞、中华仓鼠卵巢细胞的传代细胞系（CHO 细胞）等。目前尚无用于疫苗生产的来源于人类组织的传代细胞系。

由于肿瘤细胞或携带肿瘤基因的细胞具有致肿瘤的危险，所以该类细胞不能作为细胞基质用于疫苗生产；因此用于病毒组织、培养的细胞系采用非肿瘤细胞系，即正常细胞群的连续传代后繁衍的细胞系，在一定传代限度内使用，使用最多的是 Vero 细胞。例如人用狂犬病纯化疫苗、脊髓灰质炎灭活（纯化）、肾综合征出血热纯化疫苗、乙型脑炎纯化疫苗均已使用 Vero 细胞生产。

传代细胞具备的优点包括：能够充分鉴定和标准化；使用细胞种子库系统生产，有利于质量控制；可用于微载体生物反应器，可大规模生产；对培养基及牛血清的营养成分要求不高。传代细胞的缺点有，理论上有致肿瘤性的危险，但世界卫生组织认为 Vero 细胞在 150 代以内使用是安全的，无致肿瘤性。

（三）人二倍体细胞

人二倍体细胞是采用人源细胞（通常为胚胎组织）建立的细胞株，可进行体外传代培养，但具有一定的传代寿命，超过一定代次，细胞衰老，如 2BS 细胞、KMB-17、MRC-5 细胞等。上述细胞系在疫苗的生产中使用了 30 多年，证明是安全有效的，无致肿瘤性。我国已上市的疫苗中，甲型肝炎疫苗、脊髓灰质炎疫苗、风疹减毒活疫苗、水痘减毒活疫苗分别使用 2BS、KMB-17、MRC-5 细胞。人二倍体细胞与原代细胞相比，具有能够充分鉴定和标准化的优点，可实现细胞种子库系统，建立的细胞库可多年用于生产，有利于质量控制。人二倍体细胞与传代细胞相比，理论上不存在致肿瘤的潜在危险性。人二倍体细胞存在的缺点是，与传代细胞相比，难以大规模生产，且对培养液及牛血清的营养成分要求较高。

三、 细胞基质存在的潜在危险性

动物细胞用于疫苗生产，应考虑其带来的潜在危险。重点考虑携带潜在病毒与其他可传播因子、细胞 DNA 和促生长蛋白及细胞残留蛋白等的危险。

（一）携带潜在病毒与其他可传播因子

细胞系/株本身有可能携带内源性病毒和外界污染的病毒。如果细胞基质被病毒污染，则生产出来的疫苗也会含有污染的病毒，直接影响疫苗的安全性；尤其是减毒活疫苗，由于没有灭活工艺，内源性或外源性病毒的污染可能会导致严重的后果。

人类或灵长目动物细胞系可能携带潜在的病毒，例如乙型肝炎病毒、逆转录病毒等；还有可能含有整合在细胞 DNA 上的病毒基因。虽然人二倍体细胞用于疫苗生产 30 多年，未见有病毒性污染的报道，但仍不能完全排除人类病毒潜在污染的风险。

禽类组织细胞隐藏着外源和内源性逆转录病毒，但目前没有证据表明这些细胞基质生产的疫苗可向人类传播疾病。例如多年前使用含有禽白血病病毒的鸡胚生产的黄热病疫苗、麻疹疫苗、流感疫苗。尽管如此，仍应防范禽类外源和内源性逆转录病毒给人类可能带来的危害。

锯齿类动物细胞隐藏着外源和内源性逆转录病毒及其他病毒，可能携带淋巴细胞脉络丛脑膜炎病毒、出血热病毒等，其可以直接感染人类而致病。

（二）细胞 DNA

多年来，原代细胞和人二倍体细胞已成功、安全地用于多种疫苗生产，已认为这类细胞的残余 DNA 无危险性。由于传代细胞调控生长的基因失调，使得传代细胞系具有无限的寿命。因此，理论上认为传代细胞系的 DNA 具有使其他细胞生长失控和产生致肿瘤活性的潜在能力。

人类对传代细胞 DNA 的危险性有一个逐步认识的过程。1986 年世界卫生组织根据动物致癌基因模型提出危险性评估，在体内暴露 1ng 的细胞 DNA（该基因组中含有 1 个活化致癌基因的 100 个拷贝），可引起 $1/10^9$ 个受体发生转化。并认为疫苗中含有 ≤100pg/剂量的细胞 DNA 的危险性可忽略不计。在确定此界限时，考虑的不是 DNA 本身，而是编码活化致癌基因的特殊 DNA 序列减少到最少。

细胞 DNA 可导致癌变的嵌入突变的危险性极小。有报告结果显示，通过嵌入诱变证明，$10\mu g$ DNA 导致 $1/10^7$ 个受体的一个细胞的 2 个独立的肿瘤抑制基因失活。

1998 年发表的文章表明，含有活化基因的毫克级 DNA 注射灵长类动物，10 年内未引起肿瘤。

目前认为，传代细胞系的 DNA 是一种细胞污染，而不是一种需要降低到极低水平的严重危险因素，但鉴于疫苗的使用者为健康人群，并且采用传代细胞生产的灭活疫苗逐渐增多，因此应尽量降低疫苗中残余 DNA 含量，最大限度地降低潜在的危险。生产工艺中必须有去除 DNA 的工艺，并进行工艺验证。此外，β-丙内酯既可以灭活病毒，也可以降解核酸。口服制剂的残余 DNA 含量的危险性可忽略不计。

（三）促生长蛋白及细胞残留蛋白

传代细胞可分泌生长因子（称促生长蛋白），该生长因子可以促进细胞生长，但作用通常是短暂的、可逆的，危险性有限。它们不能复制，而且大部分在体内迅速失活。在异常情况下有致肿瘤作用，但需要持续作用。一般认为，疫苗中含有微量的已知的促生长蛋白不构成严重危险，但仍需关注其带来的潜在危险。同时，疫苗当中的细胞残留蛋白属异源蛋白，有可能引起机体的过敏反应。因此，使用传代细胞生产的疫苗，应进行纯化，尽可能去除细胞蛋白，并且要进行纯化工艺的验证。鉴于目前尚无特异性传代细胞蛋白质（包括促生长蛋白）的检测手段，现仍以疫苗蛋白质总量进行间接质控。目前，我国部分生产企业的工艺可将个别疫苗蛋白质总量降至 $10\mu g$/剂量以下，其细胞蛋白质残留量相对较少。

四、 细胞基质的一般技术要求

本节所阐述的细胞基质的一般技术要求和评价，是针对国内外已研究成功并多年用于疫苗生产的细胞系/株，企业使用或引进该细胞系/株时，需要重点考虑的问题和需要进行验证性工作。不适用于新的细胞系。

（一）鉴别试验

一般针对细胞的特点设计试验方法，以确定该细胞的正确性。一般可采用 1~2 种方法，例如可采用核型分析、生物化学法（如同工酶分析）、免疫学方法、细胞遗传学实验（如染色体标记）、基因标记试验（如 DNA 图谱）等。

近年来，短串联重复序列（short tandem repeat，STR）基因分型法是进行细胞交叉污染和性质鉴定的最有效和准确的方法之一。STR 基因分型应用于细胞鉴定已被 ATCC 等机构强烈推荐。STR 也叫微卫星 DNA（microsatellite DNA）或简单重复序列（simple sequence repeat，SSR），是一类广泛存在于真核生物基因组中的 DNA 串联重复序列，长度由 3~7 个碱基对组成，可作为高度多态性标记。早在 2009 年，STR 基因分型技术就已用于人源细胞系的鉴别，而在 2011 年，Almeid 等从人源细胞的 STR 位点中选择了 8 个符合条件的 STR 位点，获得非洲绿猴细胞系的 Vero、Vero76、COS-7 和 CV-1 细胞的 STR 图谱和 STR 重复数，证明非人源细胞系也可以用 STR 基因分型的方法来鉴别。

（二）细胞基质对病毒的敏感性

细胞培养的目的是获得足够量的病毒，如果病毒不能在细胞上很好地适应和复制，就失去了细胞培养的目的；达不到规模化生产的能力，产品研制开发的前景不容乐观。因此，选择适宜的细胞基质是疫苗研制的基础。一般选择有充足来源的、对研发的目的病毒敏感的、能够大规模生产的、可以进行质量控制的细胞基质。有些病毒对一些细胞基质不够敏感，但可以通过在该细胞基质上适应传代的方式，使病毒逐步适应该细胞基质，最终在一定的代次后达到一定的滴度，满足生产疫苗的需求。由于每种病毒感染细胞的滴度不同，每种疫苗所需要的病毒量（免疫原）也不同，所以目前对于疫苗毒株的滴度要求没有统一的尺度，不同的疫商有不同的标准。例如目前已上市的疫苗中，麻疹减毒活疫苗毒株的滴度要求为 $\geq 4.5 \lg CCID_{50}$/mL，乙型脑炎减毒活疫苗毒株的滴度要求为 $\geq 7.2 \lg PFU$/mL。因此，对细胞基质敏感性的评价不仅仅是结果，同样重要的是病毒在细胞基质上适应的全过程。细胞基质的敏感性直接影响疫苗的产量，只有达到规模化生产，才有生产疫苗的可能，才能起到预防传染性疾病的作用。此外，应重点考虑在细胞培养中，接种尽可能少的病毒量，收获尽可能多的病毒量。

（三）外源因子

一个合格的细胞系/株应无任何外源因子污染，所谓外源因子是指除细胞以外污染的细菌、真菌、支原体、病毒（包括细胞系/株本身携带的病毒和外界污染的病毒）。如果细胞基质被外源因子污染，则生产出来的疫苗也会含有被污染的外源因子，直接影响疫苗的安全性；另一方面，疫苗生产的目的病毒会被外源因子干扰，可严重影响疫苗的有效性。一般进行以下项目的外源因子检测。

1. 无菌试验

细菌、真菌、支原体按照国家规定的方法进行。

2. 细胞法检测病毒外源因子

至少用 10^7 细胞和培养上清液转种人二倍体细胞、本细胞系的其他批次、其他种属的细胞系，应无细胞病变产生和血无吸附现象。

3. 用动物和鸡胚检测病毒因子

采用动物体内接种法检测外源病毒因子。

4. 逆转录病毒的检测

一般用高敏感性的细胞扩增待检细胞培养物中的逆转录病毒，以扩增浓度可能很低的任何逆转录病毒污杂物，然后进行检测。

（1）逆转录酶分析 可考虑采用最新的高敏感逆转录酶分析方法。对逆转录酶阳性结果判定应谨慎，因为逆转录酶不是逆转录病毒独有的，也有其他来源，例如不能编码完整基因的类逆转录病毒因子或细胞 DNA 聚合酶。因此，对逆转录酶阳性的样本应进一步进行联合培养，验证是否存在逆转录病毒。

（2）透射电镜检测。

（3）感染性检测 主要用于鼠源性逆转录病毒的检查。

二倍体细胞和传代细胞应采用上述方法进行外源因子检定，原代细胞因不能建立种子库。其外源因子的检测只能在生产的同时，进行对照细胞的检测，一般采用细胞病变法和血吸附法，检测结果阴性，相应的疫苗外源因子合格。

由于目前的认识和检验方法存在局限性，可能还有未知的微生物因子没有被发现。当这些因子能够被确认时，需要重新检测细胞系/株中有无这些因子。

（四）致肿瘤性

原代细胞和二倍体细胞的残余 DNA 无致肿瘤性。理论上传代细胞具有无限的寿命，低于一定传代水平时，可以表现出无致肿瘤性，但随着代次的增加，其出现致肿瘤性的可能性也会增加，因此确定一个体外培养代次的界限非常重要，细胞超过该界限不能使用。该界限应模拟生产条件并超过实际生产代次。检测方法包括动物法和软琼脂法。以下介绍动物法。

裸鼠，经抗胸腺血清处理的新生小鼠或大鼠均可用于试验。可选用其中一种动物。

方法和判定：每只动物皮下注射 10^7 个细胞/0.2mL，以 Hela 细胞（10^6 个细胞/0.2mL）作阳性对照，有结节的观察 1~2 周，解剖做病理检查。无结节的，一般观察 21d，另一半观察 12 周，解剖做病理检查，阴性者为合格，阳性对照应为阳性。

（五）二倍体细胞染色体分析

为了证实二倍体细胞系的一般特性，对于主细胞库的细胞，经连续传代至衰老，设立不同传代代次组。8~12 代测定一次，至少进行 4 次染色体检测。一个良好的细胞系，应在细胞有限的生命期内，染色体分析符合国家的相关要求，而且不同代次的结果基本相近。目前我国规定检测 1000 个或 500 个分裂中期的细胞，计算染色体数目。染色单体和染色体断裂数量分别不得超过 47/1000 或 26/500；结构异常者不得超过 17/1000 或 10/500；超二倍体不得超过 8/1000 或 5/500；亚二倍体不得超过 180/1000 或 90/500；多倍体不得超过 30/1000 或 17/500。

（六）种子库的建立和检定

为了保证用于生产的细胞系及生产出的疫苗没有外源因子污染，避免因传代过多引起遗传变异，需建立细胞库。一般由发明者或权威机构保存一定代次细胞种子（原始细胞库），分发或出售给生产企业，生产企业利用细胞种子制备主细胞库和工作细胞库。分发或出售者应提供细胞的分离历史、传代、检定等背景资料，及分发或出售给企业的证明文件。

主细胞库是由原始细胞种子经传代、扩增后得到均一的细胞，分装于多个容器中并在深低温保存。主细胞库应具备一定的量并经过严格、全面的检定。主细胞库的一支或多支种子可用于制备工作细胞库。

工作细胞库是由主细胞库的种子经传代、扩增后得到均一的细胞。分装于多个容器中并在深低温保存；工作细胞库只能为一个代次，应具备一定的量并经过严格的、全面检定。工作细胞库的一支或多支种子可用于同一批疫苗生产。

主细胞库代次、工作细胞库代次及主细胞库与工作细胞库之间相隔的代次应该有明确的限定，保证用于生产的细胞代次保持恒定或在相对早期。建议将主细胞库、工作细胞库各自分别保存在至少两个不同的远离的区域，以防意外丢失细胞系。

为了避免交叉污染，在进行一种细胞开放操作的同时，不要进行其他细胞系的开放操作。工作员在进行细胞培养的当天，不得进行动物或感染性微生物的操作。有关人员应身体健康并定期进行健康检查。

（七）传代稳定性

在疫苗的实际生产过程中，从工作细胞库取出一支或多支种子，细胞种子经复苏后扩增，经多次传代才可以扩增到生产所有需要的细胞量，然后感染病毒，培养收获病毒。因此，需要控制从工作种子库毒种至生产收获之间细胞的质量。细胞扩增往往通过多次细胞倍增的传代而实现，所以细胞代次的研究显得极为重要，需要进行细胞传代稳定性研究。一般采用模拟疫苗生产中细胞传代、扩增的方式进行细胞连续传代。每隔一定代次测定细胞的生长特性、测定细胞对病毒的敏感性、检测外源因子等，结果均应符合有关要求。最末代次的检测还应增加致肿瘤试验。建议传代稳定性研究的最末代次应越过实际生产代次的 10 代以上。

五、 新细胞系/株的技术要求

建立一个生产疫苗的新细胞系/株，属于创新性研究。研制者除按照细胞基质一般要求进行基本研究外，还要增加其他工作。

（一）历史来源及基本资料

建立一个新的细胞系/株，必须详细记录历史。例如建立二倍体细胞株，所用的胎儿的胎龄和性别，终止妊娠的原因。胎儿父母的年龄、职业及健康情况，胎儿父母系三代应无明显遗传缺陷疾病和恶性肿瘤历史。原始组织的类型、数量、生长情况，细胞的培养方法、传代历史、生长特征、寿命的代次等等。

（二）细胞株的检定

1. 鉴别试验

新细胞系/株需要自己建立鉴别试验方法，并进行方法学认证。对原始种子库、主种子库和工作种子库均进行鉴别试验检测，在传代稳定性研究中，每8~12代进行一次鉴别试验。

2. 外源因子检查

一个新的细胞系/株，还应选择性进行病毒检测。例如，鼠细胞系可采用大鼠、小鼠、仓鼠的抗体产生试验，以检测特异性病毒。人类细胞系可采用适当的技术进行对人类致病病毒的检测，如EB病毒、巨细胞病毒、乙型肝炎病毒、丙型肝炎病毒、人类逆转录病毒、乳头瘤病毒、腺病毒、Ⅵ和Ⅶ型疱疹病毒等。

可以考虑采用基因探针、PCR方法检测特异性病毒序列及病毒标志物，以提供附加信息。

3. 致肿瘤性试验

接照常规的方法，每8~12代进行一次致肿瘤试验检测。

六、 起草说明

（一）关于起草背景（含技术背景）的介绍

细胞基质是生产疫苗必不可少的原材料，世界卫生组织（WHO）、国际人用药品注册技术协调会（ICH）和《中华人民共和国药典》收载了有关生产用细胞基质的规程，阐述了有关质量要求。但国内多年没有相关指导原则，导致部分研制者对实验的目的、意义不清楚，在试验设计方面不清晰、不科学、不规范，以至于延误了新药开发的进度。希望通过本原则阐述的内容，对注册申请人开发疫苗的工作有所提示，提高研发水平。

（二）指导原则起草的指导思想和一般原则

在遵循药品研发规律的基础上，讨论药品评价者的关注点，试图减少药品研究中研究者与评价者关注点的差异。阐述国际上对细胞基质研究的认识和要求，并结合中国国情，力求具有可操作性。本原则仅为一般性技术要求和原则，非强制性。

（三）与其他指导原则的关联性及适用范围

本原则主要针对各类细胞基质本身的安全性和有效性，以及保证安全性和有效性所需要进行的研究和验证。没有涉及培养细胞的要求，如GMP要求、牛血清的要求、胰酶的要求。此外，本原则不包括对重组DNA的传代细胞、治疗用单克隆抗体的技术要求，有关技术指导原则另行撰写。

（四）内容设置的说明

本原则主要阐述细胞基质的分类、各类细胞基质的优缺点、力求从科学的角度分析和认识潜在的危险性，以及科学客观评价细胞基质安全性和有效性常用的方法等。但是，目前我国在细胞基质研究的方法学方面存在不足，尚未建立部分检测方法，例如逆转录病毒的联合培养法、致肿瘤试验的软琼脂法等。因此本指导原则只提出需要采用上述方法检测，没有对方法进行描述，待我国建立方法并成熟后再具体写入本指导原则。

（五）有关数据和资料来源的说明

主要技术数据和资料来源于 WHO /TRS8781998：*Requirements for use of animal cells as in vitro substrates for the production of biologicals* 和《中华人民共和国药典（2020 年版）》。

（六）有关重要问题的讨论过程及结果

有关逆转录病毒的检测，我国目前积累的经验不多，疫苗生产企业尚未进行逆转录病毒的检测，中国药品生物制品检定所已建立逆转录酶的检定方法，疫苗生产企业掌握有关方法，是加强质量控制的重要环节。

关于细胞系/株的鉴别试验，世界卫生组织有相关要求，因我国疫苗生产企业均使用常规的细胞系，如 2BS、Vero 细胞等，企业未对细胞系进行鉴别试验的检测。中国药品生物制品检定所已建立 Vero 细胞的鉴别试验（同工酶试验），疫苗生产企业掌握有关方法（至少进行核型鉴别），是加强质量控制的重要环节。

目前，采用 Vero 细胞生产灭活疫苗逐渐增多，Vero 细胞残余蛋白质（包括促生长蛋白）可能对人体有潜在的危害，特异性检测 Vero 细胞蛋白质方法的研究，是今后制定相关质量控制标准的基础。此外，目前阶段应尽量降低疫苗总蛋白质含量，间接控制细胞残留蛋白质。

世界卫生组织提出有的国家采用探针法或 PCR 法测定细胞基质中的特定潜在病毒，因我国尚未开展该方面的检测及方法学认证，所以本原则仅对新细胞系/株提出相关要求。

有关 Vero 细胞的使用代次问题，世界卫生组织推荐 134～150 代，认为在该代次内未发现致肿瘤性。国外疫苗生产企业通常将 Vero 细胞的使用代次限定在 150 代以内，使用 150 代或更低代次的 Vero 细胞生产疫苗，相对降低了 Vero 细胞致肿瘤性的潜在风险。

关于 Vero 细胞残余 DNA 问题，目前认为 Vero 细胞残余 DNA 的潜在危害除了与残余 DNA 含量的多少有关外，还与残余 DNA 片段的大小有关，残余 DNA 含量越高、片段越大、其潜在的致肿瘤性越大。因此，强化纯化工艺是尽量降低残余 DNA 含量的有效措施；此外，研究并建立检测 Vero 细胞残余 DNA 片段大小的方法，可为今后制定相关质量控制标准奠定基础。

关于 Vero 细胞残余 DNA 含量的要求，不同国家和地区有所不同，美国食品与药物管理局（FDA）要求 ≤10pg/剂量，欧盟欧洲药物评审组织（EMEA）要求 ≤100pg/剂量，我国要求 ≤100pg/剂量，世界卫生组织要求 ≤10ng/剂量。此外，我国已开始研制采用 Vero 细胞生产的脊髓灰质炎灭活（纯化）疫苗和乙型脑炎纯化疫苗，这些疫苗是实施计划免疫的产品，用于婴幼儿的免疫接种，因此对其质量要求应相对严格，需考虑 Vero 细胞 DNA 残余量 ≤10pg/剂量。

常见细胞实验记录表

常见细胞实验记录表，见附表1-1～附表1-20。

附表1-1　　　　　　　　细胞实验操作记录

实验名称				开始日期/时间	
实验依据					
仪器设备	名　称	厂　家	型　号	设备编号	运行情况
					□正常/□_____
					□正常/□_____
					□正常/□_____
					□正常/□_____
材料试剂	名　称	厂　家	货　号	批号/配制日期	有效期限
前次实验的清场检查： □完全清场　　　□不完全清场_____　　　_____　　　□未清场					
实验过程					
清场	□仪器设备检查归位　□材料试剂按规定存放　□废物料移出实验室 □工作台面清洁　　□实验室清洁　　　□实验室消毒　　　□其他：				
备　注					
记录人/日期/时间			复核人/日期/时间		

附表 1-2 培养基（溶液）配制记录

培养基（溶液）名 称			配制日期（批号）		
配制总量			水质情况		
原 料	名称及规格	批 号	有效期	生产商	用量
配 制 方 法					
无菌检验					
其他检验					
能否使用				记录人	

附表 1-3　　　　　　　　　　　　　　细胞保存及使用记录

细 胞 保 存 记 录				
细胞识别编号		细胞名称		
来　源		培养液组成		
		保护液组成		
制备（引种）时间		保存时间		
保存代次、数量		保存地点	_____库_____提_____层	
培养和冻存所用基础液				
冻 存 人		复 核 人		

细 胞 使 用 记 录				
时　间	数　量	用　途	复 苏 效 果	使用人
备　注				

附表 1-4 　　　　　　　　　　无菌检查试验培养基灵敏度试验记录

培养基信息							
配制日期/批号					试验日期		
检验依据	无菌检查试验规程						

	菌　株	编号	培　养　时　间					结果
			1d	2d	3d	4d	5d	
培养观察记录		1#						
		2#						
		3#						
		阴性						
		1#						
		2#						
		3#						
		阴性						
		1#						
		2#						
		3#						
		阴性						
		1#						
		2#						
		3#						
		阴性						

结论：	
备　注	
检验人／日期		复核人／日期	

填写说明："-"表示无菌生长，"+"表示有菌生长。

附表 1-5 无菌试验记录

样品名称/编号				试验日期			
检验依据							
主要试剂	名称	厂　家		货号/批号		配制日期/配制批号	
培养基	培养温度/℃	观　察　记　录					
		1d	2d	3d	4d	5d	6d	7d
硫乙醇酸盐培养基	37℃							
	25℃							
葡萄糖蛋白胨培养基	25℃							
酪胨琼脂培养基	37℃							
	25℃							
结果							
结论							
备注							
检验人/日期				复核人/日期			

填写说明："－"表示无菌生长，"+"表示有菌生长。

附表 1-6　　　　　　　　　　细胞生长曲线试验记录

样品名称/编号				
检验依据				
主要试剂材料	名　称	厂　家	货号/批号	其　他
试验日期				平均值
计数结果/（10^5/mL）	0h			
	24h			
	48h			
	72h			
	96h			
	120h			
	144h			
	168h			
	192h			
最大增值浓度		倍增时间/h		
生长曲线图				
备　注				
检验人/日期		复核人/日期		

附表 1-7 　　　　　　　　　　　　　细胞代谢试验记录

样品名称/编号			检验日期		
检验依据					

主要试剂材料	名　称	厂　家	货号/批号	其　他	

时间	检　测　结　果				
	葡萄糖 （Gluc）/（g/L）	乳酸 （Lac）/（g/L）	谷氨酰胺 （Gln）/（mmol/L）	谷氨酸 （Glu）/（mmol/L）	氨 （NH_4^+）/（mmol/L）
0h					
24h					
48h					
72h					
96h					
120h					
144h					
168h					
192h					
代谢曲线					
备　注					

检验人/日期		复核人/日期	

附表 1-8   细胞代谢率试验记录

细胞名称				检验日期		
检验依据						
培养基	名　称	厂　家	货号/批号	其　他		

时间	细胞对数生长期每 24h 计数值				
	葡萄糖 （Gluc）/（g/L）	乳酸 （Lac）/（g/L）	谷氨酰胺 （Gln)/（mmol/L）	谷氨酸 （Glu)/（mmol/L）	氨 （NH_4^+）/（mmol/L）
0h					
24h					
48h					
72h					
96h					
120h					
144h					
168h					
192h					
平均值					
代谢率曲线					
备　注					

检验人/日期		复核人/日期	

附表 1-9　　　　　　　　　支原体试验培养基灵敏度试验记录

			编号	培 养 及 观 察						
培养基信息										
配制日期/批号				试验日期						
检验依据										
菌　　株										
				1d	2d	3d	4d	5d	6d	7d
猪鼻支原体	稀释梯度	10^{-1}	1#							
			2#							
		10^{-2}	1#							
			2#							
		10^{-3}	1#							
			2#							
		10^{-4}	1#							
			2#							
		10^{-5}	1#							
			2#							
		10^{-6}	1#							
			2#							
		10^{-7}	1#							
			2#							
		10^{-8}	1#							
			2#							
		10^{-9}	1#							
			2#							
	阴性对照		1#							
			2#							
结　果										
结　论										
备　注										
检验人/日期				复核人/日期						

填写说明："-"表示液体颜色无变化或变化不明显，"+"表示液体颜色有明显变化。

附表 1-10　　　　　　　　支原体 DNA 染色法检查试验记录

样品名称/编号		检验日期		
检验依据				
主要试剂	名　　称	厂　　家	货号/批号	配制日期
结果及图示				
	阳性对照		阴性对照	供试品
图示				
结果				
结论				
备注				
检验人/日期		复核人/日期		

附表 1-11　　　　　　　　　　染色体核型分析试验记录

样品名称/编号		试验日期	
检验依据			
细胞代次			
试验结果及图示			
染色体图谱		核型分析结果	

结论：

备　注	
检验人/日期		复核人/日期	

附表 1-12　　　　　　　　　　乳酸脱氢酶同工酶试验记录

样品名称/编号			试验日期		
检验依据					
主要试剂及材料	名　称	厂　家	货号/批号	其　他	

乳酸脱氢酶同工酶条带

迁移率	
结论：	
备　注	
检验人/日期		复核人/日期	

附表 1-13　　　　　　　　　　致细胞病变因子检查试验记录

样品名称/编号							检验日期											
检验依据																		
主要试剂材料		名　称			厂　家			货号/批号			配制日期/其他							
指示细胞		名称：			试验代次：			来源：			其他：							

致细胞病变检查结果

细胞代次	第一代培养至 7d						第二代培养至 7d						第 3 代培养至 7d					
	1#	2#	3#	4#	5#	6#	1#	2#	3#	4#	5#	6#	1#	2#	3#	4#	5#	6#
阳性对照																		
阴性对照																		
待检细胞																		

图示 (21d)	阳性对照	阴性对照	待检细胞
结果			
结论			
备注	-: 表示未出细胞病变；+: 表示出现细胞病变。		
检验人/日期		复核人/日期	

附表 1-14　　　　　　　　　　　　　血吸附病毒因子检查试验记录

样品名称/编号				检验日期	
检验依据					
主要试剂/材料		名　称	厂　家	货号/批号	配制日期/其他
指示细胞		名称：	试验代次：	来源：	其他：

血吸附检查结果

细胞代次	第一代培养至 7d	第二代培养至 7d	第 3 代培养至 7d
阳性对照			
阴性对照			
待检细胞			

	阳性对照	阴性对照	待检细胞
图示（21d）			
结果			
结论			
备注	-：表示未出现红细胞吸附；+：表示红细胞吸附。		
检验人/日期		复核人/日期	

附表1-15

鸡胚接种检查病毒因子试验记录

样品名称/编号								
试验依据								

接种卵黄囊试验：
接种尿囊液试验：

接种卵黄囊（5~6日龄）	胚龄	日龄						
	细胞密度	$\times10^6/mL$						
	每胚接种量	mL						
	接种胚数	枚						
	观察记录	时间	1d	2d	3d	4d	5d	
		温度/℃						
		湿度/%						
		存活数/枚						

检验日期

接种尿囊液（9~11日龄）	胚龄	日龄						
	细胞密度	$\times10^6/mL$						
	每胚接种量	mL						
	接种胚数	枚						
	观察记录	时间	1d	2d	3d	4d	5d	
		温度/℃						
		湿度/%						
		存活数/枚						

其他说明

血凝试验结果
阳性： 枚
阴性： 枚

结论：

试验人/日期	
复核人/日期	

结果：

附表 1-16

乳鼠和成鼠体内接种法检查外源病毒因子试验记录

样品名称/编号					检验日期	乳鼠试验日期：
试验依据						成鼠试验日期：

乳鼠试验

乳鼠出生时间：____ h；细胞密度 ____ ×10⁷/mL；每只脑内注射 ____ mL、腹腔内注射 ____ mL；共注射 ____ 只。

观察记录	观察时间/d	1	2	3	4	5	6	7	8	9	10	11	12	13	14	15	16	17	18	19	20	21
	存活数																					
	活动情况																					

成鼠试验

成鼠体重：____ g；细胞密度 ____ ×10⁷/mL；每只脑内注射 ____ mL、腹腔内注射 ____ mL；共注射 ____ 只。

观察记录	观察时间/d	1	2	3	4	5	6	7	8	9	10	11	12	13	14	15	16	17	18	19	20	21
	存活数																					
	活动情况																					

结果：

结论：

试验人		日期	
复核人		日期	

注："活动情况" √表示存活动物正常，×表示存活动物较严重不正常，±表示处于两者之间。

附表 1-17 　　　　　　　　直接荧光抗体法病毒检查记录

样品名称/编号				检验日期	
检验依据					
检查项目					
主要试剂材料	名称	厂家	货号/批号	配制日期/其他	

染色结果及图示			
	阳　性	阴　性	待检样品
图　示			
结　果			
结　论			
备　注			

检验人/日期		复核人/日期	

附表 1-18 　　　　　　　　　　　　　　细胞致瘤性试验记录

样品名称/编号					检验日期			
检验依据								
接种浓度					接种量			
试验时间/d	观察日期	体重/g	肿瘤大小/mm		存活情况	活动情况	其他	备注
			横向	纵向				
结果：								
检验人/日期				复核人/日期				

注："存活情况" √表示存活，×表示死亡。

　　　"活动情况" √表示存活动物正常，×表示存活动物较严重不正常，±表示处于两者之间。

附表 1-19　　　　　　　　　　生物反应器准备记录

反应器信息 厂家/型号/培养体积/编号	

细胞信息 名称/编号来源/代次	

培养液信息 名称/批号/血清信息及加量	

微载体 名称/批号/数量/处理情况	

细 胞 培 养 过 程 记 录

日期及时间	培养 时间/h	培养 体积/L	细胞密度/ （×10⁴/mL）	活力/ %	空球率/%	反应器 运行情况	参数调整 其他检测 留样
结果及结论							
备　　注							

附表 1-20 生物反应器培养记录

反应器信息 厂家/型号/培养体积/编号	
细胞信息 名称/编号来源/代次	
培养液信息 名称/批号/血清信息及加量	
微载体 名称/批号/数量/处理情况	

细 胞 培 养 过 程 记 录

日期及时间	培养 时间/h	培养 体积/L	细胞密度/ (×10⁴/mL)	活力/ %	空球率/ %	反应器 运行情况	参数调整 其他检测 留样
结果及结论	
备　　注	

参考文献

［1］鲍鉴清. 组织培养术［M］. 北京：人民卫生出版社，1965.

［2］刘斌. 细胞培养［M］. 西安：世界图书出版公司，2018.

［3］章静波. 组织和细胞培养技术［M］. 3 版. 北京：人民卫生出版社，2014.

［4］［英］R. I. Freshney 著，章静波，徐存拴译. 动物细胞培养——基本技术和特殊应用指南［M］. 7 版. 北京：科学出版社，2019.

［5］张元兴. 动物细胞培养工程. 北京：化学工业出版社，2007.

［6］刘建福，胡位荣. 细胞工程［M］. 武汉：华中科技大学出版社，2014.

［7］周岩. 细胞工程［M］. 北京：科学出版社，2012.

［8］国家药典委员会. 中华人民共和国药典（2020 年版）［M］. 北京：中国医药科技出版社，2020.

［9］中国兽药典委员会. 中华人民共和国兽药典（2015 年版）［M］. 北京：中国农业出版社，2015.

［10］陈因良. 细胞培养工程［M］. 南京：南京理工大学出版社，1992.

［11］司徒镇强，吴军正. 细胞培养［M］. 2 版. 西安：世界图书出版公司，2004.

［12］程宝鸾. 动物细胞培养技术［M］. 广州：华南理工大学出版社，2003.

［13］陈瑞铭. 动物组织培养技术及其应用［M］. 北京：科学出版社，1991.

［14］鄂征. 组织培养和分子细胞学技术［M］. 北京：北京出版社，1995.

［15］鄂征. 组织培养技术［M］. 2 版. 北京：人民卫生出版社，1993.

［16］冯伯森，王秋雨，胡玉兴. 动物细胞工程的原理与实践［M］. 北京：科学出版社，2001.

［17］李贵全. 细胞学研究基础［M］. 北京：中国林业出版社，2001.

［18］兰蓉，周珍辉. 细胞培养技术［M］. 北京：化学工业出版社，2007.

［19］林福玉，陈昭烈. 大规模动物细胞培养的问题及对策［J］. 生物技术通报，1999，1：32-35.

［20］忻亚娟，朱家鸿. 动物细胞培养技术的进展［J］. 浙江预防医学，2001，14（2）：48-56.

［21］王捷. 动物细胞培养技术与应用［M］. 北京：化学工业出版社，2004.

［22］薛庆善. 体外培养的原理与技术［M］. 北京：科学出版社，2001.

［23］徐永华. 动物细胞工程［M］. 北京：化学工业出版社，2003.

［24］张丽华. 细胞生物学及细胞培养技术［M］. 北京：人民卫生出版社，2003.

［25］张卓然. 培养细胞学与细胞培养技术［M］. 上海：上海科技出版社，2004.

［26］章静波. 细胞生物学实用方法与技术［M］. 北京：高等教育出版社，1990.

［27］周珍辉. 动物细胞培养技术［M］. 北京：中国环境科学出版社，2006.

［28］赵佼，谭文松. 动物细胞培养工程的现状与展望［J］. 华东理工大学学报，1997，23（2）：131-137.

［29］张前程，张凤宝. 动物细胞培养生物反应器研究进展［J］. 化工进展，2002，21

（8）：560-563.

［30］邹寿长，李干祥，杨葆生，等. 大规模动物细胞培养技术研究进展［J］. 生命科学通讯，2001，5（6）：102-108.

［31］商瑜，张启明. 动物细胞无血清培养基的发展和应用［J］. 陕西师范大学学报（自然科学版），2015，10（4）：68-72.

［32］王佃亮，韩梅胜. 动物细胞培养用生物反应器及相关技术［J］. 中国生物工程杂志，2003，23（11）：24-27.

［33］Bock A. High-density microcarrier cell cultures for influenza virus production［J］. Biotechn-ology Progress，2011，27（1）：241-250.

［34］Abdoli A，Soleimanjahi H，Jamali A，et al. Comparison between MDCK and MDCK-SIAT1 cell linesas preferred host for cell culture-based influenza vaccine production［J］. Biotechnol Lett，2016，38：941-948.

［35］Briggle A. Biotechnology［J］. Academic Press，2012：300-308.

［36］Wohlgemuth R. Industrial biotechnology-past，present and future［J］. New Biotechnology Industrial Biotechnology，2012，29（2）：161-175.

［37］Barren T A，A Wu，H Zhang，et al. Microwell engineering characterization for mammalian cell culture process Development［J］. Biotechnology and Bioengineering，2010，105（2）：260-275.

［38］Corral-Vazquez C. Cell lines authentication and mycoplasma detection as minimun quailty control of cell lines in biobanking［J］. Cell Tissue Bank，2017，18（2）：271-280.

［39］Olivier S. EB66 cell line，a duck embryonic stem cell-derived substrate for the industrial production of therapeutic monoclonal antibodies with enhanced ADCC activity［J］. Mabs，2010，2（4）：405-415.

［40］Rourou S，Ayed Y B，Trabelsi K，et al. An animal component free medium that promotes the growth of various animal cell lines for the production of viral vaccines［J］. Vaccine，2014，32（24）：2767-2769.

［41］Tapia F，Vogel T，Genzel Y，et al. Production of hightiter human influenza A virus with adherent and suspension MDCK cells cultured in a single-use hollow fiber bioreactor.［J］Vaccine，2014，32（8）：1003-1011.

［42］Qiang Su，Zhang X Y，Ya-Heng LI. Analysis on chromosomal karyotypes of 616 trial subjects［J］. Matern Child Health Care of China，2016，31（7）：1484-1486.

［43］Canny G. Cell line contamination and misidentification［J］. Biol Reprod，2013，89（3）：76.

［44］Costa S. Cell identity：a matter of lineage and neighbours［J］. New Phytol，2016，210（4）：1155-1158.

［45］Babu K R，Swaminathan S，Marten S，et al. Production of interferona in high cell density cultures of recombinant Escher-ichia coli and its single step purification from refolded inclusion body proteins［J］. Appl Mierobi-ol Bioteehnol，2000，53：655-660.

［46］Dina Fomina-Yadlin. Cellular responses to individual amino-acid depletion in antibodyexpressing and parental CHO ce11 limes. ［J］Biotechnology and Bioengineering, 2014, 111 (5)：965-979.

［47］Rodrigez-Hernandez C O, Torres-Garcia S E, Olvera-Sandoval C, et al. Cell culture：history, development and prospects. International Journal of Current Research and Academic Review ［J］, 2014, 2 (12)：188-200.

［48］de Jesus M, Wurm F M. Manufacturing recombinant proteins in kg-ton quantities using anim-al cells in bioreactors. European Journal of Pharmaceutics and Biopharmaceutics ［J］, 2011, 78 (2)：184-188.

［49］Monteil D T, Tontodonati G, Ghimire S, et al. Disposable 600-mL orbitally shaken biore-actor for mammalian cell cultiv-ation in suspension ［J］. Biochemical Engineering Journal, 2013, 76 (4)：6-12.

［50］Gomez N, Subramanian J, Ouyang J, et al. Culture temperature modulates aggregation of recombinant antibody in CHO cells ［J］. Biotechnology and Bioengineering. 2012, 109 (1)：125-136.

［51］Yuvraj, Vidyarthi A S, Singh J. Enhancement of Chlorella vulgaris cell densitST：shake flask and bench-top ph-otobioreactor studies to identify and control limiting factors. Korean Journal of Chemical Engineering ［J］. 2016, 33 (8)：2396-2405.

［52］Monteil D T. A comparison of orbitally-shaken and stirred-tank bioreactors：pH modula-tion and bioreactor type affect CHO cell growth and protein glycosylation ［J］. Biotechnology Progress. 2016. 32 (5)：1174-1180.

［53］佛生福, 马祺, 王丹等. 我国 BHK-21 细胞悬浮培养生产口蹄疫疫苗的进展 ［J］. 西北民族大学学报（自然科学版）, 2016, 37 (2)：70-72.

［54］佛生福. BHK-21 悬浮细胞高密度克隆株的筛选及培养优化 ［D］. 兰州：西北民族大学, 2017.

［55］周志玮. 动物细胞生物反应器关键技术研究及其结构优化 ［D］. 哈尔滨：哈尔滨工业大学, 2012.

［56］谢忠平. 生物制品检定手册：生产及检定用细胞 ［M］. 北京：化学工业出版社, 2008.

［57］梅建国, 沈志强, 庄夕栋, 等. 细胞培养微载体及其在生物医药领域的应用 ［J］. 生物技术, 2017, 27 (5)：505-510.

［58］楚品品, 蒋智勇, 勾红潮, 等. 动物细胞规模化培养技术现状 ［J］. 动物医学进展, 2018, 39 (2), 119-123.

［59］严石, 黄文强, 刘兆环, 等. 悬浮培养技术在兽用疫苗领域的应用 ［J］. 中国兽医杂志, 2016, 52 (3)：76-79.

［60］唐莹, 冯君. 动物细胞培养基的发展及应用 ［J］. 中国临床康复, 2006, 41 (10)：146-148.

［61］钱兴丽, 宋彩花, 任芳芳, 等. 人用疫苗生产用工作细胞库 Vero 细胞的鉴别 ［J］. 中国生物制品学杂志, 2017, 30 (10)：1022-1027.

［62］齐士朋, 徐尔尼. 细胞高密度培养技术的应用研究进展 ［J］. 食品与发酵工业, 2011, 37 (2)：139-143.

[63] 黄锭. 基于 MDCK 细胞高密度培养的甲型流感病毒疫苗生产工艺开发与优化 [D].上海：华东理工大学，2016.

[64] 彭雯娟. 无血清悬浮培养 MDCK 细胞生产 H9 亚型禽流感疫苗的关键控制点探究 [D]. 上海：华东理工大学，2017.

[65] 刘金涛，范里，邓献存，等. 基于产品质量分析的中国仓鼠卵巢细胞流加培养工艺的优化 [J]. 江苏农业科学. 2015，43（4）：47-50.